D1671826

Dietrich/Schulze · Eignungsnachweis von Prüfprozessen

Edgar Dietrich/Alfred Schulze

Eignungsnachweis von Prüfprozessen

Prüfmittelfähigkeit und Messunsicherheit im aktuellen Normenumfeld

Mit 157 Abbildungen und 37 Tabellen

HANSER

Die Verfasser:

Dr.-Ing. Edgar Dietrich, Dipl.-Ing. Alfred Schulze, Q-DAS Gesellschaft für Datenverarbeitung und Systemtechnik mbH, Weinheim.

Die Wiedergabe von Gebrauchsnamen, Handelsnamen, Warenbezeichnungen usw. in diesem Werk berechtigt auch ohne besondere Kennzeichnung nicht zu der Annahme, daß solche Namen im Sinne der Warenzeichen- und Markenschutzgesetzgebung als frei zu betrachten wären und daher von jedermann benutzt werden dürften.

Alle in diesem Buch enthaltenen Programme und Verfahren wurden nach bestem Wissen erstellt und mit Sorgfalt getestet. Dennoch sind Fehler nicht ganz auszuschließen.

Aus diesem Grund ist das in diesem Buch enthaltene Programm-Material mit keiner Verpflichtung oder Garantie irgendeiner Art verbunden. Autor und Verlag übernehmen infolgedessen keine Verantwortung und werden keine daraus folgende oder sonstige Haftung übernehmen, die auf irgendeine Art aus der Benutzung dieses Programm-Materials oder Teilen davon entsteht.

Bibliografische Information Der Deutsche Bibliothek

Die Deutsche Bibliothek verzeichnet diese Publikation in der Deutschen Nationalbibliografie; detaillierte bibliografische Daten sind im Internet über <http://dnb.ddb.de> abrufbar.

ISBN 3-446-22320-7

Dieses Werk ist urheberrechtlich geschützt.

Alle Rechte, auch die der Übersetzung, des Nachdruckes und der Vervielfältigung des Buches oder Teilen daraus, vorbehalten. Kein Teil des Werkes darf ohne schriftliche Genehmigung des Verlages in irgendeiner Form (Fotokopie, Mikrofilm oder einem anderen Verfahren), auch nicht für Zwecke der Unterrichtsgestaltung – mit Ausnahme der in den §§ 53, 54 URG genannten Sonderfälle –, reproduziert oder unter Verwendung elektronischer Systeme verarbeitet, vervielfältigt oder verbreitet werden.

© 2003 Carl Hanser Verlag München Wien

http://www.hanser.de

Druck und Bindung: Druckhaus „Thomas Müntzer“ GmbH, Bad Langensalza
Titelillustration: Atelier Frank Wohlgemuth Bremen
Umschlaggestaltung: MCP · Susanne Kraus GbR, Holzkirchen
Printed in Germany

Vorwort

Die Bedeutung der „Eignung von Prüfprozessen“ hat in den letzten Jahren immer mehr zugenommen. Ende der 80er-Jahre waren es nur einige wenige Firmenrichtlinien, die auf die Bedeutung der Prüfmittel hingewiesen haben und die Eignung mit sogenannten Fähigkeitsstudien gefordert haben. Im Laufe der Zeit sind immer neue und weitere Richtlinien hinzugekommen. Weiter wurde die Vorgehensweise immer mehr verfeinert und für die Anwendung verbessert. Nachdem sich diese Methodik etabliert hatte, kamen immer mehr Forderungen aus Quasi-Normen wie den Richtlinien nach QS-9000 oder VDA 6.1 hinzu. Damit mussten Prüfmittelfähigkeitsuntersuchungen regelmäßig durchgeführt werden, um ein Zertifikat gemäß des jeweiligen QM-Systems zu erhalten.

Mittlerweile ist zu dem Thema Fähigkeitsuntersuchung die Bestimmung der Messunsicherheit für die Anwendungsfälle in der Fertigung hinzugekommen. So fordert beispielsweise die DIN EN ISO 14253 [31] für Längenmaße die Bestimmung der Messunsicherheit und deren Berücksichtigung an den Spezifikationsgrenzen. Damit sind immer mehr Firmen verpflichtet im Rahmen ihres QM-Systems die Messunsicherheit zu berechnen und im jeweiligen Anwendungsfall zu verwalten. Um dies möglichst einfach durchführen zu können, hat mittlerweile der VDA den Band Prüfprozesseignung (VDA 5 [52]) herausgebracht. Bereits dem Titel ist zu entnehmen, dass man sich nicht ausschließlich mit dem Messgerät auseinandersetzt, sondern mit dem Messgerät plus aller darauf wirkenden Einflussfaktoren.

In unserem Buch „Statistische Verfahren zur Maschinen- und Prozessqualifikation“ [11] hatten wir bereits in der zweiten und dritten Auflage ein Kapitel dem Thema „Prüfmittelfähigkeit“ gewidmet. Aufgrund der Vielfältigkeit der einzelnen Verfahren zum Nachweis der Prüfprozesseignung haben wir uns entschlossen, dieses Thema in der 4. Auflage nicht mehr zu behandeln und dafür das vorliegende Buch herauszugeben, das diese Thematik detaillierter behandelt.

Besonders möchten wir uns bei Herrn Ofen (Robert Bosch GmbH, Bamberg) für die langjährige Zusammenarbeit und seine fachliche Unterstützung bedanken. Von ihm stammen große Teile des Buches „Sonderfälle bei der Beurteilung von Messverfahren“ [49]. Daraus haben wir mit seiner Zustimmung einige Textpassagen in das vorliegende Buch übernommen.

Weiter möchten wir uns ganz herzlich bei Frau Mesad für das Layout und die Gestaltung des Buches bedanken.

Bei Fragen können Sie sich auch direkt an die Q-DAS® GmbH, Eisleber Str. 2, 69469 Weinheim, Tel.: 06201/3941-0, Fax: 06201/3941-24, Hotline Tel.: 06201/3941-14, E-Mail: q-das@q-das.de wenden.

Weinheim, April 2003

Edgar Dietrich und Alfred Schulze

Inhaltsverzeichnis

1 Prüfprozesseignung

1.1 Einführung

1.1.1 Warum Prüfprozesseignung?

Diese Frage kann mit einem Satz beantwortet werden: „Es ist die technische Notwendigkeit, für die korrekte Beurteilung von Prozessen in der Fertigung und Produktion geeignete Prüfprozesse zur Verfügung zu haben." Die mit dem Prüfprozess ermittelten Messwerte sind die Grundlage der Beurteilung und müssen den wahren Sachverhalt ausreichend sicher widerspiegeln. Ein nicht geeigneter Prüfprozess verwischt die Realität und lässt keine sicheren Rückschlüsse zu.

Daher muss die Frage beantwortet werden: „Was versteht man unter einem geeigneten Prüfprozess?". Hierzu gibt es mittlerweile mehrere Normen und Richtlinien (s. Abbildung 1.1-1), die nicht nur den Eignungsnachweis fordern, sondern Vorgehensweisen aufzeigen, wie dieser durchgeführt werden kann.

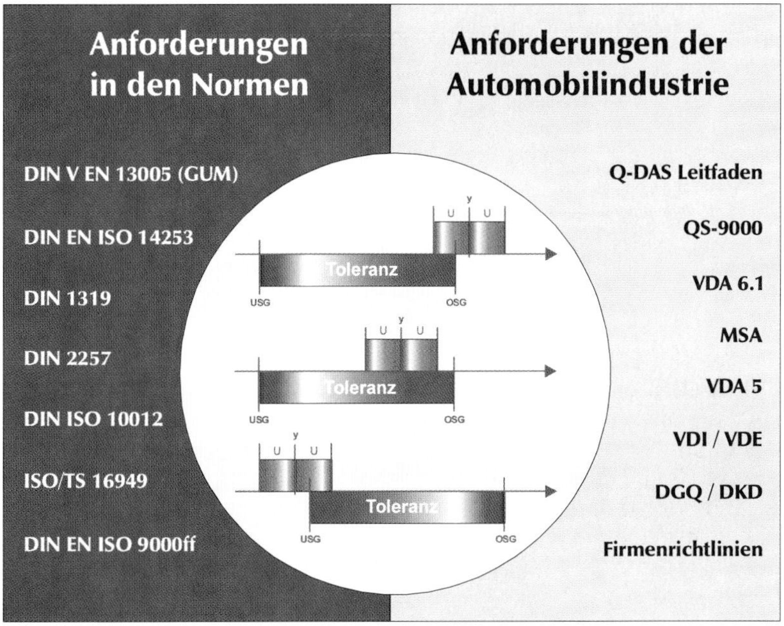

Abbildung 1.1-1: Wichtige Normen und Richtlinien im Zusammenhang mit der Prüfprozesseignung

Die Abbildung 1.1-1 zeigt wichtige Anforderungen aus Richtlinien der Automobilindustrie und der Normung.

So fordert ISO/TS 16949:2002 [33] für die Beurteilung von Messsystemen:

„Für jede Art von Messsystemen müssen statistische Untersuchungen zur Analyse der Streuung der Messergebnisse durchgeführt werden. Diese Anforderung muss für alle Messsysteme, auf die im Produktionslenkungsplan Bezug genommen wird, angewendet werden. Die angewendeten Methoden und Annahmekriterien müssen denen in den Referenzhandbüchern des Kunden für die Beurteilung von Messsystemen entsprechen. Andere analytische Methoden und Annahmekriterien dürfen mit Genehmigung des Kunden angewendet werden."

Die Aussage, dass andere Methoden mit der Genehmigung zulässig sind, ist für viele Lieferanten allerdings nicht relevant, da in der Regel spezielle Einzelvereinbarungen mit allen Kunden nicht getroffen werden können. Daher bleibt für die Zertifizierung des QM-Systems nur die Möglichkeit, allgemeine Standards als Grundlage (z.B. MSA [1] oder VDA [52]) heranzuziehen.

In Abschnitt 1.2 „Historischer Rückblick und Ausblick" sind die Zusammenhänge und die Entwicklung der einzelnen Dokumente nochmals verdeutlicht. Die Abnahme von Maschinen und Fertigungseinrichtungen, die Beurteilung von Prozessen und Produkten oder die kontinuierliche Prozessüberwachung erfolgt anhand der Beurteilung von qualitativen und quantitativen Produktmerkmalen. Schwerpunkt der Untersuchungen sind quantitative bzw. variable Merkmale. Nichts desto trotz werden in einem späteren Abschnitt Eignungsnachweise für qualitative bzw. attributive Merkmale behandelt.

Bei quantitativen Merkmalen werden mit Hilfe von Messsystemen, den Merkmalen der gefertigten Werkstücken bzw. den Prozessparametern Messwerte entnommen. Dazu sind aufgabenbezogene Messsysteme, spezielle Sensoren oder handelsübliche Standardmessgeräte erforderlich.

Um aus den Messwerten korrekte Rückschlüsse zu ziehen, müssen die Werte mit ausreichender „Genauigkeit" bezogen auf die Merkmalstoleranz oder den Prozess erfasst werden. In der Vergangenheit hat man primär die Eignung eines Messgerätes anhand von Mindestwerten, die in Normen festgehalten sind, überprüft bzw. die Herstellerangaben überwacht. Die Vorgehensweise bei der regelmäßigen Qualifikation (s. DIN 10012 [24]) und die Anforderungen an das Messsystem (max. Abweichungsspanne, Wiederholbarkeit usw.) sind dabei gerätespezifisch festgelegt. Die Überprüfung erfolgt im allgemeinen nur für das Gerät selbst und unter idealen Bedingungen: z.B. im Messraum mit geschultem Personal, mit idealisierten Werkstücken, wie Normale oder Einstellmeister, und in standardmäßig vorgegebenen Vorrichtungen. Die Vorgehensweise und die Art der Überprüfung in Form von Prüfanweisungen ist exemplarisch in der VDI / VDE / DGQ-Richtlinie 2618 [54] beschrieben. Diese Handhabungsweise ist bei neuen Geräten zur Überprüfung der Herstellerangaben, bzw. für regelmäßige Überwachungen (Prüfmittelüberwachung) notwendig, um Veränderungen oder Fehler am Gerät selbst feststellen zu können.

Die so ermittelte „Eignung" sagt allerdings noch nichts bzw. sehr wenig über das Verhalten des Gerätes unter den realen Bedingungen aus (s. Abbildung 1.1-2).

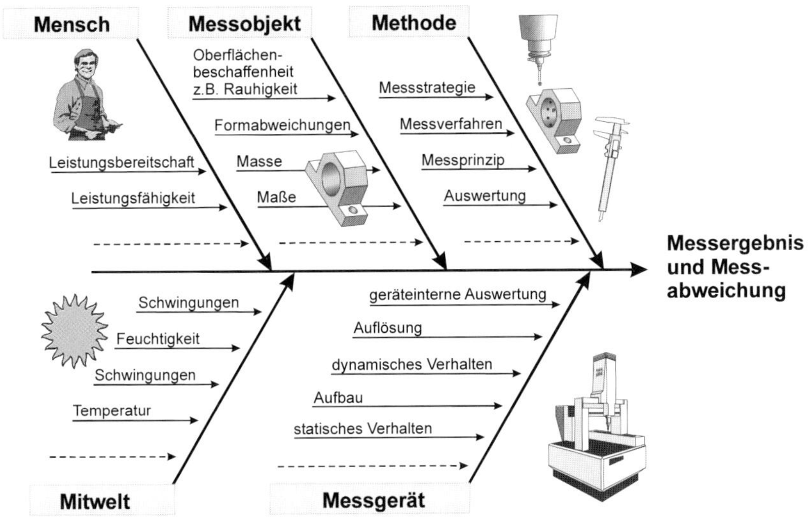

Abbildung 1.1-2: *Einflüsse auf ein Messergebnis*
Quelle: Pfeifer, T.: Fertigungsmesstechnik, R. Oldenbourg

Hinweis:

Einschlägige Erfahrungen haben gezeigt, dass der Einfluss eines Messgeräts allein an dem gesamten Messprozess häufig die geringste Komponente darstellt. Daher sind für eine Gerätebetrachtung **alle** Einflussgrößen zu berücksichtigen.

Daher kann mit den oben beschriebenen Verfahren bestenfalls eine theoretische Aussage getroffen werden, dass ein Messgerät für eine vorgegebene Toleranz prinzipiell geeignet sein könnte. Um allerdings unter den genannten Einflüssen feststellen zu können, ob das Messsystem geeignet bzw. qualifiziert ist, um einen vorliegenden Prozess mit ggf. sehr kleiner Prozessstreuung unter realen Bedingungen sicher zu beurteilen, sind andere Verfahren und Vorgehensweisen erforderlich.

Insbesondere unter der Zielsetzung "Never Ending Improvement" werden Toleranzen immer enger und die Prozessstreuung immer kleiner. Daher muss das Messsystem der jeweiligen Aufgabenstellung gerecht werden. Ist dies nicht der Fall, sind die Messergebnisse verfälscht und für die statistische Analyse nahezu unbrauchbar.

Um diesen Anforderungen gerecht zu werden, verlangen mehrere Normen und Richtlinien die Beurteilung der Messsysteme anhand von sogenannten Fähigkeitsstudien bzw. die Bestimmung der Messunsicherheit. Im Rahmen der ISO/TS 16949 [33] wird ebenfalls die Bestimmung der Eignung des Prüfprozesses verbindlich vorgeschrieben. Die Vorgehensweise ist darin nicht näher spezifiziert. Es ist nur der Hinweis, dass die Vorgaben des Kunden gelten. Dies können damit einerseits Prüfmittelfähigkeitsuntersuchungen oder andererseits die Bestimmung der erweiterten Messunsicherheit sein. Aller Voraussicht nach werden in absehbarer Zukunft beide Verfahren nebeneinander stehen. In erster Linie wird im Umfeld der amerikanischen Automobilindustrie nach wie vor die MSA zum Tragen kommen. Es ist zu erwarten, dass bei den deutschen Automobilkonzernen die Prüfprozesseignung gemäß VDA 5 in den Vordergrund rücken wird.

In dem vorliegenden Buch werden die verschiedenen Vorgehens- und Betrachtungsweisen behandelt. Weiter werden Zusammenhänge, aber auch Unterschiede in den Verfahren erörtert.

In Abbildung 1.1-3 und Abbildung 1.1-4 sind die Auswirkungen der „Streuung eines Messsystems" auf die „Beobachtete Prozessstreuung" zu sehen. In Abbildung 1.1-3 ist die „Streuung des Messsystems" ausreichend klein. Damit ist die „Tatsächliche Prozessstreuung" nahezu identisch mit der „Beobachteten Prozessstreuung". Die in Abbildung 1.1-4 dargestellte Streuung des Messsystems ist zu groß. Daher ist ein deutlicher Unterschied zwischen der „Tatsächlichen Prozessstreuung" und der „Beobachteten Prozessstreuung" zu erkennen. Diese Differenz führt konsequenterweise zu Fehlinterpretation des realen Sachverhaltens.

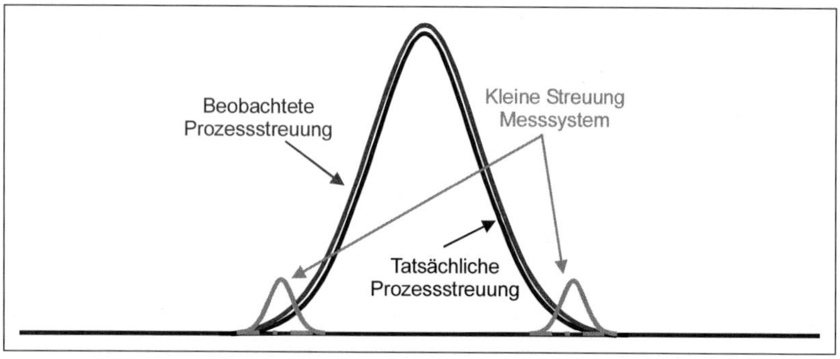

Abbildung 1.1-3: Beobachtete Prozessstreuung durch Messsystem nicht beeinflusst

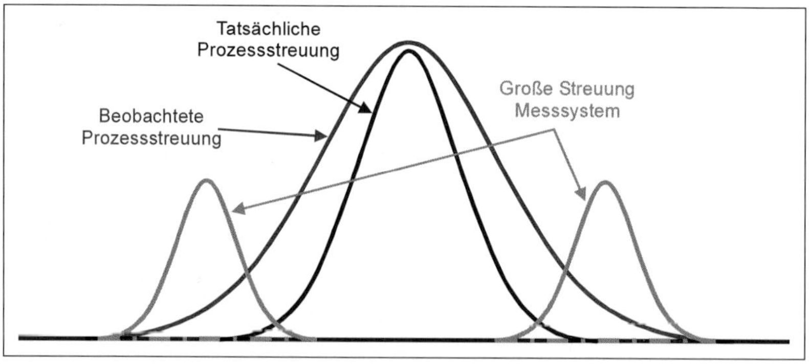

Abbildung 1.1-4: Beobachtete Prozessstreuung durch Messsystem beeinflusst

Damit stellen sich zwei Fragen:

1. Wie kann die „Streuung eines Messsystems" ermittelt werden?
2. Wie groß darf die „Streuung des Messsystems" höchstens sein, damit der Unterschied zwischen der „Beobachteten Prozessstreuung" und der „Tatsächlichen Prozessstreuung" noch akzeptabel ist?

Die erste Frage kann mit dem im Folgenden beschriebenen Verfahren beantwortet werden. Dazu werden je nach Verfahren unterschiedliche Kennwerte wie C_g, %R&R, U usw. berechnet. Der Vergleich der Ergebnisse mit vorgegebenen Grenzwerten beantwortet die zweite Frage. Die Abbildung 1.1-5, Abbildung 1.1-6 und Abbildung 1.1-7 zeigen den Einfluss dieser Kennwerte auf die Prozessfähigkeit C_p.

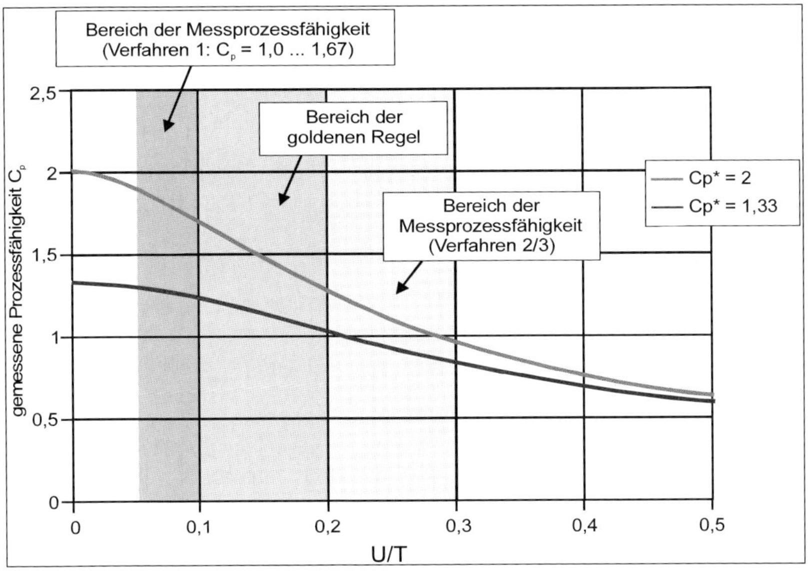

Abbildung 1.1-5: Einfluss von U/T auf Qualitätsfähigkeitsgröße C_p

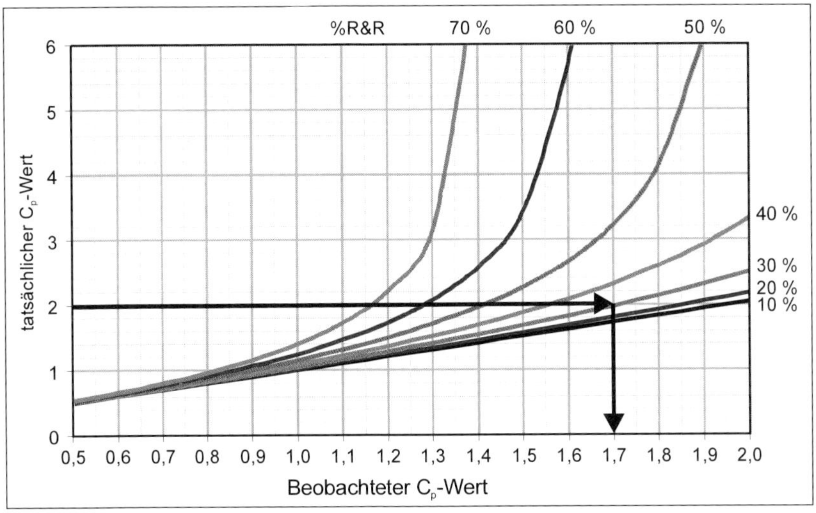

Abbildung 1.1-6: Einfluss von %R&R auf Qualitätsfähigkeitskenngröße C_p bei Toleranz als Bezuggröße

Bei C_p handelt es sich um eine Qualitätsfähigkeitskenngröße wie sie in [11] näher erläutert sind. Die Betrachtungsweise kann unverändert auch auf andere Qualitätsfähigkeitskenngrößen wie C_m, P_p oder T_p übertragen werden.

Die Abbildung 1.1-5 zeigt den Einfluss der Messunsicherheit auf die Qualitätsfähigkeitskenngröße C_p. Dargestellt ist der Verlauf des C_p-Wertes (für C_p = 2,0 und C_p = 1,33) über dem Verhältnis Messunsicherheit zur Toleranz (U/T). Bereits bei einem Verhältnis von U/T = 0,15 (d.h. U ist 15% der Toleranz) wird ein tatsächlicher C_p von 2,0 zu 1,5!

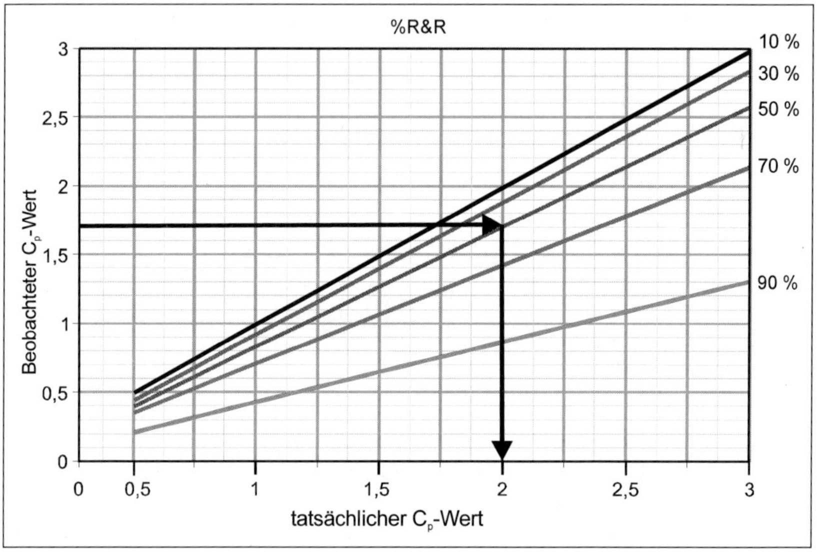

Abbildung 1.1-7: Einfluss von %R&R auf Qualitätsfähigkeitskenngröße C_p bei Prozessstreuung als Bezuggröße

In Abbildung 1.1-6 und Abbildung 1.1-7 ist die Veränderung des C_p-Wertes in Abhängigkeit des Kennwerts %R&R dargestellt. Die Differenz zwischen dem „Tatsächlichen C_p-Wert" und dem „Beobachteten C_p-Wert" ist in beiden Fällen:

- bis %R&R = 10% sehr gering
- bis %R&R = 20% bzw. 30% noch akzeptabel

Wird der %R&R-Wert größer als 30%, sind die Abweichungen des „Beobachteten Cp-Wertes" von dem „Tatsächlichen C_p-Wert" zu groß und damit nicht mehr akzeptabel. Daher fordern die meisten Richtlinien, dass ein Messsystem bis zu %R&R = 10% „fähig" ist. Fällt der Kennwert %R&R in den Bereich 10% bis 30%, wird er als „bedingt fähig" bezeichnet. Messsysteme mit einem %R&R-Wert größer 30% werden als nicht fähig bezeichnet und dürfen für die Messaufgabe nicht eingesetzt werden.

Ist ein Prüfprozess nicht geeignet, sind die erfassten Merkmalswerte für die Beurteilung der Maschinenfähigkeit, der vorläufigen und fortdauernden Prozessfähigkeit wertlos. Diese Methoden hat man bereits Mitte der achtziger Jahre eingeführt, ohne auf die Eignung des Messprozesses zu achten. An vielen Stellen konnte beobachtet werden, dass sehr häufig die Streuung des Messprozesses beurteilt wurde anstatt der Fertigungsprozess selbst. Dies waren die Hauptgründe, warum das Thema Prüfmittelfähigkeit eingeführt wurde.

Häufig hört man die Aussage: „Man kann nur so genau fertigen, wie man auch messen kann". Viele Praktiker behaupten, das stimmt nicht. Hintergrund ist dabei, dass die

Messverfahren nicht ausreichend genau sind. Allerdings werden die Forderungen an die Messverfahren immer weiter steigen. Aus technischen Gründen werden häufig die Spezifikationsgrenzen enger. Konsequenterweise wird der Spielraum für die Fertigung immer geringer, daher ist eine sinnvolle Regelung bzw. Steuerung wichtig. Dabei sind die Messergebnisse eines Messprozesses die Grundlage. Ein typisches Beispiel an höchste Anforderungen an einen Messprozess ist beispielsweise die Fertigung der Common Rail-Einspritzventile. Um Drücke in der Größenordnung von 1.600 Bar zu erreichen, sind Forderungen an die Rundheit der Stifte und Bohrungen in der Größenordnung unter 0,5µm unabdingbar. Eine solche Fertigung kann nur kostengünstig gesteuert werden, wenn man in der Lage ist, diese Merkmale mittels eines geeigneten Messprozesses zu überprüfen. Dieses Beispiel ist auf viele andere Anwendungen übertragbar.

Bei der Festlegung der Spezifikationsgrenzen ist allerdings bereits in der Konstruktion auch die Machbarkeit des Messverfahrens zu überprüfen. Auch dies sollte in einem Team zwischen Konstruktion, Fertigung und Kunde bzw. Lieferant erfolgen. Nur so kann das Ziel wirtschaftlich erreicht werden.

1.2 Historischer Rückblick und Ausblick

Die Tatsache, dass das Ergebnis einer Messung eine Unsicherheit aufweist, ist so alt wie das Messen selbst. In der Praxis wurde häufig der Slogan verwendet „Wer misst, misst Mist“. Das bedeutet nichts anderes als eine zu große Messunsicherheit, die konsequenterweise zu einem falschen Ergebnis führt. In der Vergangenheit wurde die Messunsicherheit häufig auch als Fehler bezeichnet.

Erste Empfehlungen, den Begriff „Messunsicherheit“ näher zu spezifizieren, gehen auf das nationale Komitee für Masse und Gewicht zurück. Diese wurden erstmals 1977 artikuliert. 1994 wurde der Begriff in der ersten Auflage des internationalen Wörterbuchs der Metrologie, kurz VIM [38], definiert und damit festgelegt. Die heute gültige Festlegung des Begriffs Messunsicherheit ist auch der DIN 1319-Teil 1 [16] zu entnehmen. Wie die Messunsicherheit zu bestimmen ist, wurde in dem „Leitfaden zur Angabe der Unsicherheit beim Messen“ 1995 näher spezifiziert. Dieser liegt seit 1999 als Vornorm DIN V EN V 13005 [34] vor.

Obwohl man sich schon lange der Notwendigkeit für den jeweiligen Messprozess die Unsicherheit zu bestimmen, bewusst ist, haben die Dokumente sehr lange in den Schubladen geschlummert. Die Hintergründe sind relativ einfach. Schaut man sich die DIN V EN V 13005 [34] näher an, so ist dieses Dokument mit vielen theoretischen Überlegungen bestückt, die in der Praxis nur sehr schwer umsetzbar ist. In Messräumen hat man sich aufgrund der geforderten Zertifizierung bzw. Akkreditierung schon länger mit dieser Thematik auseinandergesetzt. Dort ist die Problematik aufgrund der geringeren Anzahl von Einflussgrößen einfacher zu handhaben. Messprozesse, wie sie in der alltäglichen Praxis vorkommen, mit einer Vielzahl von Einflüssen, können nicht so ohne weiteres über theoretische Betrachtungen analysiert und bewertet werden. Die einzelnen Einflüsse sind nur schwer abschätzbar bzw. durch mathematische Formeln und Modelle beschreibbar. Dies war sicherlich der Hauptgrund, warum man sich Ende der achtziger Jahre in der Automobilindustrie mit dem Thema Prüfmittelfähigkeit auseinandergesetzt hat.

Bei der Prüfmittelfähigkeit wird versucht, anhand einer eindeutig und leicht durchführbaren Vorgehensweise die Eignung eines Messverfahrens nachzuweisen. Dabei werden in erster Linie Versuche durchgeführt. Die Messergebnisse werden statistisch ausgewertet und entsprechende Kennzahlen berechnet. Die ermittelten Qualitätsfähigkeitskenngrößen werden mit vorgegebenen Grenzwerten verglichen. Sind die Forderungen eingehalten, kann das Messverfahren für die jeweilige Messaufgabe als geeignet angesehen werden.

Bei dieser Vorgehensweise werden unter Umständen nicht alle Einflüsse vollständig berücksichtigt. Trotzdem hat sich diese Methode in der Praxis immer mehr durchgesetzt. Mit der Einführung der Prüfmittelfähigkeit sind quasi zwei Lager entstanden. Das Lager der „Statistiker", die diese Vorgehensweise etabliert haben, und das Lager der „Messtechniker", die diese Beurteilung anhand der Messunsicherheit bevorzugen.

Das Wort „Messunsicherheit" ist ein negativer Begriff und daher bei Herstellern von Messgeräten nicht beliebt. Selbst mit einer kleinen Messunsicherheit kann sich der Lieferant eines Messgerätes nicht brüsten. Daher ist der Begriff Marketing-Strategen eher ein Dorn im Auge. Dies hat sicherlich nichts mit der hier beschriebenen Zielsetzung zu tun.

Erste Richtlinien zur Beurteilung der Prüfmittelfähigkeit wurden in der Automobilindustrie erstellt. Dazu gehörten General Motors und Ford. Die Vorläufer der heute gültigen Richtlinien [3], [43] wurden bereits 1987/1989 publiziert. Andere Automobilhersteller und große Zulieferer folgten diesen Vorgaben und haben ähnliche Richtlinien erarbeitet (z.B. Robert Bosch [51]). Mit der Zeit entstanden mehrere Richtlinien mit der gleichen Zielsetzung, allerdings mit unterschiedlichen Berechnungsmethoden. Um dem Wildwuchs etwas Einhalt zu gebieten, hat in den USA die A.I.A.G. (Automotive Industry Action Group, 1995 [1]) die erste Ausgabe ihres Leitfadens „Measurement System Analysis", kurz MSA, herausgegeben.

Im Vorwort ist zu lesen: *„In der Vergangenheit hatten Chrysler, Ford und General Motors jeweils ihre eigenen Richtlinien und Berichtsformate zur Sicherstellung der Lieferantenfähigkeit. Die unterschiedlichen Vorgaben in diesen Richtlinien führten dazu, dass die Lieferanten zusätzlichen Aufwand betreiben mussten. Um diese Situation zu verbessern, wurde eine Projektgruppe damit beauftragt, die von Chrysler, Ford und General Motors eingesetzten Referenzbücher, Verfahrensweisen, Berichtsformblätter und verwendete Begriffe und Benennungen zu vereinheitlichen.“*

Dieses Handbuch ist eine Einführung in die Messsystemanalyse. Es ist nicht beabsichtigt, die Entwicklung von Analysemethoden auf bestimmte Prozesse oder Produkte zu beschränken. Da diese Richtlinien Zustände von Messsystemen beschreiben, die sich auf Standardfälle beziehen, können weitere Fragen aufkommen. Richten Sie diese Fragen bitte direkt an die Abteilung Lieferantenqualitätssicherung (Supplier Quality Assistance, SQA) Ihres Kunden. Falls Sie nicht wissen, wie diese Abteilung zu erreichen ist, wenden Sie sich an den Einkäufer in der Einkaufsabteilung Ihres Kunden.“

Dieses Dokument wurde im Rahmen der Zertifizierung nach QS-9000 ab 1995 verbindlich vorgeschrieben. Zwar enthält das Dokument den Hinweis, dass auch andere Verfahren zulässig sind, diese sind allerdings mit dem jeweiligen Kunden abzustimmen, was in der Praxis in der Regel nur in Ausnahmefällen möglich ist. Daher hat dieses Dokument heute noch einen verbindlichen Charakter.

Die erste Ausgabe der MSA enthielt noch viele Fehler und Unzulänglichkeiten. Vor allem wurden viele praxisrelevante Fälle nicht ausreichend berücksichtigt und Grenzwerte für die Eignung des Prüfprozesses gefordert, die oftmals nicht einzuhalten waren. Konsequenterweise waren die Firmen wieder aufgefordert, individuelle Anpassungen vorzunehmen. Das Ergebnis dieser Situation sind beispielsweise die eigenen Richtlinien bei Ford [40] und General Motors [43]. Diese haben das umfassende Dokument MSA konkretisiert, um die Vorgehensweise in der Praxis besser umsetzen zu können. Weiter sind die Grenzwerte geändert.

Mittlerweile ist die MSA in der dritten Auflage erschienen. Viele Schwachstellen sind modifiziert, so dass das Dokument heute als brauchbar angesehen werden kann. Allerdings wird der Anwender nicht umhin kommen, aus der Vielzahl der Möglichkeiten eine für das Unternehmen verbindliche Verfahrensanweisung zu erstellen. Die MSA lässt unterschiedliche Berechnungsmethoden zu. Konsequenterweise sind die Ergebnisse der jeweiligen Verfahren verschieden und damit nicht vergleichbar.

In Deutschland ist eine ähnliche Situation eingetreten. Es wurde in der Automobilindustrie viel Zeit und Geld investiert, um individuelle Vorgehensweisen zu entwickeln. Diese führen nur zu Irritationen und erzeugen noch mehr Kosten bei Lieferanten von Messgeräten und Zulieferern. Viel wichtiger ist, dass man sich der Tatsache bewusst ist, einen Messprozess umfassend zu beurteilen. Aufgrund der Komplexität wird dies in der Regel ohne praktische Versuche nicht gehen. Für eine sinnvolle Beurteilung ist es dabei wichtig, die einzelnen Komponente (Einflüsse) möglichst einzeln bewerten zu können. Nur so können sie Haupt-Einflussfaktoren ermittelt und entsprechende Abstellmaßnahmen ergriffen werden. Übertriebene und zum Teil aus wirtschaftlichen Gründen nicht machbare Forderungen sind ebenfalls nicht angebracht. Hier sollten gemeinsam Lösungen erarbeitet werden und Kompromisse gefunden werden, es sei denn, ein Unternehmen schreibt diesen Leitfaden verbindlich vor.

Dies war Anlass, sich innerhalb der Automobilindustrie zu treffen und dieses Thema zu diskutieren. Das Ergebnis dieser Besprechungen war ein „Leitfaden der Automobilindustrie" [48], den die Fa. Q-DAS® 1999 zusammen mit Vertretern der Automobilindustrie und Konzerne erstellt hat. Einige Firmen haben dieses Dokument als verbindliche Verfahrensanweisung hausintern vorgeschrieben. Es kann quasi als kleinster gemeinsamer Nenner bezeichnet werden. Andere Unternehmen haben den Leitfaden übernommen und einige Passagen individuell angepasst.

1.2.1 Entwicklung „Prüfprozesseignung"

1998 hat der VDA (Verband der Automobilindustrie) eine Arbeitsgruppe ins Leben gerufen. Diese sollte eine Empfehlung für den Eignungsnachweis eines Prüfprozesses erstellen. Mittlerweile liegt der Band VDA 5 „Prüfprozesseignung" [52] vor. Im Gegensatz zu der Prüfmittelfähigkeitsuntersuchung wird im VDA 5 Band beschrieben, wie für die verschiedensten Einflussfaktoren die Standardunsicherheitskomponente bestimmt wird, um daraus die sogenannte erweiterte Messunsicherheit berechnen zu können.

Der Grund, diese Vorgehensweise zu wählen, ist in vielen Normen begründet. So fordert beispielsweise die DIN EN ISO 14253 [32] für geometrische Maße die Messunsicherheit eines Messprozesses zu bestimmen und diese an den Spezifikationsgrenzen zu berücksichtigen. In dem VDA 5 Band wird ähnlich wie bei der Prüfmittelfähigkeitsuntersuchung versucht, eine praxisrelevante Vorgehensweise zur Bestimmung der Unsicherheitskomponenten vorzugeben.

Ähnlich wie bei der Prüfmittelfähigkeitsuntersuchung werden unter anderem Versuche durchgeführt und die Messergebnisse statistisch ausgewertet. Das Gesamtergebnis wird ins Verhältnis zur Spezifikation (Toleranz) gesetzt, um letztendlich eine Aussage über die Eignung des Messprozesses zu erhalten.

Das Vorwort des VDA 5 [52] lautet:

„Verschiedene Normen und Richtlinien enthalten Forderungen zur Bestimmung und Berücksichtigung der Messunsicherheit. Unternehmen werden diesbezüglich insbesondere bei dem Aufbau und der Zertifizierung ihres Qualitätsmanagementsystems mit vielfältigen Fragestellungen konfrontiert.

Die vorliegende Schrift zeigt auf, wie diese vielfältigen Forderungen zu erfüllen sind. Sie entstand in einem Arbeitskreis der Automobil- und Zulieferindustrie und ist für diesen Industriezweig gültig.
Die hier beschriebenen Verfahren basieren auf DIN V EN 13005 (Leitfaden zur Angabe von Unsicherheiten beim Messen (GUM)) /1/ und DIN EN ISO 14253 (Prüfung von Werkstücken und Messgeräten durch Messen, Teil 1: Entscheidungsregeln für die Feststellung von Übereinstimmung oder Nichtübereinstimmung mit Spezifikationen) /2/.
Um die Funktion von technischen Systemen zu gewährleisten, ist die Einhaltung vorgegebener Toleranzen von Einzelteilen und Baugruppen erforderlich. Die Festlegung der erforderlichen Toleranzen im Konstruktionsprozess hat folgende Aspekte zu berücksichtigen:

- *Die Funktion des Erzeugnisses muss gewährleistet sein.*
- *Einzelteile und Baugruppen müssen sich problemlos fügen lassen.*
- *Die Toleranzen müssen in wirtschaftlicher Hinsicht so groß wie möglich und im Hinblick auf die Funktionalität so klein wie nötig sein.*

Im Bereich der Toleranzgrenzen kann auf Grund der Messunsicherheit keine gesicherte Aussage über die Einhaltung oder Nichteinhaltung der Toleranzen erfolgen. Dies kann zu falschen Bewertungen von Messergebnissen führen. Deshalb sind bereits bei der Planung von Prüfmitteln die Prüfmittel- und die Prüfprozessunsicherheit zu berücksichtigen.

Diese Schrift bezieht sich auf die Prüfung geometrischer Größen. Zu einem späteren Zeitpunkt ist eine Erweiterung auf andere physikalische Messgrößen vorgesehen."

1.3 Anmerkung Autoren zu MSA [1] und VDA 5 [52]

Um einen Prüfprozess umfassend beurteilen zu können, muss man seine Einflussfaktoren und deren Auswirkungen auf das Messergebnis kennen. In der Vergangenheit hat man sich viel zu sehr auf das Messgerät konzentriert, ohne das Umfeld bzw. die verschiedensten Einflüsse zu berücksichtigen. Um die Haupteinflussfaktoren herauszufinden, müssen verschiedene Vorgehensweisen angewendet werden, damit deren Einfluss qualifiziert werden kann. Dabei ist es zunächst einmal unabhängig, ob dies über die Vorgehensweise der MSA [1] (Prüfmittelfähigkeit) oder des VDA 5 [52] (erweiterte

Messunsicherheit) erfolgt. Da man selbst einfachste Messprozesse in der Regel aus theoretischen Betrachtungen alleine nicht ausreichend exakt bestimmen kann, werden immer praktische Versuche notwendig sein. Diese Vorgehensweise sehen beide Betrachtungsweisen vor. In der MSA [1] ist zu dem Thema Vergleich der Prüfmittelfähigkeit mit der Messunsicherheit folgender Text enthalten:

„Der wesentliche Unterschied zwischen Messunsicherheit und MSA liegt darin, dass MSA besonderes Augenmerk auf das Verständnis des Messprozesses legt, wobei das Ausmaß von Fehlern im Messprozess bestimmt und die Angemessenheit des Messsystems für die Prozesslenkung und Produktüberwachung bewertet wird. MSA fördert das Verständnis und die Verbesserung (Reduzierung der Streuung). Messunsicherheit ist der Bereich der Messwerte, welcher durch ein Konfidenzintervall definiert wird und dem ein Messergebnis zugeordnet wird, wobei erwartet wird, dass dieser Bereich den Wahren Wert der Messung enthält."

Diese Aussage ist nur zutreffend, wenn man die DIN V ENV 13005 [34] nur von ihrer theoretischen Seite, wie sie häufig in Kalibrierlaboren verwendet wird, betrachtet. Legt man die Interpretation gemäß dem VDA Band 5 [52] zugrunde, so ist diese Aussage nicht zutreffend.

Genau das Gegenteil ist aus Sicht der Autoren der Fall. Die MSA in der dritten Auflage hat sich eher in Richtung Messunsicherheitsbetrachtung gewandelt. Es werden weitere Unsicherheitskomponenten betrachtet und bei der Bestimmung der entsprechenden Kenngrößen berücksichtigt. In der dritten Auflage werden die gleichen Standardunsicherheitskomponenten betrachtet und berechnet wie es bei der Vorgehensweise im VDA 5 der Fall ist. So hat man beispielsweise bei der Prüfmittelfähigkeit die K1, K2 und K3-Faktoren dahingehend geändert, dass die Überdeckungswahrscheinlichkeit (Vertrauensbereich 99% bzw. 99,73%) nicht mehr berücksichtigt wird. Damit sind die Zwischenergebnisse vergleichbar mit einer Standardunsicherheitskomponente im Sinne der Bestimmung der Messunsicherheit.

Bei der Bestimmung der erweiterten Messunsicherheit werden zunächst einzelne Standardunsicherheitskomponenten bestimmt, aus denen die kombinierte Standardunsicherheit berechnet wird. Ist eine Einflussgröße klein gegenüber den anderen, kann diese vernachlässigt werden, da sie keinen Beitrag zum Endergebnis liefert. Bei der MSA wird beispielsweise bei der systematischen Messabweichung keine Standardunsicherheitskomponente berechnet. Dafür fordert man, dass die systematische Messabweichung sehr klein ist und damit keine Auswirkung auf das Gesamtergebnis hat. Damit ist im Endeffekt das Gleiche erreicht!

Problematisch wird es bei solchen Forderungen allerdings, wenn die vorgegebenen Grenzwerte nicht eingehalten werden können. Hierin liegen mit Sicherheit die Stärken der Bestimmung der Messunsicherheit, da hierbei die erweiterte Messunsicherheit an den Spezifikationsgrenzen berücksichtigt wird.

Bei der Prüfmittelfähigkeit wird ein sogenannter %R&R-Wert (Repeatability and Reproducibility ≙ Wiederholpräzision und Vergleichspräzision) bestimmt, der quasi die Streuung des Messsystems widerspiegelt. Im Gegensatz dazu wird beim VDA 5 Band die erweiterte Messunsicherheit errechnet. Sind alle Einflussgrößen in beiden Rechengrößen beinhaltet, können diese formal miteinander verglichen werden. Dies gilt nicht für den Zahlenwert. Bei der MSA wird der Kennwert %R&R ins Verhältnis zu einer Bezugsgröße gesetzt. Dies kann die Prozessstreuung, die Teilestreuung, bzw. die Toleranz sein. Im VDA 5 Band wird die erweiterte Messunsicherheit ins Verhältnis zur Toleranz (2 U/T) gesetzt. Beide Kennzahlen (%R&R und 2 U/T) werden mit Grenzwerten verglichen. Werden die Grenzen eingehalten, gilt der Prüfprozess unabhängig von der Vorgehensweise als geeignet.

Eine Schwachstelle bei der Prüfmittelfähigkeit ist, dass Prüfprozesse freigegeben werden und trotzdem Fehlentscheidungen an den Spezifikationsgrenzen möglich sind. Um diese zu vermeiden, muss die Messunsicherheit an den Spezifikationsgrenzen (Streuung der Messsysteme) berücksichtigt werden. Konsequenterweise verringert sich die Toleranz für die Fertigung.

Hinweis:

Im Gegensatz zur MSA beschäftigt sich der VDA Band 5 auch mit dem Einflussfaktor „Temperatur".

Es lohnt sich aus Sicht der Autoren nicht, sich über Vor- und Nachteile der einzelnen Vorgehens- und Betrachtungsweisen zu streiten. Jede Vorgehensweise hat ihre Vor- und Nachteile. Wichtiger ist, dass das Verfahren praktikabel und leicht handhabbar ist. Die Ergebnisse müssen der Realität entsprechen und die einzelnen Einflussfaktoren separat zu beurteilen sein. Nur so schafft man Transparenz für Verbesserungen des Messprozesses und erreicht Akzeptanz bei den Anwendern.

1.4 Experimentelle Beurteilung

Unabhängig davon, ob es sich um eine Prüfmittelfähigkeitsuntersuchung im Sinne der MSA [1] handelt, oder um Eignungsnachweise für Prüfprozesse im Sinne der GUM [34] bzw. VDA 5 [52], sind experimentelle Beurteilungen des Prüfprozesses unumgänglich. Sicherlich sind theoretische Überlegungen, welche Einflussfaktoren wirken, wichtig. Allerdings kann aus den Überlegungen heraus deren wahre Auswirkung nur bedingt abgeschätzt werden. Die folgende Situation soll diesen Sachverhalt verdeutlichen.

In Abbildung 1.4-1 ist zur Überprüfung der Höhe eines Ventilsitzes ein Messprozess dargestellt. An einem Stativ ist ein Langwegtaster eingebaut. Seine systematische Messabweichung über den gesamten Messbereich ist vom Hersteller mit 0,07 µm angegeben. Ein entsprechender Kalibrierschein liegt vor. Der Taster kann pneumatisch angehoben werden, so dass immer gleiche Antastverhältnisse herrschen. Vor jeder Wiederholungsmessung wird das Parallelendmaß von der Platte entfernt. Die Anzeige hat eine Auflösung von 0,3 µm. Die Untersuchung findet in diesem Fall in einem Seminarraum eines Hotels statt. Zunächst soll die systematische Messabweichung und die Gerätestreuung (Wiederholpräzision) ermittelt werden. Zur Ermittlung der beiden Kenngrößen werden Wiederholungsmessungen an einem Parallelendmaß durchgeführt.

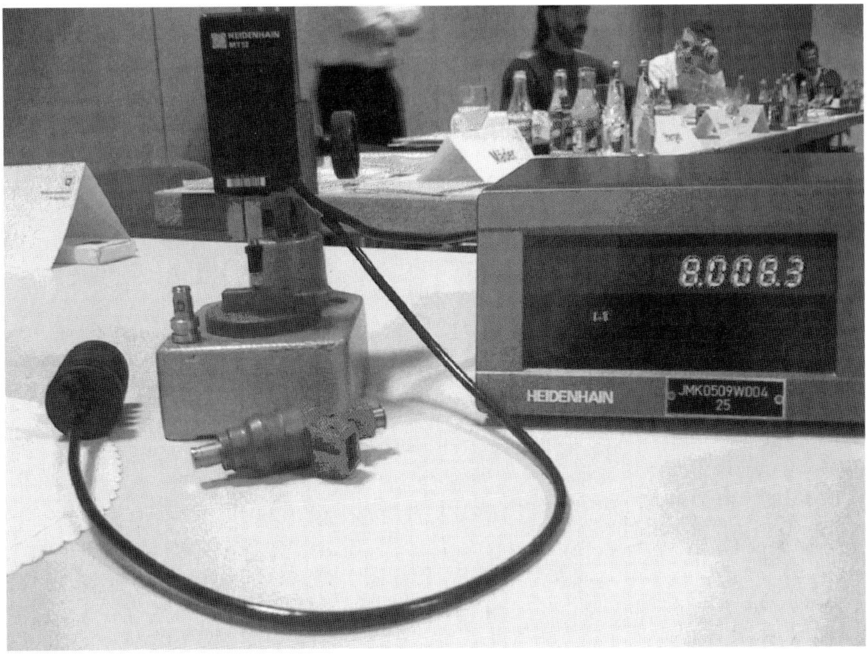

Abbildung 1.4-1: Langwegtaster mit Stativ

Die Fragestellung, welche Einflussgrößen wirken, wird mit den Seminarteilnehmern diskutiert. Diese haben praktische Erfahrungen in der Messtechnik. Weiter wird die zu erwartende Wiederholpräzision erörtert. Im Rahmen der Diskussion werden in der Regel folgende Einflussparameter genannt:

- Temperatureinfluss
- Veränderung des Endmaßes durch das Anfassen
- Unsicherheit durch verschiedene Antastpunkte am Endmaß
- unterschiedliche Antastgeschwindigkeit
- Schwingungen und Erschütterungen am Tisch
- Verunreinigungen

Bei der Frage, welche Streuung bei 25 Messungen zu erwarten sind, gehen die Meinungen meist sehr weit auseinander. Sie liegen bei diesem Messaufbau zwischen 0,5 bis 5 µm. Nach der Erörterung des Messprozesses führt ein Seminarteilnehmer die Messungen durch. Dazu wird er kurz in die Handhabung des Messgerätes eingewiesen.

Zunächst wird die Anzeige auf Null gestellt und mehrere Wiederholungsmessungen auf der Grundplatte durchgeführt. Diese Messungen haben sich als stabil herausgestellt. Die Anzeige war auch nach 5 Wiederholungsmessungen immer noch auf 0,0 µm gestanden. Anschließend werden 25 Wiederholungsmessungen an dem Endmaß durchgeführt, der Taster pneumatisch angehoben und das Endmaß von der Grundplatte genommen. Zwischen jeder Messung wird immer versucht, möglichst in der Mitte des Endmaßes anzutasten. Der Bediener sieht die Messergebnisse nicht, diese werden protokolliert und in Form eines Werteverlaufs (Abbildung 1.4-2) dargestellt.

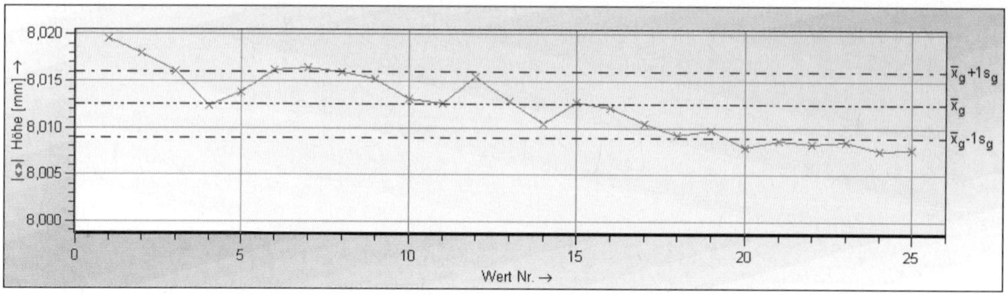

Abbildung 1.4-2: Werteverlauf (1. Durchgang)

Die Überraschung der Teilnehmer über das Ergebnis ist sehr hoch. Die statistischen Kennwerte sind in Abbildung 1.4-3 zusammengefasst. Der Größtwert liegt bei fast 20 µm, die Spannweite ist 12 µm und die Standardabweichung liegt bei 3,5 µm. Dann ist der Werteverlauf noch entgegen der ursprünglichen Annahme fallend. Diese müsste mit der Zeit bei zunehmender Temperatur des Normals steigen. Offen bleibt auch die Frage: „Woher kommt der fallende Trend?".

Zeichnungswerte			Gemessene Werte			Statistische Werte		
x_m	=	8,000000				$\bar{x}_g$	=	8,012448
USG	=	7,9750	$x_{min\,g}$	=	8,0076	s_g	=	0,0035102
OSG	=	8,0250	$x_{max\,g}$	=	8,0196	$\lvert Bi \rvert = \lvert \bar{x}_g - x_m \rvert$	=	0,0124
T	=	0,0500	R_g	=	0,0120			
			n_{ges}	=	25	n_{eff}	=	25

Abbildung 1.4-3: Ergebnisse (1. Durchgang)

Die Lösung dieser Frage ist relativ einfach. Das Parallelendmaß und die Auflagefläche wurden nicht ausreichend gereinigt. Hier reicht schon der Fingerabdruck auf Grundplatte und Endmaß. Weiter wurde das Parallelendmaß bei den Wiederholungsmessungen nicht angesprengt bzw. angebratzt.

Werden Auflagefläche und Parallelendmaß gereinigt und vor jeder Messung das Endmaß an der Grundfläche angebratzt, ergibt sich ein völlig anderes Bild. Die Messwerte sind in Abbildung 1.4-4 dargestellt und die numerischen Ergebnisse in Abbildung 1.4-5 zusammengefasst. Die neuen Ergebnisse sind um über den Faktor 10 besser. Die Skalierung der y-Achse in Abbildung 1.4-5 ist um den Faktor 5 (!) größer als in Abbildung 1.4-2. Damit hat eine relativ einfache und kostenneutrale Maßnahme zu dieser dramatischen Verbesserung geführt.

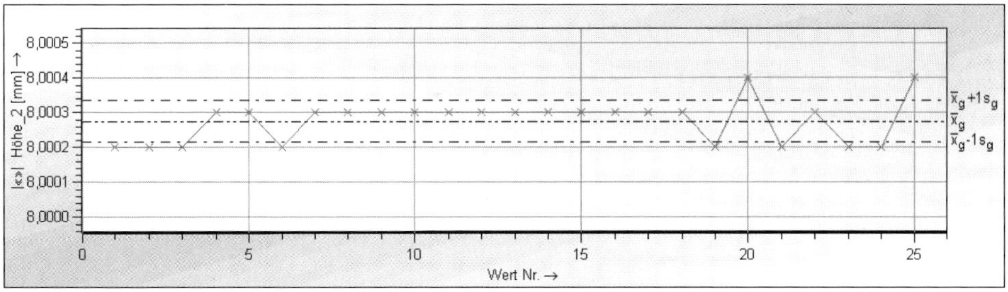

Abbildung 1.4-4: Werteverlauf (2. Durchgang)

Zeichnungswerte			Gemessene Werte			Statistische Werte		
x_m	=	8,000000				$\bar{x}_g$	=	8,012448
USG	=	7,9750	$x_{min\,g}$	=	8,0076	s_g	=	0,0035102
OSG	=	8,0250	$x_{max\,g}$	=	8,0196	$\|Bi\| = \|\bar{x}_g - x_m\|$	=	0,0124
T	=	0,0500	R_g	=	0,0120			
			n_{ges}	=	25	n_{eff}	=	25

Abbildung 1.4-5: Ergebnisse (2. Durchgang)

Dieses Beispiel zeigt deutlich, dass allein aus theoretischen Überlegungen heraus diese Größenordnung der Einflüsse nicht abgeschätzt werden kann. Wichtig ist dann im nächsten Schritt, dass die getroffenen Maßnahmen bei dem realen Prozess auch umgesetzt und überwacht werden. Ansonsten muss mit einer wesentlich höheren Unsicherheit des Messergebnisses gerechnet werden. Die hier beschriebene Situation konnte in den letzten Jahren bei vielen Seminaren beobachtet werden. Ganz selten hat die Gruppe bzw. der Bediener den Sachverhalt sofort richtig eingeschätzt.

2 Prüfmittelüberwachung als Grundlage für die Prüfprozesseignung

2.1 Kalibrierung von Prüfmitteln

Jedes bei einem Messprozess verwendete Messgerät unterliegt der Prüfmittelüberwachung im Sinne der DIN EN ISO 10012 [24] und muss regelmäßig qualifiziert werden. Damit ist die Prüfmittelüberwachung die grundlegende Voraussetzung für die Prüfprozesseignung.

Um Herstellerangaben bzw. die prinzipielle Tauglichkeit von Standardmesssystemen prüfen und überwachen zu können, sind in Normen Prüfvorschriften festgehalten. Die Tabelle 2.1-1 zeigt exemplarisch für einige Standardmessmittel die maximal zulässigen Geräteabweichungen. In der jeweiligen Norm ist die Vorgehensweise für die Überprüfung näher spezifiziert.

	zul. Geräteabw. ± U			DIN
1. Messschieber L Messlänge in mm	(50 + 0,1·L) µm			862
2. Bügelmessschraube L' größte Messlänge der Messschraube in mm (gültig bis max. 500 mm) Ausgangslänge "0" gesetzt	(3 + L'/50) µm (Näherung)			863
3. Parallelendmaße				861
Genauigkeitsgrad 00	(0,05+0,001 L) µm			
" 0	(0,10+0,002 L) µm			
" 1	(0,20+0,004 L) µm			
" 2	(0,40+0,008 L) µm			
4. Messuhren	fges.	fw	U	878
Anzeigebereich 0,4 und 0,8 mm	9	3	6 µm	
" 3 mm	12	3	7 µm	
" 5 mm	14	3	8 µm	
" 10 mm	17	3	9 µm	
5. Fühlhebelmessgeräte	13	3	8 µm	2270
6. Feinzeiger				879
Skalenwert ≤ 1 µm	1,2	0,5	0,9 Skw	
" > 1 µm	1,2	0,3	0,7 Skw	
7. Feinzeiger mit elektr. Grenzkontakten				879
Skalenwert ≤ 1 µm	1,8	1	1,7 Skw	
" > 1 µm	1,8	0,5	1,2 Skw	
8. Pneumatische Längenmessgeräte				2271
ohne Abgleich	2,0	0,5	1,2 Skw	
mit Abgleich	1,5	0,5	1,0 Skl	
9. Elektrische Längenmessung für				nicht genormt
Analog Geräte	1% vom Endwert*)			
Digital Geräte	0,5 % vom Endwert			
10. Sinuslineal	$U_{15°}$	$U_{60°}$		2273
Rollenabstand 100 mm	4"	11"		
200 mm	3"	10"		
300 mm	3"	9"		
400 mm und 500 mm	2"	9"		

**) Endwert ist der maximal mögliche Messwert, von "0" aus, in einem eingestellten Bereich.*

Tabelle 2.1-1: Zulässige Messunsicherheit für Standardmessmittel

Detaillierte Verfahrensanweisungen sind in Richtlinien von VDI/VDE/DGQ [54] oder DKD enthalten.

2.2 Kalibrierung einer Messuhr

Am Beispiel einer Messuhr soll die Kalibrierung nach DIN 878 erfolgen. Die folgende Verfahrensanweisung ist einer DKD Richtlinie entnommen:

Eine Messuhr nach DIN 878 (Kalibriergegenstand) mit einem Skalenteilungswert (Skw) von 0,01 mm wird auf einem Messuhrenprüfgerät (s. Abbildung 2.2-1) – mit einem kalibrierten elektronischen Wegmesssystem als Referenznormal – verglichen. Die Messuhr und das Referenznormal sind dabei in einem Messständer so übereinander eingespannt, dass ihre Messbolzen an einem Verschiebeelement fluchtend angeordnet sind. Eine Verschiebung dieses Elementes, und damit eine Verschiebung des Messbolzens der Messuhr, bewirkt eine entsprechende Verschiebung des Messbolzens des Referenznormals (Abbesche Anordnung). Zur Kalibrierung der Messuhr werden definierte Verschiebungen des Messbolzens der Messuhr eingestellt, die mit dem Referenznormal bestimmt werden, wobei Zeiger und Teilstrich der Messuhr jeweils auf Überdeckung eingestellt werden. Die aktuelle Länge der jeweiligen Verschiebung ergibt sich aus der Modellfunktion der Auswertung.

Abbildung 2.2-1: Messuhrenprüfgerät

Zu ermitteln sind:

- *Gesamtabweichungsspanne* f_{ges}
- *Abweichungsspanne* f_c
- *Messwertumkehrspanne* f_u
- *Wiederholbarkeit (Wiederholstandardabweichung)* f_w
- *Abweichungsspanne in der Teilmessspanne* f_t

Auf die Ermittlung von f_t kann verzichtet werden, wenn f_e mit hinreichend vielen Messpunkten bestimmt wurde (siehe Punkt 5.3.1).

Die Messwerterfassung erfolgt bis 10 mm Messspanne sowohl bei hineingehendem als auch bei herausgehendem Messbolzen. Bei Messspannen > 10 mm werden die Messwerte nur bei hineingehendem Messbolzen aufgenommen (d. h. f_u, f_{ges} entfallen).

Die Kalibrierung erfolgt auf Kalibriereinrichtungen (s. Abbildung 2.2-1), mit denen eine kontinuierliche, feinfühlige und messbare Verschiebung des Messbolzens in beiden Messrichtungen möglich ist. Zum Beispiel: Messuhrenprüfgerät, Längenkomparator.

Bei der Kalibrierung einer mechanischen Messuhr sind folgende Bedingungen zu erfüllen:

- *Es sind mindestens 4 Messwerte pro Zeigerumdrehung zu erfassen.*
- *Es sind mindestens 9 Messwerte innerhalb der Messspanne zu erfassen.*
- *Es sind möglichst ungleiche Messpunktabstände im Sinne der Zeigerposition zu wählen.*
- *Ermittlung von f_w an beliebiger Stelle:*
- *Es sind mindestens 5 Messungen durchzuführen.*
- *Es wird empfohlen, 10 Skalenteile von der Null-Position entfernt zu messen.*
- *Falls bei der Bestimmung von f_e die Schrittweite 10 Skalenteile der Messuhr überschreitet, ist zusätzlich die Ermittlung von f_t erforderlich.*

Die Kalibrierung beginnt in der Nullstellung. Die Erfassung der Einzelmesswerte erfolgt in den oben genannten Schritten.

Bei der Kalibrierung werden die jeweiligen Messpositionen so angefahren, dass bei mechanischen Messuhren sich Zeiger und Teilstrich decken und bei elektrischen Messuhren die jeweilige Messposition unmittelbar nach dem entsprechenden Ziffernwechsel erfasst wird. Die Messposition ist in beiden Fällen nur im gleichbleibenden Richtungssinn anzufahren.

Anschließend sind die Ergebnisse tabellarisch sowie grafisch festzuhalten und die Kennwerte zu berechnen. Der Vergleich der Ergebnisse mit den Grenzwerten (s. Tabelle 2.1-1) entscheidet über die Tauglichkeit.

2.3 Eignungsnachweise für Standardmessmittel

Unter Standard-, oder auch Universal-Prüfmittel versteht man Prüfmittel, die nicht speziell für einen bestimmten Prüfgegenstand hergestellt wurden. Sie sind also vielseitig für unterschiedliche Messaufgaben einsetzbar.

Beispiele sind: Messschieber, Bügelmessschrauben, Messuhren, ...

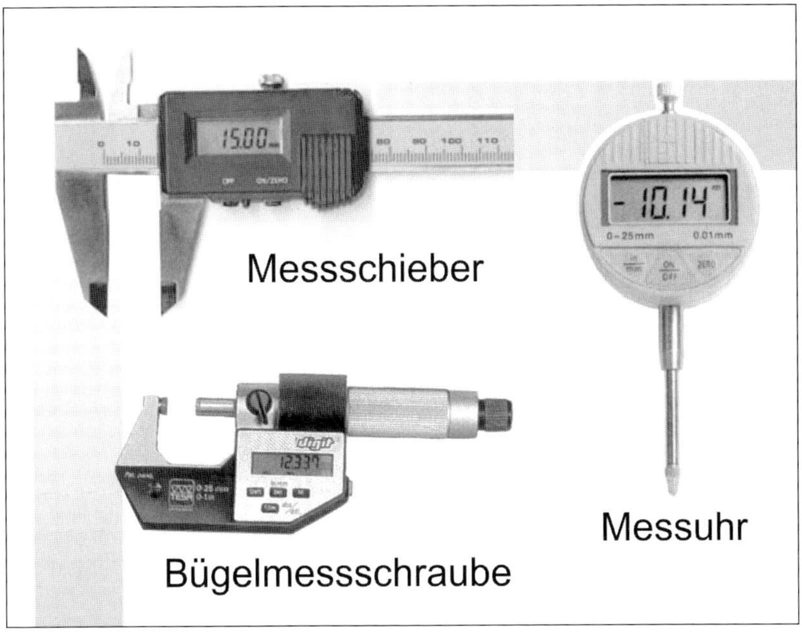

Abbildung 2.3-1: Standardmessmittel

Ein weiteres Kennzeichen ist, dass sie nach festgelegten Richtlinien oder Normen hergestellt und kalibriert werden. In diesen Vorgaben sind die maximal zulässigen Abweichungen an verschiedenen Messpunkten spezifiziert, innerhalb deren Grenzen diese Standard-Prüfmittel hergestellt sein müssen. Diese sogenannten Grenzabweichungen oder Fehlergrenzen werden unter definierten Bedingungen, bei hoher Sauberkeit, sorgfältiger Handhabung, engem Temperaturbereich (Bezugstemperatur 20°C), mit ausgebildeten Prüfpersonal und nahezu idealen Prüfobjekten, den sogenannten Normalen (z. B. Parallel-Endmaßen Toleranzklasse 1 nach DIN EN ISO 3650, s. Abbildung 2.3-2) ermittelt.

Abbildung 2.3-2: Parallelendmaße Toleranzklasse 1

Dieser Kalibriervorgang unter den genannten „idealen“ Voraussetzungen darf jedoch im Normalfall nicht gleichgesetzt werden mit der Anwendung unter realen Bedingungen, z. B. in der Werkstatt, an der Maschine bei der Überprüfung gerade gefertigter („nicht idealer“) Teile, durch angelernten Maschinenbediener (also keinen Prüftechniker), und unter viel stärker ausgeprägten Umfeldeinflüssen.

Wie also zu erkennen ist, sind unter tatsächlichen Einsatzbedingungen die Einflüsse stärker und vielfältiger als beim Kalibrieren. Demzufolge muss auch bei Standard-Prüfmitteln der Nachweis der Eignung unter diesen realen Bedingungen erbracht werden. Würde man den Nachweis für jedes einzelne Prüfmittel durchführen, so stellte dies einen kaum zu bewältigenden Aufwand dar. Als vertretbarer Lösungsansatz bietet sich folgende Vorgehensweise an:

> Nachdem per Norm/Richtlinie alle Standard-Prüfmittel eine bestimmte Grundgenauigkeit einhalten, genügt es dann für den jeweiligen speziellen Anwendungsfall mit einer Referenz-Untersuchung den geforderten Nachweis für alle weiteren identischen Prüfmittel zu erbringen.

Wichtig dabei ist, dass diese Untersuchung nur für diese Bedingungen gilt. Bei geänderten Voraussetzungen, d.h. anderen bedeutenden Einflussgrößen, ist diese Untersuchung zu wiederholen und die Parameter jeweils zu dokumentieren.

Als ein wichtiges Kriterium zur Vorauswahl von Standard-Messmitteln für einen geplanten Einsatz unter Produktionsbedingungen kann die Betrachtung der in den Normen festgelegten max. zulässigen Fehlergrenzen dienen. Dabei werden diese Grenzwerte unter dem Blickwinkel der goldenen Regel der Messtechnik gesehen, so dass sich dann im ersten Ansatz eine mögliche prüfbare Toleranz von 10 % der Fehlergrenze ergibt.

Beispiel:

Nach DIN 862 sind die Fehlergrenzen für einen Messschieber mit 160 mm Messspanne sowie einem Noniuswert von 0,1 mm bei normaler Messung mit ± 0,050 angegeben. Somit beträgt nach der 10%-Regel eine Vorauswahl für eine prüfbare Toleranz von ± 0,50 mm.

Bei einem Messschieber mit Ziffernanzeige von 0,01 (Digital-Messschieber) ist bis 100 mm Messspanne die Fehlergrenze von 0,02 und über 100 mm beträgt der Grenzwert ± 0,03. Damit liegt nach der 10%-Regel die Vorauswahl der prüfbaren Toleranz bei ± 0,30 mm.

Nach DIN 863-1 für Bügelmessschrauben (Normalausführung) mit einer Messspanne von 0-25 mm und Skalenanzeige 0,001, liegt die Fehlergrenze bei ± 4 µm und somit die Vorauswahl für prüfbare Toleranz bei ± 0,040 mm.

Nach DIN 863-4 für Innenmessschrauben (50-100 mm Messbereich) liegt die Vorauswahl für die prüfbare Toleranz bei ± 0,050 mm.

Hinweis:

Um Verwechslungen zu vermeiden, wurden hier die Fehlergrenzen mit Vorzeichen ausgeschrieben, was in den Normen so nicht mehr üblich ist.

Nach der Vorauswahl muss dann wie erwähnt, mit den klassischen Verfahren der Messsystemanalyse der Nachweis der Eignung unter realen Bedingungen erbracht werden. Also zunächst der Fähigkeitsnachweis mit einem Normal gemäß Verfahren 1 (s. Abschnitt 5.2.4) und anschließend mit Serienteilen und Anwendung von Verfahren 2 (s. Abschnitt 5.3.1) bei Beeinflussung durch den Bediener oder Verfahren 3 (s. Abschnitt 5.3.3), wenn kein Bedienereinfluss vorliegt.

3 Definitionen und Begriffe

Die verwendeten Begriffe und Definitionen sind in [1], [6], [11], [30], [38] und [52] festgelegt und können dort nachgelesen werden. Hier sind nur die für die folgenden Abschnitte wesentlichen Begriffe nochmals kurz dargestellt und an Hand von Grafiken untermauert und kurz kommentiert.

3.1 Prozess

Bei der Frage, ob ein Messsystem für die jeweilige Aufgabe geeignet ist oder nicht, wird immer der gesamte Vorgang als ein Prozess betrachtet und untersucht. Die Abbildung 3.1-1 zeigt die Definition „Prozess" im Sinne der EFQM (European Foundation of Quality Management).

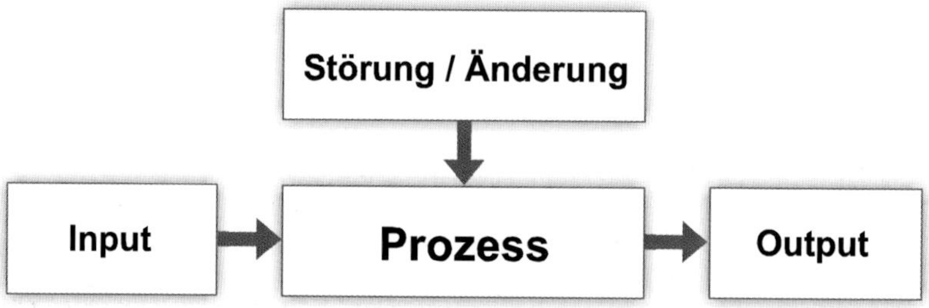

Abbildung 3.1-1: Definition Prozess nach EFQM (European Foundation of Quality Management)

3.2 Prüfprozess

Der Prüfprozess (s. Abbildung 3.2-1) ist immer als Gesamtheit aller Einflussfaktoren zu sehen. In der Vergangenheit wurde oftmals nur das Messgerät alleine betrachtet. Praktische Erfahrungen haben gezeigt, dass das Messgerät in der Regel den kleinsten Einfluss auf das Gesamtergebnis hat. Viel kritischer sind Einflussfaktoren wie Umgebung oder das Prüfobjekt selbst. So kann sich ein Prüfobjekt mit der Zeit aufgrund seiner Materialeigenschaften verändern. Damit können beispielsweise Ergebnisse eines Lieferanten nicht mit den Ergebnissen eines Abnehmers verglichen werden, wenn diese Veränderungen des Prüfobjektes nicht berücksichtigt werden.

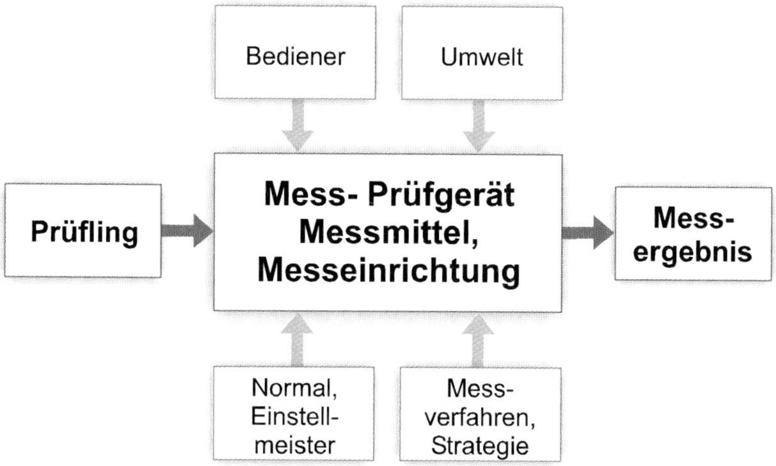

Abbildung 3.2-1: Definition Prüfprozess

3.3 Prüfen

Der Begriff „Prüfen“ (Abbildung 3.3-1) ist als Oberbegriff für eine subjektive bzw. objektive Beurteilung zu verstehen. Prinzipiell sollte jede Prüfung möglichst objektiv d.h. durch Lehren oder durch Messen erfolgen. Stehen in Ausnahmefällen für eine Messaufgabe aus technischen oder wirtschaftlichen Gründen keine Lehren oder Messmittel zur Verfügung, bleibt nur die subjektive Prüfung durch Sinneswahrnehmung übrig. Diese ist wegen unterschiedlicher Wahrnehmung und Bewertung des jeweiligen Prüfers äußerst kritisch und bedarf viel Erfahrung.

Die beste Beurteilungsmöglichkeit ist die Prüfung mit einem geeigneten Messsystem. Die Messwerte können oftmals elektronisch erfasst und automatisch weiterverarbeitet werden. Diese Vorgehensweise vermeidet Fehler bei der Messung und vermindert Übertragungsfehler.

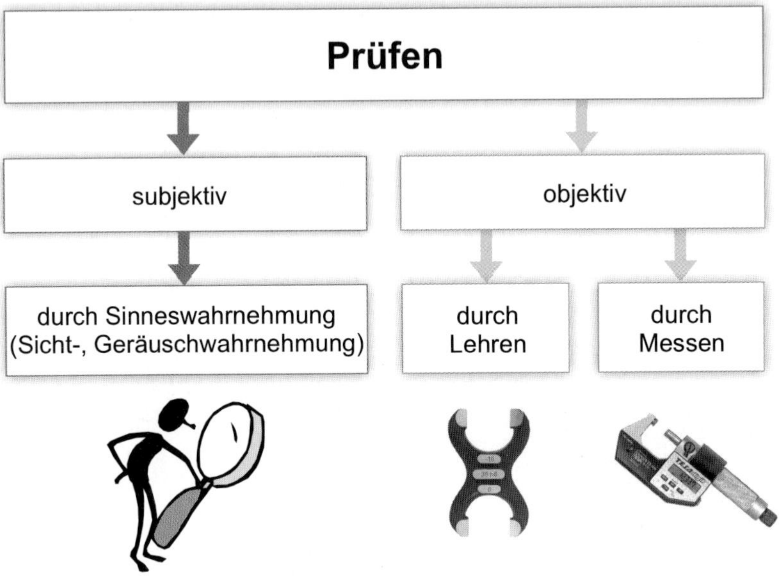

Abbildung 3.3-1: Definition: Prüfen, Lehren, Messen

3.4 Prüfmittel

Die für den objektiven Prüfer zur Verfügung stehenden Prüfmittel (Abbildung 3.4-1) können grob eingeteilt werden in: Normale (Abbildung 3.4-3), Messgeräte (Abbildung 3.4-2), Lehren (Abbildung 3.4-4) und Hilfsmittel.

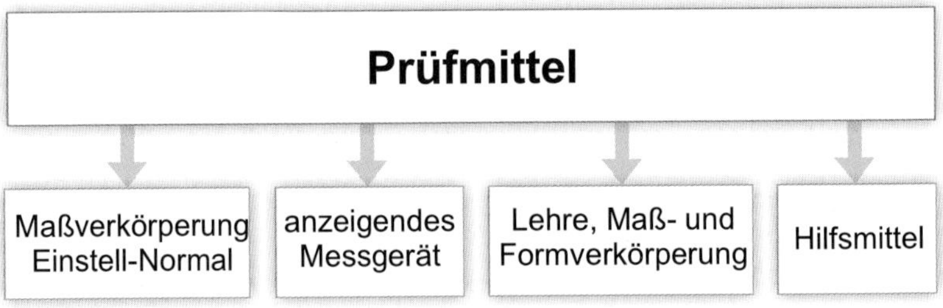

Abbildung 3.4-1: Definition Prüfmittel

Die Maßverkörperungen und Einstellnormale stellen die Rückführbarkeit eines Messprozesses auf die nationale und internationalen Normale her. Gleichzeitig dienen diese zur Einstellung der Messgeräte für die jeweilige Aufgabenstellung. Oftmals sind Messgeräte an Stativen befestigt oder in Vorrichtungen eingebaut. Dabei handelt es sich um Hilfsmittel, die Bestandteil des Messprozesses sind.

Lehren lassen nur eine gut/schlecht Prüfung zu und sind damit für eine statistische Auswertung im Sinne einer Prozessfähigkeitsstudie nicht brauchbar. Eine automatische

Übertragung des Prüfergebnisses ist ebenfalls nicht möglich. Der Vorteil bei Lehren ist die einfache und schnelle Handhabung.

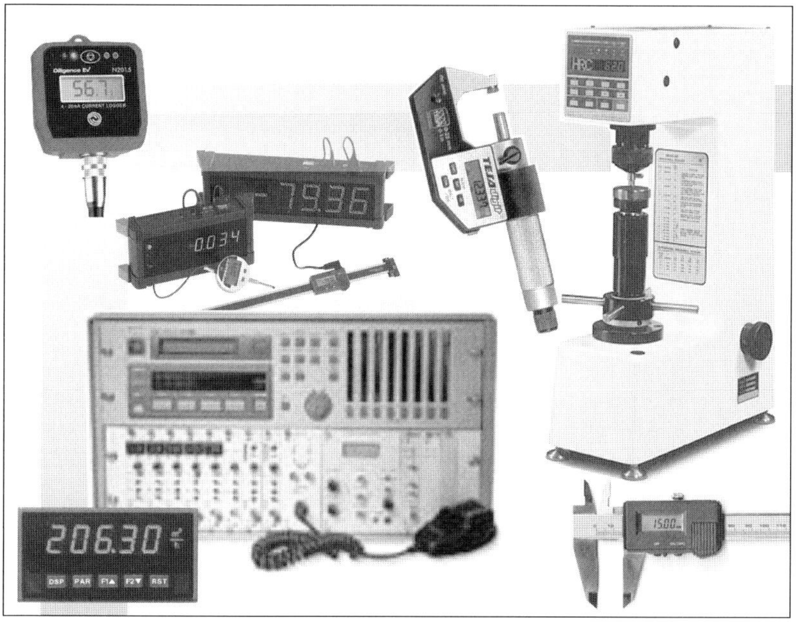

Abbildung 3.4-2: Anzeigende Messgeräte

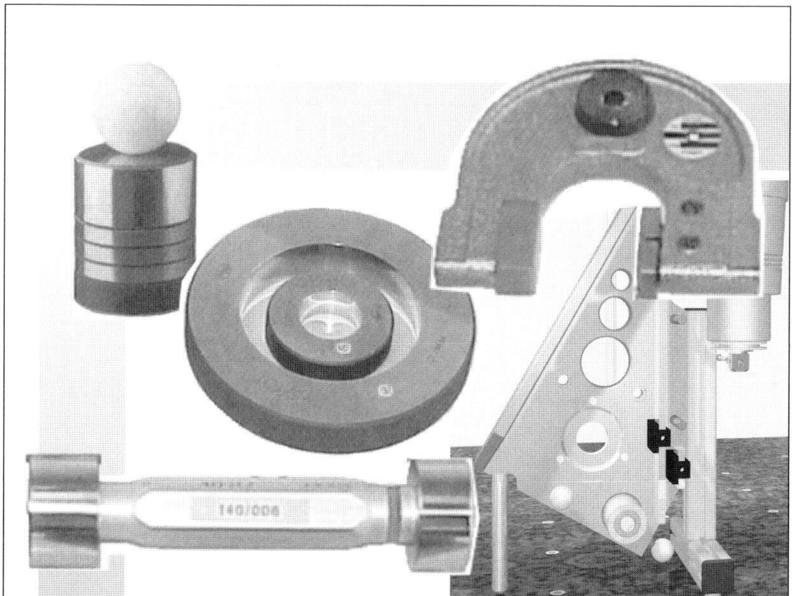

Abbildung 3.4-3: Normale, Maßverkörperungen

Abbildung 3.4-4: *Lehren, Maß- und Formverkörperungen*

Abbildung 3.4-5: *Hilfsmittel*

3.5 Messabweichungen und Messunsicherheit

Zeigt ein anzeigendes Messgerät einen Wert an, ist dieser nicht zwangsläufig der „Richtige Wert“. Dieser liegt in einem Bereich um das Messergebnis. Der Bereich ist die Messunsicherheit, die sich aus mehreren Messabweichungen zusammensetzt.

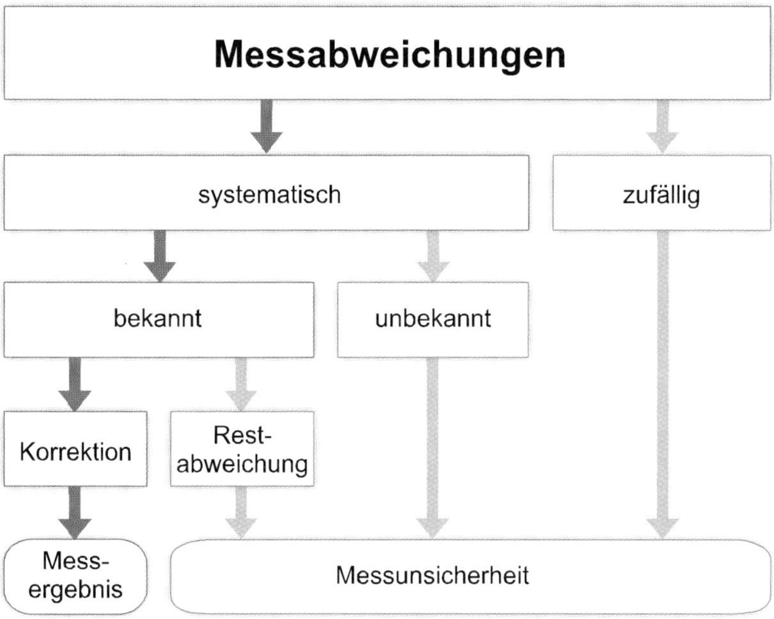

Abbildung 3.5-1: Wirkung von Messabweichungen

Diese unterschiedlichen Abweichungsarten sind in Abbildung 3.5-1 schematisch zusammengefasst. Näheres zur Begriffsdefinition und der Berechnung bzw. Ermittlung der Messunsicherheit ist im „Leitfaden zur Angabe der Unsicherheit beim Messen“ oder „Guide to the Expression of Uncertainty in Measurement“, kurz GUM [34], zu entnehmen.

Systematische Abweichungen

Mittelwert, der sich aus einer unbegrenzten Anzahl von Messungen derselben Messgröße ergeben würde, die unter Wiederholbedingungen ausgeführt wurden, minus einem wahren Wert der Messgröße.

Hinweise:

1. Systematische Messabweichung ist gleich Messabweichung minus zufällige Messabweichung.
2. Wie der wahre Wert können auch die systematische Messabweichung und ihre Ursachen nicht vollständig bekannt sein.

3. Die systematische Messabweichung eines Messgerätes wird üblicherweise geschätzt durch Mittelwertbildung der Messabweichungen der Anzeige über eine angemessene Anzahl von Wiederholmessungen.

Die Ursache der systematischen Abweichungen können bekannt oder unbekannt sein. Sie werden hauptsächlich hervorgerufen durch Unvollkommenheit der Messgeräte, der Messverfahren, des Prüfgegenstandes und durch Umwelteinflüsse.

Erfassbare systematische Abweichungen (bekannt)

Erfassbare systematische Abweichungen (durch Berechnung oder Messung bestimmbar) können zur Berichtigung der Messwerte benutzt werden.

Nicht erfassbare systematische Abweichungen (unbekannt)

Systematische Abweichungen, die auf einfache Weise nicht erfassbar sind, können jedoch oftmals abgeschätzt werden. Diese Abweichungen haben immer ein bestimmtes Vorzeichen (+ oder -), es ist jedoch nicht bekannt. Deshalb werden die zwar abschätzbaren aber nicht erfassbaren systematischen Abweichungen wie zufällige Abweichungen behandelt. Sie gehen dann mit dem Vorzeichen ± in die Berechnung der Messunsicherheit ein.

Zufällige Abweichungen

Zufällige Abweichungen werden von nicht erfassbaren Änderungen der Maßverkörperungen der Messgeräte, der Prüfgegenstände, der Umwelt und der Prüfpersonen hervorgerufen. Derartige Abweichungen haben unter gleichen Bedingungen nicht immer die gleiche Größe. Sie sind einzeln nicht erfassbar, machen die Messergebnisse unsicher und sind dadurch ein Bestandteil der Messunsicherheit.

3.5.1 Systematische Messabweichung

Die systematische Messabweichung ist die Abweichung zwischen dem Mittelwert der Messwertereihe bei wiederholtem Messen des gleichen Merkmales und dem wahren Wert des Merkmales. Der wahre Wert bezieht sich hierbei auf ein Normal, ein Einstellstück bzw. eine der Prüfmittelüberwachung zugrundeliegende Maßverkörperung, deren Ist-Wert ausreichend bekannt ist. Die Untersuchung ist an ein und demselben Normal, von einem Bediener und an einem Ort vorzunehmen.

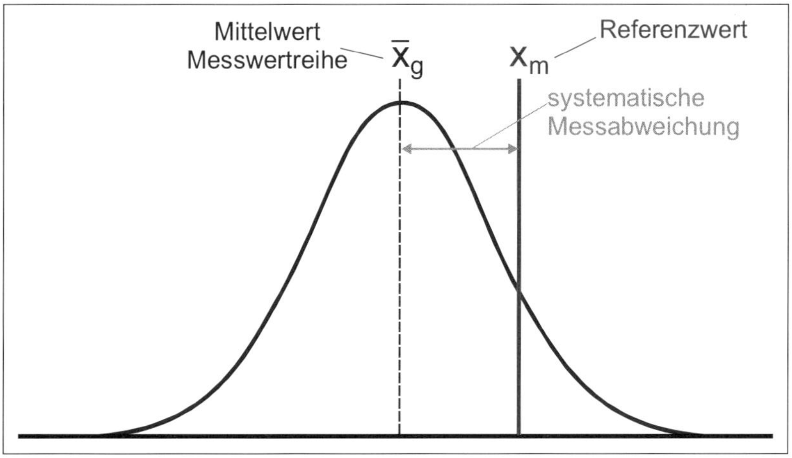

Abbildung 3.5-2: Systematische Messabweichung

3.5.2 Wiederholpräzision

In kurzen Zeitabständen werden Wiederholungsmessungen nach einem festgelegten Messverfahren an den selben Teilen (Normal, Prüfteil oder mehrere gleichartige Teile) mit dem selben Gerätebediener sowie derselben Geräteausrüstung und am selben Ort durchgeführt.

Ein Maß für die Wiederholpräzision ist das Vielfache der Standardabweichung der Messwertreihe.

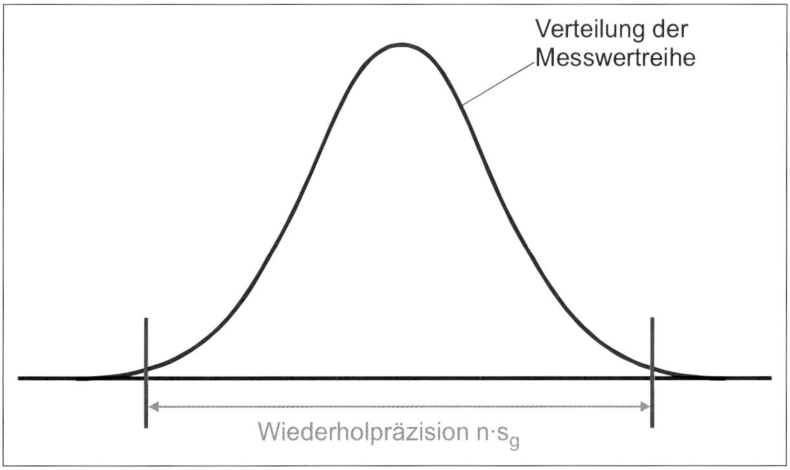

Abbildung 3.5-3: Wiederholpräzision

3.5.3 Vergleichspräzision

Hierbei wird mit einem festgelegten Messverfahren am identischen Objekt (Werkstücke aus der Serie) Messungen durchgeführt. Die Messungen werden:

- durch verschiedene Bediener oder
- an verschiedenen Orten oder
- mit verschiedenen Gerätschaften

durchgeführt.

In der Regel sind es zwei oder drei verschiedene Gerätebediener, die an den gleichen Teilen Messwerte aufnehmen. Oder ein und derselbe Gerätebediener wiederholt den Messvorgang an unterschiedlichen Orten bzw. mit verschiedenen Gerätschaften.

Bei der Durchführung einer Vergleichpräzisionsuntersuchung muss darauf geachtet werden, dass jeweils nur eine der drei variablen Größen verändert werden darf. Wenn diese Forderung nicht erfüllt wird, können bei der Auswertung die einzelnen Einflussgrößen nicht mehr bestimmt werden und machen die Auswertung unbrauchbar.

Ein Maß für die Vergleichspräzision ist der aus allen Werten sich ergebende Gesamtmittelwert und die Gesamtstreuung.

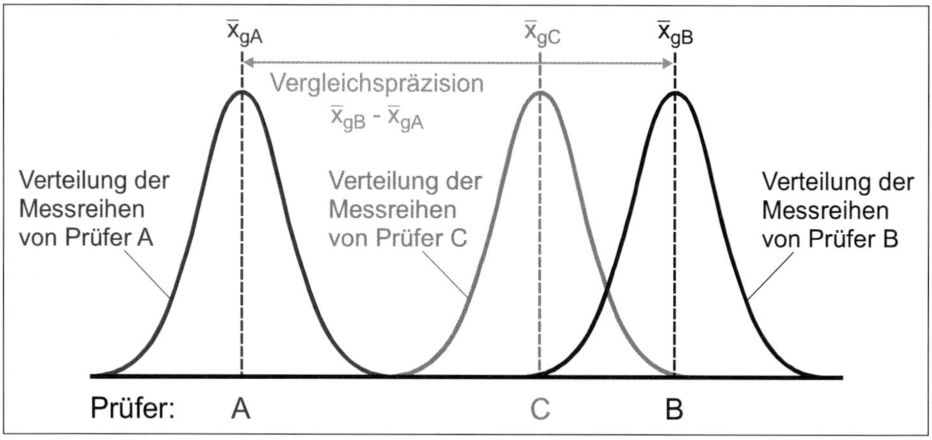

Abbildung 3.5-4: Vergleichspräzision

3.5.4 Linearität

An Normalen bzw. an kalibrierten Referenzteilen, die den gesamten Messbereich des Gerätes abdecken, werden durch den selben Bediener am selben Ort nach einem festgelegten Messverfahren Wiederholungsmessungen durchgeführt (Abbildung 3.5-5). Der Mittelwert einer Messwertreihe an den verschiedenen Normalen wird mit dem Referenzwert des Normals verglichen. Die Abweichungen sind ein Maß für die „Linearität“. Trägt man diese in ein Diagramm ein, so erhält man die Kennlinie der Linearitätsabweichung.

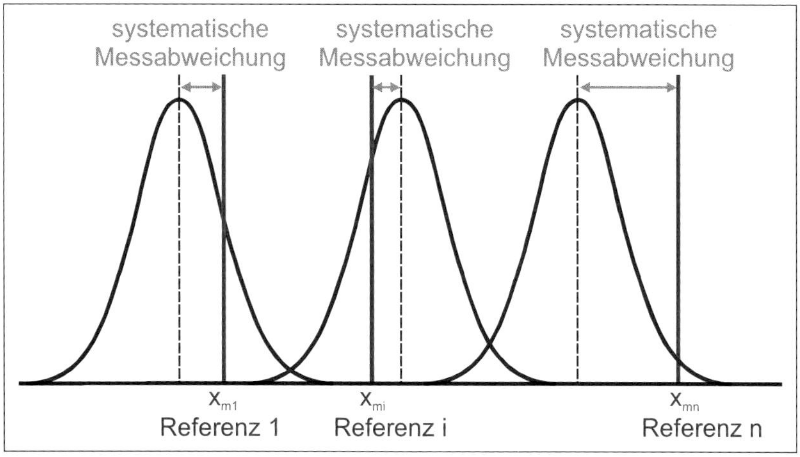

Abbildung 3.5-5: Untersuchung der Linearität

In Abbildung 3.5-6 sind die Ergebnisse (Mittelwerte) von Linearitätsuntersuchungen dargestellt. Dazu wurden an jeweils sieben Normalen mit unterschiedlichen Messgeräten fünf Wiederholungsmessungen durchgeführt und die Mittelwerte über den Referenzwert der Normale aufgetragen. Die Abbildung zeigt vier typische Situationen:

ideal: Die Mittelwerte stimmen mit dem Referenzwert überein, bzw. die systematische Messabweichung an jedem Normal ist vernachlässigbar klein.

Verschiebung: Über den gesamten Messbereich ist eine konkrete systematische Messabweichung vorhanden.

Verstärkung: Die systematische Messabweichung kann durch eine Ausgleichsgerade beschrieben werden. Die Steigung der Geraden weicht von „eins“ ab.

„nicht linear“: Die systematische Messabweichung ist nicht durch eine Ausgleichsgerade beschreibbar.

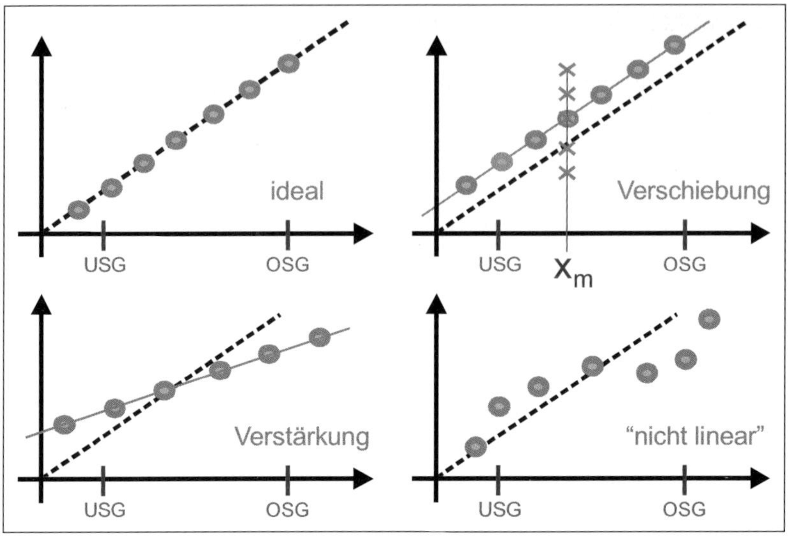

Abbildung 3.5-6: Unterschiedliche Linearitätsabweichungen

Zur Beurteilung der Linearität kann die Ausgleichsgerade als „Null“ angesehen und über den Referenzpunkten die jeweilige systematische Messabweichung dargestellt werden (Abbildung 3.5-7). Dadurch wird die tatsächliche Abweichung deutlich sichtbar.

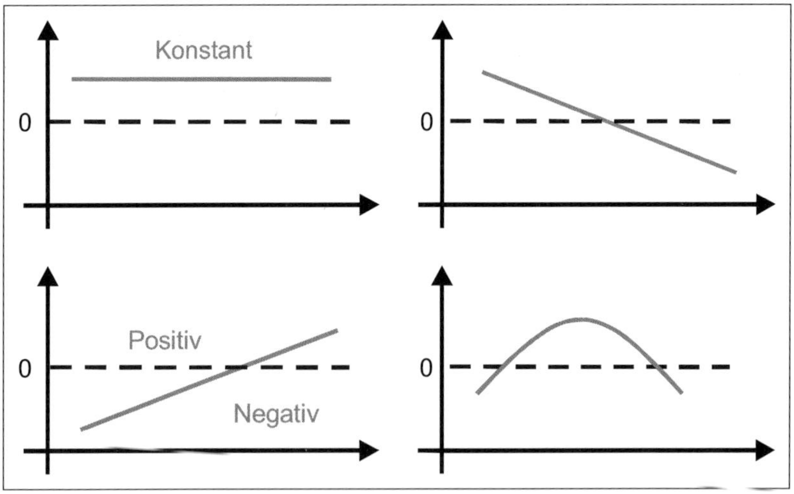

Abbildung 3.5-7: Linearität transformiert

3.5.5 Stabilität / Messbeständigkeit

Einem festgelegten Messverfahren mit der selben Geräteausrüstung und dem identischen Objekt werden am selbem Ort durch den selben Beobachter in festgelegten Zeitabständen Messungen vorgenommen und die sich ergebenden Mittelwerte miteinander verglichen.

Ein Maß für die Stabilität ist die maximale Differenz zwischen den Mittelwerten dieser Messwertreihen.

Die ermittelten Abweichungen beinhalten sowohl zufällige als auch systematische Einflüsse durch Messwertaufnehmer, die Kalibrierung, Verschleiß sowie durch die Umgebung.

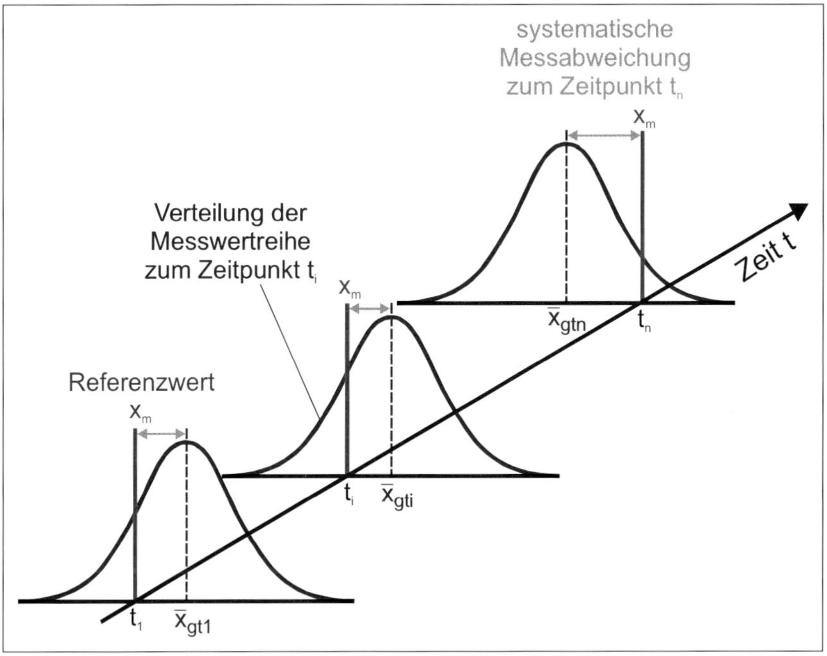

Abbildung 3.5-8: Stabilität

4 Einflussgrößen auf den Prüfprozess

4.1 Typische Einflussgrößen

Die beste Untersuchung und Beurteilung eines Messgerätes, wie diese im Sinne der Prüfmittelüberwachung (DIN EN ISO 100192 [27]) durchgeführt wird, ist für den Eignungsnachweis eines Prüfprozesses nur eine Komponente. Im realen Einsatz bzw. bei einer konkreten Messaufgabe haben immer mehrere Einflussgrößen eine nicht unerhebliche Auswirkung auf das Messergebnis. Daher wird hier von einem Messsystem gesprochen, das neben dem Messgerät selbst alle relevanten Einflussgrößen enthält (s. Abbildung 1.1-2 und Abbildung 4.1-1). Jede Einflussgröße für sich allein betrachtet, trägt einen Teil zur gesamten Messabweichung bei. Ob sich aufgrund von Abhängigkeiten von Einflussgrößen die Auswirkung verstärkt oder korrigiert, soll hier nicht näher erörtert werden. Vielmehr ist es das Ziel des Eignungsnachweises bei einem Prüfprozess die signifikanten Einflussgrößen zu finden und den Beitrag an Messabweichung abzuschätzen. Die Gesamtheit der einzelnen Messabweichungen ergibt die Messunsicherheit.

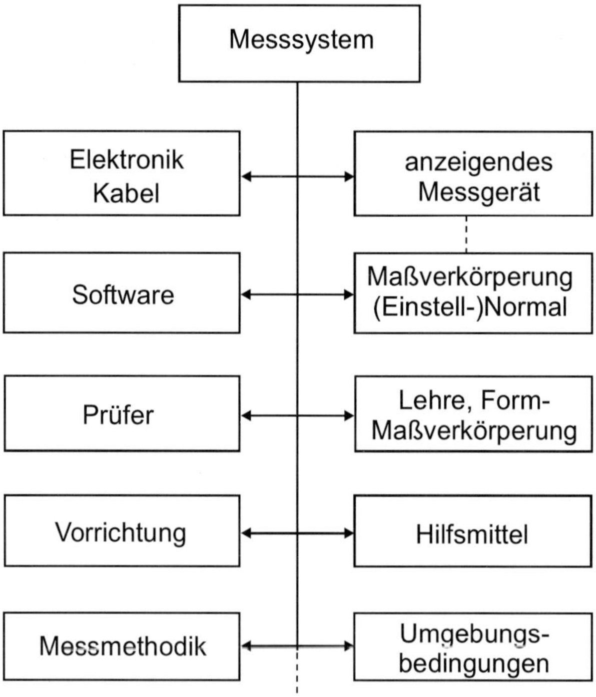

Abbildung 4.1-1: Definition Messsystem

Typische Ursachen für Messabweichungen sind:

- Form- und Lageabweichungen (s. Abbildung 4.1-2)
  - Beschaffenheit der Oberfläche
  - Werkstückverformung
- Messanordnung und verfahrensbedingte Abweichungen
  - Nichteinhaltung des Abbe'schen Grundsatzes
  - Vorgehensweise beim Einstellen
  - Berücksichtigung von Positioniergrundsätzen
  - Beachtung des Eigengewichtes
  - Antastrichtung
  - Bezugsfestlegung
- Durch Maßverkörperungen und Messgeräte verursachte Abweichungen
  - Maßverkörperung selbst (s. Abbildung 5.2-1)
  - Wiederholbarkeit der Messwerte
  - Messwertumkehrspanne
  - Messkraft
  - Abplattung
  - falsche Nullstellung
  - falsche Messgeräte
  - Linearitätsabweichungen
  - Abnutzung
- Umgebungseinflüsse
  - Temperaturschwankungen
  - relative Luftfeuchtigkeit, Luftdruck
  - Sauberkeit (s. Abbildung 4.1-3)
  - Magnetfelder
  - Schwingungen
- Bedienpersonal
  - Ablesefehler z.B. Parallaxe
  - Beurteilungsvermögen
  - Gefühl beim Prüfen (s. Abbildung 4.1-4)
  - Werkstückspannung
- Messmethode (s. Abbildung 4.1-2)
  - Anzahl Messpunkte / Scannen
  - unterschiedliche Referenzen
  - Auswerte- / Berechnungsmethode
  - Messgeschwindigkeit

Diese Aufstellung kann beliebig verlängert werden. Bei dem jeweiligen Prüfprozess sind die relevanten Einflussgrößen entsprechend zu berücksichtigen.

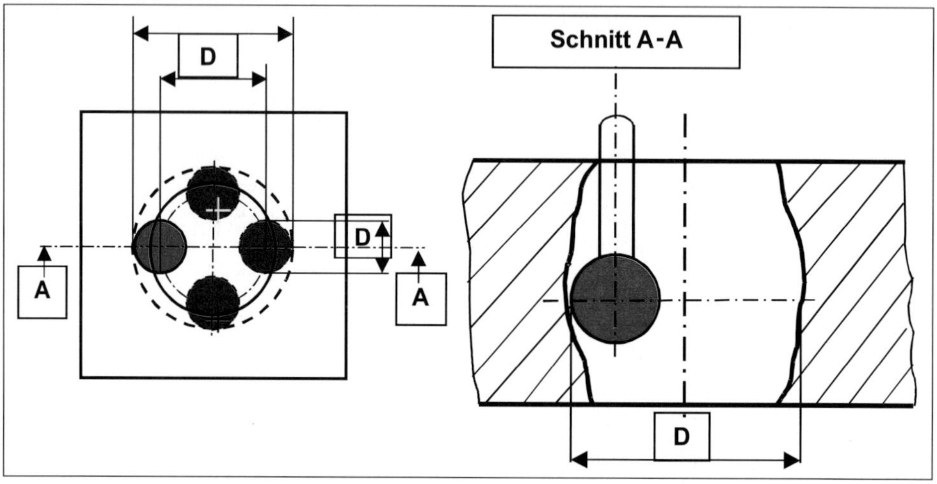

Abbildung 4.1-2: Antast-Strategie, Messort, Formfehler

	Gewichtung	Größe [µm]	Anzahl	100%	zul.Anzahl	Ergebnis
1	1.0	> 10 ... 30	572			
2	5.0	> 30 ... 50	124		200	i.O
3	10.0	> 50 ... 100	40		50	i.O
4	40.0	> 100 ... 200	11		20	i.O
5	80.0	> 200 ... 500	2		10	i.O
6	160.0	> 500	0		10	i.O

Gesamtergebnis: i.O

Kontaminationszahl: 2192.0

Abbildung 4.1-3: Sauberkeitsanalyse

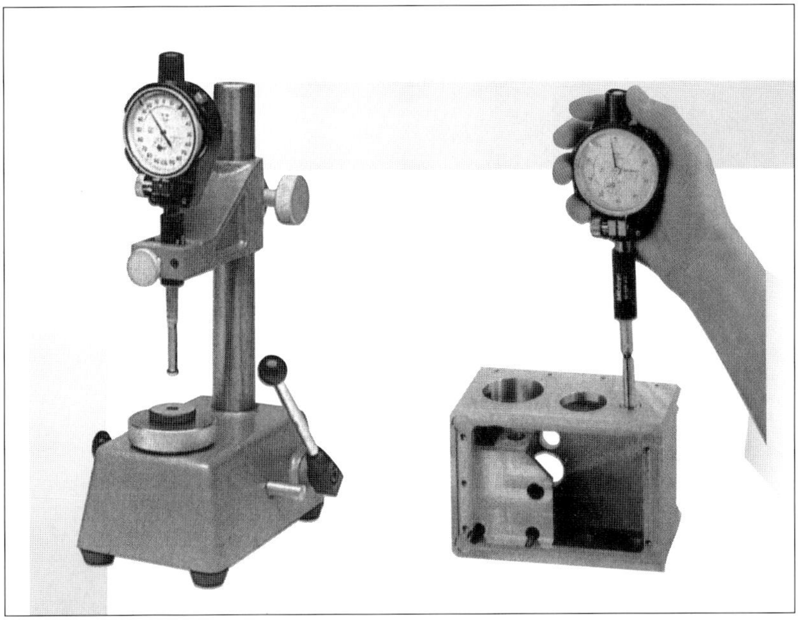

Abbildung 4.1-4: Bedienereinfluss durch Halterung minimiert

4.2 Auswirkung der Einflussgrößen

Die Auswirkungen der einzelnen Einflussgrößen innerhalb des Messprozesses führen zu einer systematischen Messabweichung und zu einer Wiederholpräzision.

Ähnlich wie bei einer Prozessfähigkeitsuntersuchung muss bei dem Messprozess die „Lage" ($\hat{=}$ systematische Messabweichung) und die „Streuung" ($\hat{=}$ Messwertstreuung) ermittelt, bewertet und im Einsatz kontinuierlich beobachtet werden, um signifikante Veränderungen des Messprozesses feststellen zu können. Die Abbildung 4.2-1 zeigt die Auswirkung der beiden Komponenten. Diese sind von Messprozess zu Messprozess unterschiedlich und können sich mit der Zeit für ein und den selben Messprozess verändern. In der Abbildung 4.2-3 sind die Anforderungen bezüglich der systematischen Messabweichung und der Wiederholpräzision eines Messprozesses grafisch dargestellt.

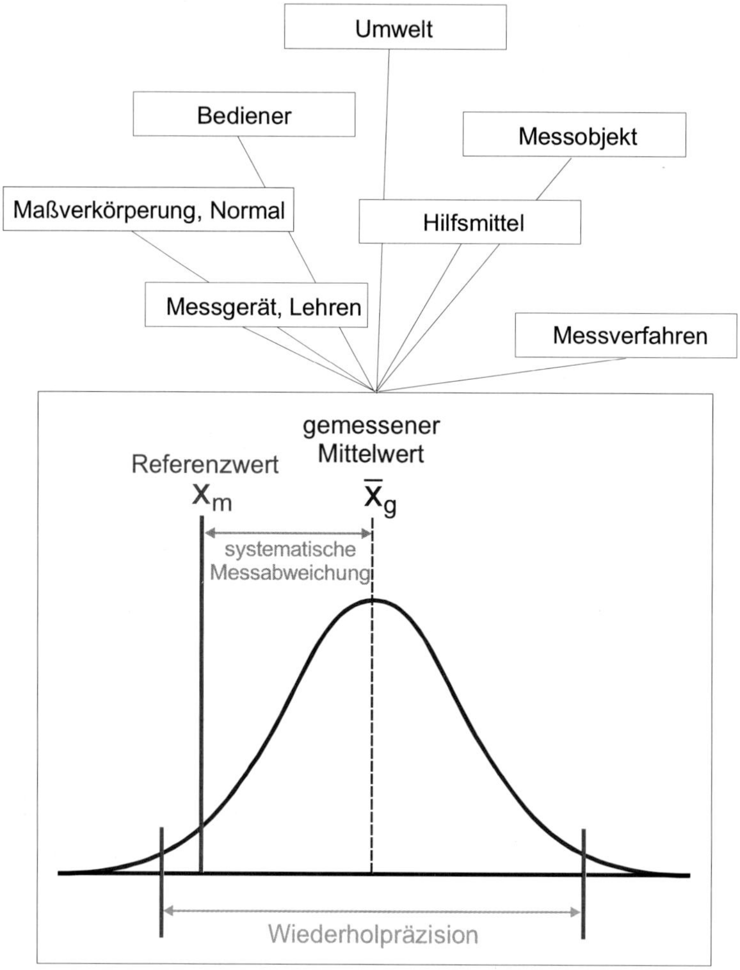

Abbildung 4.2-1: Entstehung der Messgerätestreuung

Wie sich die Messsystemabweichung und Wiederholpräzision bei der Beurteilung eines Prozesses im Rahmen einer Prozessfähigkeitsuntersuchung auswirkt, zeigt die Abbildung 4.2-2. Dargestellt sind die Auswirkungen der beiden Komponenten in einer $\bar{x}$-Lagekarte und in einer s-Streuungskarte.

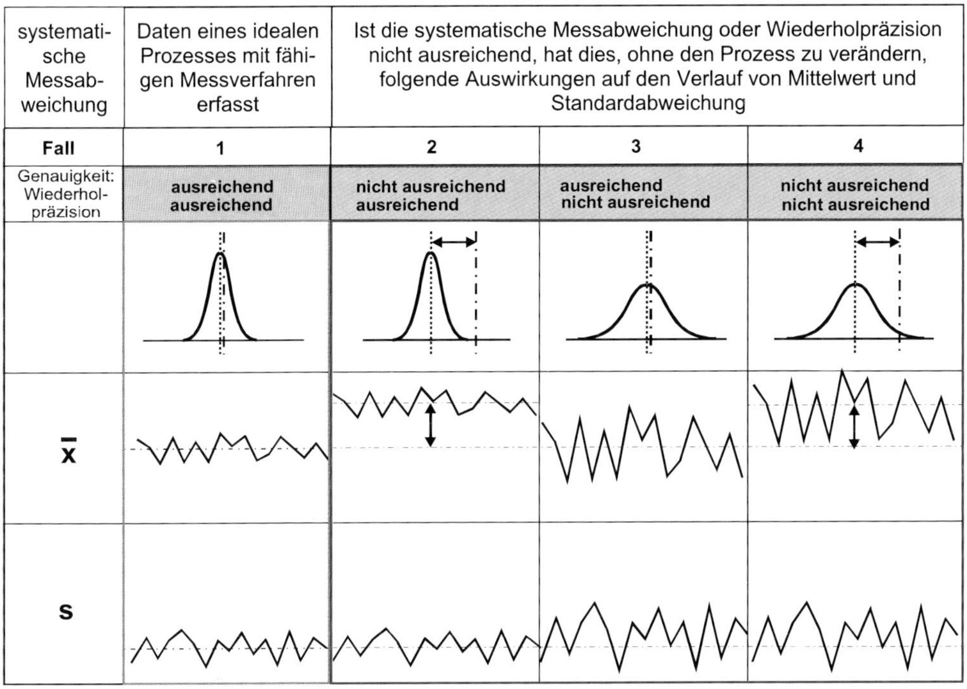

Abbildung 4.2-2: Auswirkung der Messgerätegenauigkeit

In den Fällen 2, 3 und 4 (Abbildung 4.2-2) wird ein idealer Prozess nur aufgrund eines ungeeigneten Messprozesses fehlerhaft beurteilt. Die Auswirkungen auf die Qualitätsfähigkeitskenngröße C_p ist in Abbildung 1.1-5, Abbildung 1.1-6 und Abbildung 1.1-7 aufgezeigt.

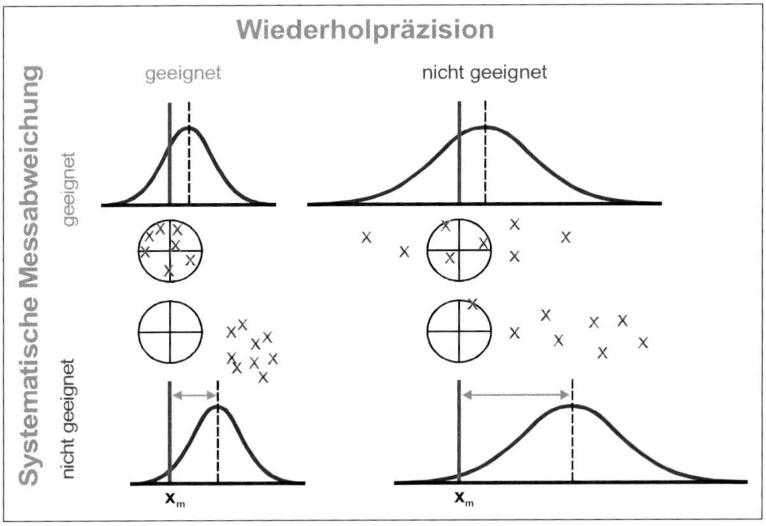

Abbildung 4.2-3: Auswirkung der Systematischen Messabweichung und Wiederholpräzision auf den Messprozess

4.3 Bewertung des Prüfprozesses

Wie in den Abschnitt 4.1 und 4.2 erörtert, sind bei einem Prüfprozess unweigerlich Einflussgrößen vorhanden und diese haben ihre Auswirkung auf das Messergebnis. Ziel muss es immer sein, die Auswirkung der Einflussgrößen durch adäquate Maßnahmen zu vermeiden oder so klein wie möglich zu halten. Aus technischen oder wirtschaftlichen Gründen werden nicht alle Einflussfaktoren vermieden werden können. Daher benötigt man Verfahren, um die Auswirkungen anhand der Messabweichung zu ermitteln und Kenngrößen zu bestimmen. Mit diesem „Wissen" kann über die Eignung des Messprozesses entschieden werden. Die hierfür verwendeten Verfahren sind, wie in der Einleitung erläutert, entweder „Prüfmittelfähigkeitsuntersuchung" oder die Bestimmung der „Messunsicherheit". Worin liegen die Unterschiede in diesen beiden Ansätzen? Die Zielsetzung ist die gleiche: „Es soll eine Aussage über die Eignung des Prüfprozesses gemacht werden." Das Messgerät und die vorhandenen Einflussgrößen sind ebenfalls gleich. Der Unterschied liegt in der Vorgehensweise und der Berechnung von Kenngrößen. So wird bei der Prüfmittelfähigkeit (s. Abbildung 4.3-1) der Kennwert %R&R bestimmt.

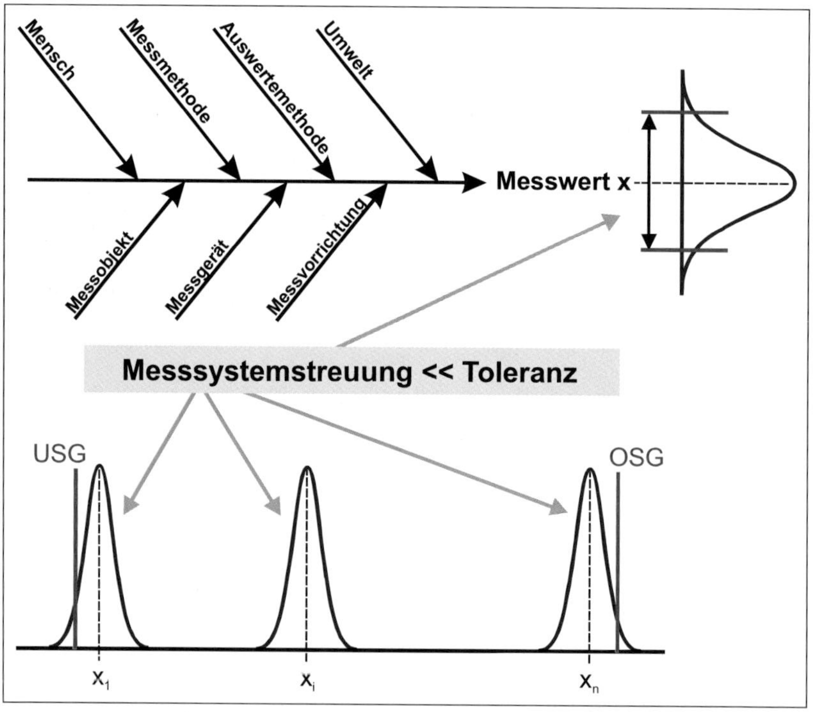

Abbildung 4.3-1: %R&R Wiederhol- und Vergleichspräzision

Anhand dessen wird entschieden, ob der Messprozess geeignet ist oder nicht. Das heißt, man akzeptiert, wenn auch gering, eine bestimmte Messabweichung. Dies hat zur Konsequenz, dass bei Messergebnissen in der Nähe der oberen bzw. unteren Spezifikationsgrenze „Fehlentscheidungen" möglich sind (Abbildung 4.3-2). Um diese zu vermeiden, muss der Bereich II (Abbildung 4.3-3) abgeschätzt werden.

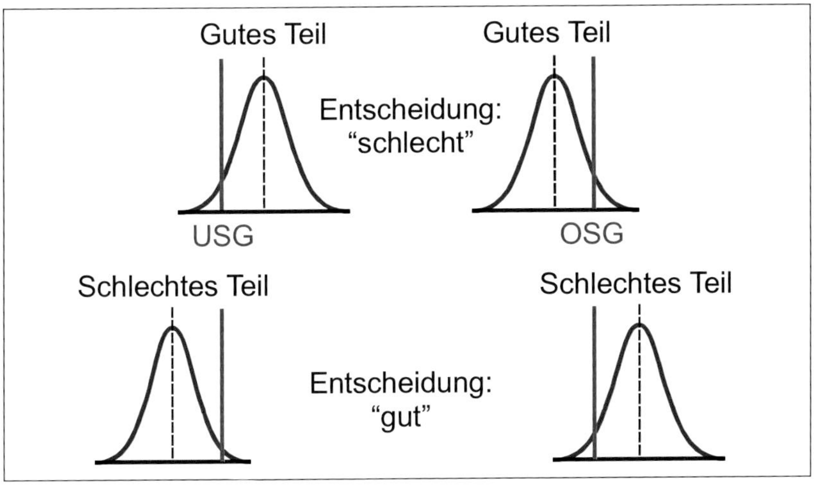

Abbildung 4.3-2: Mögliche Fehlentscheidungen auf Grund eines unzureichenden Messprozesses

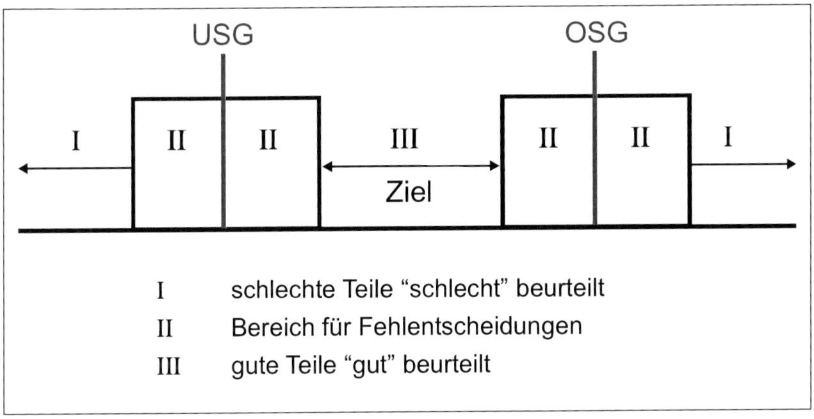

Abbildung 4.3-3: Einteilung in Bereiche für eindeutige Entscheidungen

Genau diese Denk- und Handlungsweise fordert die DIN EN ISO 14253 [32]. Dort wird die Bestimmung der erwarteten Messunsicherheit U für einen Prüfprozess gefordert und hat Entscheidungsregeln für einseitig bzw. zweiseitig begrenzte Merkmale festgelegt:

- **Bereich der Übereinstimmung:**
  Der Spezifikationsbereich verringert um die erweiterte Messunsicherheit U
- **Bereich der Nicht- Übereinstimmung:**
  Der Bereich außerhalb des Spezifikationsbereichs erweitert um die erweiterte Messunsicherheit U
- **Unsicherheitsbereich:**
  Bereiche in der Nähe der Spezifikationsgrenzen, für den unter Berücksichtigung der Messunsicherheit weder Übereinstimmung noch Nicht-Übereinstimmung nachgewiesen werden kann.

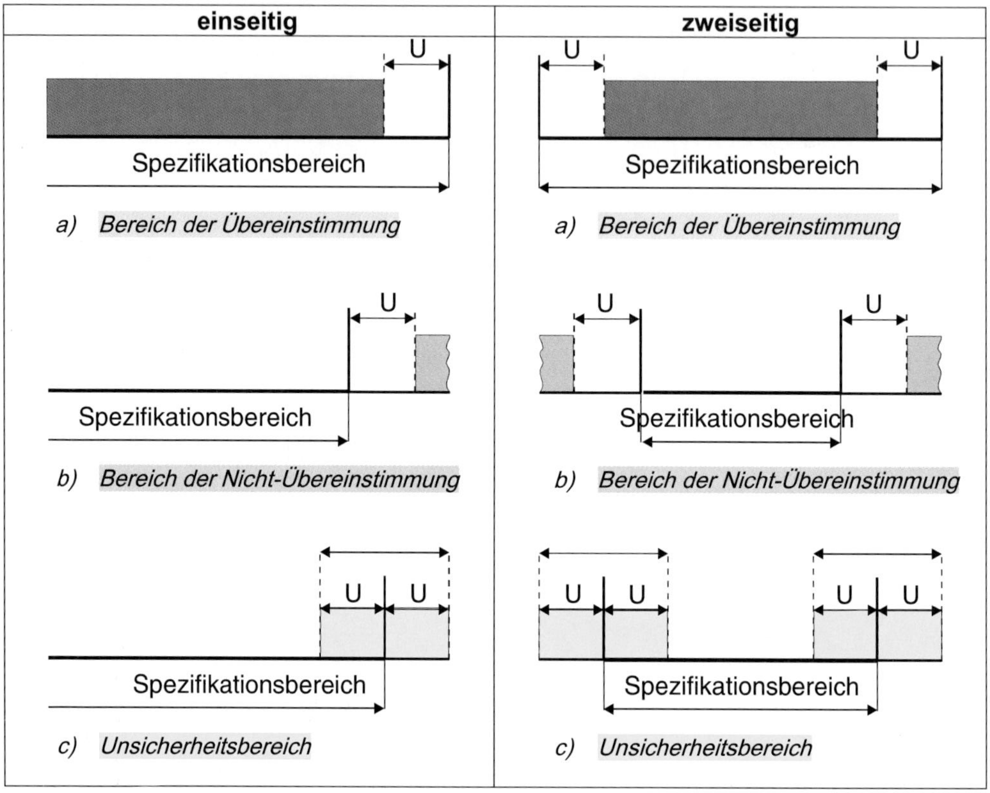

Abbildung 4.3-4: Messunsicherheit an den Spezifikationsgrenzen

Diese Regel hat für Lieferant und Abnehmer die in Abbildung 4.3-5 und Abbildung 4.3-6 dargestellte Auswirkung. Der Lieferant muss seine Fertigung so ausrichten, dass sich der Fertigungsprozess nur in der Rubrik „Übereinstimmung" bewegt. Das bedeutet, dass unter zunehmender Messunsicherheit sich der Spielraum für die Fertigung bewegt. Umgekehrt muss der Abnehmer den Bereich „Übereinstimmung" plus „Nicht-Übereinstimmung" akzeptieren.

Ist die erweiterte Messunsicherheit U für einen Messprozess bekannt, wird die Kenngröße 2·U/T (T=Toleranz) berechnet und als Entscheidungsgrundlage für die Eignung eines Prüfprozesses [52], [7] herangezogen.

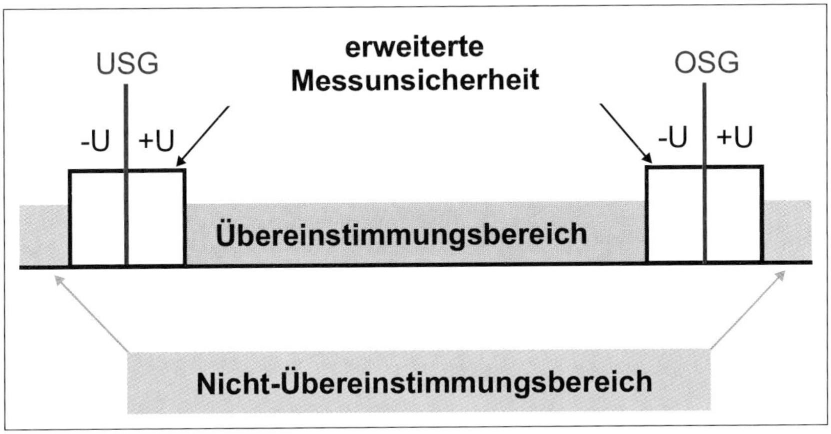

Abbildung 4.3-5: Forderung der DIN EN ISO 14253 [31]

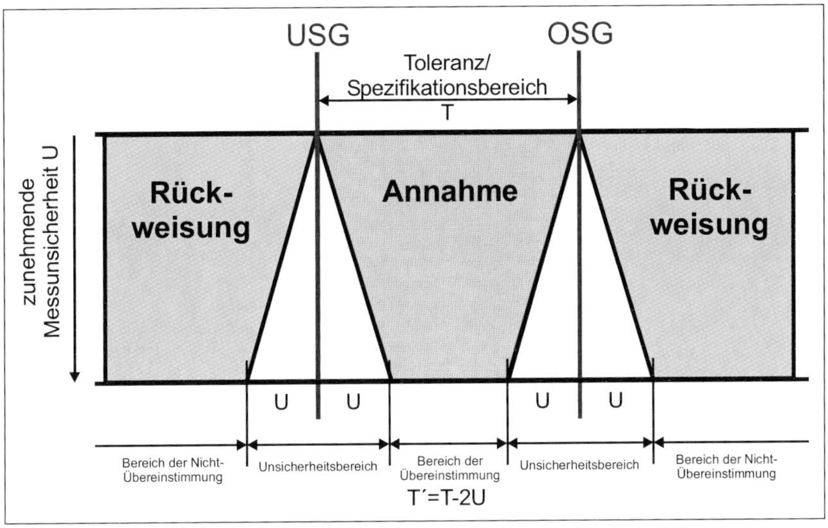

Abbildung 4.3-6: Auswirkung der zunehmenden Messunsicherheit auf die Fertigungstoleranz

5 Prüfmittelfähigkeit als Eignungsnachweis für Messprozesse

5.1 Grundlegende Verfahren und Vorgehensweise

Die Vorgehensweise bei Prüfmittelfähigkeitsuntersuchungen wurden in erster Linie von der Automobilindustrie entwickelt. Eine Norm, in der diese Betrachtungsweise festgelegt ist, gibt es bis heute nicht. Daher steht keine einheitliche Vorgehensweise zur Verfügung. Basierend auf der MSA [1] sind zur Konkretisierung und praktikablen Umsetzung mehrere firmenspezifische Richtlinien entstanden:

- EMS □ General Motors. Co. [43]
- EU 1880 □ Ford Motor Co. [41]
- Heft 10 □ Robert Bosch GmbH [51]
- QR 01 □ DaimlerChrysler AG [3]
- Leitfaden der Automobilindustrie [48]

um nur einige zu nennen. Alle haben zwar die gleiche Zielsetzung, unterscheiden sich allerdings bei der Berechnung der Kennwerte, Festlegung der Grenzwerte und Begriffsdefinitionen. Übergreifend kann gesagt werden, dass der in Abbildung 5.1-1 dargestellte Ablauf allen Richtlinien zu Grunde liegt. Nur die im Flussdiagramm aufgeführten Verfahren 1, 2 und 3 sind von der Zielsetzung identisch:

Analyse-Phase

Verfahren	Zielsetzung	Kennwerte
Verfahren 1	Systematische Messabweichung und Wiederholpräzision	C_g, C_{gk}, t-Test, Vertrauensbereich
Verfahren 2	Wiederhol-, Vergleichspräzision (mit Bedienereinfluss)	%R&R, ndc
Verfahren 3	Wiederholpräzision (ohne Bedienereinfluss)	%R&R, ndc

Hinweis zu Verfahren 3:

Es liegt eindeutig kein Bedienereinfluss vor, wenn das Teil automatisch in das Messsystem eingeführt und entnommen wird. Allerdings kann und sollte der Begriff „Bedienereinfluss" weiter gefasst werden. Durch bautechnische Maßnahmen wie Anschlag, Positionierhilfe usw. kann der Bedienereinfluss minimiert werden. Die Vergleichspräzision verringert sich, bzw. die grafischen Darstellungen zeigen keine signifikanten Unterschiede zwischen den Prüfern.

Bei einigen Firmen werden weitere Verfahren 4, 5, usw. behandelt. Diese haben allerdings unterschiedliche Bedeutung und können daher weder verallgemeinert noch miteinander verglichen werden.

Die Abbildung 5.1-1 verdeutlicht die Anwendungsgebiete der beschriebenen Verfahren. Das Verfahren 1 wird vornehmlich bei Herstellern von Messmitteln und im Messmittelbau verwendet. Damit kann die prinzipielle Eignung und Tauglichkeit nachgewiesen werden. Erst wenn diese Untersuchung erfolgreich abgeschlossen ist, ist die Beurteilung im realen Einsatzbereich gemäß Verfahren 2 oder 3 sinnvoll.

Zitat aus der Ford Richtlinie EU 1880B [40]:

„Eine Untersuchung nach Verfahren 1 wird man in der Regel beim Lieferanten zur Beurteilung eines neuen Instruments vor dessen endgültiger Auslieferung und Installation durchführen. Die Untersuchung nach Verfahren 2 wird in erster Linie durchgeführt für neue oder bereits vorhandene Messmittel vor deren endgültiger Genehmigung für den Einsatz in der Fertigung. Diese Methode kann auch für Routineprüfungen und zur Neuausstellung eines Fähigkeitszertifikats verwendet werden."

Warum ist die Durchführung von Verfahren 1 sinnvoll?

Das Verfahren 1 beurteilt die systematische Messabweichung und die Wiederholpräzision unter „idealisierten" Bedingungen. Da die Verfahren 2 und 3 die umfassende Vorgehensweise ist, und mehr Einflussgrößen berücksichtigen als Verfahren 1, liegt der Gedanke nahe, auf das Verfahren 1 zu verzichten, zumal es in der MSA [1] nicht als solches aufgeführt ist. Trotzdem ist es von größter Bedeutung. Denn durch Verfahren 1 wird die geforderte Durchführbarkeit auf nationale und internationale Normale sichergestellt und Abweichungen werden anhand der systematischen Messabweichung bewertbar.

Ein weiterer Grund ist in der Einfachheit des Verfahrens zu sehen. Auch wenn es unter idealisierten Bedingungen:

- Messungen an einem Normal / Referenzteil
- Messungen von nur einem Prüfer

durchgeführt wird, erhält man sehr schnell einen ersten Überblick. Sollte sich bereits bei Verfahren 1 herausstellen, dass das Messsystem nicht geeignet ist, können die weiteren Untersuchungen nach Verfahren 2 oder 3 entfallen. Dafür können in einer frühen Phase des Eignungsnachweises Verbesserungs- und Abstellmaßnahmen eingeleitet werden.

Hinweis:

Ab der dritten Ausgabe der MSA [1] wird die systematische Messabweichung extra beurteilt und ein Grenzwert vorgegeben.

Neben den Verfahren 1, 2 und 3 gilt es, zusätzlich die:

- Unsicherheit des Normals / Referenzteil
- Auflösung
- Linearität und
- Messbeständigkeit (Stabilität)

zu beurteilen. Dabei ist die Untersuchung der Messbeständigkeit das letzte Glied in der Kette und wird nur durchgeführt, wenn der Messprozess als geeignet angesehen wird. Mit diesem Verfahren wird der Messprozess kontinuierlich beobachtet, um festzustellen, ob er sich signifikant verändert. Dies ist insbesondere bei der Serienfertigung von eminenter Wichtigkeit. Nur so können plötzliche oder schleichende Veränderungen der

Messabweichung erkannt und Fehlentscheidungen aufgrund eines nicht geeigneten Messprozesses vermieden werden. Diese kontinuierliche Beurteilung der Messbeständigkeit wird auch im Rahmen der Prüfmittelüberwachung (DIN EN ISO 10012 [24]) gefordert.

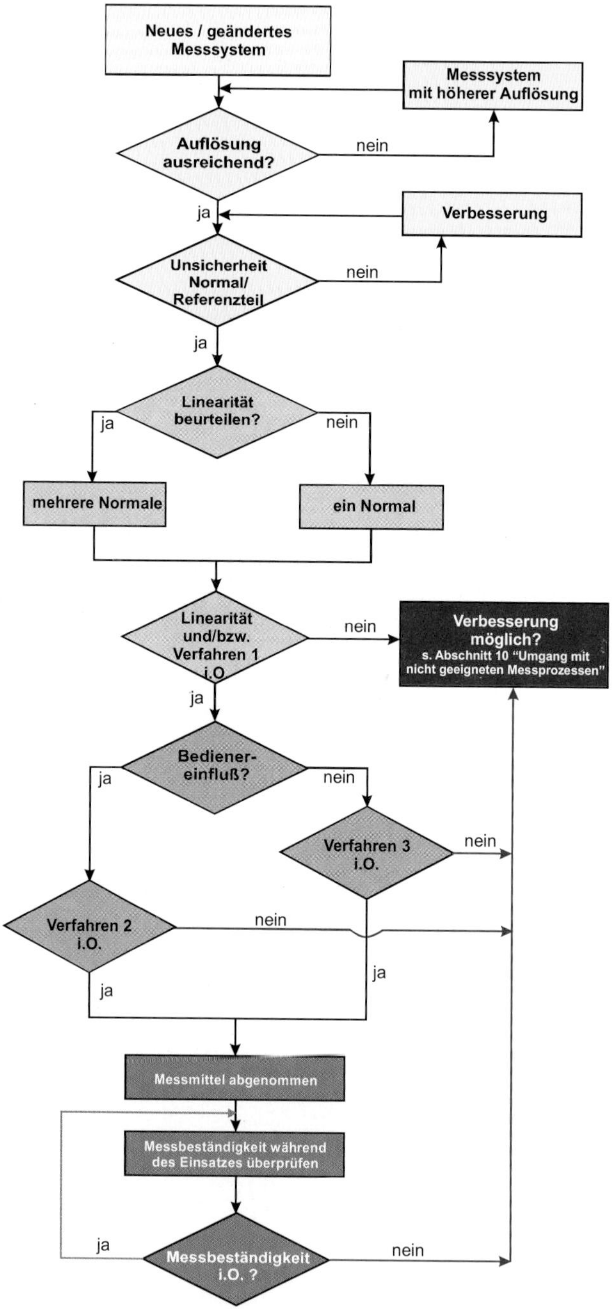

Abbildung 5.1-1: Ablauf und Zusammenhang der Verfahren

5.2 Beurteilung Messmittel

5.2.1 Unsicherheit des Normals / Einstellmeister

Um die systematische Messabweichung beurteilen zu können, muss die Rückführbarkeit in Bezug zu nationalen oder internationalen Normalen gestellt werden. Im einfachsten Fall sind dies handelsübliche Normale (s. Abbildung 3.4-3). Aufgrund der Messkette weist jedes Normal eine Messunsicherheit auf. Diese ist um so größer, je weiter das Normal von dem „Ur"-Normal entfernt ist.

Die Abbildung 5.2-1 zeigt, wie sich die Messunsicherheit eines Normals vergrößert, je weiter es in der Hierarchiestufe vom nationalen oder internationalen Normal entfernt ist.

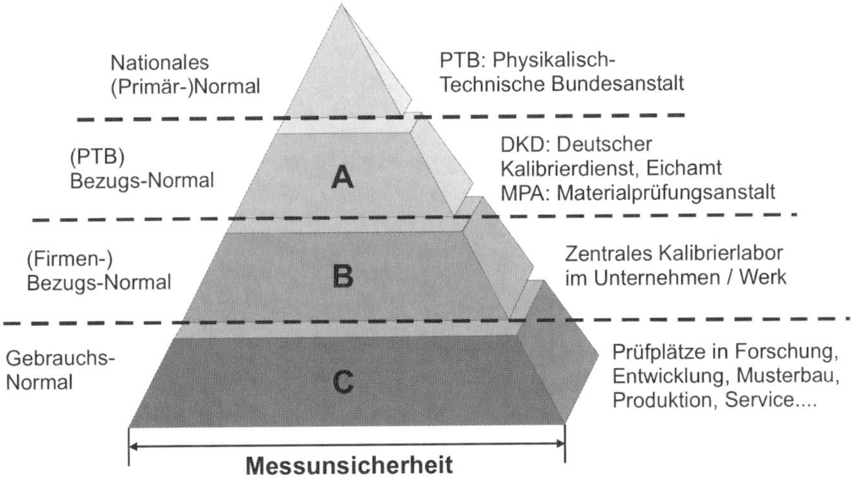

Abbildung 5.2-1: Hierarchie der Normale

Für die Maßeinheit „Gewicht" sind in Abbildung 5.2-1 für drei Hierarchiestufen typische Waagen dargestellt. In diesem Fall werden die Waagen mit DKD - Zertifikat für das Wiegen von Teilen verwendet. Diese unterliegen der regelmäßigen Qualifizierung gemäß DIN EN ISO 10012 [24]. Das bei der Kalibrierung vorgegebene Qualifikationsintervall ist einzuhalten.

Die Messunsicherheit U des Prüfnormals, die sich aus dem Kalibrierschein ergibt, ist quasi der erste Einflussfaktor, der sich bei der Beurteilung des Messprozesses auswirkt. Der Messprozess kann auf keinen Fall besser sein als die Unsicherheit des Normals. Daher muss zunächst die Frage gestellt werden, wie groß darf die Messunsicherheit U eines Normals werden, damit das verwendete Normal akzeptiert ist? Als Erfahrungswert hat sich die Forderung bewahrheitet, dass $U \leqq 5\%$ der Merkmalstoleranz sein muss. Bewegt sich U in dieser Größenordnung, ist die daraus resultierende Messunsicherheitskomponente bei der Bestimmung der erweiterten Messunsicherheit des gesamten Messprozesses in der Regel vernachlässigbar!

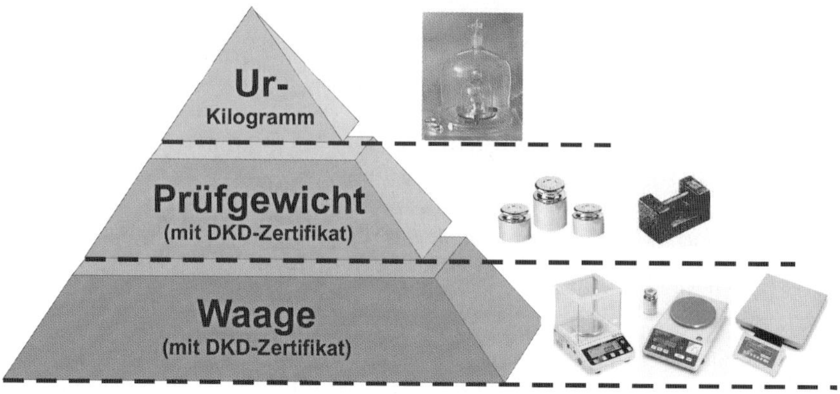

Abbildung 5.2-2: Messunsicherheit für die Einheit „Gewicht“

Häufig steht kein handelsübliches Normal zur Verfügung. In diesem Fall können sogenannte Einstellmeister oder Meisterteile (im Folgenden als Referenzteile bezeichnet) herangezogen werden. Die Namensgebung ist nicht genormt und daher firmenübergreifend unterschiedlich. Dabei handelt es sich häufig um normale, der Fertigung entnommene, Werkstücke oder speziell für einen Messprozess hergestellte Teile. Um diese Referenzteile für die Beurteilung der systematischen Messabweichung heranziehen zu können, müssen diese ähnliche Bedingungen wie die Normale erfüllen. Das heißt, sie müssen kalibriert werden und unterliegen der Prüfmittelüberwachung. Folgende Situationen sind zu unterscheiden:

Kalibriertes Einstellstück als Normal

Ein Einstellstück welches zum Einmessen der Messvorrichtung dient, ist nicht in jedem Fall geeignet, da beim Einstellen eine mögliche systematische Messabweichung, die bei der Messsystemanalyse bewertet werden soll, eliminiert wird. Wird aus wirtschaftlichen Gründen trotzdem das Einstellstück verwendet, kann nur die Wiederholpräzision C_g/EV sicher bestimmt werden. Die Bestimmung von C_{gk} ist nicht sinnvoll.

Mehrere kalibrierte Einstellstücke als Normale

Häufig geht man schon dazu über, für jeden Messvorgang mehrere Kalibrierstücke zu besorgen. Dies ist Basis für eine sinnvolle Messsystemanalyse und bringt zusätzlich logistische Vorteile während der Überwachung der Einstellstücke. Werden zwei oder mehrere Einstellstücke beschafft, ist darauf zu achten, dass deren Ist-Maße über den Toleranzbereich verteilen sind (z.B. nahe der oberen, nahe der unteren Toleranzgrenze und in der Toleranzmitte, s. Abbildung 5.2-23). Ein Einstellstück wird dann zum Einmessen des Messsystems verwendet und das zweite für die Messsystemanalyse. Bei Verwendung mehrerer Normale über den Toleranzbereich verteilt ist zusätzlich eine Linearitätsaussage möglich.

Kalibriertes Werkstück (Meisterteil)

Viele Bereiche lassen ein spezielles Werkstück (Meisterteil) erfassen und entsprechend kalibrieren. Dieses kalibrierte Werkstück kann sowohl zur Stabilitätsüberwachung als auch für eine Messsystemanalyse der Fertigungsmesseinrichtung verwendet werden. Zu beachten ist hierbei, dass die Kalibrierung der einzelnen Merkmale in ausreichender Genauigkeit erfolgt ist.

Nicht kalibrierte Merkmale an einem Einstellstück

Sind an Einstellstücken einzelne Merkmale wie z. B. Form- und Lagetoleranzen nicht kalibriert, sondern nur auf Einhaltung der Herstellerangaben geprüft, dürfen diese Messergebnisse nicht als Kalibrierwerte für eine Messsystemanalyse verwendet werden. Die Messwerte der Prüfung des Einstellstücks im Messraum kann sich von dem Wert auf der Fertigungsmesseinrichtung z.B. aufgrund unterschiedlicher Messstelle oder Messstrategie erheblich unterscheiden, was zu einer falschen Bewertung des Messsystems führen kann. Wird für diese Merkmale trotzdem eine Messsystemanalyse durchgeführt, kann nur die Wiederholpräzision C_g sicher bestimmt werden. Die Berechnung von C_{gk} ist nicht sinnvoll.

5.2.2 Einfluss der Auflösung

Jedes anzeigende Messgerät hat eine kleinste Auflösung (s. Abb. Abbildung 3.4-2). Bei einer analogen Anzeige kann ein Messwert auch zwischen zwei Strichen noch abgeschätzt werden. Dies ist bedienerabhängig und daher nur in Ausnahmefällen sinnvoll. Der Ziffernsprung (Auflösung) bei einer digitalen Anzeige ist nicht beeinflussbar. Bevor man überhaupt mit Verfahren 1 beginnt, sollte festgestellt werden, ob die Auflösung bei dem vorliegenden Messprozess ausreichend klein ist. Als Grenzwert für die Auflösung hat sich die Forderung: „Die Auflösung darf höchstens 5% der Toleranz betragen“ als sinnvoll herausgestellt.

Hinweis:

Die Auflösung ist eine Standardunsicherheitskomponente bei der Bestimmung der erweiterten Messunsicherheit. Ist die oben gemachte Forderung erfüllt, ist in der Regel der Anteil der Messabweichung aufgrund der Auflösung vernachlässigbar klein.

Entsteht ein Messwert aus einer Rechengröße (z.B. Mittelwert), ist die Anzahl der Nachkommastellen festzulegen. Dieser ist gleichzeitig die Auflösung dieses Messverfahrens.

Abbildung 5.2-3 und Abbildung 5.2-4 zeigen die Auswirkung der Auflösung auf die Qualitätsfähigkeitskenngröße C_g und C_{gk} gemäß Verfahren 1.

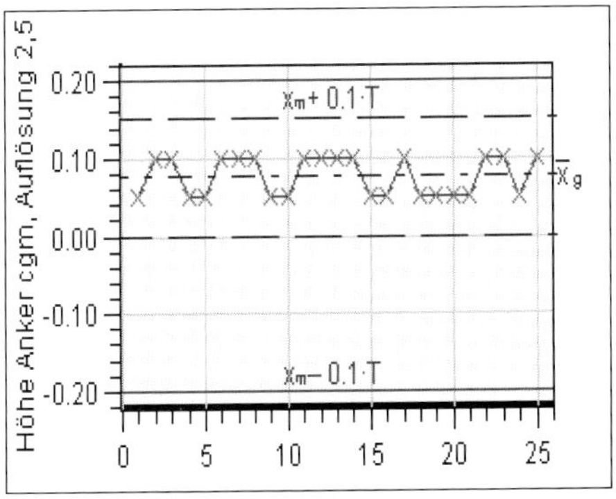

C_g = 2,61
C_{gk} = 1,62
Auflösung = 0,05 (2,5%)

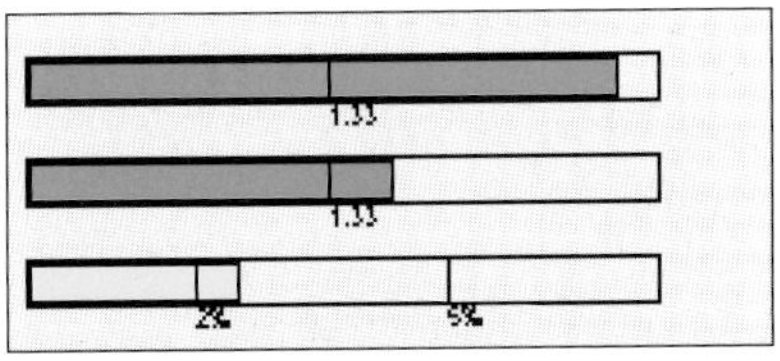

Messgerät bedingt fähig.

Abbildung 5.2-3: Auflösung Messgerät 0,05

Das Messgerät in Abbildung 5.2-3 hat eine Auflösung von 0,05. Bezogen auf die Toleranz (T=2) ergibt dies den ausreichenden Prozentsatz von 2,5%. Im Gegensatz dazu hat das Messgerät in Abbildung 5.2-4 eine Auflösung von 0,1. Dies entspricht bei gleicher Toleranz einem Prozentsatz von 5%.

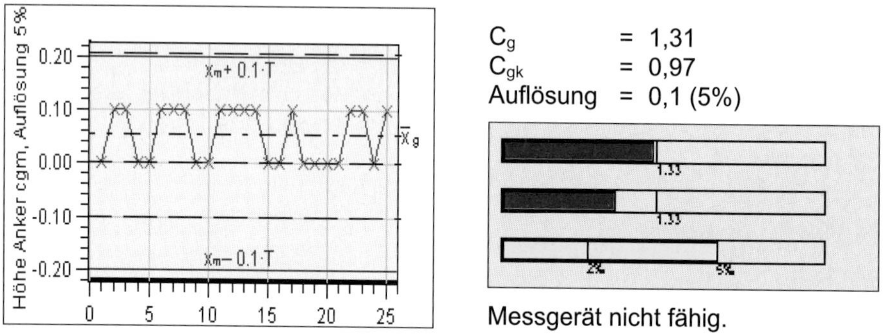

Abbildung 5.2-4: Auflösung für Messgerät 0,1

Das Beispiel bestätigt den Grenzwert von 5%. Wird dieser Prozentsatz überschritten, wird mit höherer Wahrscheinlichkeit der Messprozess mit diesem anzeigenden Messgerät nicht geeignet sein. Daher können weitere Untersuchungen entfallen.

Die Auflösung hat nicht nur Auswirkungen auf die Fähigkeitsuntersuchung des Messprozesses selbst, sondern vor allem auf die Messwerte für die Prozessfähigkeitsüberwachung. Abbildung 5.2-5 und Abbildung 5.2-6 zeigen die Auswirkung der Auflösung in der Qualitätsregelkarte.

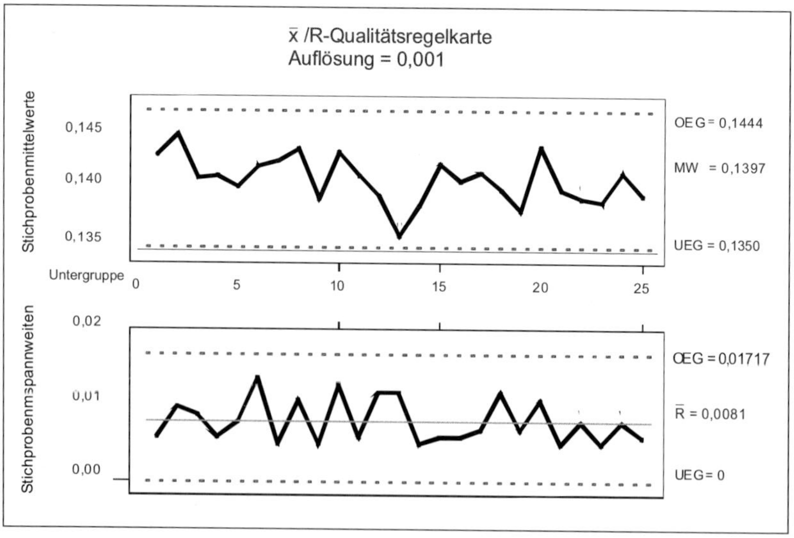

Abbildung 5.2-5: x̄ -R-Karte mit Messgeräteauflösung 0,001

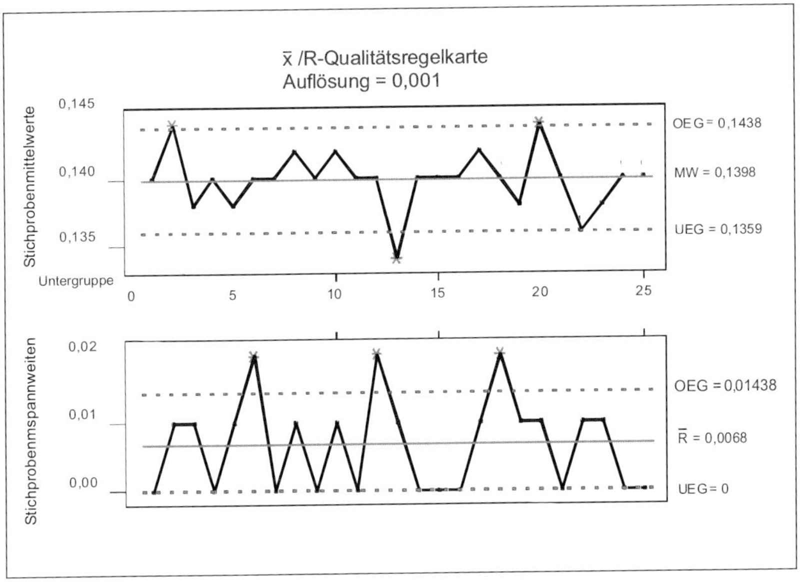

Abbildung 5.2-6: $\bar{x}$-R-Karte mit Messgeräteauflösung 0,01

5.2.3 Beurteilung der Systematischen Messabweichung

Um die systematische Messabweichung beurteilen zu können, wird ein Normal bzw. ein Referenzteil mehrfach (mindestens 25 mal) gemessen. Aus dieser Messwertreihe wird der Mittelwert berechnet. Die Differenz zwischen dem Bezugswert des Referenzteils (aus Kalibrierschein) und dem Mittelwert ergibt die systematische Messabweichung Bi (Bias):

$$|Bi| = |\bar{x} - x_m|$$ x_m = Referenzwert des Normals

$$\bar{x}_g = \frac{\sum_{i=1}^{n} x_i}{n}$$ Mittelwert der Messwertreihe

$$s_g = \sqrt{\frac{1}{n-1}\sum_{i=1}^{n}(x_i - \bar{x}_g)^2}$$ Standardabweichung der Messwertreihe

mit i = 1,...,n und $n \geq 15$ Anzahl der Messwerte.

Nun stellt sich die Frage: „Welche maximale systematische Messabweichung ist zulässig?" In der MSA [1] ist diese Frage beantwortet. Dazu wird ein t-Test durchgeführt. Der Vertrauensbereich basierend auf dem Vertrauensniveau von P = 95% ($\hat{=}\alpha = 0{,}05$) muss für die ermittelte systematische Messabweichung Bi den Wert 0 beinhalten:

$$\hat{Bi} - \frac{t_{n-1,1-\frac{\alpha}{2}} \cdot s_g}{\sqrt{n}} \leq Bi \leq \hat{Bi} + \frac{t_{n-1,1-\frac{\alpha}{2}} \cdot s_g}{\sqrt{n}}$$

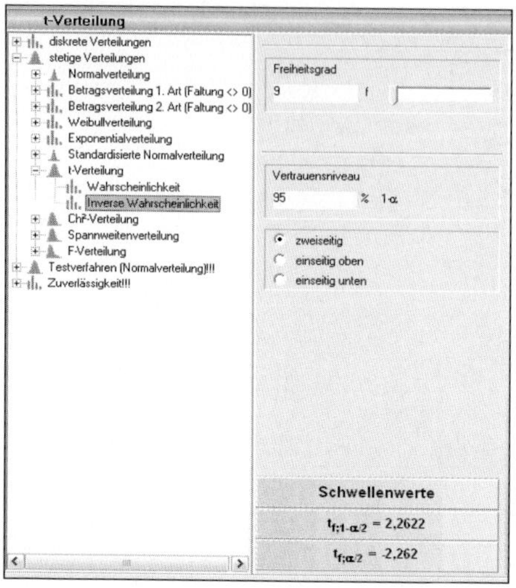

Abbildung 5.2-7: Bestimmung t-Wert

Der t-Wert kann entweder aus der t-Wert-Tabelle entnommen oder mit dem qs-STAT®-Modul „Verteilungen" (s. Abbildung 5.2-7) ermittelt werden. Dabei ist der Freiheitsgrad f = n-1.

Abbildung 5.2-8 und Abbildung 5.2-9 zeigen zwei unterschiedliche Fallbeispiele. Bei dem Messprozess in der Abbildung 5.2-8 (aus MSA [1]) fällt die systematische Messabweichung |Bi| = 0,00667 in den Vertrauensbereich von - 0,111 ... + 0,124 und kann damit als geeignet angesehen werden. Im Gegensatz dazu ist bei dem in Abbildung 5.2-8 dargestellten Messprozess die systematische Messabweichung zu groß. Damit muss der Messprozess verbessert werden.

i	x_i
1	5,8
2	5,7
3	5,9
4	5,9
5	6,0
6	6,1
7	6,0
8	6,1
9	6,4
10	6,3
11	6,0
12	6,1
13	6,2
14	5,6
15	6,0

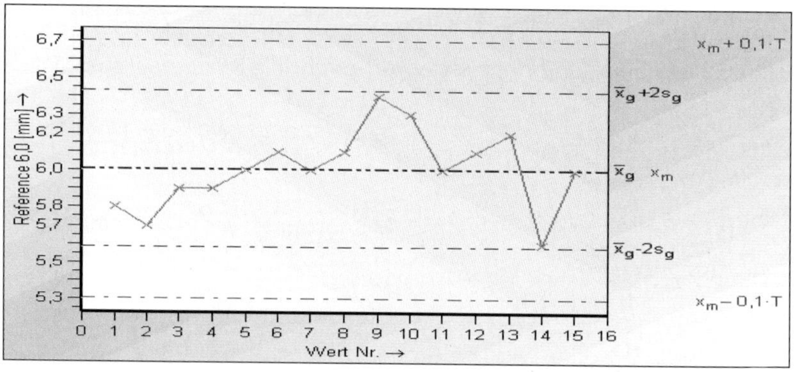

Zeichnungswerte			Gemessene Werte			Statistische Werte		
x_m	=	6,000				$\bar{x}_g$	=	6,007
USG	=	2,5	$x_{min\,g}$	=	5,6	s_g	=	0,21202
OSG	=	9,5	$x_{max\,g}$	=	6,4	$\lvert Bi\rvert = \lvert\bar{x}_g - x_m\rvert$	=	0,00667
T	=	7,0	R_g	=	0,8			
			n_{ges}	=	15	n_{eff}	=	15

|Bi| = -0,111 ≤ 0,00667 ≤ 0,124

0,00667

Abbildung 5.2-8: Systematische Messabweichung akzeptabel

x_i	x_i	x_i	x_i	x_i	x_i	x_i	x_i	x_i	x_i
20,303	20,296	20,311	20,298	20,311	20,308	20,313	20,303	20,306	20,302
20,301	20,301	20,297	20,295	20,309	20,302	20,303	20,310	20,296	20,303
20,304	20,300	20,295	20,301	20,308	20,294	20,308	20,304	20,306	20,307
20,303	20,307	20,302	20,307	20,304	20,302	20,298	20,309	20,299	20,303
20,306	20,305	20,304	20,312	20,298	20,304	20,306	20,305	20,300	20,305

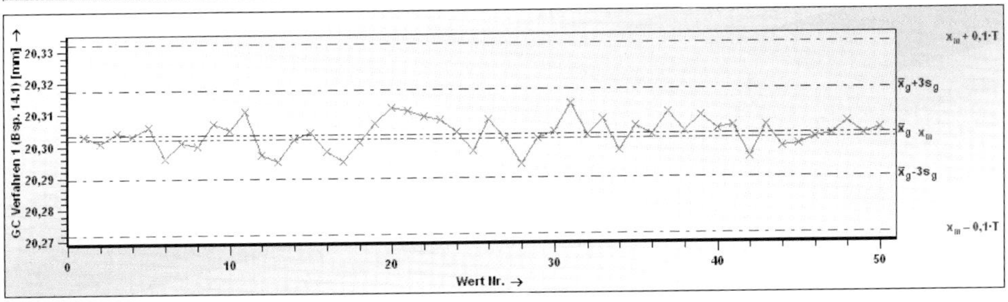

Zeichnungswerte			Gemessene Werte			Statistische Werte		
x_m	=	20,30200				$\bar{x}_g$	=	20,30348
USG	=	20,150	$x_{min\,g}$	=	20,294	s_g	=	0,0046565
OSG	=	20,450	$x_{max\,g}$	=	20,313	$\lvert Bi\rvert = \lvert\bar{x}_g - x_m\rvert$	=	0,00148
T	=	0,300	R_g	=	0,019			
			n_{ges}	=	50	n_{eff}	=	50
$\lvert Bi\rvert$=		0,000157 ≤ 0,00148 ≤ 0,00280	0			0,00148		

Abbildung 5.2-9: Systematische Messabweichung nicht akzeptabel

Hinweise:

1. Das Verfahren ist sehr sensibel. Daher werden viele Messprozesse in der Fertigung dieser Anforderung nicht gerecht.
2. Die Beurteilung des Messprozesses bezügliche der systematischen Messabweichung kann bei diesem Verfahren ohne Vorgabe einer Bezugsgröße (z.B. der Toleranz) erfolgen.

5.2.4 Verfahren 1

Bei dem Verfahren 1 für zweiseitig begrenzte Merkmale wird die systematische Messabweichung und die Streuung des Messgerätes ohne Bedienereinfluss an Hand eines Prüfnormals beurteilt. Dazu werden mit dem Messgerät an einem Normal mehrere Wiederholungsmessungen (in der Regel mindestens 25) durchgeführt. Aus der Messwertreihe können Mittelwert und Standardabweichung berechnet werden. Aus diesen ergeben sich in Verbindung mit der Merkmalstoleranz die Qualitätsfähigkeitskenngröße C_g, C_{gk}. Mit dem C_g-Wert kann die Streuung und mit dem C_{gk}-Wert kann die systematische Messabweichung und die Streuung als Ganzes bewertet werden. Die Abbildung 5.2-10 zeigt die Einflussgrößen und die sich aus der Messung ergebenden Kenngrößen „Systematische Messabweichung" und „Gerätestreuung/Wiederholpräzision".

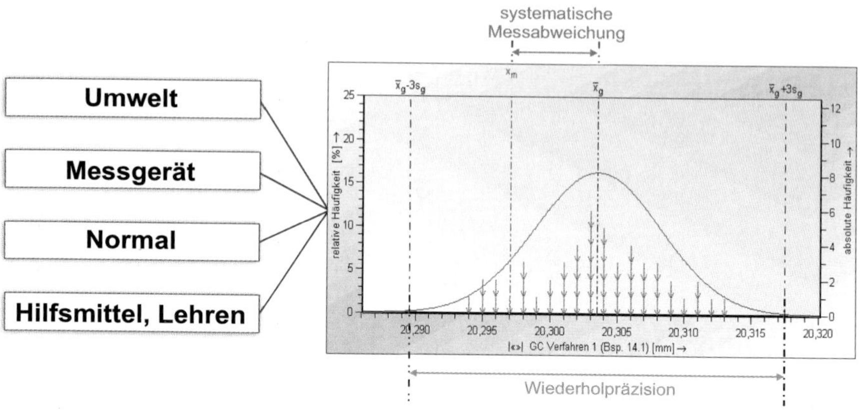

Abbildung 5.2-10: Typische Einflussfaktoren bei der Beurteilung nach Verfahren 1

Ziel des Verfahrens 1 ist die Beurteilung von Herstellerangaben, insbesondere bei neuen Messsystemen oder nach Modifikationen.

Vorbereitung:

- Das Normal (bzw. Referenzteil) muss während der gesamten Untersuchung stets dieselbe Ausrichtung (Orientierung) haben.
- Zur Dokumentation der Untersuchung ist ein entsprechendes Formblatt (s. Tabelle 5.2-1), auf dem die Ergebnisse festgehalten und die Auswertung durchgeführt wird, zu erstellen. Neben den Messergebnissen sind die Kopfdaten, wie Angaben zur Messeinrichtung, zum Normal bzw. zum Werkstück zu dokumentieren. Falls ein Rechnerprogramm wie qs-STAT® vorhanden ist, sind die Daten in die Bildschirmmaske einzutragen (s. Abbildung 5.2-11).

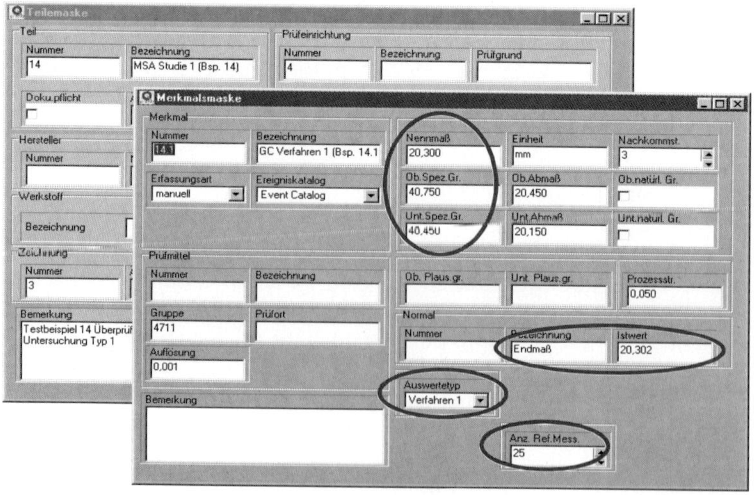

Abbildung 5.2-11: qs-STAT® Eingabemaske

- Wann immer möglich, sollte die Untersuchung in einer Umgebung durchgeführt werden, die der normalen Fertigungsumgebung entspricht.

Durchführung:

Die Abbildung 5.2-12 zeigt den Ablauf der Untersuchung in Form eines Flussdiagramms.

- Zunächst ist ein geeignetes Normal bzw. Referenzteil auszuwählen. Es sind 50 Messungen, mindestens aber 25, durchzuführen, wobei das Normal nach jeder Messung wieder zurückgelegt werden muss. Die Antastungen sollten immer an der gleichen Stelle erfolgen. Die Messergebnisse sind tabellarisch festzuhalten und grafisch darzustellen (z.B. in Tabelle 5.2-1).

Auswertung:

- Bestimme den Mittelwert $\overline{x}_g$ und die Standardabweichung s_g der Messwertreihe.
- Anhand der auf dem Arbeitsblatt (Tabelle 5.2-1) angegebenen Formeln sind die Qualitätsfähigkeitskenngrößen C_g und C_{gk} zu berechnen.

  Hinweis:
  Zur Berechnung der Qualitätsfähigkeitskenngrößen C_g und C_{gk} sind mehrere Formeln bekannt. Daher ist bei der Angabe der Kennwerte die Berechnungsmethode zu dokumentieren.

- Das Ergebnis wird mit der vorgegebenen Mindestforderung verglichen.

  Hinweis:
  Je nach Berechnungsmethode für die Qualitätsfähigkeitskenngrößen C_g und C_{gk} sind unterschiedliche Grenzwerte in den verschiedenen Richtlinien enthalten.

- Die Beurteilung „fähig“ oder „nicht fähig“ ist zu dokumentieren und das Formblatt mit Datum und Unterschrift zu versehen.

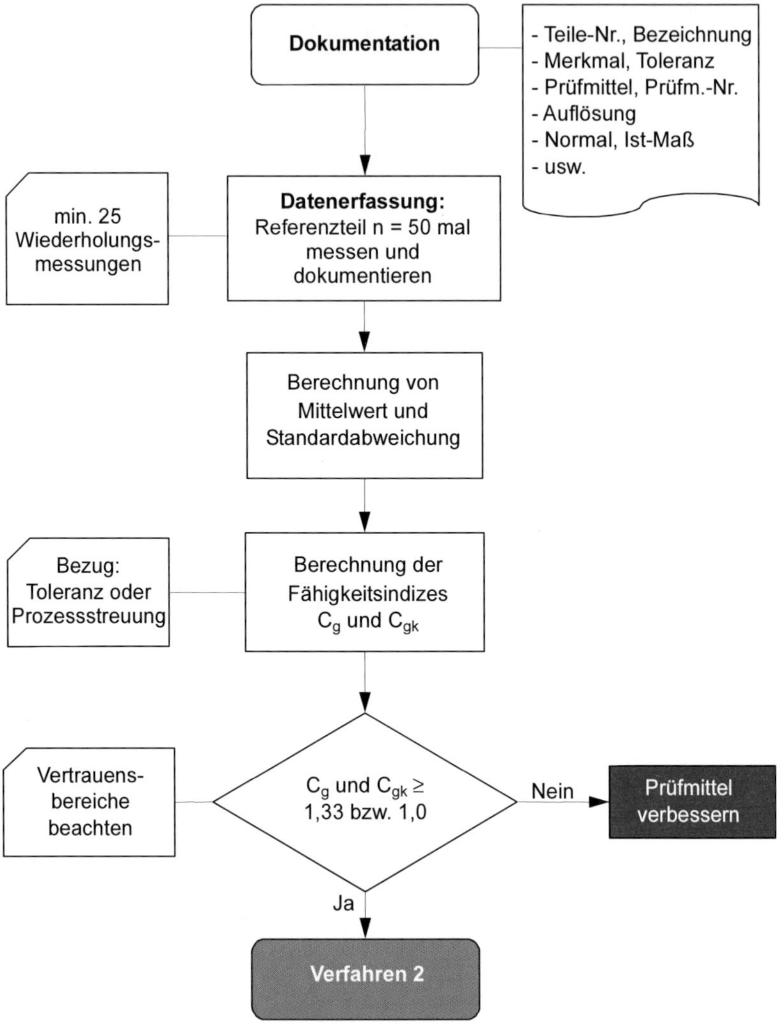

Abbildung 5.2-12: Ablauf bei Verfahren 1

	Meßsystemanalyse Verfahren 1: Cg / Cgk - Studie	Seite 1/1

Akt. Dat.	Bearb.Name.	Abt./Kst./Prod.	Prüfort

Prüfmittel	Normal	Merkmal
Bezeichnung	Bezeichnung	Bezeichnung
Nummer	Nummer	Nummer
Auflösung	Istwert	Nennm. OSG
Prüfgrnd.	Einheit	Einheit USG

Bem.

Bezugsgröße : T = ______ n = ______ Auflösung = ______

Bi = $|\bar{x}_g - x_m|$ = ______ s_g = ______

s_g = ______ $\bar{x}_g$ = ______

$C_g = \frac{0.2 \cdot T}{4 \cdot s_g}$ = ____________ = ______ 1,33

$C_{gk} = \frac{0.1 \cdot T - |\bar{x}_g - x_m|}{2 \cdot s_g}$ = ____________ = ______ 1,33

☐ fähig ☐ nicht fähig

Verfahren 1: Cg / Cgk - Studie

Tabelle 5.2-1: Formblatt zur Erfassung und Auswertung der Werte

5.2.5 Qualitätsfähigkeitskenngrößen C_g und C_{gk}

In Analogie der Definition der Qualitätsfähigkeitskenngrößen bei der Prozessfähigkeit sind für Messmittel die Qualitätsfähigkeitskenngrößen C_g und C_{gk} festgelegt. Da die Berechnungsmethoden bei unterschiedlichen Firmen entstanden sind, gibt es zur Bestimmung von C_g und C_{gk} keine einheitliche Formel.

Die Abbildung 5.2-13 verdeutlicht die Formeln zur Berechnung der Kenngrößen.

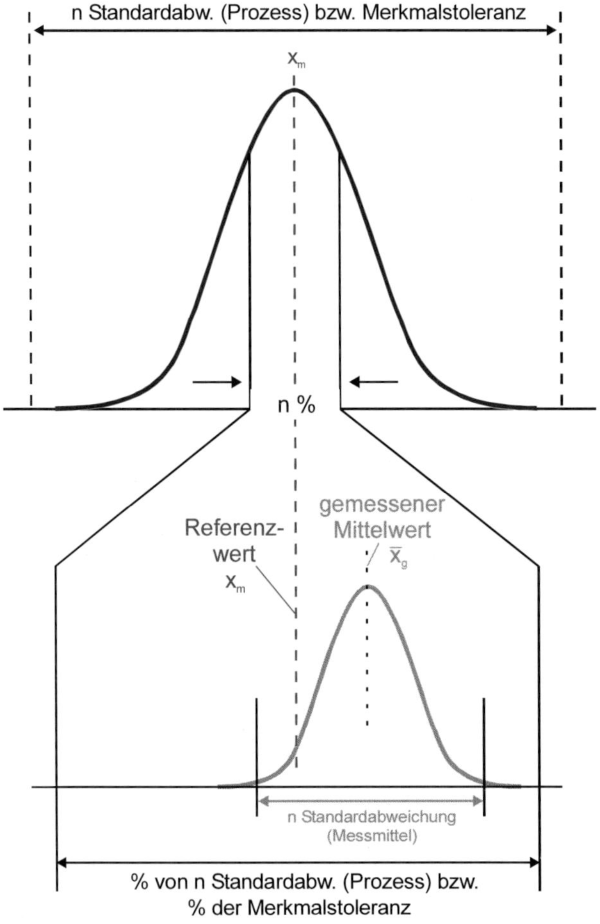

Abbildung 5.2-13: Berechnung der Fähigkeitsindizes

Je nach Firmenstandard (bzw. Zeitpunkt der Gültigkeit von Vorschriften) wird als Bezug n% der Merkmalstoleranz bzw. 6 oder 8 $\hat{\sigma}_{Prozess}$ gewählt. Ebenso kann die Forderung nach dem kleinsten Wert für die Fähigkeitsindizes C_g und C_{gk} unterschiedlich sein (z.B. 1,0 [41] bzw. 1,33 [51]).

Im Folgenden sind exemplarisch verschiedene Berechnungsmethoden aufgeführt:

Nach GMPT EMS [43] und Bosch Heft 10 [51]:

$$C_g = \frac{0{,}2 \cdot T}{6 \cdot s_g} \qquad T = OSG - USG$$

$$C_{gk} = \frac{0{,}1 \cdot T - |Bi|}{3 \cdot s_g}$$

$$|Bi| = x_m - \bar{x}_g$$

x_m = Referenzwert des Normals bzw. Referenzteils

mit $\bar{x}_g = \frac{1}{n} \cdot \sum_{i=1}^{n} x_i$ $\qquad s_g = \sqrt{\frac{1}{n-1} \sum_{i=1}^{n} (x_i - \bar{x}_g)^2}$ und i = 1,...,n

n = Anzahl der Messungen

Der Grenzwert für die Beurteilung der Eignung ist C_g und $C_{gk} \leqq 1{,}33$.

Nach Ford EU 1880 [41]:

$$C_g = \frac{0{,}15 \cdot T}{6 \cdot s_g} \quad \text{und} \quad C_{gk} = \frac{0{,}075 \cdot T - |Bi|}{3 \cdot s_g}$$

Alternativ dazu kann statt der Toleranz T auch die Prozentstreubreite eingesetzt werden. Kann der Prozess durch das Modell der Normalverteilung (s. Dietrich/Schulze [11]) beschrieben werden, entspricht die Prozessstreubreite $6 \cdot \sigma_{Prozess}$. Damit ergeben sich folgende Formeln:

$$C_g = \frac{0{,}15 \cdot \sigma_{Prozess}}{s_g} \quad \text{und} \quad C_{gk} = \frac{0{,}45 \cdot \sigma_{Prozess} - |Bi|}{3 \cdot s_g}$$

Der Grenzwert für die Beurteilung der Eignung ist C_g und $C_{gk} \leqq 1{,}0$.

Nach dem Leitfaden der Automobilindustrie [48]:

$$C_g = \frac{0{,}2 \cdot T}{4 \cdot s_g} \quad \text{und} \quad C_{gk} = \frac{0{,}1 \cdot T - |Bi|}{2 \cdot s_g}$$

Der Grenzwert für die Beurteilung der Eignung ist C_g und $C_{gk} \leqq 1{,}33$.

Warum $4 \cdot s_g$ als Streubereich?

Zitat aus dem Leitfaden [48]:

In den bisher vorliegenden Richtlinien zur Berechnung der Fähigkeitsindizes C_g bzw. C_{gk} wurde in der Regel als Streubereich des Messsystems $6 \cdot s_g$ herangezogen. In dem vorliegenden Leitfaden wurde als Streubereich des Messsystems $4 \cdot s_g$ verwendet.

Begründung:

1. *Insbesondere, wenn die Auflösung des Messsystems nicht wesentlich unter 5% der Toleranz liegt, klassiert das Messverfahren quasi die Messwerte. In diesem Fall ist als Verteilungsmodell der Messwerte die Normalverteilung nicht zutreffend.*
2. *Umfangreiche praktische Versuche haben bestätigt, dass bei Messprozessen, sowohl in der industriellen Fertigungsüberwachung als auch bei Kalibrierungen in Laboratorien, die Messwertstreuung bei Wiederholmessungen mit einem Streubereich von $\pm 2s_g$, vollständig abgedeckt ist. Das gilt bei Annahme einer Normalverteilung. Treten Werte außerhalb dieses Bereichs auf, sind diese auf eine defekte Messeinrichtung oder auf unzulässig in die Messung mit einbezogene Trends zurückzuführen.*

In einigen Firmenrichtlinien findet man zur Berechnung der C_{gk}-Werte die Formel:

$$C_{gk} = \frac{0{,}1 \cdot T}{3 \cdot s_g + |Bi|}$$

Hinweis:

Die Richtlinie enthält unterschiedliche Berechnungsformeln für C_g und C_{gk}. Daher können die Ergebnisse nicht untereinander verglichen werden: Für eine firmeninterne Vorgehensweise muss eine Berechnungsmethode ausgewählt und diese in einer Verfahrensanweisung bzw. Richtlinie verbindlich vorgeschrieben werden. Um die Ergebnisse für C_g und C_{gk} nachvollziehen zu können, muss die Berechnungsmethode mit angegeben sein!

Die Abbildung 5.2-14 zeigt schematisiert den Zusammenhang zwischen der Streuung des Messgeräts und dem daraus resultierenden Fähigkeitsindex.

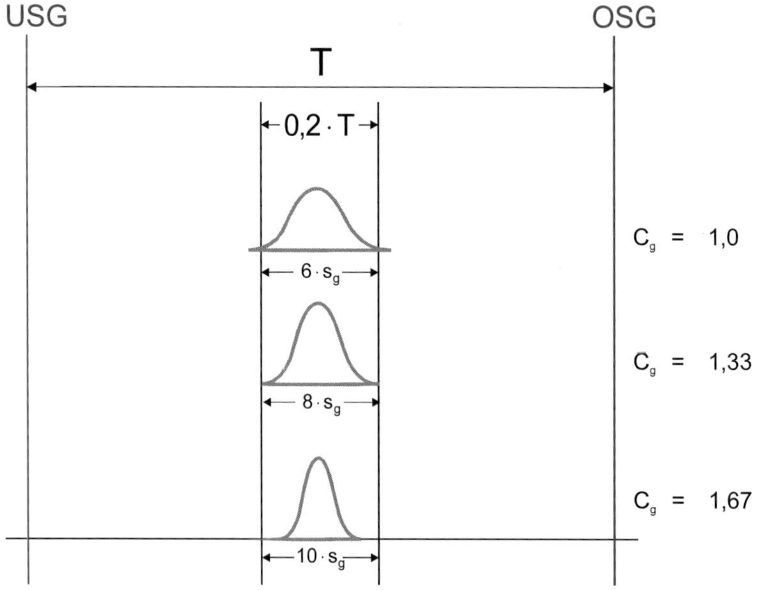

Abbildung 5.2-14: Verhältnis s_g zu C_g bei Bezugsgröße „Toleranz“

Hinweise:

Es ist nicht sinnvoll, die Messgerätestreuung nach Verfahren 1 anhand der Spannweitenmethode zu schätzen, da sich die Messergebnisse im allgemeinen nur unwesentlich unterscheiden.

Darüber hinaus kann als Alternative zu C_g und C_{gk} die sog. Prozentstreubreite angegeben werden:

Prozentstreubreite $= \frac{15}{C_g}$ bzw. $\frac{20}{C_g}$ für die Messgerätestreuung

$= \frac{15}{C_{gk}}$ bzw. $\frac{20}{C_{gk}}$ für die Messgerätestreuung und die systematische Messabweichung

Fallbeispiel 1 für Verfahren 1: mit toleranzbezogener Berechnung

Mit einem Messverfahren wurde ein Normal mit dem Istwert x_m = 20,3 mm fünfzig mal gemessen. Dabei ergaben sich folgende Werte.

x_i	x_i	x_i	x_i	x_i	x_i	x_i	x_i	x_i	x_i
20,303	20,296	20,311	20,298	20,311	20,308	20,313	20,303	20,306	20,302
20,301	20,301	20,297	20,295	20,309	20,302	20,303	20,310	20,296	20,303
20,304	20,300	20,295	20,301	20,308	20,294	20,308	20,304	20,306	20,307
20,303	20,307	20,302	20,307	20,304	20,302	20,298	20,309	20,299	20,303
20,306	20,305	20,304	20,312	20,298	20,304	20,306	20,305	20,300	20,305

Basierend auf einer vorgegebenen Toleranz von OSG = 20,45 und USG = 20,15 sind die Fähigkeitsindizes zu ermitteln. Die Prozessstreuung beträgt 0,05.

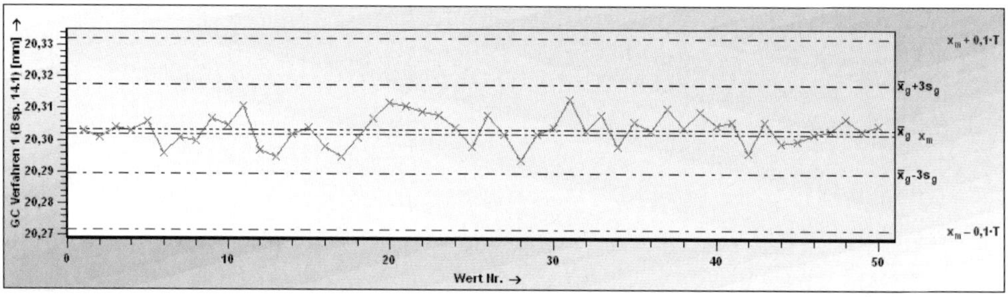

Zeichnungswerte	Gemessene Werte	Statistische Werte
x_m = 20,30200		$\bar{x}_g$ = 20,30348
USG = 20,150	$x_{min\,g}$ = 20,294	s_g = 0,0046565
OSG = 20,450	$x_{max\,g}$ = 20,313	$\lvert Bi \rvert = \lvert \bar{x}_g - x_m \rvert$ = 0,00148
T = 0,300	R_g = 0,019	
	n_{ges} = 50	n_{eff} = 50
		Minimale Bezugsgrösse für fähiges Messsystem
$C_g = \frac{0{,}2 \cdot T}{6 \cdot s_g}$ = 2,15	0 … 1,33	T_{min} = 0,18558
$C_{gk} = \frac{0{,}1 \cdot T - \lvert \bar{x}_g - x_m \rvert}{3 \cdot s_g}$ = 2,04	0 … 1,33	T_{min} = 0,20060
%RE = 0,33%	0 … 5	T_{min} = 0,020000
Messsystem fähig (RE, C_g, C_{gk})		
GMPT EMS 3.2 (ARM): Type 1 Study		

Hinweis:

Eine prozessbezogene Auswertung führt zu den gleichen Ergebnissen, da in diesem Fall $T = 6 \cdot \hat{\sigma}_{Prozess}$ ist.

Fallbeispiel 2 für Verfahren 1: mit prozessbezogener Berechnung

Mit einem Messverfahren wurde ein Normal mit dem Istwert x_m = 17,05 mm fünfzig mal gemessen. Dabei ergaben sich folgende Werte:

x_i	x_i	x_i	x_i	x_i	x_i	x_i	x_i	x_i	x_i
17,05	17,05	17,05	17,04	17,05	17,04	17,03	17,04	17,04	17,05
17,06	17,04	17,05	17,04	17,04	17,04	17,05	17,06	17,03	17,07
17,04	17,06	17,07	17,06	17,05	17,06	17,05	17,05	17,05	17,06
17,06	17,05	17,05	17,05	17,03	17,04	17,06	17,07	17,06	17,06
17,04	17,04	17,05	17,06	17,05	17,04	17,05	17,04	17,05	17,05

Basierend auf einer Prozessstreuung von $\tilde{\sigma}_{Prozess}$ = 0,07 sind die Fähigkeitsindizes zu ermitteln. Die Toleranz ist 0,5 mm.

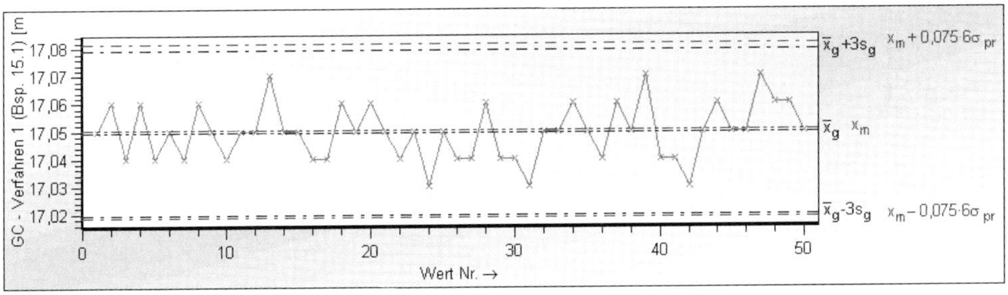

Zeichnungswerte			Gemessene Werte			Statistische Werte		
x_m	=	17,0500				$\bar{x}_g$	=	17,0494
USG	=	16,75	$x_{min\,g}$	=	17,03	s_g	=	0,0099816
OSG	=	17,25	$x_{max\,g}$	=	17,07	$\|Bi\| = \|\bar{x}_g - x_m\|$	=	0,000600
T	=	0,50	R_g	=	0,04			
			n_{ges}	=	50	n_{eff}	=	50
						Minimale Bezugsgrösse für fähiges Messsystem		
$C_g = \frac{0{,}15 \cdot 6 \cdot \sigma_p}{6 \cdot s_g}$	=	1,05	0 1			$6 \cdot \sigma_{p\,min}$	=	0,40000
$C_{gk} = \frac{0{,}075 \cdot 6 \cdot \sigma_p - \|\bar{x}_g - x_m\|}{3 \cdot s_g}$	=	1,03	0 1			$6 \cdot \sigma_{p\,min}$	=	0,40726
%RE	=	2,38%	0 2 5			$6 \cdot \sigma_{p\,min}$	=	---
Messsystem bedingt fähig (RE, C_g, C_{gk})								
prozessbezogen: Ford EU 1880A								

Hinweis:
Im Vergleich dazu sind die Ergebnisse der toleranzbezogenen Auswertung

Messmittelfähigkeit C_g : 1,25 12,000%

Messmittelfähigkeit C_{gk} : 1,23 12,195%

Toleranz- bzw. prozessstreuungsbezogene Auswertung

Die Problematik einer toleranz- bzw. prozessstreuungsbezogenen Auswertung soll die Abbildung 5.2-15 verdeutlichen.

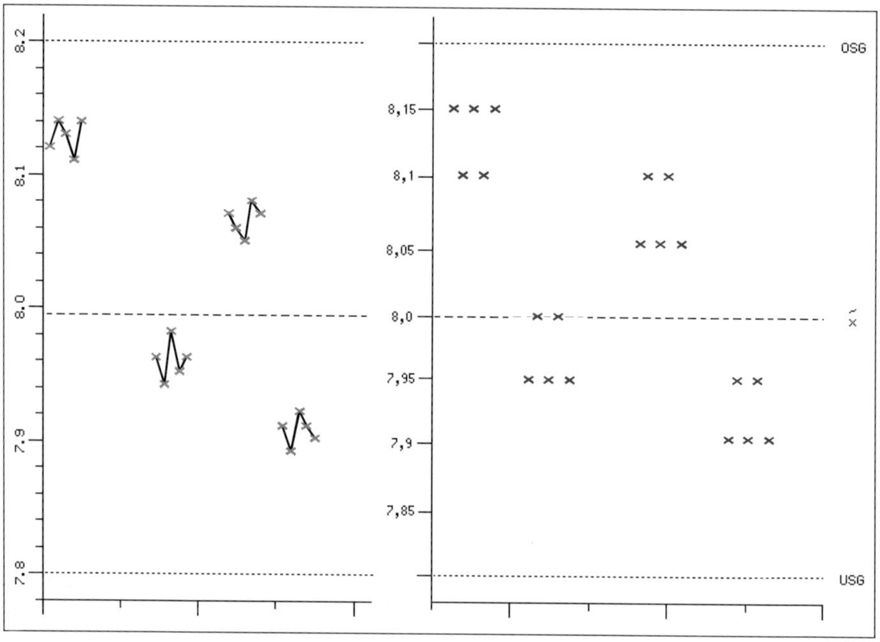

Abbildung 5.2-15: Prozess mit geringer innerer Streuung

Der dargestellte Prozessverlauf (Abbildung 5.2-15) zeigt eine sehr kleine Streuung innerhalb einer Stichprobe (s. linke Seite des Bildes). Eine toleranzbezogene Fähigkeitsuntersuchung würde eine zu große Auflösung des Messmittels (s. rechte Seite des Bildes) zulassen. Die Messwerte könnten nicht mehr in der gezeigten „Genauigkeit" ermittelt werden. Dadurch wird das Prozessverhalten verfälscht. Die prozessbezogene Auswertung ist daher in solchen Fällen sinnvoll.

Diese Vorgehensweise beinhaltet allerdings zwei Problematiken:

1. Die Prozessstreuung ist oftmals nicht bekannt (z.B. bei neuen Prozessen) und kann daher nicht als Bezugsgröße herangezogen werden. Es sei denn, man führt spezielle Untersuchungen mit sehr genauen Messsystemen durch. Diese sind in der Regel sehr zeitaufwändig oder aufgrund fehlender Messsysteme nicht möglich.

2. Ändert sich die Prozessstreuung, muss diese auch bei der Fähigkeitsbeurteilung des Messsystems berücksichtigt werden. Daher wird eine Vergleichbarkeit der Beurteilung von Messsystemen über der Zeit nicht oder nur bedingt möglich.

Daher empfiehlt sich, als Bezugsgröße die Merkmalstoleranz heranzuziehen. Diese bleibt in der Regel über längere Zeiträume konstant, ist in der Teilezeichnung dokumentiert und fester Bestandteil in Lieferantenvereinbarungen.

Um eine eventuelle Fehlbeurteilung bei der Toleranz als Bezugsgröße zu vermeiden, ist eine Auflösung des Messsystems von 2% (mindestens 5%) der Merkmalstoleranz zu fordern.

Rückrechnung auf eine minimale Toleranz

Ist die Qualitätsfähigkeitskenngröße C_{gk} berechnet und liegt diese über dem geforderten Grenzwert von z.B. 1,33, stellt sich die Frage: „Bis zu welcher kleinsten Toleranz T_{min} ist dieser Messprozess gerade noch geeignet?“

Liegt der Grenzwert bei 1,33 $(=\frac{4}{3})$, kann die Formel

$$C_{gk} = \frac{0{,}2 \cdot T_{min} - |Bi|}{6 \cdot s_g} \overset{!}{=} \frac{4}{3} \quad (\hat{=} \text{ Grenzwert}) \text{ nach [43][51]}$$

nach T_{min} umgeformt werden. Daraus ergibt sich

$$T_{min} \geq 40 \cdot s_g + 5 \cdot |Bi|$$

Diese Überlegung kann für jede andere Formel zur Berechnung des C_{gk}-Werts in gleicher Weise angewendet werden.

Hinweis:

Ist der C_{gk}-Wert kleiner als die vorgegebene Grenze, kann umgekehrt die Frage beantwortet werden: „Wie groß müsste die Toleranz T_{max} mindestens sein, um die Forderung zu erfüllen?“

Die systematische Messabweichung darf Grenzwert nicht überschreiten

Das Ergebnis des C_{gk}-Werts wird durch die systematische Messabweichung $|Bi|$ und die Gerätestreuung s_g beeinflusst. Gerade die systematische Messabweichung als Bezug für die Rückführbarkeit darf nicht zu groß werden. Zumal diese im Vergleich zur Gerätestreuung einfacher beeinflusst, also verringert werden kann. In Abschnitt 5.2.3 ist ein Verfahren vorgestellt, das unabhängig von einer Merkmalstoleranz durch das Testverfahren einen Grenzwert vorgibt. Als Alternative dazu hat sich die Forderung

$$|Bi| \leq 10\% \text{ der Toleranz}$$

als sinnvoll herausgestellt. Ist diese errechnete Grenze kleiner als die Auflösung, so ist Auflösung die Grenze für $|Bi|$.

Beispiel:
Gegeben ist eine Toleranz von 20 µm. Das Messgerät hat eine Auflösung von 1 µm. In diesem Fall darf $|Bi|$ maximal 2 µm werden. Wird eine kleinere Toleranz von z.B. 8 µm mit diesem Messgerät gemessen, darf $|Bi|$ maximal 1 µm werden.

Vertrauensbereich für C_g, C_{gk} beachten:

Statistische Kennwerte sollten gerade bei kleinen Stichprobenumfängen nur mit dem Vertrauensbereich ausgewiesen werden. So ergibt beispielsweise für den Datensatz aus Fallbeispiel 2 folgender Vertrauensbereich für:

C_g : $0{,}84 \leq 1{,}05 \leq 1{,}26$

C_{gk} : $0{,}81 \leq 1{,}03 \leq 1{,}26$

Die Beachtung des Vertrauensbereichs ist besonders wichtig, wenn die Ergebnisse in der Nähe eines Grenzwerts liegen. So sollte auf keinen Fall ein Messprozess verworfen werden, wenn ein C_{gk}-Wert knapp unter dem Grenzwert liegt. Umgekehrt sollte ein Messprozess nicht blindlings als geeignet angesehen werden, wenn ein C_{gk}-Wert knapp über dem Grenzwert liegt. In beiden Fällen sollten zusätzliche Betrachtungen die gewonnenen Ergebnisse untermauern.

5.2.6 Verfahren 1 für einseitig begrenzte Merkmale

Bei der Berechnung der Fähigkeit wird die Normalverteilung der Messwerte zugrunde gelegt. Dies gilt auch für nicht normalverteilte Merkmalswerte (s. Abbildung 5.2-16). Um andere Verteilungsformen weitestgehend auszuschließen, ist der Einstellmeister auch bei unsymmetrischen Toleranzen möglichst in die Mitte der Toleranz zu legen.

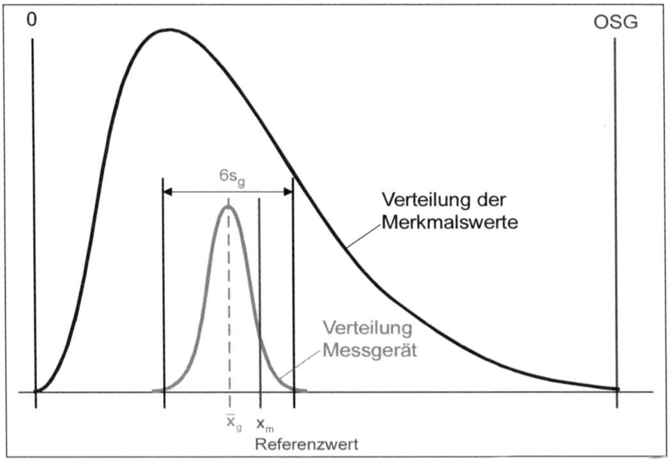

Abbildung 5.2-16: Messgerätestreuung für nicht normalverteilte Merkmalswerte

In diesem Fall sind zwei Situationen zu unterscheiden. Zum einen können obere und untere Spezifikationsgrenzen bekannt sein (z.B. nullbegrenztes Merkmal), zum anderen kann ein Grenzwert fehlen.

Im ersten Fall ist nur die Ermittlung von C_{gk} durch die Untersuchung am tolerierten Grenzwert sinnvoll:

$$C_{gk} = \frac{x_m + 0{,}1 \cdot T - \bar{x}_g}{3 \cdot s_g} \quad \text{oder} \quad C_{gk} = \frac{\bar{x}_g - (x_m - 0{,}1 \cdot T)}{3 \cdot s_g}$$

Welche der beiden Formeln verwendet wird, hängt von der Lage des Mittelwerts $\bar{x}_g$ ab. Dieser kann größer oder kleiner als x_m sein. Im Gegensatz zur Bestimmung von Prozess- oder Maschinenfähigkeitsindizes ist der Fähigkeitsindex nur von dieser Bedingung abhängig und nicht vom Abstand des Mittelwerts zu den Spezifikationsgrenzen.

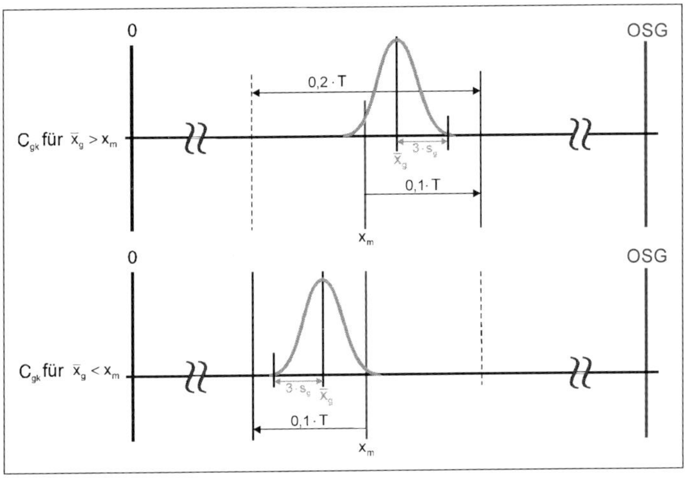

Abbildung 5.2-17: Bestimmung von C_{gk} für einseitiges Merkmal

Die Abbildung 5.2-18 verdeutlicht den Sachverhalt für ein nullbegrenztes Merkmal.

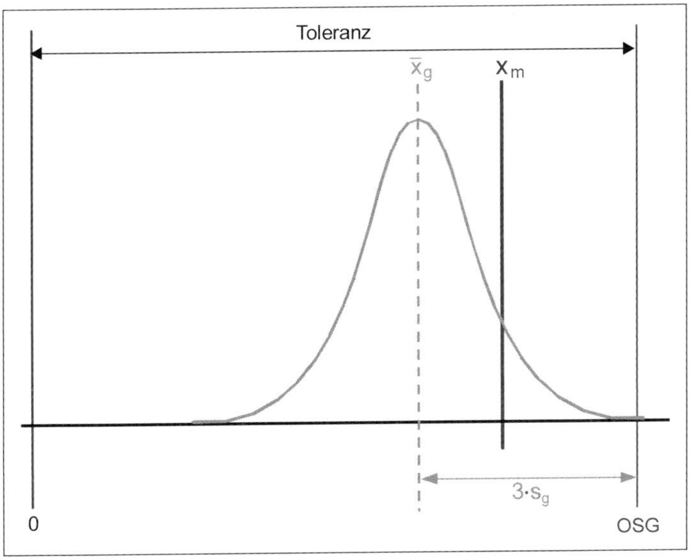

Abbildung 5.2-18: Fähigkeitsuntersuchung bei nullbegrenztem Merkmal

Analog verhält sich der Sachverhalt bei einem einseitig nach oben begrenzten Merkmal.

Ist nur ein Grenzwert (z.B. untere Spezifikationsgrenze) festgelegt (d.h. gemessene Werte müssen größer als ein Mindestwert sein), dann ist keine Ermittlung von C_g bzw. C_{gk} möglich. Um sicherzustellen, dass keine Werte ober- bzw. unterhalb des Höchst- bzw. Mindestwertes liegen, kann je nach Festlegung als Grenzwert ein Abstand von $3s_g$ ($\triangleq C_g = 1{,}0$) bzw. von $4s_g$ ($\triangleq C_g = 1{,}33$) berücksichtigt werden.

Die Abbildung 5.2-19 verdeutlicht für $C_g = 1{,}0$ den Sachverhalt für eine obere Spezifikationsgrenze.

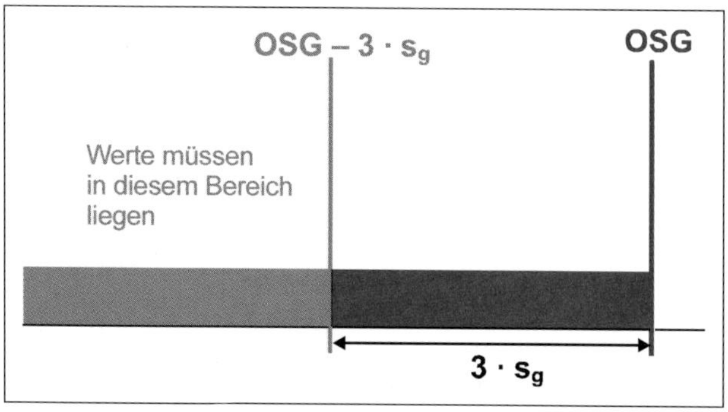

Abbildung 5.2-19: Fähigkeitsuntersuchung bei einem Grenzwert

Hinweis:

Falls bekannt, wird die Prozessstreuung als Bezugsgröße für die Auswertung verwendet. In diesem Fall kann der C_g bzw. C_{gk}-Wert in gewohnter Form bestimmt werden.

5.2.7 Verfahren 1 für mehrere Merkmale

In der Praxis werden häufig an einem Teil mehrere Merkmale gleichzeitig geprüft. Dabei ist es sinnvoll, alle Qualitätsfähigkeitskenngrößen und Kennwerte in einem zusammenzufassen. Damit erhält man z.B. bei Messvorrichtungen sofort einen Überblick, welche Merkmale in Ordnung sind und welche nicht. Ähnliche Informationen liefert der Box-Plot in normierter Form [11] in einer Gesamtübersicht (Abbildung 5.2-20).

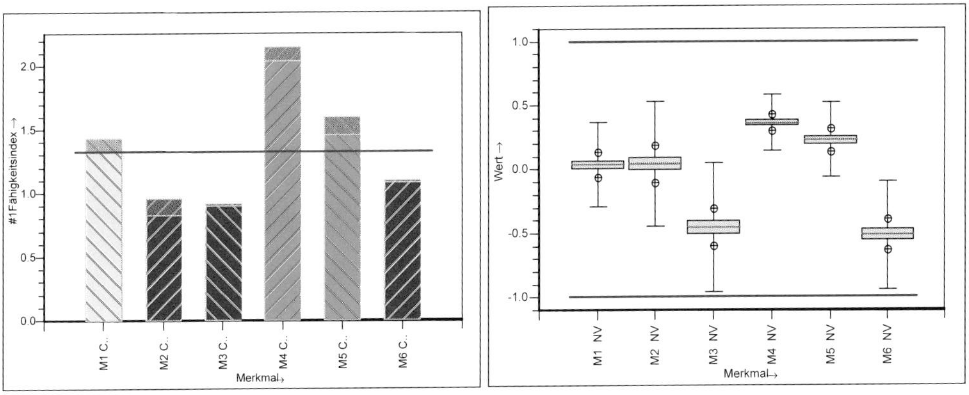

a) C-Werte *b) Box-Plot*

Abbildung 5.2-20: Ergebnisübersicht bei mehreren Merkmalen

In der Abbildung 5.2-20 ist sofort zu erkennen, dass die Merkmale M2, M3 und M6 die Forderung (≥ 1,33) nicht erfüllen. Der Box-Plot in Abbildung 5.2-20b zeigt zusätzlich, dass bei den Merkmalen M3 und M6 die systematische Messabweichung groß ist. Eine noch detailliertere Form der Darstellung zeigt die Abbildung 5.2-21. Diese enthält für andere Daten zusätzlich die wichtigsten numerischen Ergebnisse.

Merkm.Nr	Merkm.Bez.	n_{eff}	T	$\bar{x}_g$	s_g	Index	Index			Werteverlauf Einzelwe
4711	Aussendruchmesser	50	0,060	6,00086	0,00098680	C_g 2,03	C_{gk} 1,64			
1	Verfahren 1	50	0,0200	56,830130	0,00042052	C_g 1,59	C_{gk} 1,48			
14.1	GC Verfahren 1 (Bsp. 14.1)	50	0,300	20,30348	0,0046565	C_g 2,15	C_{gk} 2,04			
15.1	GC - Verfahren 1 (Bsp. 15.1)	50	0,50	17,0494	0,0099816	C_g 1,67	C_{gk} 1,65			

Abbildung 5.2-21: Kennwerte für mehrere Merkmale

5.2.8 Linearität

Beim Einsatz des Messsystems ist dessen „Linearität" nachzuweisen. Bei der Untersuchung der Linearität sind folgende Situationen zu unterscheiden:

1. das Messsystem enthält eine lineare Maßverkörperung. Dies ist in Form eines Zertifikates bzw. Überprüfung nachzuweisen.

   In diesem Fall ist keine separate Linearitätsstudie erforderlich. Die Beurteilung des Messverfahrens nach Verfahren 1 (s. Abschnitt 5.2.4) ist dann ausreichend.

2. Das Messsystem enthält keine lineare Maßverkörperung. Typische Beispiele sind elektronische Taster, pneumatische Messungen usw.
   In diesem Fall sollte die Linearität des Messsystems näher untersucht werden.

5.2.8.1 Begriffserklärung „Linearität“

Der Begriff „Linearität“ ist im Internationalen Wörterbuch der Metrologie [38] nicht zu finden. In [7] findet man folgende Definition für „Linearität“.

„Konstant bleibender Zusammenhang zwischen der Ausgangsgröße und der Eingangs-(Mess-)größe eines Messmittels bei deren Änderung.“

Eine ähnliche Festlegung ist in [1] zu finden. Beide Begriffsdefinitionen sind für eine umfassende Linearitätsuntersuchung nicht ausreichend. Daher wird zunächst der Begriff „Linearität“ beschrieben, wie er im vorliegenden Dokument verstanden wird.

Mit einer Linearitätsuntersuchung soll die „Systematische Messabweichung“ eines Messsystems über einen spezifizierten Bereich ermittelt werden. Anhand der Ergebnisse ist zu beurteilen, ob sich die systematische Messabweichung in einem Bereich bewegt, in dem das Messsystem als geeignet angesehen werden kann.

Die folgenden Bilder zeigen verschiedene Situationen mit Abweichungen von der Linearität. Es bedeuten:

········ Verbindungslinie der Mittelwerte

—— ideale Position, bei der alle Messwerte dem jeweiligen Referenzwert entsprechen

● Mittelwert der Messwertreihe am Normal i

$(x_m)_i$ Referenzwert des Normals i

x_i Messwert

Folgende unterschiedliche Situationen sind zu betrachten:

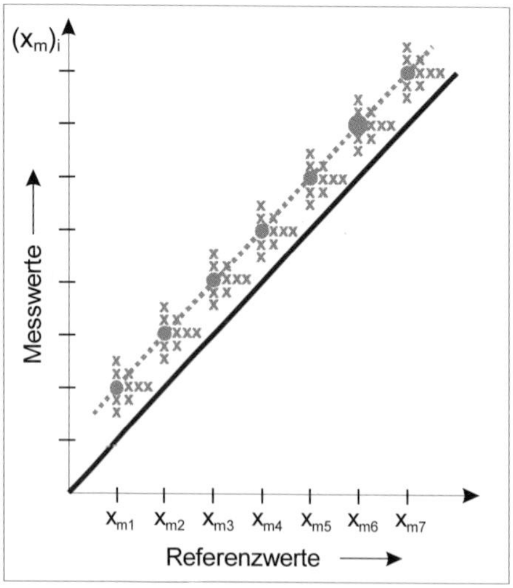

Die systematische Messabweichung ist unabhängig von den Referenzwerten über den spezifizierten Bereich konstant.

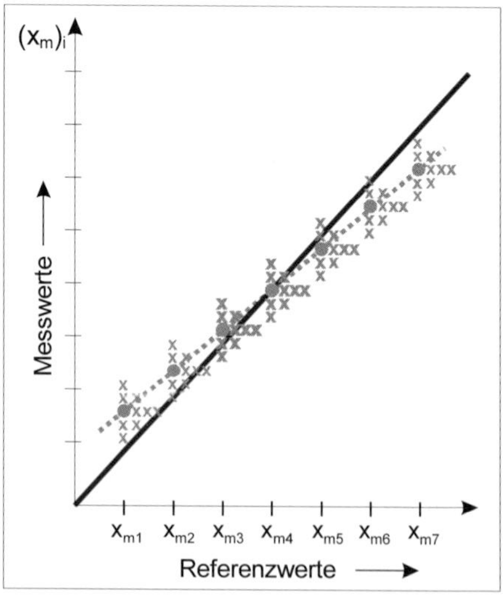

Die systematische Messabweichung ändert sich über den spezifizierten Bereich. Es besteht ein linearer Zusammenhang zwischen den Referenzwerten und der systematischen Messabweichung.

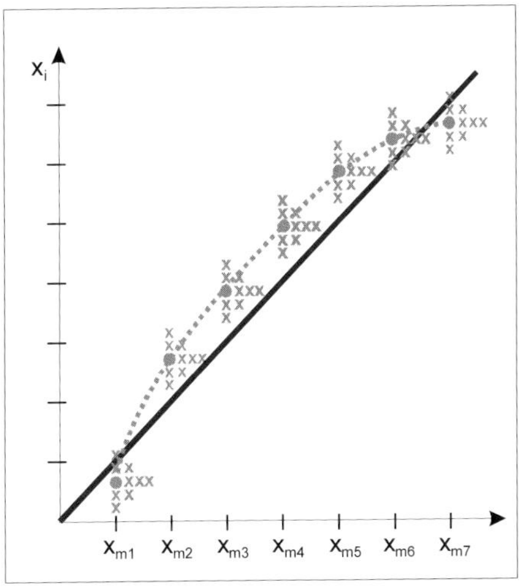

Es besteht kein linearer Zusammenhang zwischen den Referenzwerten und der systematischen Messabweichung.

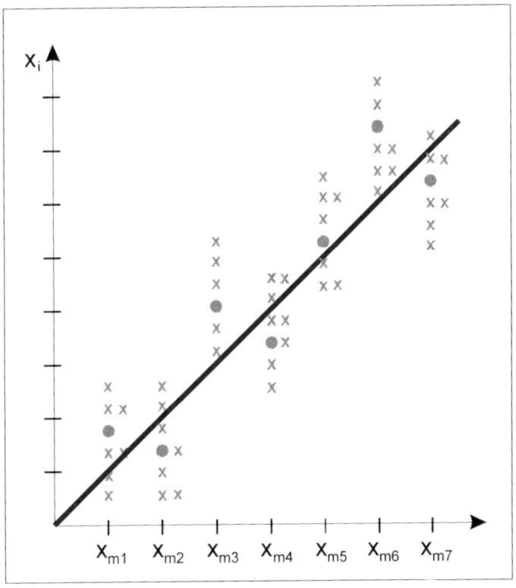

Die Streuung der Messwerte bei den einzelnen Referenzwerten ist signifikant.

Beurteilung der Linearität

Gemäß der oben beschriebenen Begriffsdefinition „Linearität" läuft die Beurteilung auf die Forderung hinaus:

„Die systematische Messabweichung $|Bi|$ in den einzelnen Referenzpunkten über dem Einsatzbereich des Messgerätes muss ausreichend klein sein."

Die Frage: „Was ist ausreichend klein?" wurde bereits in Abschnitt 5.2.3 und 5.2.4 beantwortet. Die MSA [1] schlägt vor, eine Regressionsgerade durch die an den Referenzwerten aufgetragene systematische Messabweichung zu bestimmen und einen t-Test durchzuführen. Anhand der errechneten Prüfgröße ist zu entscheiden, ob die Linearität als akzeptabel angesehen werden kann. Für diese Beurteilung ist keine Referenzgröße wie Prozessstreuung oder Toleranz erforderlich. Eine andere Variante ist im Leitfaden der Automobilindustrie [48] enthalten. Dort wird gefordert, dass die systematische Messabweichung $|Bi|$ in den einzelnen Referenzpunkten nicht größer als 10% der Referenzgröße (z.B. Toleranz) sein darf.

Durchführung der Linearitätsuntersuchung

Es ist ein Formblatt zu erstellen, in dem die Kopfdaten und die Ergebnisse sowie die Auswertung eingetragen werden können. In den Kopfdaten ist der Bezug zu dem zu messenden Teil herzustellen. Die einzelnen Referenzwerte und deren Unsicherheit sind festzuhalten. Das Messgerät und der Prüfer sind ebenfalls zu dokumentieren.

In Abbildung 5.2-22 ist der Ablauf in Form eines Flussdiagramms dargestellt.

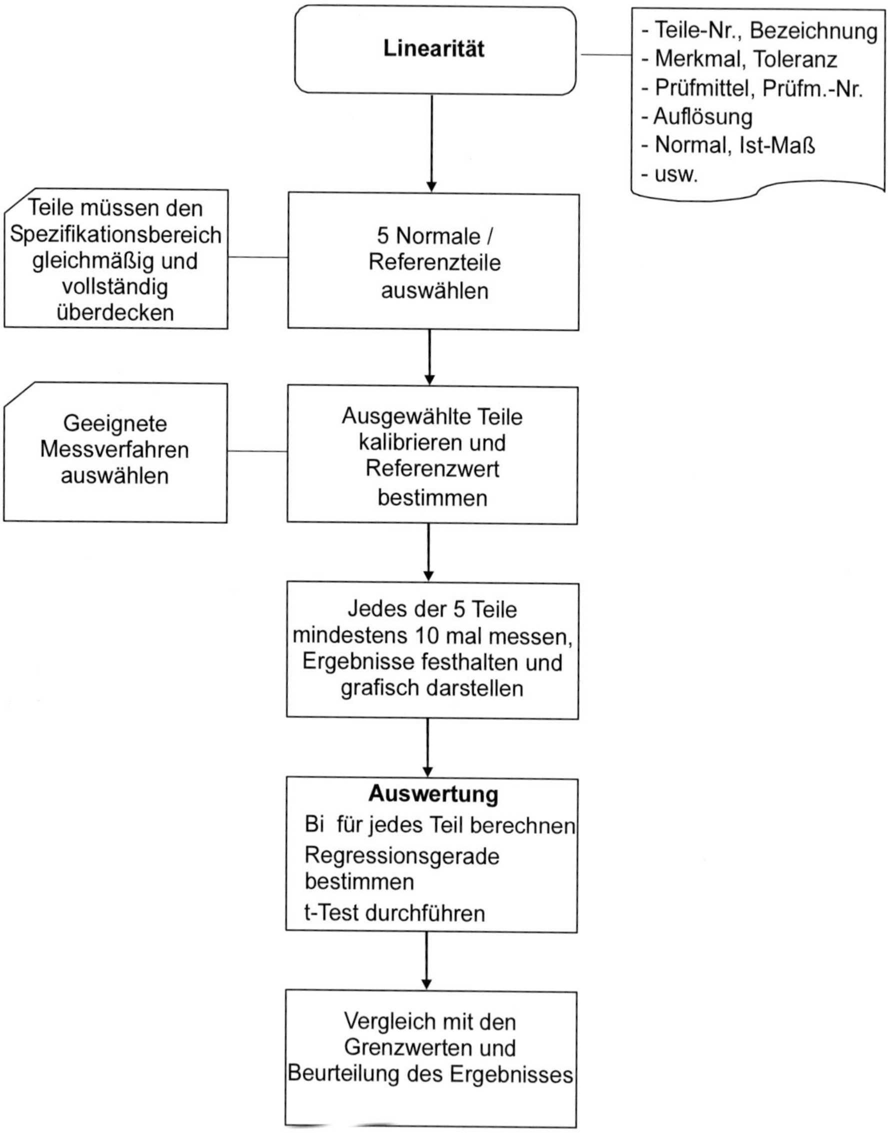

Abbildung 5.2-22: Ablauf Linearitätsuntersuchung

Es sind fünf Normale oder Referenzteile auszuwählen. Diese müssen kalibriert werden und der Referenzwert bekannt sein. Die Messunsicherheit der Normale bzw. Referenzteile muss kleiner als 5% der Toleranz sein. Bei der Auswahl der Referenzteile ist darauf zu achten, dass der gesamte Anwendungsbereich des Messgeräts abgedeckt ist. Dies kann beispielsweise die Merkmalstoleranz sein oder die Prozessstreubreite. Auf jeden Fall müssen Teile vom Randbereich enthalten sein.

In Abbildung 5.2-23 ist für den Sonderfall „drei Referenzteile" deren vorgeschlagene Lage dargestellt.

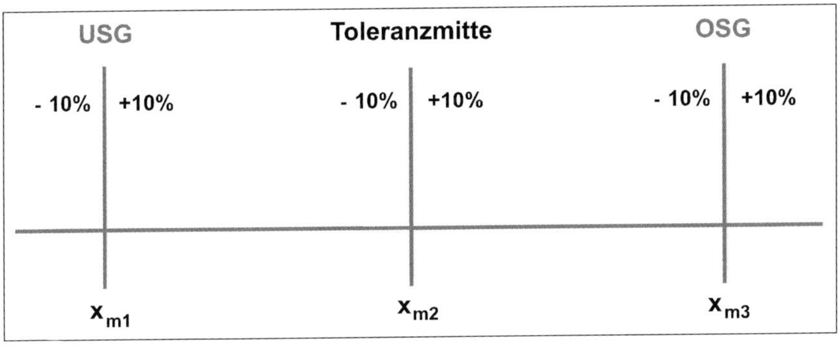

Abbildung 5.2-23: Lage der Referenzteile

Anschließend wird jedes der fünf Referenzteile mit dem Messgerät mindestens zehn mal gemessen. Die MSA [1] sieht mindestens 12 Messungen vor. Die Messergebnisse sind in Form einer Tabelle festzuhalten und, wenn möglich, grafisch darzustellen. Die grafische Darstellung hat immer den Vorteil, dass Ausreißer bzw. größere Abweichungen sofort erkannt werden. In begründeten Fällen ist die entsprechende Messung zu wiederholen.

Zur Beurteilung der Ergebnisse werden die gemessenen Werte grafisch dargestellt. In diese Grafik wird eine Ausgleichsgerade und der dazu gehörige Vertrauensbereich eingetragen.

Grafische Analyse der Ergebnisse (Auszug aus MSA [1])

1. *Die Systematische Messabweichung eines jeden Messergebnisses und die mittlere Systematische Messabweichung jedes Teils ist zu berechnen mit:*

$$Syst.Messabw._{i,j} = x_{i,j} - (Referenzwert)_i$$

$$Syst.Messabw._{i,j} = \frac{\sum_{j=1}^{m} Syst.Messabw._{i,j}}{m}$$

2. *Nun sind die Systematischen Messabweichungen und die mittleren systematischen Messabweichungen über die Referenzwerte in einer grafischen Darstellung in linearer Form darzustellen (Abbildung 5.2-27).*

3. *Im nächsten Schritt ist die Ausgleichsgerade und das Konfidenzband zu berechnen und in die grafische Darstellung einzuzeichnen:*

   Für die Ausgleichsgerade ist folgende Gleichung anzusetzen:

$$\bar{y}_i = a \cdot x_i + b$$

wobei x_i = *Referenzwert*

$\bar{y}_i$ = *Mittelwert der systematischen Messabweichung*

und

$$a = \frac{\sum xy - \left(\frac{1}{gm}\sum x \sum y\right)}{\sum x^2 - \frac{1}{gm}\left(\sum x\right)^2} = \text{Steigung}$$

$$b = \bar{\bar{y}} - a\bar{x} = \text{Achsenabschnitt}$$

Für ein gegebenes x_0 ergeben sich auf einem Konfidenzniveau α folgende Konfidenzschranken:

wobei $s = \sqrt{\frac{\sum y_i^2 - b\sum y_i - a\sum x_i y_i}{gm-2}}$

unten $b + ax_0 - \left[t_{gm-2,1-\alpha/2}\left(\frac{1}{gm} + \frac{(x_0 - \bar{x})^2}{\sum (x_i - \bar{x})^2}\right)^{\frac{1}{2}} \cdot s\right]$

oben $b + ax_0 - \left[t_{gm-2,1-\alpha/2}\left(\frac{1}{gm} + \frac{(x_0 - \bar{x})^2}{\sum (x_i - \bar{x})^2}\right)^{\frac{1}{2}} \cdot s\right]$

4. *Die Linie „Systematische Messabweichung = 0" ist einzuzeichnen und die grafische Darstellung ist in Bezug auf Indikatoren für Systematische Streuungsursachen und der Akzeptanz der Linearität hin zu untersuchen.*

Damit die Linearität des Messsystems annehmbar ist, muss die Linie „Systematische Messabweichung = 0" (Abbildung 5.2-27) sich vollständig innerhalb des eingezeichneten Konfidenzbandes befinden.

Numerische Analyse der Ergebnisse

5. *Bei einem bezüglich der Linearität als annehmbar eingestuftes Messsystem muss folgende Hypothese wahr sein:*

H_0: a = 0 Steigung = 0

Verwerfe nicht, falls:

$$|t| = \frac{|a|}{\left[\frac{s}{\sqrt{\sum (x_j - \bar{x})^2}}\right]} \le t_{gm-2,\,1-\alpha/2}$$

Falls die oben genannte Hypothese wahr ist, dann hat das Messsystem für alle Referenzwerte die gleiche Systematische Messabweichung.

Damit die Linearität annehmbar ist, muss diese systematische Messabweichung statistisch null sein.

H_0: $b = 0$ Achsenabschnitt (Syst. Messabw.) = 0

Verwerfe nicht, falls:

$$|t| = \frac{|b|}{\left[\sqrt{\frac{1}{gm} + \frac{(\bar{x})^2}{\sum (x_i - \bar{x})^2}}\right] \cdot s} \leq t_{gm-2,\,1-\alpha/2}$$

Fallbeispiel Linearität

Für die Untersuchung der Linearität wurden an fünf Referenzteilen jeweils zwölf Messungen durchgeführt. Dabei ergaben sich folgende Messwerte:

n	$\bar{x}_{g\,Ref.}$	$x_{A;1}$	$x_{A;2}$	$x_{A;3}$	$x_{A;4}$	$x_{A;5}$	$x_{A;6}$	$x_{A;7}$	$x_{A;8}$	$x_{A;9}$	$x_{A;10}$	$x_{A;11}$	$x_{A;12}$	$\bar{x}_{g\,j}$	$s_{g\,j}$
1	2,0000	2,70	2,50	2,40	2,50	2,70	2,30	2,50	2,50	2,40	2,40	2,60	2,40	2,492	0,124
2	4,0000	5,10	3,90	4,20	5,00	3,80	3,90	3,90	3,90	3,90	4,00	4,10	3,80	4,125	0,447
3	6,0000	5,80	5,70	5,90	5,90	6,00	6,10	6,00	6,10	6,40	6,30	6,00	6,10	6,025	0,196
4	8,0000	7,60	7,70	7,80	7,70	7,80	7,80	7,80	7,70	7,80	7,50	7,60	7,70	7,708	0,100
5	10,0000	9,10	9,30	9,50	9,30	9,40	9,50	9,50	9,50	9,60	9,20	9,30	9,40	9,383	0,147

Die Messergebnisse können in Form eines Werteverlaufes (Abbildung 5.2-24) oder in Form eines Wertestrahls (Abbildung 5.2-25) dargestellt werden.

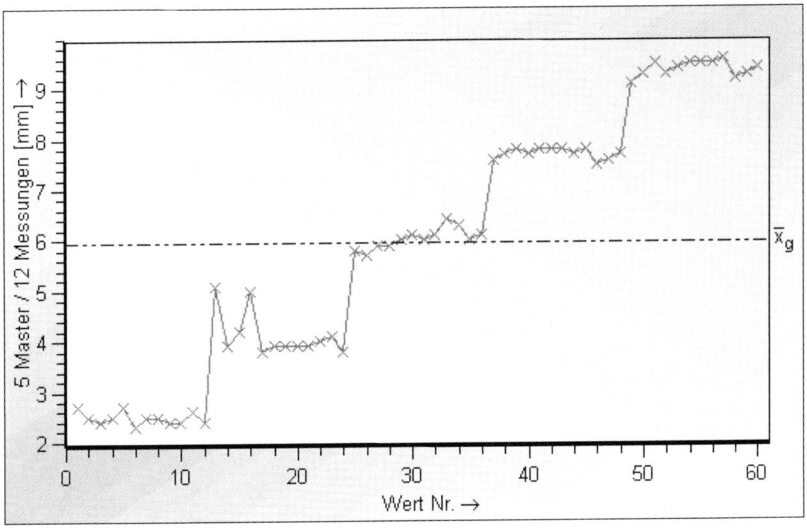

Abbildung 5.2-24: Werteverlauf

In der Abbildung 5.2-26 sind die Einzelwerte und die Mittelwerte über dem jeweiligen Referenzpunkt eingetragen. Weiter ist in die Grafik die Regressionsgerade, die sich aus den Werte ergibt und die „ideale Linie" eingezeichnet. Eine deutliche Abweichung zwischen diesen beiden Linien ist zu erkennen, was auf ein Linearitätsproblem hindeutet.

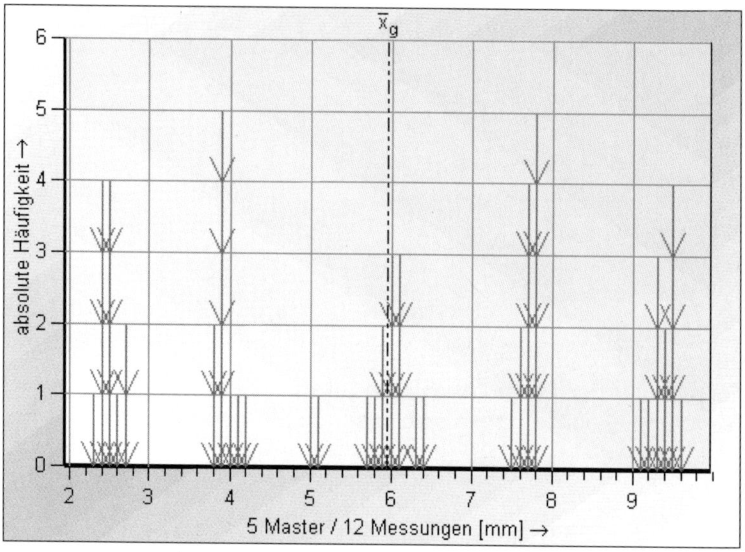

Abbildung 5.2-25: Wertestrahl

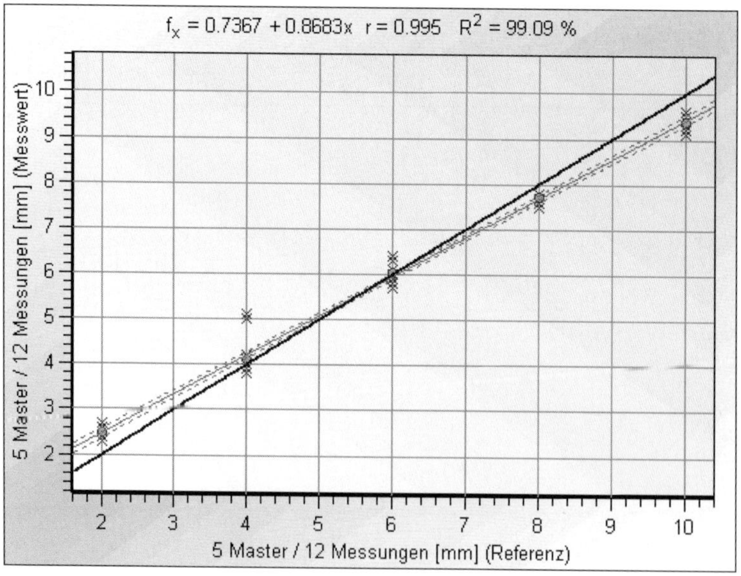

Abbildung 5.2-26: Messwerte über der Referenz

Wird anstatt der Urwerte die systematische Messabweichung über den Referenzwerten eingetragen, ergibt sich die in Abbildung 5.2-27 dargestellte Form.

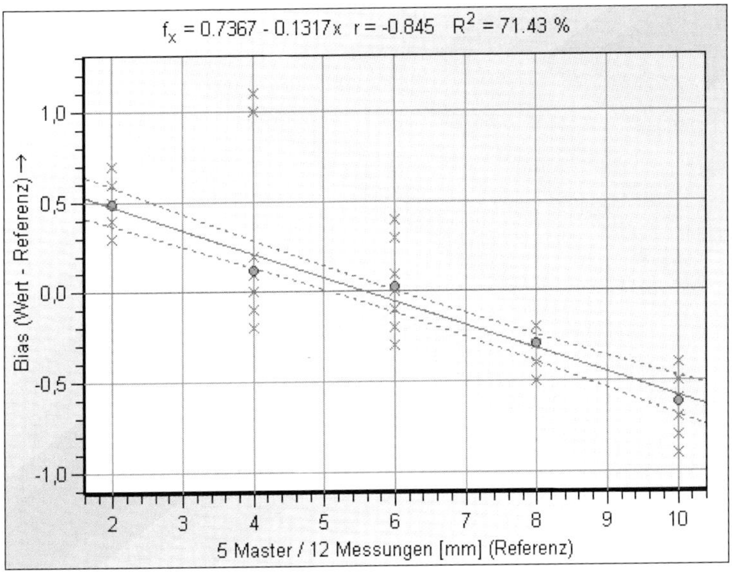

Abbildung 5.2-27: Systematische Messabweichung über der Referenz

Die numerische Auswertung der Datei liefert die in Abbildung 5.2-28 dargestellten Ergebnisse.

Test		kritische Werte	
Test des Achsenabschnitts bei lin. Regression	H_0	Der Achsabschnitt der Regressionsgeraden ist 0	10,1575***
	H_1	Der Achsabschnitt der Regressionsgeraden ist ungleich 0	
Test der Steigung bei lin. Regression	H_0	Die Steigung der Regressionsgeraden ist 0	12,0426***
	H_1	Die Steigung der Regressionsgeraden ist ungleich 0	

Abbildung 5.2-28: Ergebnis t-Test

Ist die Toleranz vorgegeben, kann der Einfachheit halber die Forderung angewandt werden, dass die Systematische Messabweichung bei allen fünf Referenzteilen kleiner sein muss als +/- 5% der Toleranz. Die folgende Grafik zeigt, dass bei diesem Beispiel die Forderung nicht eingehalten wird.

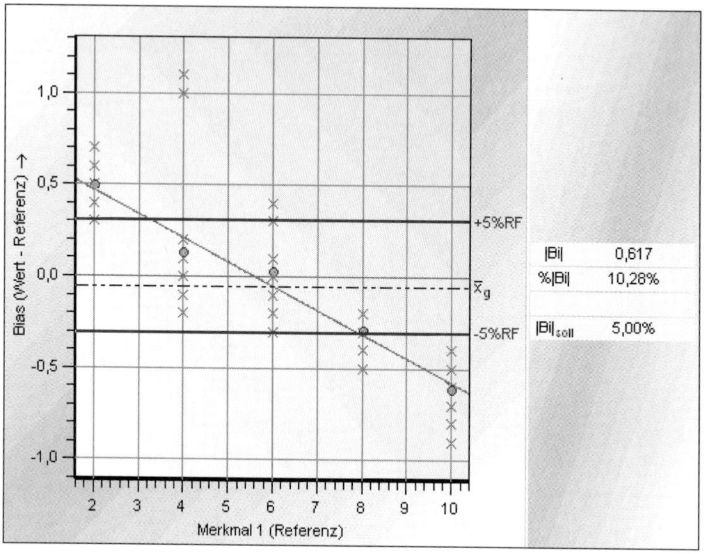

Abbildung 5.2-29: Grenzwerte bei Linearität

An den Randbereichen ist die Abweichung zu groß und damit ist ein Linearitätsproblem vorhanden. Dies wurde auch bei der numerischen Analyse bereits erkannt.

Die hier beschriebene Vorgehensweise ist sehr aufwendig, da die verwendeten Normale bzw. Referenzteile vorhanden und kalibriert sein müssen. Weiter unterliegen sie der regelmäßigen Qualifizierung im Sinne der Prüfmittelüberwachung [24].

Untersuchung an der Spezifikationsgrenze

Oftmals können aus wirtschaftlichen Gründen nicht mehrere Normale/Referenzteile zur Verfügung gestellt werden. Daher beschränkt man sich auf die Untersuchung an den Spezifikationsgrenzen. Damit sind jeweils ein Normal/Referenzteil in der Nähe der unteren bzw. der oberen Spezifikationsgrenze zur Verfügung zu stellen (s. Abbildung 5.2-30). Anschließend wird mit jedem Normal eine Fähigkeitsuntersuchung gemäß Verfahren 1 durchgeführt. Die Qualitätsfähigkeitskenngröße C_{gk} muss größer als 1,33 sein.

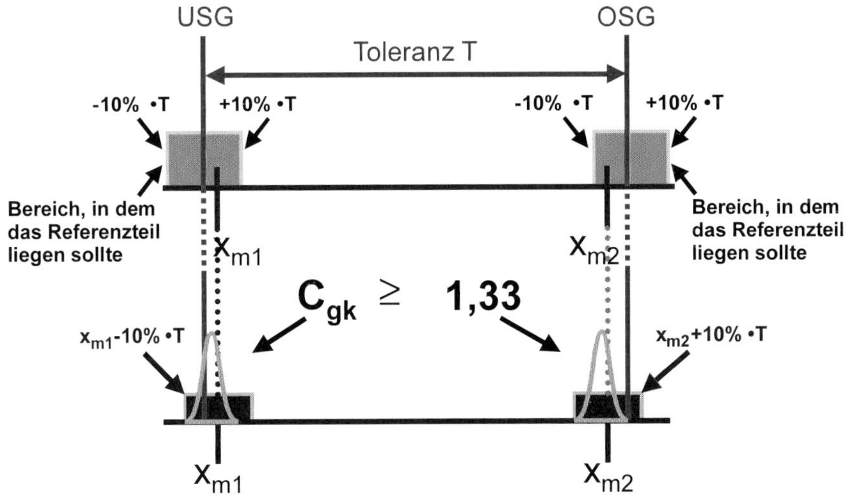

Abbildung 5.2-30: Verfahren 1 in der Nähe der Spezifikationsgrenzen

Hinweis:

Diese Vorgehensweise ist keine Linearitätsuntersuchung, sondern lässt nur eine Aussage über die Eignung an den jeweils betrachteten Stellen zu. Über andere Bereiche kann keine Aussage getroffen werden.

5.3 Beurteilung Prüfprozess

5.3.1 Spannweitenmethode (Short Method)

Möchte man ohne großen Aufwand eine schnelle Abschätzung der Gesamtstreuung des Messprozesses, kann ein schnelles Verfahren, die sogenannte Spannweitenmethode verwendet werden. Diese Methode liefert nur einen Gesamteindruck über das Messsystem. Sie erlaubt keine Differenzierung der ermittelten Streuung in Wiederholpräzision und Vergleichspräzision. Sie kann auch eingesetzt werden, um schnell nachzuweisen, ob sich die *Messsystemstreuung (%R&R)* signifikant verändert hat.

Wegen des geringen Stichprobenumfanges bei der Untersuchung ist die Mächtigkeit dieses Tests nicht sehr hoch.

Für die Durchführung der Spannweitenmethode sind zwei Prüfer (A und B) und fünf Teile erforderlich. Beide Prüfer messen jedes Teil einmal. Anschließend wird die Spannweite für jedes Teil zwischen den Messungen des Prüfers A und denen des Prüfers B. Daraus lässt sich der Mittelwert ($\overline{R}$) berechnen.

Die Streuung des Messsystems „R&R“ erhält man durch Multiplikation der mittleren Spannweite $\overline{R}$ mit $\frac{1}{d_2^*}$: d_2^* s. Tabelle 15.1-1

$$R\&R = \frac{\overline{R}}{d_2^*} \quad \text{mit} \quad \overline{R} = \frac{\sum_{i=1}^{n} R_{gi}}{n} \quad \text{und} \quad i = 1, 2, ..., n$$

In dem Beispiel aus Abbildung 5.3-1 (aus MSA [1]) mit r = 2 (Anzahl der Prüfer) und n = 5 (Anzahl der Teile) ergibt sich $d_2^* = 1{,}19$ aus der Tabelle 15.1-1.

n	$x_{A;1}$	$x_{B;1}$	R_{gn}
1	0,85	0,80	0,05
2	0,75	0,70	0,05
3	1,00	0,95	0,05
4	0,45	0,55	0,10
5	0,50	0,60	0,10

→ $\overline{R}$

Abbildung 5.3-1: Fallbeispiel mit zwei Prüfern und fünf Teilen

Interessant ist die Frage: „Welcher prozentuale Anteil der Prozessstreuung (oder der Toleranz) wird durch die Streuung des Messsystems verbraucht“. Dazu wird die Messsystemstreuung R&R in das Verhältnis zur Prozessstreuung bzw. zur Toleranz gesetzt und als Prozentwert angegeben:

$$\%R\&R = \frac{R\&R}{\text{Prozessstreubreite } 99{,}73\%} \cdot 100\% \quad \text{bzw.} \quad \frac{R\&R}{\text{Toleranz}} \cdot 100\%$$

Die Prozessstreubreite wurde aus vorhergehenden Studien ermittelt und ist 0,0777. Damit ergeben sich die in Abbildung 5.3-2 dargestellten Ergebnisse.

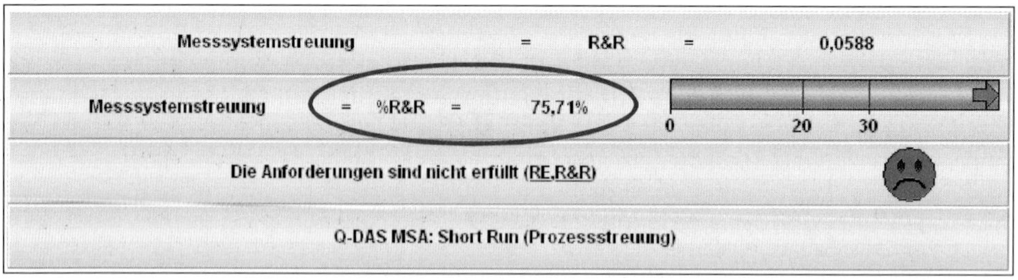

Abbildung 5.3-2: Fallbeispiel Spannweitenmethode mit Prozessstreuung als Bezugsgröße

Damit ist eine Messsystemstreuung %R&R von 75,7% ermittelt. Daraus folgt, dass das Messsystem verbessert werden muss.

Wird anstatt der Prozessstreuung als Bezugsgröße die Toleranz (T= 0,7) verwendet, erhält man das in Abbildung 5.3-3 dargestellte Resultat. Auch unter dieser Betrachtungsweise wäre das Messsystem nicht geeignet und ist zu verbessern.

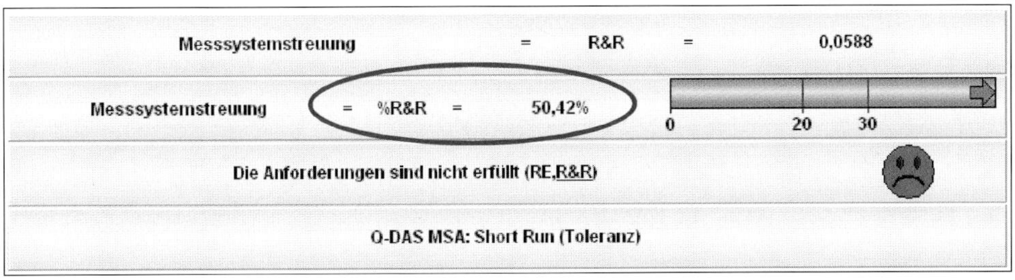

Abbildung 5.3-3: Fallbeispiel Spannweitenmethode mit Toleranz als Bezugsgröße

5.3.2 Verfahren 2: %R&R mit Bedienereinfluss

Das Verfahren 2 wird auch als %R&R-Methode oder als GR&R-Study (Gage Repeatability & Reproducibility, s. MSA [1]) bezeichnet. Es ist von den bisher beschriebenen Verfahren das Umfassendste, da dabei die meisten Einflussfaktoren zum Tragen kommen und deren Auswirkungen berücksichtigt werden. Wie die Abkürzung R&R schon ausdrückt, wird die Wiederhol- und Vergleichspräzision des Messprozesses bestimmt und zu dem Kennwert %R&R verrechnet. Anhand dessen wird entschieden, ob der Messprozess für die vorgesehenen Messaufgaben geeignet, bedingt geeignet oder nicht geeignet ist.

Durchführung der Verfahren

In der Abbildung 5.3-4 ist in Form eines Flussdiagramms der Ablauf des Verfahrens 2 übersichtsartig dargestellt.

Zunächst ist die Anzahl der Prüfobjekte und die Anzahl der Prüfer festzulegen. Die ausgewählten Prüfobjekte müssen die Streubreite des zu überwachenden Prozesses überdecken. Ist diese nicht bekannt, ist statt der Prozessstreubreite die Merkmalstoleranz zu verwenden. Prüfobjekte außerhalb der Spezifikationsgrenzen sind zulässig. Weiter ist die Anzahl der Wiederholmessungen eines Prüfers an jedem Prüfobjekt zu bestimmen. Dabei sind mindestens 2 Wiederholungsmessungen durchzuführen. Es gilt die Regel [48]: Anzahl der Prüfobjekte (n) mal Anzahl der Prüfer (k) mal Anzahl der Wiederholungsmessungen (r) sollte größer als 30 sein ($n \cdot k \cdot r > 30$).

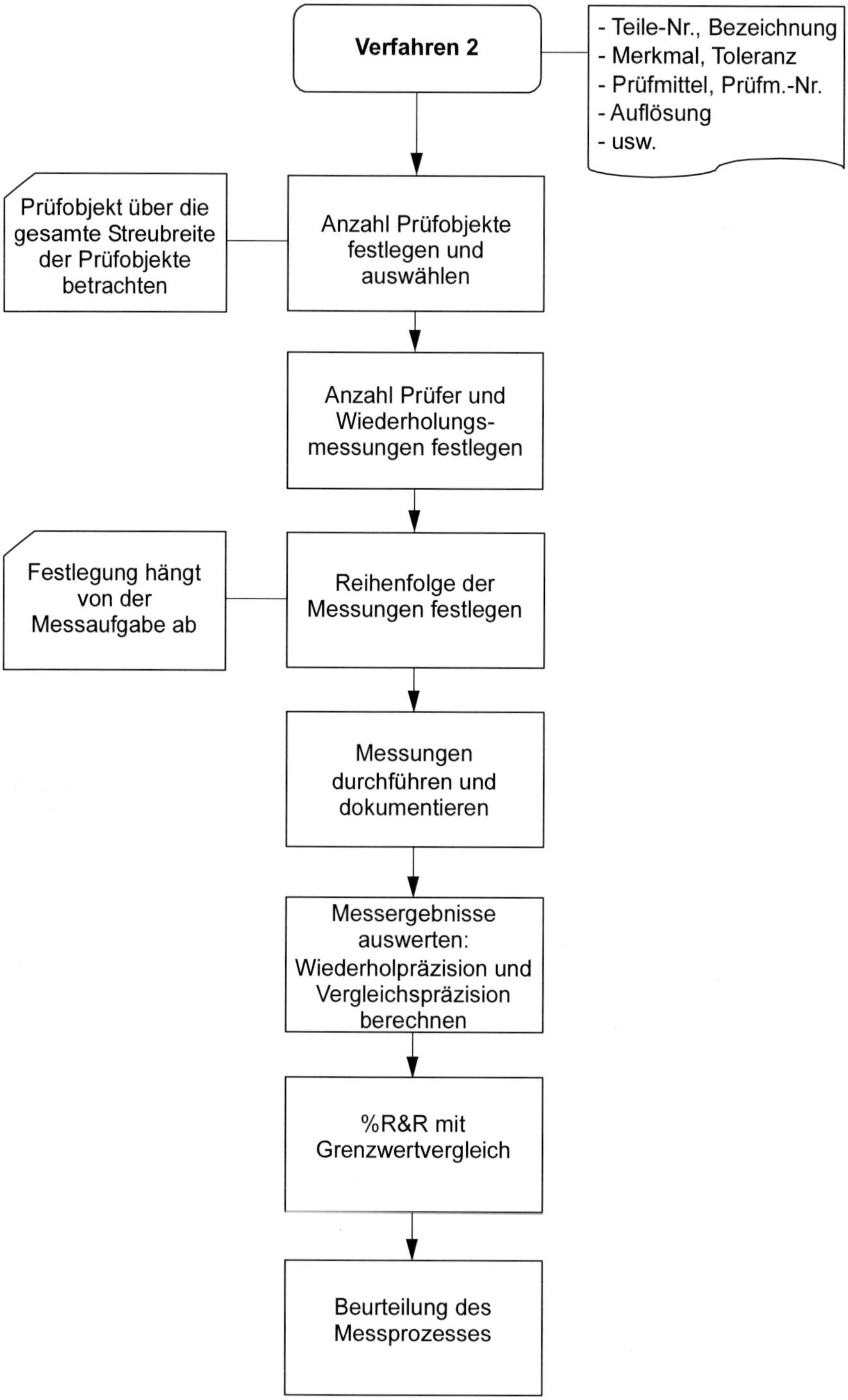

Abbildung 5.3-4: Ablauf Verfahren 2

Die Schritte im Einzelnen:

- Werden die Prüfernamen nicht explizit festgehalten, werden sie mit A, B, C bezeichnet oder nummeriert. Ebenso werden die ausgewählten Prüfobjekte nummeriert.
- Das zu verwendende Messmittel ist vor dem Gebrauch zu kalibrieren. Anschließend misst der erste Prüfer die ausgewählten Prüfobjekte. Die Reihenfolge kann zufällig oder entsprechend der Nummerierung aufsteigend sein. Die gemessenen Ergebnisse sind in das vorbereitete Formblatt einzutragen.
- Anschließend messen die weiteren Prüfer die gleichen Prüfobjekte. Die Prüfer sollten die Ergebnisse ihrer Vorgänger nicht einsehen können. Die Messergebnisse sind entsprechend festzuhalten.
- Dieser Messzyklus wird entsprechend der festgelegten Anzahl der Wiederholungsmessungen wiederholt. Die Ergebnisse sind in die entsprechende Position des Formblatts einzutragen.
- Aus technischen oder wirtschaftlichen Gründen kann die Art der Vorgehensweise variieren. So kann beispielsweise jeder Prüfer die Wiederholungsmessungen auch sofort ausführen. Wichtig ist dabei nur, dass das Prüfobjekt jeweils aus der Messvorrichtung genommen wird. Ein Grund hierfür könnte beispielsweise sein, dass die Prüfer in verschiedenen Schichten arbeiten.
- Nach diesem Durchlauf ist das Formblatt (s. Abbildung 5.3-6) vollständig ausgefüllt.

Grafische Darstellung der Ergebnisse

Neben der numerischen Analyse der Messergebnisse sollte immer auch eine grafische Betrachtung stehen. Die grafische Beurteilung ist auf jeden Fall heranzuziehen, wenn geforderte Grenzwerte nicht eingehalten werden können. Verbesserungsmöglichkeiten, Schwachstellen oder Ausreißer in den Messwertreihen sind dabei besser erkennbar.

Die Haupteinflussgrößen beim Verfahren 2 sind neben den Umgebungsbedingungen der Teile- und der Prüfereinfluss. Um die Auswirkungen der einzelnen Einflüsse bei Bedarf besser erkennen zu können, stehen mehrere Grafiken zur Verfügung. Im Folgenden wird ein und dieselbe Messwertreihe (s. Abbildung 5.3-5) unter verschiedenen Blickrichtungen dargestellt. Die Messwertreihe ist der MSA [1] entnommen. Dabei prüfen die Prüfer zehn Teile. Jeder Prüfer misst jedes Teil drei Mal.

n	$x_{A;1}$	$x_{A;2}$	$x_{A;3}$	R_{gj}	$x_{B;1}$	$x_{B;2}$	$x_{B;3}$	R_{gj}	$x_{C;1}$	$x_{C;2}$	$x_{C;3}$	R_{gj}
1	0,29	0,41	0,64	0,35	0,08	0,25	0,07	0,18	0,04	-0,11	-0,15	0,19
2	-0,56	-0,68	-0,58	0,12	-0,47	-1,22	-0,68	0,75	-1,38	-1,13	-0,96	0,42
3	1,34	1,17	1,27	0,17	1,19	0,94	1,34	0,40	0,88	1,09	0,67	0,42
4	0,47	0,50	0,64	0,17	0,01	1,03	0,20	1,02	0,14	0,20	0,11	0,09
5	-0,80	-0,92	-0,84	0,12	-0,56	-1,20	-1,28	0,72	-1,46	-1,07	-1,45	0,39
6	0,02	-0,11	-0,21	0,23	-0,20	0,22	0,06	0,42	-0,29	-0,67	-0,49	0,38
7	0,59	0,75	0,66	0,16	0,47	0,55	0,83	0,36	0,02	0,01	0,21	0,20
8	-0,31	-0,20	-0,17	0,14	-0,63	0,08	-0,34	0,71	-0,46	-0,56	-0,49	0,10
9	2,26	1,99	2,01	0,27	1,80	2,12	2,19	0,39	1,77	1,45	1,87	0,42
10	-1,36	-1,25	-1,31	0,11	-1,68	-1,62	-1,50	0,18	-1,49	-1,77	-2,16	0,67

Abbildung 5.3-5: Messwertreihe für Verfahren 2

Die einfachste Form der grafischen Visualisierung ist die Darstellung der Werte nach Prüfern getrennt. Die Abbildung 5.3-6 zeigt diesen Verlauf. So sind unter 1A die ersten 3 Messungen des Prüfers A an Prüfobjekt 1 dargestellt usw. Bereits an dieser Darstellung kann man signifikante Unterschiede zwischen den Prüfern feststellen.

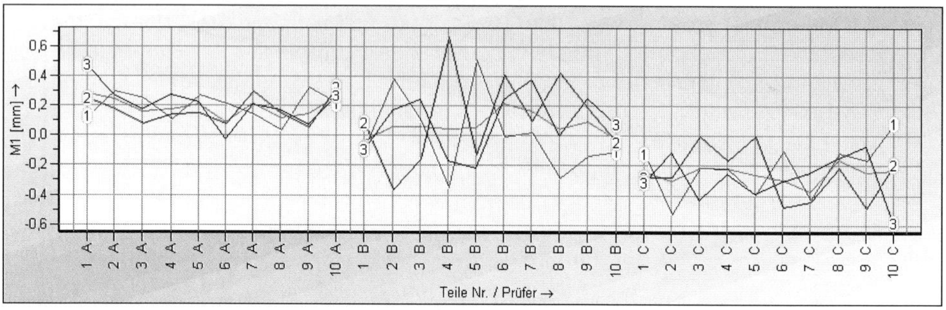

Abbildung 5.3-6: Werteverlauf prüferbezogen

In erster Linie möchte man die Prüfer untereinander vergleichen. Dazu kann der oben gezeigte Werteverlauf in Form von Mittelwerten nicht nur nebeneinander (Abbildung 5.3-6), sondern auch überlagert dargestellte Werte. In Abbildung 5.3-8 sind für die Prüfer A, B, C farblich getrennt die Mittelwerte der Messergebnisse eingetragen. Durch die Mittelwertbildung werden Daten verdichtet.

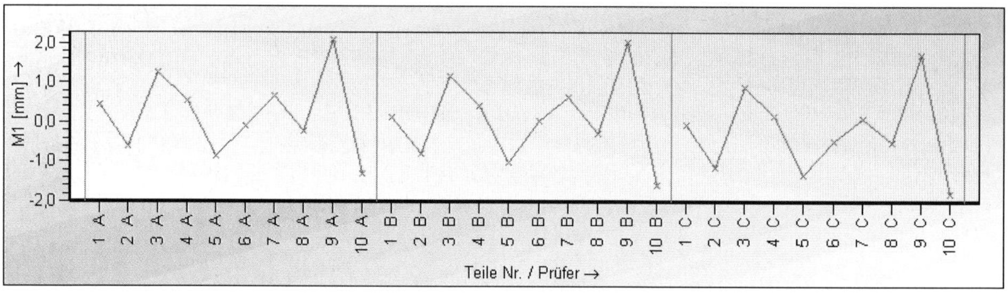

Abbildung 5.3-7: Mittelwert Prüfer nebeneinander

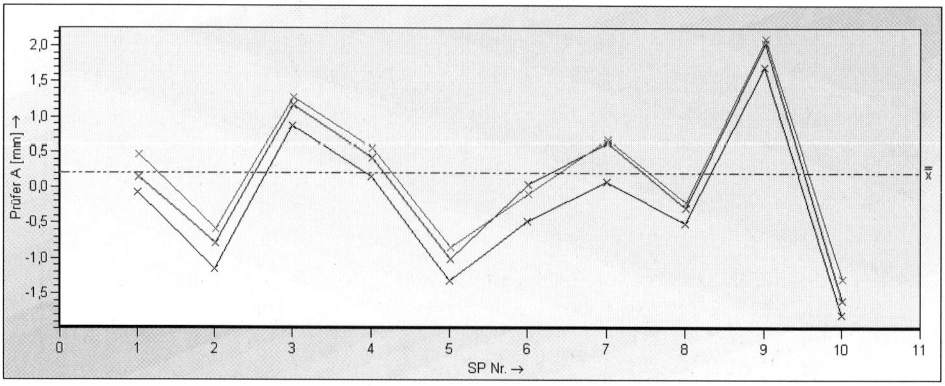

Abbildung 5.3-8: Mittelwert Prüfer überlagert

Die Grafiken in Abbildung 5.3-9 zeigen weitere Varianten zum Vergleich der Prüfer untereinander. Darin sind die erfassten Werte im Werteverlauf, Wertestrahl, Histogramm und Wahrscheinlichkeitsnetz dargestellt.

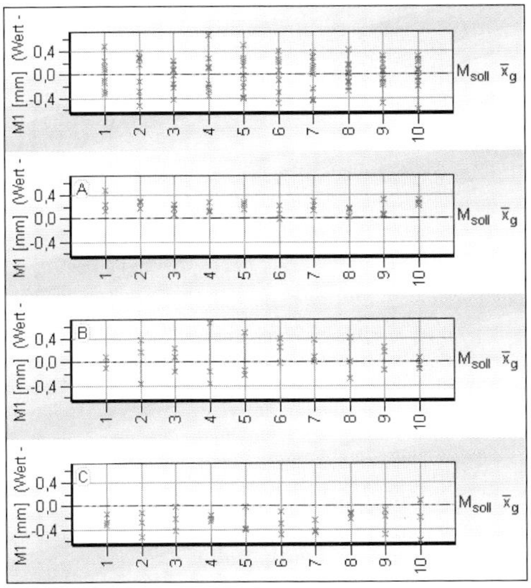

a) Werteverlauf

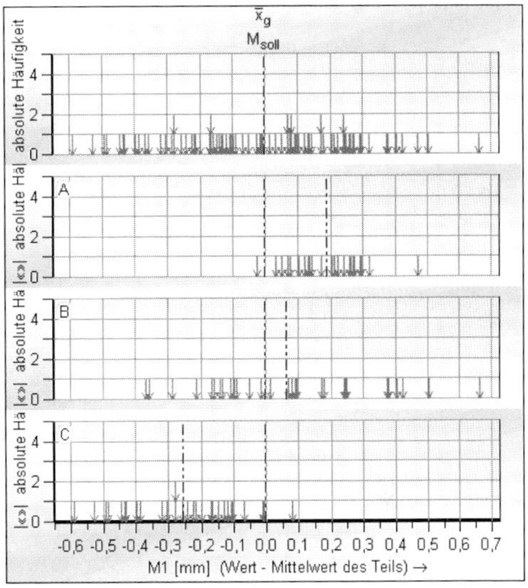

b) Wertestrahl

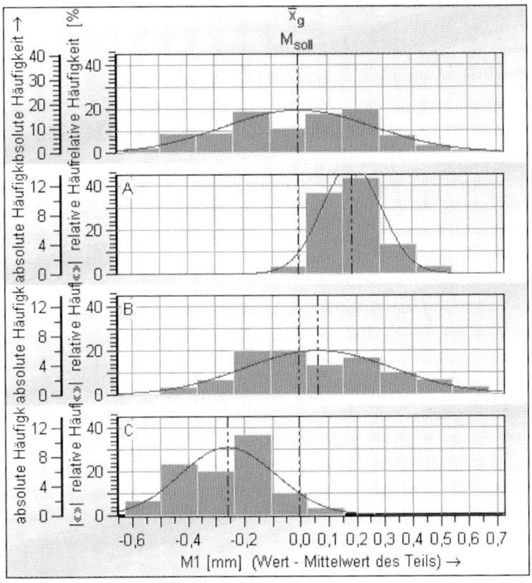

c) Histogramm

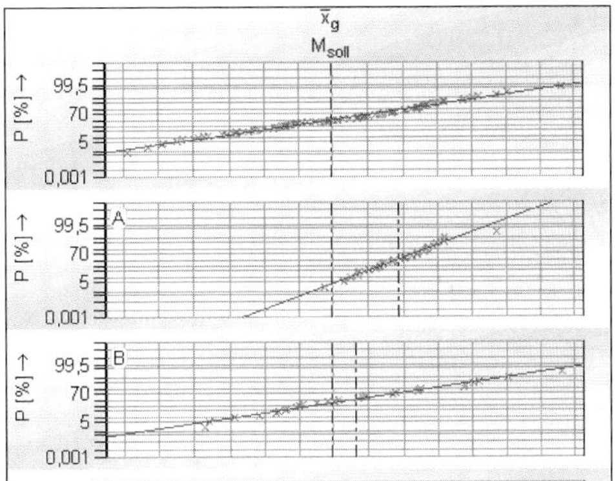

d) Wahrscheinlichkeitsnetz

Abbildung 5.3-9: Vergleich der Prüfer

Da mit diesen Grafiken in erster Linie die Streuung der Bediener beurteilt werden soll, sind die Werte um die Teilestreuung kompensiert, d.h. es wird für jedes Teil der Mittelwert bestimmt. Dieser wird auf Null gesetzt und die Einzelwerte um diesen Mittelwert korrigiert. In jeder Darstellung ist im oberen Bild die Summe aller Werte eingetragen, in den darunter liegenden sind die Werte für die Prüfer A, B und C dargestellt. Zur Beurteilung der Prüferstreuung sind die Grafiken Wertestrahl und Histogramm besonders hilfreich. Es ist deutlich zu erkennen, dass die Prüfer eine unterschiedliche systematische Messabweichung haben. Diese ist bei Prüfer B am kleinsten, allerdings ist dessen Streuung größer als die der beiden anderen Prüfer A und C.

Die Werte der Prüfer können auch über die Referenzen aufgetragen werden. Diese Form der Darstellung enthält die Abbildung 5.3-10.

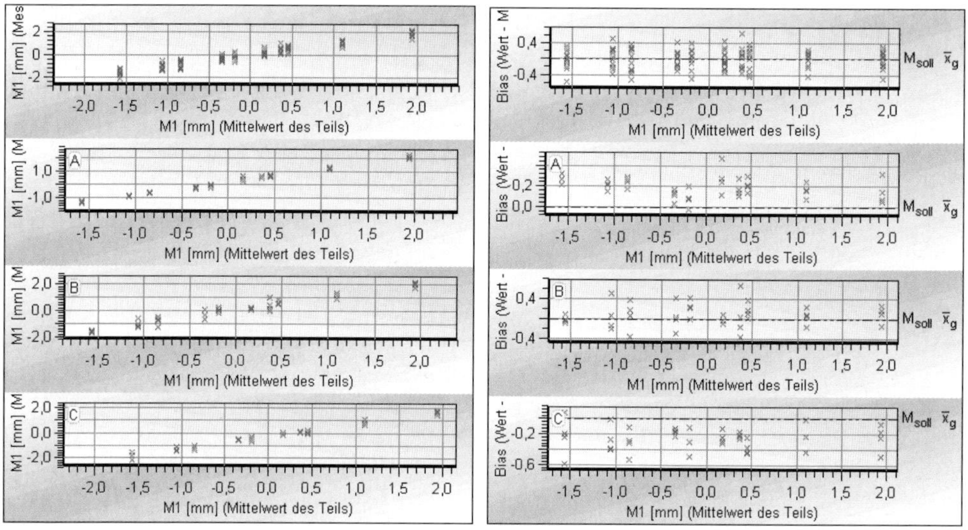

a) Teilestreuung nicht kompensiert *b) Teilestreuung kompensiert*

Abbildung 5.3-10: Referenz zu Prüfer

Eine andere Form, die Ergebnisse der Prüfer zu bewerten, ist deren Beurteilung in einer Qualitätsregelkarte. Darum können sowohl die Mittelwerte als auch die Spannweiten (Differenz zwischen den Messwertreihen bzw. die Standardabweichung) in eine Qualitätsregelkarte eingetragen und auf Verletzung der Eingriffsgrenzen überprüft werden. Die Berechnung der Eingriffsgrenzen erfolgt basierend auf der $\bar{x}$/R Shewhartkarte (s.[11]). Bei Stabilitätsverletzung sind die Ursachen zu suchen und Abstellmaßnahmen (Einweisung der Prüfer, Vorrichtung verändern etc.) einzuleiten. In der Regel ist es ausreichend, nur eine Streuungskarte (R- oder s-Karte, s. Abbildung 5.3-11) zu führen. Die Regelkarte hat teilweise den Nachteil, dass sie zu sensibel reagiert. Um dies zu vermeiden, ist in der Streuungskarte eine minimale obere Eingriffsgrenze festzulegen, die verwendet wird, wenn die berechnete Eingriffsgrenze kleiner als die festgelegte minimale Grenze wird. Eine typische minimale Grenze ist die Auflösung des Messgerätes. In der Abbildung 5.3-11 ist eine $\bar{x}$-/R-Karte mit dem Ergebnis der drei Prüfer (überlagert und nebeneinander) gezeigt.

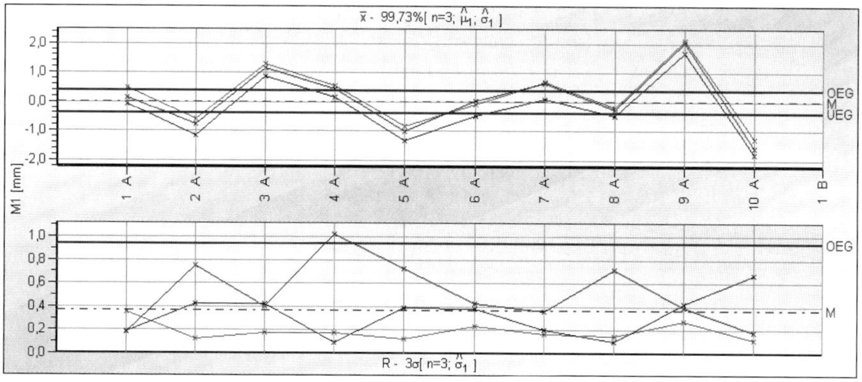

a) überlagert

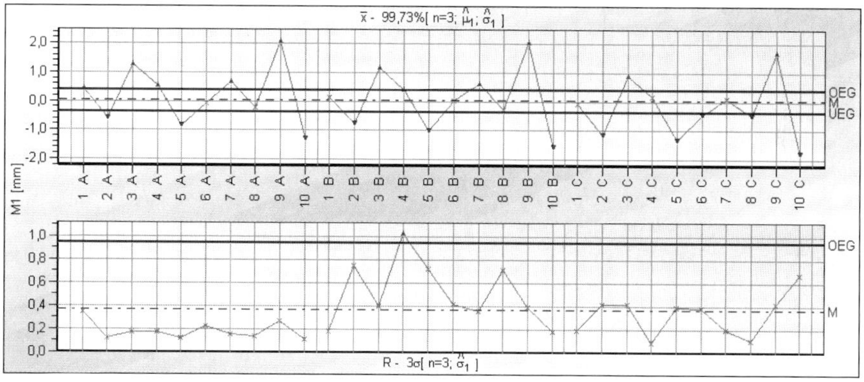

b) nebeneinander

Abbildung 5.3-11: $\overline{x}$ *-R Karte*

Liegen signifikante Unterschiede zwischen den Prüfern vor, sind Abstellmaßnahmen einzuleiten. Dies können Hinweise bezüglich der Handhabung oder eine Verbesserung der Messvorrichtung sein (s. Abschnitt 1).

Ungleichheiten am Teil (innere Teilestreuung)

Zur Bestimmung der Streuung des Systems werden, wie oben erläutert, Originalteile verwendet. Diese können aufgrund des Herstellungsprozesses Verformungen haben. Dadurch ergeben sich bei Messungen eines Merkmals am gleichen Teil an unterschiedlichen Positionen eine zusätzliche Streuungskomponente, die nicht dem Messgerät anzulasten ist und daher kompensiert werden sollte. Auch hierfür ist eine Vorgehensweise und Berechnungsmethode vorgeschlagen. Diese Methode ist zwar genauer, aber sowohl vom Messaufwand als auch der Auswertung erheblich aufwendiger. Daher ist über deren Einsatz im Einzelfall zu entscheiden. Um diesen Einfluss zu vermeiden, kann die Messposition am Werkstück gekennzeichnet werden. Bei Wiederholungsmessungen ist dann die gleiche Position zu verwenden.

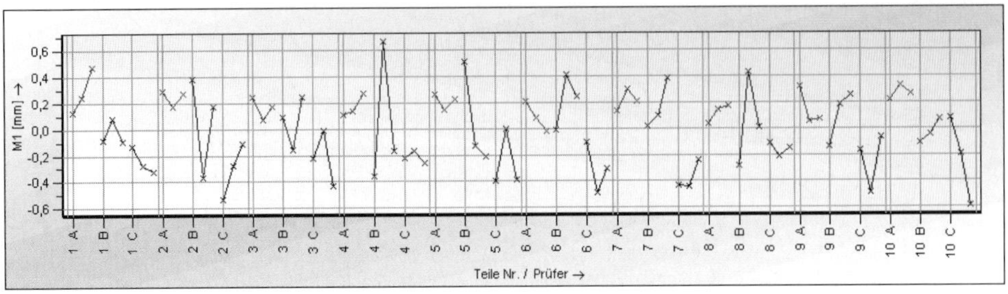

Abbildung 5.3-12: Differenzendiagramm teilebezogen

Die einfachste Form, den Teileeinfluss zu erkennen, ist die teilebezogene Darstellung (Abbildung 5.3-12).

Auswertung des Messergebnisses

Zur Auswertung der Ergebnisse sind folgende Verfahren üblich:

1. Mittelwert-Spannweiten-Methode (ARM = **A**verage and **R**ange **M**ethod)
2. Varianzanalyse / ANOVA-Methode (**An**alysis **o**f **Va**riance).
3. Mittelwert-Standardabweichungsmethode (Differenzenmethode)

Am meisten verbreitet sind allerdings die ARM-Methode und die ANOVA-Methode. Die Mittelwert-Standardabweichungsmethode hat mehrere Einschränkungen (z.B. nur zwei Messwertreihen pro Prüfer). Daher hat sie sich in der Praxis nicht durchgesetzt. Die Berechnungsmethoden der drei Verfahren unterscheiden sich voneinander. Konsequenterweise können nicht dieselben Ergebnisse erwartet werden. Daher ist bei der Berechnung von %R&R immer auch die Berechnungsmethode anzugeben. Zusätzlich gibt es selbst innerhalb der Berechnungsmethoden je nach Richtlinie noch Unterschiede. Um Ergebnisse innerhalb eines Unternehmens nachvollziehbar und vergleichbar zu machen, müssen unbedingt die Formeln definiert und in einer Verfahrensanweisung bzw. Richtlinie dokumentiert werden.

Die Abbildung 5.3-13 zeigt schematisiert, wie die beiden statistischen Kennwerte $\overline{\overline{R}}$ und $\overline{x}_{Diff}$ bestimmt werden.

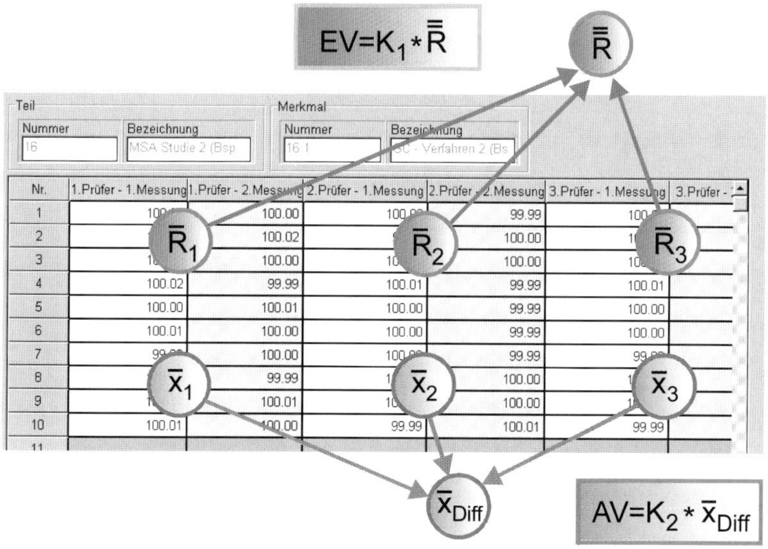

Abbildung 5.3-13: Bestimmung von $\overline{\overline{R}}$ *und* $\overline{x}_{Diff}$

Mittelwert-Spannweitenmethode

Wiederholpräzision (EV = Equipment Variation/Repeatability)

$$EV = \overline{\overline{R}} \cdot K_1$$ K_1 s. K-Faktoren

$$\overline{\overline{R}} = \frac{\sum_{i=1}^{n} \overline{R_i}}{k}$$

Vergleichspräzision (AV=Appraiser Variation/Reproducibility)

$$AV = \sqrt{(\overline{x}_{Diff} \cdot K_2)^2 - \left[\frac{EV^2}{n \cdot r}\right]}$$

K_2 s. K-Faktoren
n = Anzahl Prüfobjekte
r = Anzahl Wiederholungen

$$\overline{x}_{Diff} = \overline{x}_{i_{max}} - \overline{x}_{i_{min}}$$

Dabei sind zwei spezielle Fälle zu unterscheiden.

Fall 1:

Ist $(\overline{x}_{Diff} \cdot K_2)^2 >> \left[\frac{EV^2}{n \cdot r}\right]$ kann der Einfachheit halber auf diese Korrektur verzichtet werden.

Dann ergibt sich: $AV = \overline{x}_{Diff} \cdot K_2$

Fall 2:

Ist $\left(K_2 \cdot \overline{x}_{Diff}\right)^2 \leq \left[\frac{EV^2}{n \cdot r}\right]$ ist das Ergebnis unter der Wurzel null bzw. negativ, dann ist die Nachvollziehbarkeit klein gegenüber der Wiederholbarkeit und kann vernachlässigt werden.

Wiederhol- und Vergleichspräzision (R&R = Repeatability & Reproducibility)

$$R\&R = \sqrt{EV^2 + AV^2}$$

Teilestreuung (PV = Part Variation)

$PV = R_p \cdot K_3$ — K_3 s. K-Faktoren

R_p = Spannweite aus $\overline{x}_{pi}$ mit i = 1...n

$\overline{x}_{pi}$ = Mittelwert der Messergebnisse des i-ten Teiles

K-Faktoren

Die K-Faktoren (K_1, K_2, K_3) werden aus der sogenannten d_2^*-Tabelle (Tabelle 15.1-1) nach Duncan [39] bestimmt. Bis zur 3. Ausgabe der MSA [1] war es üblich, in den Faktor die Aussagewahrscheinlichkeit P = 99% oder P = 99,73% mit einzurechnen. Diese Einrechnung ist in der 3. Ausgabe entfallen. Daher findet man heute je nach Richtlinie zwei unterschiedliche K-Faktoren, die nicht miteinander vergleichbar sind. Konsequenterweise sind auch die Ergebnisse für EV, AV und R&R nicht mehr vergleichbar.

K-Faktoren MSA 2. Ausgabe

$$K = \frac{u_{1-\alpha/2}}{d_2^*}$$

$u_{1-\alpha/2} = 5{,}15$ für P = 99%

$u_{1-\alpha/2} = 6{,}0$ für P = 99,73%

K-Faktoren ab MSA 3. Ausgabe [1]

$$K = \frac{1}{d_2^*}$$

mit d_2^* aus Tabelle 15.1-1.

ANOVA Methode

Die „ANOVA"-Methode (Varianzanalyse) ist von der Messwerterfassung mit der ARM vergleichbar. Die Auswertung ist wesentlich komplexer und kann nicht mehr manuell erfolgen. Das „ANOVA"-Verfahren ist bei vorhandenem Rechnerprogramm (z.B. qs-STAT® der Q-DAS® GmbH, Weinheim) der ARM vorzuziehen. Es ist aus mathematischer Sicht das genauere Verfahren und in der Lage, die Streuungskomponenten in folgenden Gruppen separat auszuweisen:

- Wiederholbarkeit Messsystem
- Nachvollziehbarkeit Prüfer
- Wechselwirkung
- %R & R
- Teilestreuung

Die separate Ausweisung der einzelnen Streuungskomponenten lässt bessere Rückschlüsse auf Fehlerursachen zu. Dadurch können Verbesserungsmaßnahmen leichter abgeleitet werden. Die Interpretation der Ergebnisse ist mit der ARM-Methode vergleichbar.

Die „mathematischen" Zusammenhänge sind im Anhang 15.2 beschrieben.

Mittelwert-Standardabweichungsmethode

Die Vorgehensweise zur Ermittlung der Messdaten ist mit der Mittelwert-Spannweitenmethode identisch.

Die Kennwerte berechnen sich aus:

$\Delta = x_{1i} - x_{2i}$ mit i = 1,...,10

$\Delta =$ Differenz aus 1. und 2. Messwertreihe eines Prüfers

Aus den Differenzen kann für jeden Bediener (A, B und C) die Standardabweichung s bestimmt werden:

$\bar{s} = \bar{s}_\Delta / \sqrt{2}$ mit $\bar{s}_\Delta = \frac{1}{3}(s_{\Delta A} + s_{\Delta B} + s_{\Delta C})$

$$s_v = \sqrt{\frac{1}{2}\left[\left(\bar{x}_A - \bar{\bar{x}}\right) + \left(\bar{x}_B - \bar{\bar{x}}\right) + \left(\bar{x}_C - \bar{\bar{x}}\right)\right]}$$

mit $\bar{x}_A$, $\bar{x}_B$, $\bar{x}_C$ Mittelwert aus den Ergebnissen des jeweiligen Prüfers

R&R = $\sqrt{\bar{s}^2 + s_v^2}$ mit $\bar{\bar{x}}$ = Mittelwert aus $\bar{x}_A$, $\bar{x}_B$, $\bar{x}_C$

Hinweis: Die Methodik ist nur bei zwei Messungen pro Prüfer anwendbar!

Anzahl Klassen bzw. Datenkategorien (ndc)

Unter ndc versteht man die Anzahl der unterscheidbaren Kategorien (ndc), die durch ein Messsystem noch unterschieden werden können. Diese Anzahl ist definiert als:

„Die Anzahl der nicht überlappenden Konfidenzintervalle bei 97%, welche die erwartete Produktstreuung umfasst" und kann mit

$$\text{ndc} = 1{,}41\left(\text{PV}/\text{R\&R}\right)$$

berechnet werden. Damit bezeichnet ndc die Anzahl der Klassen, die bei Einsatz dieses Messsystems innerhalb der Streubreite des Fertigungsprozesses noch unterscheidbar ist.

In der Abbildung 5.3-14 aus der MSA [1] sind für drei typische Fälle von Datenkategorien die Konsequenzen bzw. Empfehlungen zusammengefasst. Zusätzlich wird ndc auf die nächste ganze Zahl abgerundet und sollte größer oder gleich fünf (5) sein. ndc < 5 bedeutet, dass R&R im Verhältnis zur Teilestreuung zu groß ist. Dies kann z.B. zu Problemen bei der Regelkartenanwendung oder bei einer Klassifikation innerhalb des Toleranzbereichs führen.

	Prozesslenkung	**Messsystemanalyse**
1 Messwertkategorie 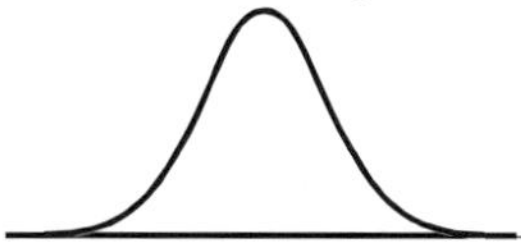	Kann nur zur Lenkung verwendet werden, falls die Prozessstreuung im Vergleich zu den Spezifikationen gering ist die Verlustfunktion über den erwarteten Bereich der Prozessstreuung flach ist die Hauptursache(n) der Prozessstreuung eine Verschiebung des Mittelwertes bewirken	Ungeeignet zur Beurteilung von Prozessparametern und Indizes Zeigt nur an, ob der Prozess konforme oder nicht konforme Teile produziert
2-4 Kategorien 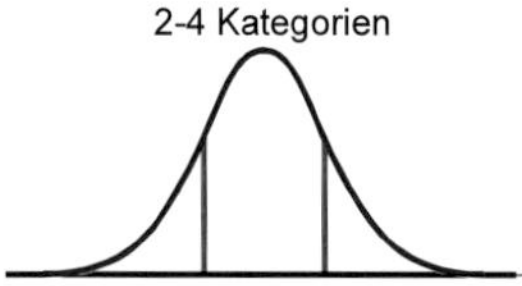	Kann mit semi-variablen Regeltechniken verbunden werden, die auf der Prozessverteilung basieren Kann für unempfindliche Qualitätsregelkarten für kontinuierliche Merkmale verwendet werden.	Im allgemeinen zur Beurteilung von Prozessparametern und Indizes nicht geeignet liefert nur einen groben Schätzwert
5 oder mehr Kategorien 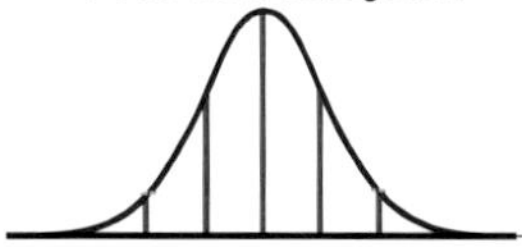	Kann für Qualitätsregelkarten für kontinuierliche Merkmale verwendet werden.	empfohlen

Abbildung 5.3-14: aus MSA [1], Einfluss der Anzahl von unterscheidbaren Datenkategorien

Hinweis:

Der hier beschriebene Sachverhalt kann mit dem Thema Auflösung (s. Abschnitt 5.2.2) verglichen werden.

Kennwerte in Bezug setzen

Die oben definierten Kenngrößen sind Rechenergebnisse, die aus den erfassten Messwerten ermittelt werden. Um die Eignung für den konkreten Einsatzfall beurteilen zu können, sind die Ergebnisse ins Verhältnis zu einer Bezugsgröße (**RF** = Reference Figure) zu setzen. Die Bezugsgrößen RF können sein:

- die Gesamtstreuung (TV) mit Teilestreuung (Total Variation)
- die Gesamtstreuung (TV) aus der Prozessstreuung
- die in der Werkstückszeichnung zum Merkmal angegebene Toleranz „T"

Die Gesamtstreuung (TV = Total Variation) kann bei **unbekannter** Prozessstreuung aus:

$$TV = \sqrt{R\&R^2 + PV^2}$$

bestimmt werden. Ist die Prozessstreuung **bekannt**, ergibt sich die Gesamtstreuung TV aus:

$$TV = \frac{\text{Prozessstreuung}}{6} \quad \text{für das Vertrauensniveau 99\%}$$

Die Kennwerte EV, AV, R&R und PV werden entsprechend ins Verhältnis zur Referenz RF gesetzt und prozentual (mal 100%) angegeben. Damit sind die „%Komponenten":

Wiederholpräzision: $\%EV = \frac{EV}{RF} \cdot 100\%$

Vergleichspräzision: $\%AV = \frac{AV}{RF} \cdot 100\%$

Teilestreuung: $\%PV = \frac{PV}{RF} \cdot 100\%$

Streuung Messsystem: $\mathbf{\%R\&R = \frac{R\&R}{RF} \cdot 100\%}$

Hinweis:

Wird die Toleranz als Bezugsgröße herangezogen, gilt ab der MSA [1] 3. Ausgabe:

$$\%R\&R = \frac{6 \cdot R\&R}{T} \cdot 100\%$$

Da in den K-Faktoren und damit auch in R&R die Überdeckungswahrscheinlichkeit von 99% nicht mehr eingerechnet ist, ist das Ergebnis gegenüber der MSA 2. Ausgabe um den Faktor $6/5{,}152$ größer!

Von der Sache her ist der Teilestreuung mit Sicherheit der Vorzug zu geben. Dabei sind die Teile so auszuwählen, dass sie den Prozess ausreichend repräsentieren. Das heißt, streut ein Prozess stark, so muss sich dies auch in der Teilestreuung bemerkbar machen. Dies ist in der Praxis aus mehreren Gründen oft nicht umsetzbar. So kennt man bei einem neuen Prozess die Prozessstreuung nicht bzw. hat keine Teile oder zu wenige Teile. In diesem Fall muss man auf die Toleranz zurückgreifen. Diese Bezugsgröße ist sowohl in dem VDA Band 5 [52] als auch in dem Q-DAS® Leitfaden [48] herangezogen. Der Vorteil, die Toleranz als Bezugsgröße zu verwenden, ist in erster Linie in der Tatsache begründet, dass die Toleranz eine fixe Größe darstellt, die sich in der Regel langfristig nicht ändert. Im Gegensatz dazu müssen bei anderen Bezugsgrößen diese immer mit angegeben werden, ansonsten werden die Ergebnisse nicht mehr vergleichbar. Ändert sich sowohl die Prozessstreuung als auch daraus bedingt die Teilestreuung, müssen erneut Untersuchungen vorgenommen werden.

Dem Argument, dass bei der Bezugsgröße „Toleranz" eine kleine Prozessstreuung nicht ausreichend erkannt werden kann, trägt man durch die Forderung, dass die Auflösung kleiner 5% der Toleranz sein soll, Rechnung.

Hinweis:

In der MSA [1] ist ausdrücklich darauf verwiesen, dass je nach beabsichtigtem Einsatz des Messsystems und der Vorstellungen des Kunden entweder die eine oder die andere Methode verwendet werden kann.

Grenzwerte für %R&R

Das Ergebnis wird unabhängig von der Bezugsgröße mit vorgegebenen Grenzwerten verglichen. Die typischen Grenzwerte für %R&R sind:

$0 \leq \%R\&R \leq 10\%$	Messgerät geeignet
$10 \leq \%R\&R \leq 30\%$	Messgerät bedingt geeignet. Ob es akzeptabel ist, hängt von der Bedeutung der Messaufgabe und den Kosten des Messsystems ab.
$30\% < \%R\&R$	Messgerät nicht geeignet. Fehler sind zu analysieren.

Bei diesen Grenzwerten handelt es sich um eine weiche Grenze (≤ 10%) und eine harte Grenze (≥ 30%). Praktische Erfahrungen haben gezeigt, dass nur wenige Messprozesse die Forderung %R&R ≤ 10% erfüllen. Konsequenterweise fallen die meisten Messverfahren in die zweite Klasse. Als Argumente wurden in der Regel wirtschaftliche Gründe aufgeführt und keine weiteren Maßnahmen ergriffen. Hier stellt sich die Frage, wieso man eine solche Grenze haben muss, die sowieso kaum oder wenig Beachtung findet?

Daher hat man bei dem Q-DAS® Leitfaden die Grenze anders gewählt. Es gibt nur noch eine Grenze. Allerdings wird unterschieden, ob es sich um ein neues Messverfahren oder um ein vorhandenes Messverfahren handelt. Bei neuen Messverfahren liegt die Grenze für %R&R bei 20% und bei vorhandenen Messverfahren bei 30%. Diese Festlegung ist sinnvoll, da an neue Messverfahren höhere Anforderungen gestellt werden müssen als an laufende. Auf Grund mit der Zeit dazu kommender Einflussfaktoren wird sich der %R&R-Wert in der Regel eher verschlechtern. Daher sind an ein neues Messgerät höhere Forderungen zu stellen.

Von den Großkonzernen wurden die Grenzwerte der MSA [1] zu ihren Gunsten abgewandelt. Ansonsten wären viele der vorhandenen Messprozesse als nicht mehr geeignet einzustufen.

Sowohl in der GMPT Richtlinie EMS 3.4 [43] als auch in der Ford Richtlinie EU1880 [40] wurden die folgenden Grenzwerte gewählt:

$\%R\&R \leq 20\%$	Messsystem geeignet
$20\% \leq \%R\&R \leq 30\%$	Messsystem bedingt geeignet
$\%R\&R \geq 30\%$	nicht geeignet

Fallbeispiel 1 für Verfahren 2: Auswertung nach MSA [1]
Bezugsgröße: Prozessstreuung

Das folgende Beispiel wurde den Ford Testbeispielen [42] entnommen. Die 60 Messwerte in der nachfolgenden Tabelle wurden von 3 Werkern an 10 Teile je zweimal gemessen. Die Prozessstreuung beträgt $\hat{\sigma}_{Prozess} = 0{,}06$ mm.

n	$x_{A;1}$	$x_{A;2}$	R_{gj}	$x_{B;1}$	$x_{B;2}$	R_{gj}	$x_{C;1}$	$x_{C;2}$	R_{gj}
1	100,01	100,00	0,01	100,00	99,99	0,01	100,01	99,98	0,03
2	100,01	100,02	0,01	99,99	100,00	0,01	100,00	100,00	0,00
3	100,01	100,00	0,01	100,01	100,00	0,01	100,01	99,99	0,02
4	100,02	99,99	0,03	100,01	99,99	0,02	100,01	100,00	0,01
5	100,00	100,01	0,01	100,00	99,99	0,01	100,00	100,01	0,01
6	100,01	100,00	0,01	100,00	99,99	0,01	100,00	99,99	0,01
7	99,99	100,00	0,01	100,00	99,99	0,01	99,99	100,00	0,01
8	100,01	99,99	0,02	100,01	100,00	0,01	100,00	99,99	0,01
9	100,01	100,01	0,00	100,00	100,00	0,00	100,00	99,99	0,01
10	100,01	100,00	0,01	99,99	100,01	0,02	99,99	100,00	0,01

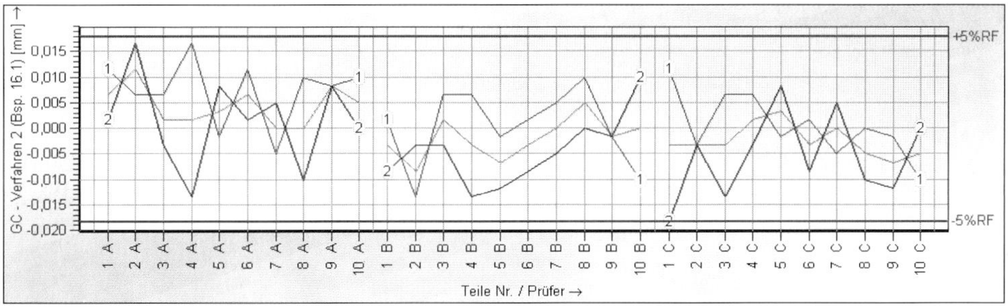

Wiederholpräzision	=	$EV = K_1 \cdot \bar{\bar{R}}$	=	0,0103	=
Wiederholpräzision	=	$\%EV = \frac{EV \cdot 100\%}{6 \cdot \sigma_p}$	=	2,87%	0 10 30
Vergleichspräzision	=AV =	$\sqrt{(K_2 \cdot \bar{x}_{diff})^2 \text{-(EV/n=}}$		0,00284	=
Vergleichspräzision	=	$\%AV = \frac{AV \cdot 100\%}{6 \cdot \sigma_p}$	=	0,79%	0 10 30
Messsystemstreuung	=	$R\&R = \sqrt{EV^2 + AV^2}$	=	0,0107	=
Messsystemstreuung	=	$\%R\&R = \frac{R\&R \cdot 100\%}{6 \cdot \sigma_p}$	=	2,98%	0 10 30

Messsystem fähig (RE,R&R)

Q-DAS MSA: Prozessstreuung

Faktor K_1	=	0,89	Faktor K_2	=	0,52

Fallbeispiel 2 für Verfahren 2: Auswertung nach MSA [1] Bezugsgröße: Teilestreuung

Das folgende Beispiel wurde dem MSA Reference Manual [1] entnommen. Die 90 Messwerte in der nachfolgenden Tabelle wurden von 3 Werkern an 10 Teilen je dreimal vermessen. Bezugsgröße ist die Teilestreuung.

n	$x_{A;1}$	$x_{A;2}$	$x_{A;3}$	$x_{B;1}$	$x_{B;2}$	$x_{B;3}$	$x_{C;1}$	$x_{C;2}$	$x_{C;3}$
1	0,29	0,41	0,64	0,08	0,25	0,07	0,04	-0,11	-0,15
2	-0,56	-0,68	-0,58	-0,47	-1,22	-0,68	-1,38	-1,13	-0,96
3	1,34	1,17	1,27	1,19	0,94	1,34	0,88	1,09	0,67
4	0,47	0,50	0,64	0,01	1,03	0,20	0,14	0,20	0,11
5	-0,80	-0,92	-0,84	-0,56	-1,20	-1,28	-1,46	-1,07	-1,45
6	0,02	-0,11	-0,21	-0,20	0,22	0,06	-0,29	-0,67	-0,49
7	0,59	0,75	0,66	0,47	0,55	0,83	0,02	0,01	0,21
8	-0,31	-0,20	-0,17	-0,63	0,08	-0,34	-0,46	-0,56	-0,49
9	2,26	1,99	2,01	1,80	2,12	2,19	1,77	1,45	1,87
10	-1,36	-1,25	-1,31	-1,68	-1,62	-1,50	-1,49	-1,77	-2,16

Die Messwerte sind in Abbildung 5.3-6 grafisch dargestellt.

n	$\bar{x}_{gj}$	R_{gj}	$\bar{x}_{gj}$	R_{gj}	$\bar{x}_{gj}$	R_{gj}	$\bar{x}_{gn}$	s_{gn}
1	0,447	0,35	0,133	0,18	-0,073	0,19	0,1689	0,1356
2	-0,607	0,12	-0,790	0,75	-1,157	0,42	-0,8511	0,2429
3	1,260	0,17	1,157	0,40	0,880	0,42	1,0989	0,1864
4	0,537	0,17	0,413	1,02	0,150	0,09	0,3667	0,2411
5	-0,853	0,12	-1,013	0,72	-1,327	0,39	-1,0644	0,2316
6	-0,100	0,23	0,027	0,42	-0,483	0,38	-0,1856	0,1940
7	0,667	0,16	0,617	0,36	0,080	0,20	0,4544	0,1356
8	-0,227	0,14	-0,297	0,71	-0,503	0,10	-0,3422	0,1789
9	2,087	0,27	2,037	0,39	1,697	0,42	1,9400	0,2034
10	-1,307	0,11	-1,600	0,18	-1,807	0,67	-1,5711	0,1808

Wiederholpräzision	=	$EV = K_1 \cdot \bar{\bar{R}}$	=	0,202
Wiederholpräzision	=	$\%EV = \frac{EV \cdot 100\%}{TV}$	=	17,61% (0 10 30)
Vergleichspräzision	=	$AV = \sqrt{(K_2 \cdot \bar{x}_{diff})^2 - (EV/nr)^2}$	=	0,230
Vergleichspräzision	=	$\%AV = \frac{AV \cdot 100\%}{TV}$	=	20,06% (0 10 30)
Messsystemstreuung	=	$GRR = \sqrt{EV^2 + AV^2}$	=	0,306
Messsystemstreuung	=	$\%GRR = \frac{GRR \cdot 100\%}{TV}$	=	26,70% (0 10 30)
Teilestreuung	=	$PV = K_3 \cdot R_p$	=	1,104
Gesamtstreuung	=	$RF = TV$	=	1,14571
ndc	=	$ndc = \sqrt{2} \cdot \frac{PV}{R\&R}$	=	5
Messsystem bedingt fähig (RE,R&R)				☹
Q-DAS MSA: Teilestreuung				
Faktor K_1 = 0,59		Faktor K_2 = 0,52		

Fallbeispiel 3 für Verfahren 2: Auswertung nach MSA [1] Bezugsgröße: Toleranz

Das folgende Beispiel wurde dem Bosch Heft 10 [51] entnommen. Die 60 Messwerte in der nachfolgenden Tabelle wurden von 3 Werkern an 10 Teile je zweimal gemessen.

n	$x_{A;1}$	$x_{A;2}$	R_{gj}	$x_{B;1}$	$x_{B;2}$	R_{gj}	$x_{C;1}$	$x_{C;2}$	R_{gj}
1	6,029	6,030	0,001	6,033	6,032	0,001	6,031	6,030	0,001
2	6,019	6,020	0,001	6,020	6,019	0,001	6,020	6,020	0,000
3	6,004	6,003	0,001	6,007	6,007	0,000	6,010	6,006	0,004
4	5,982	5,982	0,000	5,985	5,986	0,001	5,984	5,984	0,000
5	6,009	6,009	0,000	6,014	6,014	0,000	6,015	6,014	0,001
6	5,971	5,972	0,001	5,973	5,972	0,001	5,975	5,974	0,001
7	5,995	5,997	0,002	5,997	5,996	0,001	5,995	5,994	0,001
8	6,014	6,018	0,004	6,019	6,015	0,004	6,016	6,015	0,001
9	5,985	5,987	0,002	5,987	5,986	0,001	5,987	5,986	0,001
10	6,024	6,028	0,004	6,029	6,025	0,004	6,026	6,025	0,001

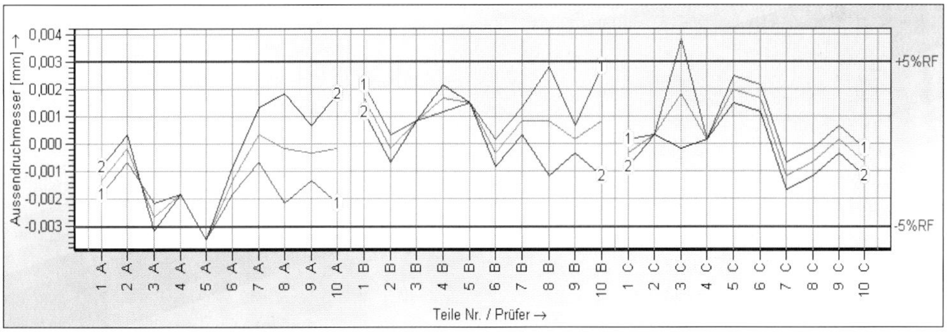

Wiederholpräzision	=	$EV = K_1 \cdot \overline{\overline{R}}$	=	0,00121
Wiederholpräzision	=	$\%EV = 6 \cdot \frac{EV \cdot 100\%}{T}$	=	12,12% (0 10 30)
Vergleichspräzision	=	$AV = \sqrt{(K_2 \cdot \overline{x}_{diff})^2 - (EV/nr)^2}$	=	0,000957
Vergleichspräzision	=	$\%AV = 6 \cdot \frac{AV \cdot 100\%}{T}$	=	9,57% (0 10 30)
Messsystemstreuung	=	$R\&R = \sqrt{EV^2 + AV^2}$	=	0,00154
Messsystemstreuung	=	$\%R\&R = 6 \cdot \frac{R\&R \cdot 100\%}{T}$	=	15,44% (0 10 30)
Teilestreuung	=	$PV = K_3 \cdot R_p$	=	0,0182
ndc	=	$ndc = \sqrt{2} \cdot \frac{PV}{R\&R}$	=	16

Messsystem bedingt fähig (RE,R&R)

Bosch Heft 10: Verfahren 2 ARM

Faktor K_1	=	0,89	Faktor K_2	=	0,52

Die Messwerte können neben der ARM-Methode auch nach der ANOVA oder der Differenzenmethode ausgewertet werden. Die Ergebnisse der Daten aus Fallbeispiel 3 sind in Abbildung 5.3-15 nach der Differenzen und in Abbildung 5.3-16 nach der ANOVA-Methode dargestellt. Wie der Vergleich der Beispiele zeigt, unterscheiden sich die Ergebnisse. Daher muss immer die Berechnungsmethode immer mit angegeben werden.

Mittlere Standardabweichung der Differenzen	=	$\overline{s_\Delta} = \sqrt{\frac{s_{\Delta A}^2 + s_{\Delta B}^2 + s_{\Delta C}^2}{m}}$	=	0,00148
Mittlere Standardabweichung	=	$\bar{s} = \overline{s_\Delta}/\sqrt{2}$	=	0,00104
Standardabweichung der Mittelwerte	=	$s_v = \sqrt{\frac{1}{m-1} \cdot \Sigma_{j=1}^{m} (\bar{x}_j - \bar{\bar{x}})^2}$	=	0,000993
Gesamtstreubereich des Messprozesses	=	$s_M = 6 \cdot \sqrt{\bar{s}^2 + s_v^2}$	=	0,00865
Gesamtstreubereich toleranzbezogen =	$\%s_M = \frac{s_M}{T} \cdot 100\%$	=	14,41%	0 10 30
Messsystem bedingt fähig (RE,R&R)				
Bosch Heft 10 (1998): Verfahren 2 Differenzenmethode				

Abbildung 5.3-15: Auswertung nach Differenzenmethode

	Varianz	Standardabw.		
Wiederholpräzision	0,00000236	0,00153	EV = 0,00128 ≤ 0,00153 ≤ 0,00192	%EV = 15,35%
Vergleichspräzision	0,000000868	0,000932	AV =0,000360 ≤ 0,000932 ≤ 0,00623	%AV = 9,32%
Wechselwirkung	---	---	IA = ---	%IA = ---
Messsystemstreuung	0,00000322	0,00180	R&R = 0,00158 ≤ 0,00180 ≤ 0,00642	%R&R = 17,95%
Toleranz = T = 0,060			Vertrauensniveau = 1-α = 95,000%	
Auflösung = %RE = 10,00%			0 2 5	
Messsystemstreuung = %R&R = 17,95%			0 10 30	
Gesamtbeurteilung =			Messsystem bedingt fähig (RE,R&R)	
Bosch Heft 10: Verfahren 2 ANOVA				

Abbildung 5.3-16: Auswertung nach ANOVA

Vergleich der Bezugsgröße

In der detailliert beschriebenen ARM (Mittelwert- und Spannweiten)-Methode wird als Bezugsgröße zur Beurteilung der Eignung in erster Linie die sogenannte Gesamtstreuung (TV = total variation) herangezogen, die sich aus Wiederholpräzision und Vergleichspräzision (R&R) und Teilestreuung (PV = part variation) zusammensetzt. Die Teilestreuung selbst ist damit durch die Auswahl der Teile bestimmt. Es wird gefordert, dass die Teile die gesamte Spannweite der möglichen Produktstreuung widerspiegeln, wie sie in der Fertigung auftreten kann. Ist dies nicht möglich, oder werden die Teile falsch ausgewählt, repräsentieren diese die tatsächliche Prozessstreuung nicht. Dadurch wird das Ergebnis verfälscht. Andernfalls spiegelt das Ergebnis nicht mehr die Güte des Messsystems wieder, da die Auswahl der Teile das Ergebnis in starkem Maße beeinflusst.

Um diese Problematik zu umgehen, ist es sinnvoller, als Bezugsgröße die Merkmalstoleranz aus der Werkstückszeichnung oder, falls bekannt, die Prozessstreuung zu verwenden.

Die Brisanz liegt also in der Wahl der Bezugsgröße. Zur Verdeutlichung des Sachverhalts sind in Tabelle 5.3-1 die Ergebnisse aus zwei unterschiedlichen Datensätzen in Abhängigkeit der drei beschriebenen Bezugsgrößen dargestellt.

Kennwerte	**%R&R / Gesamtstreuung**	**%R&R / Prozessstreuung**	**%R&R / Toleranz**	**Fallbeispiel**
Wiederholpräzision Vergleichspräzision Messsystem R&R	93,67 25,75 97,14	17,24 4,74 17,88	13,32 3,66 13,81	Test_16 aus [42] Toleranz = 0,4 Prozessstreuung = 0,06 Teilestreuung = 0,023
Ergebnis	nicht geeignet	geeignet	geeignet	
Wiederholbarkeit Nachvollziehbarkeit Messsystem R&R	18,7 16,8 25,2	35,0 31,4 47,0	43,8 39,2 58,8	MSA Beispiel aus [1] 2. Ausgabe Toleranz = 0,4 Prozessstreuung = 0,5 Teilestreuung = 0,9
Ergebnis	bedingt geeignet	nicht geeignet	nicht geeignet	

Tabelle 5.3-1: Kennwerte in Abhängigkeit der Bezugsgröße

Das Ergebnis zeigt die Auswirkungen der unterschiedlichen Bezugsgrößen deutlich. Ein und dasselbe Messsystem ist je nach Bezugsgröße geeignet bzw. nicht geeignet. Wie kommt die Diskrepanz bei dem vorliegenden Fallbeispiel zustande? Die Daten in Test_16 streuen im Verhältnis zur Toleranz (PV/T = 0,023: 0,4 = 0,0575) wenig, bei den Daten aus dem MSA Leitfaden ist die Streuung (PV/T = 0,9: 0,4 = 2,25) groß.

Die Autoren empfehlen daher als Bezugsgröße die Merkmalstoleranz zu verwenden. Ein Vorteil ist hierbei die Vergleichbarkeit von Fähigkeitsstudien (an gleichen Teilen) über einen längeren Zeitraum.

Ziel eines Unternehmens muss es daher sein, aus der Verfahrensvielfalt das für das Unternehmen geeignete Verfahren auszuwählen und unternehmensweit festzuschreiben. Nur so werden Ergebnisse miteinander vergleichbar. Die Festlegung sollte auch aufgrund rationeller und wirtschaftlicher Gesichtspunkte vorgenommen werden. Der Aufwand dieser Studien ist wegen der Vielfalt der Messsysteme in einem Unternehmen nicht unerheblich.

5.3.3 Verfahren 3: %R&R ohne Bedienereinfluss

Ein Sonderfall des 2. Verfahrens liegt dann vor, wenn der Bediener die Messeinrichtung nicht beeinflussen kann (z.B. durch automatisches Handling). In diesem Fall erfolgt eine Untersuchung an der automatischen Messeinrichtung mit einer höheren Anzahl Teile (i.a. 25) bei zweimaliger Versuchsdurchführung. Eine Wiederholung durch mehrere Bediener entfällt damit. Diese Vorgehensweise kann auch verwendet werden, wenn der Bedienereinfluss vernachlässigbar klein ist. Dies kann festgestellt werden, indem zunächst das Verfahren 2 durchgeführt wird. Ist nach der Auswertung EV >> AV (Wiederholpräzision >> Vergleichspräzision), ist die Beurteilung durch einen Bediener ausreichend. Diese Erkenntnis kann auf ähnliche oder vergleichbare Messprozesse übertragen werden. Dadurch verringert sich der Prüfaufwand.

Bei der Festlegung der Anzahl Prüfobjekte (n) und der Anzahl Wiederholungen (r) gilt die Regel: „Das Produkt $n \cdot r$ sollte größer als 20 sein!" Stehen aus welchen Gründen auch immer weniger Prüfobjekte zur Verfügung, muss die Anzahl der Wiederholungen erhöht werden. Die Streuung der Prüfobjekte sollte die Prozessstreubreite bzw. die Toleranz vollständig überdecken.

Ansonsten gelten die gleichen Regeln wie bei Verfahren 2. Für diese Auswertung können ebenfalls die drei in Abschnitt 5.3.1 beschriebenen Berechnungsmethoden von Verfahren 2 verwendet werden:

- ARM Average Range Method
- ANOVA
- Differenzenmethode

Dabei ist immer AV (Vergleichspräzision) gleich Null. Der R&R entspricht daher dem EV-Wert Wiederholpräzision. Bezüglich der Bezugsgröße zur Berechnung von %R&R gelten die gleichen Regeln wie bei Verfahren 2.

Im folgenden Fallbeispiel ist ein Datensatz (Tabelle 5.3-2) nach den unterschiedlichen Berechnungsmethoden ausgewertet.

Fallbeispiele

Es wurden 25 Prüfobjekte je zweimal gemessen. Es ergaben sich die in Tabelle 5.3-2 dargestellten Messwerte. In der Tabelle sind zusätzlich die Differenz zwischen zwei Messungen pro Prüfobjekt und die Spannweite eingetragen.

$\bar{R}$

n	$x_{A;1}$	$x_{A;2}$	$x_{A;2}$	R_{gj}	Δ_n
1	56,8338	56,8321	56,8321	0,0017	0,0017
2	56,8310	56,8320	56,8320	0,0010	-0,0010
3	56,8359	56,8368	56,8368	0,0009	-0,0009
4	56,8291	56,8257	56,8257	0,0034	0,0034
5	56,8294	56,8290	56,8290	0,0004	0,0004
6	56,8206	56,8202	56,8202	0,0004	0,0004
7	56,8410	56,8401	56,8401	0,0009	0,0009
8	56,8305	56,8295	56,8295	0,0010	0,0010
9	56,8269	56,8274	56,8274	0,0005	-0,0005
10	56,8386	56,8386	56,8386	0,0000	0,0000
11	56,8321	56,8323	56,8323	0,0002	-0,0002
12	56,8331	56,8334	56,8334	0,0003	-0,0003
13	56,8382	56,8400	56,8400	0,0018	-0,0018
14	56,8273	56,8282	56,8282	0,0009	-0,0009
15	56,8235	56,8247	56,8247	0,0012	-0,0012
16	56,8177	56,8186	56,8186	0,0009	-0,0009
17	56,8332	56,8339	56,8339	0,0007	-0,0007
18	56,8305	56,8321	56,8321	0,0016	-0,0016
19	56,8228	56,8233	56,8233	0,0005	-0,0005
20	56,8310	56,8300	56,8300	0,0010	0,0010
21	56,8318	56,8312	56,8312	0,0006	0,0006
22	56,8344	56,8358	56,8358	0,0014	-0,0014
23	56,8327	56,8329	56,8329	0,0002	-0,0002
24	56,8213	56,8221	56,8221	0,0008	-0,0008
25	56,8205	56,8215	56,8215	0,0010	-0,0010

s_Δ

Tabelle 5.3-2: Messwerte für Verfahren 3

Die Einzelwerte sind in der Grafik (Abbildung 5.3-17) eingetragen. An einem Prüfobjekt ist eine größere Differenz zu erkennen.

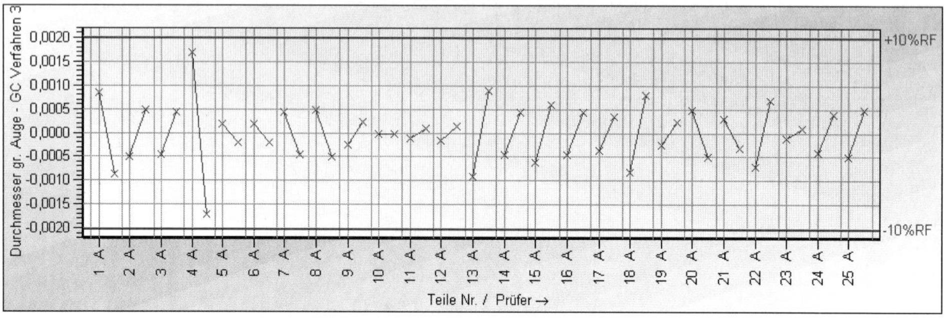

Abbildung 5.3-17: Differenzen pro Prüfobjekt

Der Datensatz wurde nach den drei verschiedenen Berechnungsmethoden ausgewertet. Die Ergebnisse sind in den Abbildungen 6.4-2 bis 6.4-4 dargestellt.

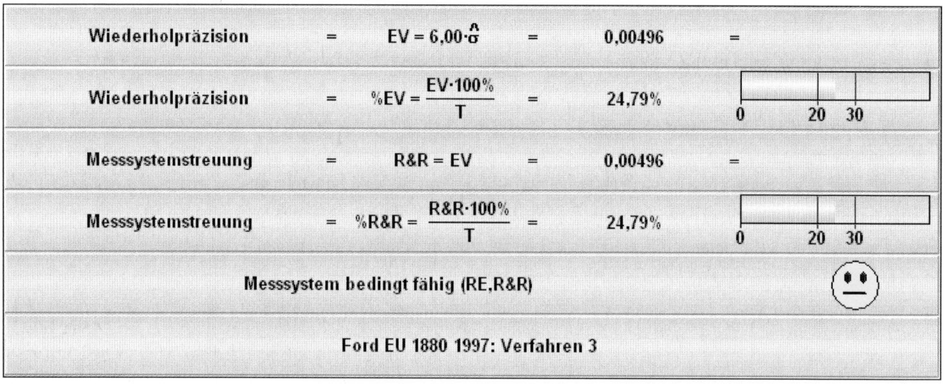

Abbildung 5.3-18: ARM-Methode

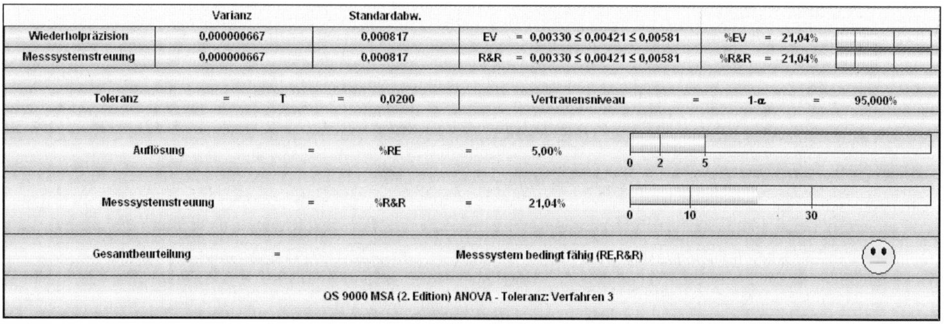

Abbildung 5.3-19: ANOVA Methode

Standardabweichung der Differenzen	=	$s_A = \sqrt{\frac{1}{r-1}\Sigma_{i=1}^{r}(x_{Ai}-\bar{x}_A)^2}$	=	0,00116
Mittlere Standardabweichung	=	$\bar{s} = \bar{s}_A/\sqrt{2}$	=	0,000824
Gesamtstreubereich des Messprozesses	=	$s_M = 6 \cdot \sqrt{\bar{s}^2 + s_v^2}$	=	0,00494
Gesamtstreubereich toleranzbezogen =		$\%s_M = \frac{s_M}{T} \cdot 100\%$	=	24,71% (0 20 30)
Messsystem bedingt fähig (RE,R&R)				
Bosch Heft 10 alt: Verfahren 3				

Abbildung 5.3-20: Mittelwert-Standardabweichungsmethode

5.4 Überprüfung der Messbeständigkeit

Ein verwendeter Messprozess kann sich mit der Zeit verändern und muss daher überwacht werden. Dazu wird der Messprozess von Zeit zu Zeit mit einem Normal/Referenzteil überprüft, die Ergebnisse ausgewertet und festgehalten. Bei Abweichungen von den Sollvorgaben sind Verbesserungsmaßnahmen einzuleiten.

Festlegung des Prüfintervalls

Die Stabilitätsprüfung sollte nach Möglichkeit über mindestens einen Tag hinweg erfolgen. In diesem Zeitraum sollten 25 Stichproben (in gleichen Zeitabständen) eingeplant werden. Für die Untersuchung kann das im Verfahren 1 verwendete Normal eingesetzt werden (C_{gk}-Ermittlung).

Zunächst ist ein Toleranzband von ± 5% der Toleranz zum Istwert des Normals in die Mittelwertkarte einzuzeichnen. Daraus können folgende Fälle unterschieden werden.

Fall 1: Liegen die gemessenen Werte innerhalb des festgelegten Toleranzbandes (z.B. 5%), dann ist eine Kalibrierhäufigkeit 1mal pro Schicht am Arbeitsbeginn ausreichend.

Fall 2: Treten Über- und Unterschreitungen aufgrund eines Trends auf, dann ist das Kalibrierintervall so zu verkürzen, dass die ± 5% Grenzwerte nicht überschritten werden.

Fall 3: Treten trotz Optimierung des Kalibrierintervalls noch ständige Über- und Unterschreitungen auf, dann ist die Messeinrichtung zu verbessern.

Fall 4: Für kleinste Toleranzen kann es auch erforderlich werden, grundsätzlich vor jeder Messung zu kalibrieren. Für diesen Fall entfällt die Stabilitätsprüfung.

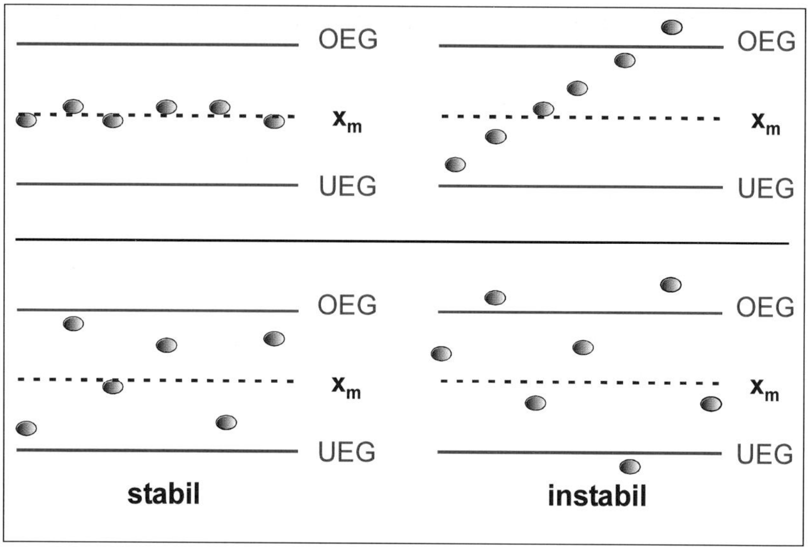

Abbildung 5.4-1: Beurteilung der Stabilität

Aus dem Verlauf der Messwerte, die in zeitlicher Reihenfolge ermittelt werden, ergeben sich Aussagen über das notwendige Kalibrier- und Justageintervall.

Hinweis:

Stellt man bereits nach den ersten Stichproben fest, dass die gemessenen Werte chaotisch hin und her springen oder ein deutlicher Trend erkennbar ist, dann sollte die Untersuchung abgebrochen und die Ursachen beseitigt werden. Die Untersuchung ist eventuell in einem kürzeren Zeitraum zu wiederholen.

Durchführung der kontinuierlichen Stabilitätsüberwachung

- Der Istwert des Normals sollte im Mittelwert der zu prüfenden Merkmalstoleranz liegen.
- Vor der Untersuchung ist die Messeinrichtung mit dem Normal zu kalibrieren.
- Während der Untersuchung sind Justierungen nicht erlaubt.
- In festgelegten Zeitabständen werden die gemessenen Anzeigewerte (in der Regel Einzelwerte) in das Messblatt eingetragen.
- Es empfiehlt sich, eine Auswertung mit gleitenden Mittelwerten und Standardabweichungen aus den jeweils 3 letzten Stichproben durchzuführen.
- Man legt durch die in zeitlicher Reihenfolge aufgetragenen $\bar{x}$-Werte der Einzelstichproben eine ausgleichende Kurve.

Hinweis:

In vielen Fällen ist die Ausgleichskurve eine Gerade. Bei nichtlinearen Zusammenhängen lässt sich die Kurve stückchenweise durch Geraden annähern.

Die Messbeständigkeit/Stabilität kann auch mit einer Qualitätsregelkarte überwacht werden. Dazu werden die Eingriffsgrenzen gemäß „Shewhart" berechnet [11].

Als Mittelwert kann entweder:

- der Mittelwert eines Vorlaufs
- der Referenzwert des Normals oder
- der Mittelwert aus Verfahren 1

übernommen werden.

Für den Schätzwert $\hat{\sigma}$ für die Streuung kann

- die Standardabweichung eines Vorlaufs
- s_g aus Verfahren 1 oder
- 2,5% der Toleranz

verwendet werden.

Worin ist der Vorschlag 2,5% der Toleranz begründet?

Gemäß Verfahren 1 (s. Abschnitt 7.2) ist ein Prüfmittel fähig, wenn $C_g \geq 1{,}33$ ($\hat{=} \frac{4}{3}$) ist. Die Gleichung für C_g kann nach s_g als Schätzwert umgestellt werden.

$$C_g = \frac{0{,}2 \cdot T}{6 \cdot s_g} \overset{!}{\geq} \frac{4}{3}$$

$$s_g \leq \frac{0{,}2 \cdot T \cdot 3}{6 \cdot 4}$$

$$s_g \leq 0{,}025 \cdot T \mathrel{\hat{=}} 2{,}5\% \text{ von } T$$

So lange diese Forderung bezüglich s_g eingehalten wird, bleibt das Prüfmittel im Sinne von Verfahren 1 fähig.

Die Tabelle 5.4-1 enthält Messwerte einer Stabilitätsuntersuchung. Der Datensatz ist dem Bosch Heft 10 [51] entnommen. Die Toleranz ist 0,06 µm. Dieser wird in der Abbildung 5.4-2 in Form einer Qualitätsregelkarte dargestellt. Die Berechnung der Eingriffsgrenzen erfolgt über:

$\bar{x}$-Karte $\quad OEG = x_m + 3 \cdot \frac{\hat{\sigma}}{\sqrt{n}} \quad UEG = x_m - 3 \cdot \frac{\hat{\sigma}}{\sqrt{n}}$ $\quad$ für P = 99,73%

x_m = Referenzteil des Normals 6,002 und n = 3

$\hat{\sigma} = 2{,}5\%$ der Toleranz $\Rightarrow \hat{\sigma} = 0{,}0015$

$$OEG_{\bar{x}} = 6{,}002 + 3 \cdot \frac{0{,}0015}{\sqrt{3}} = 6{,}0046$$

$$UEG_{\bar{x}} = 6{,}002 - 3 \cdot \frac{0{,}0015}{\sqrt{3}} = 5{,}9994$$

s-Karte

$$OEG_s = B'_{Eob} \cdot \hat{\sigma} = 2{,}3 \cdot 0{,}0015 = 0{,}00386$$

$$UEG_s = B'_{Eun} \cdot \hat{\sigma} = 0{,}07 \cdot 0{,}0015 = 0{,}000055$$

B'_{Eob} und B'_{Eun} s. [11]

x_i	x_i	x_i	x_i	x_i
6,002	6,004	6,003	6,003	6,002
6,001	6,004	6,002	6,003	6,001
6,001	6,003	6,002	6,003	6,002
x_i	x_i	x_i	x_i	x_i
6,000	6,001	6,001	6,000	5,999
6,001	6,001	6,002	6,000	5,999
5,999	6,001	6,002	6,001	6,000
x_i	x_i	x_i	x_i	x_i
6,002	6,003	6,002	6,002	6,004
6,001	6,001	6,001	6,000	6,003
6,002	6,001	6,002	6,001	6,003
x_i	x_i	x_i	x_i	x_i
6,003	6,002	6,002	6,001	6,003
6,002	6,002	6,002	6,002	6,003
6,001	6,000	6,002	6,001	6,002
x_i	x_i	x_i	x_i	x_i
6,004	6,002	6,004	6,005	6,002
6,003	6,000	6,003	6,004	6,001
6,004	6,001	6,002	6,004	6,001

Tabelle 5.4-1: Fallbeispiel Stabilität

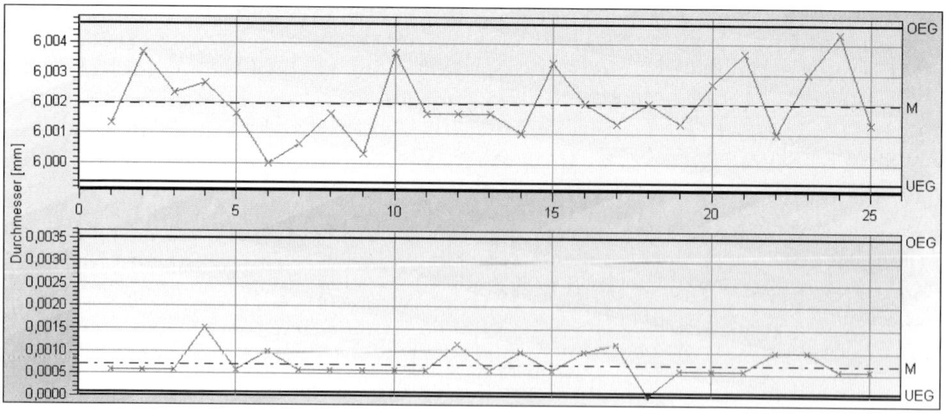

Abbildung 5.4-2: Qualitätsregelkarte zur Beurteilung der Stabilität

5.5 Weitere Verfahren

5.5.1 Verfahren 4

Untersuchungs-Methode 4 kann ergänzend zu Verfahren 1 beim Lieferanten angewendet werden:

- für dynamische Messsysteme / Messmittel mit statischem Einstellmeister
- für Messmittel ohne Einstellmeister
- wenn Meister und Produktionsteile eine unterschiedliche Form aufweisen.

All diese Untersuchungsmethoden stellen eine „Momentaufnahme" der Messmittelfähigkeitsuntersuchung dar. Eine Untersuchungs-Methode zur fortlaufenden Beurteilung der Messmittelfähigkeit wird in Abschnitt 5.4 beschrieben.

Nicht alle Messmittel lassen sich mit den beschriebenen Methoden behandeln. So gibt es keine sinnvollen Verfahren für attributive Messsysteme wie z.B. Lehrdorne, Schablonen, Rechen- oder Funktionslehren. Die Beurteilung von Messsystemen, bei denen die Werte zu einem Merkmal an einem Teil zwar gemessen, jedoch nicht wirklich wiederholt werden können, wie z.B. Härteprüfgeräte, Oberflächenprüfgeräte, Profilmessgeräte usw. ist damit nicht möglich.

Bei Härteprüfgeräten kann die Vorgehensweise nur für vergleichende Studien als Grundlage für die Abnahme von neuen Härteprüfgeräten benutzt werden. Aber auch zur Darstellung und zum Vergleich existierender Geräte, um die fortlaufende Stabilität und Fähigkeit bewerten zu können.

Diese genannten Messsysteme und Messmittel müssen nach gültigen Normen und Richtlinien wie ISO, DIN, British Standard, ASME, VDI, Hersteller Richtlinien usw. geprüft werden. Ob trotzdem eine Messsystem- und Messmittelfähigkeitsuntersuchung durchgeführt werden soll, muss von Fall zu Fall entschieden werden.

Erfahrungsgemäß stößt die technische Durchführbarkeit einer Messsystem- und Messmittelfähigkeitsuntersuchung bei engen Toleranzen (z.B. kleiner 15 µm) oder vergleichbarer Größe an anderen Merkmalen an ihre Grenzen, was dazu führen kann, dass das Ergebnis einer Untersuchungsmethode nicht akzeptabel ist. In diesem Fall kann Verfahren 1 ohne statistische Auswertung, wie nachfolgend beschrieben, durchgeführt werden:

- Führe 50 Messungen mit dem Einstellmeister durch. Alle Werte müssen wiederholbar sein und innerhalb von 10% der Toleranz liegen. Dieser Bereich bezieht sich auf ± 5% der tatsächlichen Abmessung des Normals. Damit kann quasi entsprechend der Berechnung von C_{gk} eine obere bzw. untere Fähigkeitsgrenze berechnet werden. Bei einer Toleranzbreite von ± 0,0075 mm und einem Einstellnormal von x_m = 56,830 mm ergibt sich:

  ob. Fähigkeitsgrenze $x_m + 0{,}5 \cdot 0{,}1 \cdot \text{Toleranz} = 56{,}830 + 0{,}5 \cdot 0{,}1 \cdot 0{,}015 \approx 56{,}831\ \mu m$

  unt. Fähigkeitsgrenze $x_m - 0{,}5 \cdot 0{,}1 \cdot \text{Toleranz} = 56{,}830 - 0{,}5 \cdot 0{,}1 \cdot 0{,}015 \approx 56{,}829\ \mu m$

- Führe zusätzlich 25 Messungen mit einem Produktionsteil durch. Die Spannweite dieser Messwerte muss weniger als 15% der Toleranz betragen. Diese Untersuchung entspricht quasi der Beurteilung gemäß C_g. Für eine vorgegebene Toleranz von 0,015 µm bedeutet dies, dass die Spannweite R der Messwertreihe ≤ $0{,}015 \cdot 0{,}015 = 0{,}00225 \mu m$ ist.

Weitere Ausnahmen sind:

- dynamische Messsysteme mit statischer Kalibrierung
- Messsysteme ohne Einstellmeister
- Messsysteme, deren Einstellmeister eine von den Produktionsteilen unterschiedliche Form haben.

Um diese Messverfahren beurteilen zu können, wird Verfahren 2 in modifizierter Form verwendet. Dabei werden fünf Produktionsteile je fünfmal gemessen. Vor jeder Messung muss das Teil aus der Messvorrichtung genommen und wieder eingelegt werden. Die Messergebnisse sind in folgender Tabelle einzutragen:

Messung Nr.	Teil 1	Teil 2	Teil 3	Teil 4	Teil 5
1					
2					
3					
4					
5					
$\bar{x}_i$					
R_i					

Ist nur ein Produktionsteil vorhanden, wird die gleiche Anzahl von Messungen an diesem Teil durchgeführt. Dabei wird das Teil eingespannt und fünfmal gemessen. Anschließend wird es aus der Vorrichtung genommen und diese mit dem gleichen Teil erneut beladen. Das Teil wird nochmals fünfmal gemessen. Dieser Vorgang wird insgesamt fünfmal durchgeführt. Zur Aufzeichnung der Werte kann die oben abgebildete Tabelle dienen.

Aus diesen Ergebnissen errechnet sich:

Wiederholpräzision $EV = \bar{R} \cdot K_1$ mit $K_1 = 2{,}58$ für n = 5

Vergleichspräzision $AV = \bar{x}_{Diff} \cdot K_2$ mit $K_2 = 2{,}42$ für n = 5

Gesamtstreuung der Messsysteme $R\&R = \sqrt{EV^2 + AV^2}$

Die Faktoren K_1 und K_2 sind der Tabelle 15.1-1 zu entnehmen. Für n = 5 ergibt sich:

K_1 = 2,21 für Vertrauensniveau 99%
K_1 = 2,58 für Vertrauensniveau 99,73%
K_2 = 2,08 für Vertrauensniveau 99%
K_2 = 2,42 für Vertrauensniveau 99,73%

Das Ergebnis ist ins Verhältnis zu einer vorgegebenen Bezugsgröße zu setzen und mit den üblichen Annahmekriterien zu vergleichen!

Fallbeispiel: Messsystem ohne Einstellmeister

Mit Hilfe einer elektronischen Messvorrichtung wird ein Durchmesser an einem Pleuel gemessen. Die Spezifikation des Merkmals ist 56,830 ± 0,01 mm. Das Pleuel wurde in die Messvorrichtung gelegt und ohne Entnahme 5mal gemessen. Anschließend wurde die Messvorrichtung entladen und mit demselben Pleuel noch viermal beladen. Die gleiche Messung wurde wiederholt. Es ergaben sich folgende Messwerte:

	Wiederholungen mit Be- und Entladen				
Messung Nr.	**1**	**2**	**3**	**4**	**5**
1	56,8340	56,8330	56,8340	56,8343	56,8341
2	56,8337	56,8333	56,8339	56,8346	56,8339
3	56,8336	56,8335	56,8337	56,8352	56,8344
4	56,8343	56,8335	56,8342	56,8346	56,8341
5	56,8338	56,8328	56,8337	56,8348	56,8343
$\bar{x}_i$	56,83388	56,83322	56,83390	56,83470	56,83416
R_i	0,00070	0,00070	0,00050	0,00090	0,00050

Die Auswertung dieser Werte ergibt basierend auf der Toleranz als Referenzgröße:

Mittlere Spannweite $\bar{R}$		=	0,00066 mm	
Differenz der Mittelwerte $\bar{x}_{Diff}$		=	0,0015 mm	
EV =	0,001703	%EV	=	8,52 %
AV =	0,03582	%AV	=	17,91 %
R&R =	0,03966	%R&R	=	19,83 %

5.5.2 Verfahren 5

Wenn alle Verbesserungsversuche nicht erfolgreich sind, besteht die Möglichkeit, das Messsystem ohne statistische Auswertung anzunehmen.

Führe 50 Messungen mit dem Einstellmeister durch. Alle Werte müssen wiederholbar und genau sein und innerhalb von 10% der Produktionsteil-Toleranz liegen. (+/- 5% bezogen auf die tatsächliche Abmessung des Meisters)

Die Wiederholbarkeit wird überprüft, indem ein Produktionsteil mindestens 25 mal, höchstens aber 50 mal gemessen wird. Wenn die maximale Spannweite der Messwerte nicht mehr als 15% der Prozess-/Produktionsteil-Toleranz beträgt, muss das Messsystem angenommen werden.

Die folgenden temporären Maßnahmen zur Aufrechterhaltung der Produktion sollten berücksichtigt werden, bis langfristige Lösungen erzielt wurden:

Eine allgemeine Methode zur täglichen Anwendung ist die mehrfache Überprüfung mit demselben Teil. Der Zufallseinfluss auf die Ergebnisse kann reduziert werden, wenn die Messungen mehrfach mit demselben Produktionsteil durchgeführt werden und anschließend der Mittelwert der Messungen gebildet wird. Diese Messmethode muss in den Kontrollplan und / oder die entsprechende Prüfanweisung aufgenommen werden und kann manuell auf einem für den Werker vorbereiteten Arbeitsblatt oder mittels automatischer Berechnung auf einem rechnergestützten Messsystem ausgewertet werden.

Das Messsystem muss vor jeder Messung des Produktionsteils kalibriert werden. Die Vorgehensweise bei der Messung muss in den Kontrollplan und / oder die entsprechende Prüfanweisung aufgenommen werden.

An Hand des folgenden Fallbeispiels kann die Vorgehensweise und Bewertung des Ergebnisses leicht nachvollzogen werden.

MESS-SYSTEM- UND MESSMITTELFÄHIGKEITSUNTERSUCHUNG ZUR ABNAHME OHNE STATISTISCHE AUSWERTUNG

Teilebezeichnung: Pleuel	**Messmittel-Nr.:** 024-Z-NK-HM-02609
Merkmal: Durchmesser gr. Auge	**Messmitteltyp:** Elektronische Messvorrichtung
Sollwert: 56,830	**Messmittelhersteller:** Messmittelhersteller GmbH
Spez. Toleranzbreite: +/- 0,0075	**Auflösung d. Messmittels:** 0,0001
Op.-Nr.: 150	**Tatsächliche Abmessung $X_{Meister}$:** 56,830
	Einstellmeisterbezeichnung: 024-S-NK-HM-01325

EINSTELLMEISTER-MESSUNG
Alle Werte müssen innerhalb von 10% der spezifizierten Toleranzbreite (d.h. innerhalb +/- 5% relativ zum tatsächlichen Meisterwert) liegen.
(50 Werte)

56,8306	56,8301	56,8305	56,8300	56,8295
56,8305	56,8299	56,8303	56,8300	56,8302
56,8306	56,8304	56,8301	56,8304	56,8299
56,8293	56,8305	56,8301	56,8297	56,8303
56,8303	56,8301	56,8305	56,8304	56,8298
56,8305	56,8298	56,8304	56,8297	56,8299
56,8304	56,8302	56,8300	56,8307	56,8298
56,8301	56,8298	56,8302	56,8293	56,8296
56,8301	56,8301	56,8303	56,8296	56,8307
56,8295	56,8298	56,8307	56,8304	56,8302

Obere Fähigkeitsgrenze (Einstellmeister):	**$X_{Meister}$ + (0,5 * 0,1 * Spez. Toleranzbreite) =**	56,8310
Untere Fähigkeitsgrenze (Einstellmeister):	**$X_{Meister}$ - (0,5 * 0,1 * Spez. Toleranzbreite) =**	56,8290

TEILEMESSUNG -
Die Spannweite zwischen Maximal- und Minimalwert muss weniger als 15% der Toleranzbreite betragen.
(25 Werte)

56,8340	56,8330	56,8340	56,8343	56,8341
56,8337	56,8333	56,8339	56,8346	56,8339
56,8336	56,8335	56,8337	56,8350	56,8344
56,8343	56,8335	56,8342	56,8346	56,8341
56,8338	56,8328	56,8337	56,8348	56,8343

R =	0,0022
Fähigkeitstoleranz (Teilemessung): 0,15 * Spez. Toleranzbreite =	0,002250

Ergebnis:

X	**In Ordnung**		**Nicht in Ordnung**

Datum: 2. September 1997
Prüfung: Hr. Schmidt / NW/PN-211

Hinweis:

Wenn die Berechnung rechnergestützt erfolgt, hat das Formblatt möglicherweise ein anderes Layout. Die Grundlagen und Berechnungen müssen jedoch identisch sein.

5.6 Vorgehensweise nach CNOMO

In Frankreich ist eine Auswertung nach CNOMO E41.36.110.N [46] „Zulassung der Funktionsfähigkeit von Messmitteln" weit verbreitet. Diese Vorgehensweise verbindet die oben beschriebenen Verfahren 1 und 2. Bei dieser Messsystemanalyse erfolgt die Überprüfung des Messsystems in drei Phasen:

Vorbereitende Phase

Phase 1: im Messlabor mit Eichnormal (analog zu Verfahren 1)

Phase 2: im Messlabor mit Werkstücken (analog zu Verfahren 2)

Abnahme beim Hersteller / im Werk

Phase 3: im Messlabor / Fertigungsbereich mit mehreren Werkstücken und 5 Wiederholungen pro Werkstück (analog zu Verfahren 2).

Die gewonnenen Ergebnisse werden miteinander verrechnet und zur Beurteilung der Eignung mit Grenzwerten verglichen. Im Gegensatz zu Verfahren 2 erfolgt die Untersuchung nur mit einem Prüfer.

Bestimmung der Kennwerte

In der jeweiligen Phase werden folgende Kennwerte berechnet:

Phase 1: Wiederholpräzision des Messmittels mit Normal

Das Normal wird fünfmal gemessen und aus den Daten die Kennwerte

Mittelwert $\bar{y}_e$

Varianz V_e

Unsicherheit $I_e = 2\sqrt{V_e}$

bestimmt. I_e muss die Forderungen aus Tabelle 5.6-1 erfüllen.

Phase 2: Wiederholpräzision des Messmittels mit Werkstück

Das Werkstück wird fünfmal gemessen und aus den Daten die Kennwerte

Mittelwert $\bar{y}_r$

Varianz V_r

Unsicherheit $I_r = 2\sqrt{V_r}$

bestimmt. I_r muss die Forderungen aus Tabelle 5.6-1 erfüllen.

Phase 3:

Mindestens 5 Werkstücke werden mindestens fünfmal gemessen (y_{ij}). Die selben Werkstücke werden im Feinmesslabor gemessen (x_i). Bei n-maligem Vermessen im

Feinmesslabor wird für jedes Werkstück der Mittelwert genommen und gleichzeitig die Messunsicherheit im Feinmesslabor durch $\sqrt{n}$ geteilt.

Für die Differenzen ($y_{ij} - x_i$) wird der Mittelwert X und die Varianz V_g berechnet,

I_g = Unsicherheit des Prüfmittels

$$= |x| + 2\sqrt{(V_g + V_e)}$$

Die Messunsicherheit im Feinmesslabor, die Auflösung des Mittels, I_g und der berechnete Fähigkeitsindex CMC = T/(2 I_g) müssen die Forderungen nach Tabelle 5.6-1 erfüllt werden.

Die Bezugsgröße ist in allen Fällen die Toleranz T, die Forderungen (außer bei besonderen Spezifikationen des Mittels) sind Tabelle 5.6-1 zu entnehmen. Q steht dabei für den Qualitätsindex.

Kenngröße	Forderung für T>16µm und Q > 5	Forderung für T≤16µm oder Q ≤ 5
Auflösung	$\leq$ T/20	$\leq$ T/10
$\pm I_e$	$\leq \pm$ T/20	$\leq \pm$ T/10
$\pm I_r$	$\leq \pm$ T/8	$\leq \pm$ T/4
$\pm I_{feinmess}$	$\leq \pm$ T/16	$\leq \pm$ T/8
$\pm I_g$	$\leq \pm$ T/8	$\leq \pm$ T/4
CMC	$\geq$ 4	$\geq$ 2

Tabelle 5.6-1: Grenzwerte für die Eignung von Messmitteln

Fallbeispiel CNOMO

Das folgende Beispiel ist der hier beschriebenen CNOMO-Norm E41.36.110.N entnommen. Die Spezifikationsgrenzen sind OSG = 10,025 mm und USG = 9,975 mm. Für die Überprüfung mit dem Eichnormal (Phase 1) ergeben sich die Messwerte: 2, 1, 2, 1, 1. Dies ergibt I_e = 1,0954.

Das Messmittel lieferte mit dem Werkstück (Phase 2) die Werte: 50, 49, 48, 50, 49, 48, 50, 47, 49, 50. Daraus errechnet sich: I_r = 2,1082.

Das Formular (Abbildung 5.6-1) enthält die Messwerte und die Ergebnisse der Phase 3.

Werkstück 1 bis 5, gemessen auf dem Prüfmittel

Messung	Werkstück1	Werkstück2	Werkstück3	Werkstück4	Werkstück5
Nummer	Werkstück y_{1j}	Werkstück y_{2j}	Werkstück y_{3j}	Werkstück y_{4j}	Werkstück y_{5j}
Werkstück y_{i1}	9.99000	10.00000	10.02000	9.99500	10.00200
Werkstück y_{i2}	9.98900	10.00100	10.02200	9.99700	10.00300
Werkstück y_{i3}	9.99100	10.00200	10.02000	9.99800	10.00400
Werkstück y_{i4}	9.99200	10.00000	10.01800	9.99700	10.00200
Werkstück y_{i5}	9.99000	10.00100	10.02100	9.99700	10.00500

Wert Feinmeßtechnik, I_f = 0

IT/16 = 0.003125

x_i	9.98700	10.00200	10.01900	9.99900	10.00200
Differenzen:					
$d_{i1} = y_{i1} - x_i$	0.00300	-0.00200	0.00100	-0.00400	0.00000
$d_{i2} = y_{i2} - x_i$	0.00200	-0.00100	0.00300	-0.00200	0.00100
$d_{i3} = y_{i3} - x_i$	0.00400	0.00000	0.00100	-0.00100	0.00200
$d_{i4} = y_{i4} - x_i$	0.00500	-0.00200	-0.00100	-0.00200	0.00000
$d_{i5} = y_{i5} - x_i$	0.00300	-0.00100	0.00200	-0.00200	0.00300

Mittelwert der mittleren Differenzen:	J =	$\frac{1}{25} \sum_i \sum_j d_{ij}$	=	0.00048
Globale Varianz der Differenzen:	V_g =	$\frac{1}{24} \sum_i \sum_j (d_{ij} - J)^2$	=	0.00000526
Globale Standardabweichungen der Differenzen:	s_g =	$\sqrt{V_g}$	=	0.0022935
Wiederholbarkeitsvarianz auf dem Eichnormal:	V_e =		=	0.0000003
Standardabweichung der Wiederholbarkeit auf dem Eichnormal:	s_e =	$\sqrt{V_e}$	=	0.00054772
Meßunsicherheit:	I_g =	$\lvert J \rvert + 2\sqrt{V_g + V_e}$	=	0.0051959
Funktionsfähigkeit des Prüfmittels:		C_{mr}	=	4.81146

4

Meßsystem fähig

Abbildung 5.6-1: CNOMO-Formular

Vergleicht man die Ergebnisse mit den Grenzwerten aus Tabelle 5.6-1, so ist das Messsystem als gegeignet anzusehen.

6 Eignungsnachweis von attributiven Prüfprozessen

6.1 Lehren

Bei dem Eignungsnachweis für Prüfprozesse konzentrieren sich die Verfahren hauptsächlich auf variable Merkmale. Ist aus wirtschaftlichen oder technischen Gründen eine Prüfung mit anzeigenden Messgeräten nicht möglich, werden häufig Lehren (Abbildung 6.1-1) eingesetzt. Man spricht dann von einem sogenannten attributiven Prüfprozess. Auch Lehren haben aufgrund ihrer Fertigungstoleranz eine Prüfunsicherheit und unterliegen der Abnutzung. Weiter kann der Prüfprozess wesentlich durch den Bediener beeinflusst werden.

Daher muss hier die Frage gestellt werden: „Ist der attributive Prüfprozess für die konkrete Messaufgabe geeignet oder nicht?"

Abbildung 6.1-1: Lehrdorne und -ringe

Bei einer Prüfung mit Lehren steht als Ergebnis der Prüfung nur die Aussage: „gut oder schlecht" bzw. „gut, Nacharbeit, oder schlecht" zur Verfügung. Daher können die für variable Prüfprozesse verwendeten Auswerteverfahren nicht übertragen werden.

Weit verbreitet ist die in Abschnitt 6.4 beschriebene „Short Method". Diese ist in der MSA [1] 2. Ausgabe aufgeführt und auch im VDA Band 5 [52] enthalten. Über die sinnvolle Anwendung dieser Vorgehensweise gibt es in Fachkreisen unterschiedliche Meinungen. Daher wurde sie in der 3. Ausgabe der MSA [1] durch die in Abschnitt 6.5 beschriebene Methode ersetzt.

6.2 Lehren oder Messen

Im Sinne einer Philosophie der ständigen Verbesserung oder Null-Fehler-Strategie ist das attributive Prüfen mit Grenzlehren nicht geeignet. Das Hauptproblem liegt darin, dass erst nach Überschreiten der Grenzwerte eine Reaktion erfolgen kann, d.h. es ist bereits Nacharbeit oder Ausschuss gefertigt worden. Wo immer möglich muss daher das Ziel sein, das attributive Prüfen durch ein anzeigendes Messgerät zu ersetzen.

Erfahrungsgemäß wird der höhere Anschaffungspreis durch eine deutlich verbesserte Fertigungs-Qualität sowie durch den geringeren Überwachungsaufwand in kurzer Zeit amortisiert. Außerdem lautet ein Erfahrungswert: bei Toleranzbereichen kleiner IT 9 ist das attributive Prüfen zu unsicher und grundsätzlich das Messen einzusetzen.

Das Messen bringt gegenüber dem Lehren folgende Vorteile:

- Die Qualität des Erzeugnisses kann durch Messen besser überwacht und gesteuert werden. Durch Messen sieht man, an welcher Stelle der Toleranz die Teile liegen und kann z.B. mittels Prozessregelung den Idealwert (z.B. Toleranzmittel) anstreben, d.h. bessere Qualität erzeugen. Außerdem sind mit SPC Veränderungen des Prozesses rechtzeitig erkennbar, sodass im Gegensatz zum Lehren, bereits weit vor Überschreiten von Toleranzgrenzen, also vorbeugend und fehlervermeidend reagiert werden kann.
- Die Messsicherheit wird durch gleichmäßige Messkraft der Geräte erhöht, das persönliche Maßgefühl ausgeschaltet und damit Toleranzüberschreitungen infolge unsachgemäßer Lehrenbehandlung vermieden.
- Die zulässigen Toleranzen lassen sich besser ausnutzen, weil Toleranzeinengungen durch Lehrenherstelltoleranzen fortfallen.
- Toleranzüberschreitungen durch Abnutzungstoleranzen der festen Lehren entfallen.
- Lehrenbestand und Gemeinkosten werden verringert, weil anzeigende Messzeuge einen großen Nennmaß- und Toleranzbereiches abdecken. Außerdem sind häufige Überprüfungen aufgrund des Verschleißes wie beim Gebrauch von Lehren nicht erforderlich
- Abnutzungserscheinungen spielen keine große Rolle, weil anzeigende Geräte jederzeit nachgestellt werden können.
- Meinungsverschiedenheiten, hervorgerufen durch Benutzung neuer und abgenutzter Grenzlehren, entfallen.
- Die Vorteile des Messens wirken sich besonders bei kleineren Toleranzen aus. Deshalb empfiehlt es sich, Toleranzen von IT 9 und kleiner zu messen und nur gröbere Toleranzen mit festen Lehren zu prüfen.

Diesen Aussagen stehen die Vorteile der Lehren gegenüber.

Vorteile des Lehrens:

- Schnelle, einfache Handhabung
- Formprüfung möglich
- Genormte Prüfmittel, niedriger Anschaffungspreis

Trotz der wenigen Vorteile der Lehren ist die alternative Prüfung weiter verbreitet. Daher werden in den nächsten Abschnitten Vorschläge für die Eignungsnachweise erörtert.

6.3 Voraussetzungen für eine erfolgreiche attributive Prüfung

Ein wesentlicher Nachteil bei attributiven Prüfungen ist die Tatsache, dass das Prüfergebnis im hohen Maße von der individuellen Handhabung des jeweiligen Prüfers abhängig ist. Darum sind beim Gebrauch der Lehren folgende Hinweise zu beachten:

- Alle Lehren sind ohne wesentliche Kräfte zu handhaben.
- Die Gutlehre muss sich ohne Zwang in das Werkstück einführen lassen.
- Die Ausschussseite darf nur anschnäbeln.
- Bei Rachenlehren tritt aufgrund deren U-Form und durch die Keilwirkung der zu prüfenden Welle eine Aufbiegung auf. Daher wird bis 100 mm Nennmaß das Eigengewicht der Rachenlehre als Messkraft empfohlen.

Bei Berücksichtigung folgender Punkte ist ein nachweislich verbessertes und stabileres Ergebnis zu erwaren :

- umfassende Schulung und Einweisung
- ausreichende Übung mit Lernkontrolle
- regelmäßige Wiederholung
- Motivation des Prüfers durch den Vorgesetzten zur:
  - Sorgfalt im Umgang mit den Prüfobjekten und Prüfmitteln sowie
  - Sauberkeit und Ordnung am Arbeitsplatz
- Schaffung eines geeigneten Umfeldes:
  - Ergonomisch gestalteter Arbeitsplatz (Ablagen für Prüfmittel, An- und Ablieferungsbereiche im Griff- und Sichtbereich des Mitarbeiters, ...)
  - ausreichende Beleuchtung
  - niedriger Lärmpegel
  - Vermeiden von Zugluft und zu großen Temperaturschwankungen
  - Vermeiden von starken Dauerbelastungen wie ständigem Heben und Wegtragen von schweren Prüfobjekten

Gerade zuletzt genannte Punkte sind sogar gesetzlich definiert und sind somit eine Grundvoraussetzung, die vom Arbeitgeber bereitzustellen ist.

Die zuvor aufgeführten Punkte sind zum Teil indirekt in Normen beschrieben (Motivation) bzw. werden mittlerweile direkt gefordert (Schulung, Lernkontrolle) und müssen somit auch nachgewiesen werden. D.h. es muss festgelegt sein, welche Qualifikation für den jeweiligen Arbeitsschritt erforderlich ist und es muss der Nachweis geführt werden, dass die Ausführenden eine umfassende Schulung erhalten haben (Thema: Arbeitsplatzführerschein). Festzuhalten ist dabei auch der Erfolg der Schulung.

6.4 Untersuchung von attributiven Prüfprozessen „Short Method“

Bei der „Short Method“ gemäß MSA [1] 2. Ausgabe werden 20 Prüfobjekte ausgewählt. Diese müssen über den gesamten Einsatzbereich der Lehre streuen, um zwischen „i.O.“ und „n.i.O.“ unterscheiden zu können. Anschließend prüfen zwei Bediener die 20 Teile je zwei Mal. Die Bediener sollten unabhängig voneinander prüfen, um sich nicht gegenseitig zu beeinflussen. Dies gilt auch für die Wiederholungsmessungen eines Bedieners.

Die Abbildung 6.4-1 zeigt das Ergebnis einer solchen Untersuchung. Mit − sind die Prüfungen n.i.O. und mit + sind die Prüfungen „i.O.“ dargestellt. Die Bedingungen für einen geeigneten Prüfprozess lauten: „Alle Ergebnisse müssen übereinstimmen“. Dies ist in den beschriebenen Fällen nicht gegeben. Der rote Smiley in der rechten Spalte zeigt, dass für drei Prüfobjekte die Ergebnisse der Bediener unterschiedlich sind.

n	$x_{A;1}$	x_{A2}	$x_{B;1}$	x_{B2}	
1	+	+	+	+	☺
2	+	+	+	+	☺
3	−	+	+	+	☹
4	−	−	−	−	☺
5	+	+	+	+	☺
6	+	+	+	+	☺
7	−	−	−	−	☺
8	−	−	+	+	☹
9	+	+	+	+	☺
10	+	+	+	+	☺
11	+	+	+	+	☺
12	+	+	+	+	☺
13	+	−	+	+	☹
14	+	+	+	+	☺
15	+	+	+	+	☺
16	+	+	+	+	☺
17	+	+	+	+	☺
18	+	+	+	+	☺
19	+	+	+	+	☺
20	+	+	+	+	☺

Abbildung 6.4-1: Ergebnis der attributiven Prüfung

Dieses Verfahren kann noch verfeinert werden, indem die Prüfobjekte gezielter ausgewählt und einzeln vermessen werden. Da bei der attributiven Prüfung die Grenzwerte von Produktionsteilen (z.B. bei Grenzlehren, die Toleranzgrenzen) abgeprüft werden, müssen auch diese Kriterien überprüft werden. D.h. es sind Prüflinge an diesen (Toleranz-) Grenzen erforderlich. Mit Prüflingen, die nicht diese Bedingung erfüllen (also z.B. nur aus der Toleranzmitte stammen und weit außerhalb der Toleranz liegen), wird man zwar sehr gut wiederholbare Resultate erzielen, aber sie erfüllen eben nicht die Anforderungen für eine Aussage über die Eignung an diesen interessierenden (Toleranz-) Grenzen und sind deshalb wertlos.

Die gezielte Auswahl der 20 Prüfteile knapp um die (Toleranz-) Grenzen herum kann z.B. mittels einem Messgerät erfolgen. Liegt nur eine Grenze vor, so sind 10 Teile knapp unter und 10 Teile knapp über der Grenze erforderlich. Bei 2 Grenzen sind dagegen 5 Teile knapp unter, und 5 Teile knapp über der unteren Grenze, bzw. jeweils 5 Teile knapp unter, und 5 Teile knapp über der oberen Grenze erforderlich. Ein Vorschlag für ein Leerformular ist in Abbildung 6.4-2 dargestellt.

Falls machbar und sinnvoll, können die vermessenen Prüfteile als Grenzmuster angelegt werden. Man erspart sich dann den wiederholten Aufwand um derartige Musterteile auszuwählen. Anlässe hierfür können z.B. die Nachschulung der Prüfer oder die Einweisung von neuen Prüfern sein und die Wiederholung des Eignungstests.

Die Durchführung des Tests sieht vor, dass die nummerierten Musterteile von beiden Prüfern zweimal geprüft werden. Die Reihenfolge sollte so gewählt werden, dass die Prüfer nicht aufgrund der vorherigen Ergebnisse beeinflusst werden.

Der Test ist positiv abgeschlossen, wenn für jedes Musterteil alle Ergebnisse beider Prüfer übereinstimmen. Liegt eine oder mehrere Abweichungen vor, so ist der Test negativ und das Prüfmittel ist für die vorgesehene Anwendung nicht geeignet und zu sperren. Die Abbildung 6.4-2 enthält ein leeres Formblatt für die „Short Method" mit Referenzwerten. Dabei sind Werte oberhalb der oberen Spezifikationsgrenzen OSG mit „>",Werte innerhalb der Toleranz mit „=" und Werte unterhalb der unteren Spezifikationsgrenzen USG mit „<" zu kennzeichnen.

Hinweis:

Bei dieser Vorgehensweise ist die Bestimmung der Referenzwerte der Prüfobjekte mit einem nicht unerheblichen Aufwand verbunden.

Einzuleitende Maßnahmen könnten wie folgt aussehen:

- intensivere Einweisung, Schulung mit umfangreicheren Übungen der Prüfer
- konstruktive Verbesserungen des Prüfmittels oder
- alternatives Prüfmittel einsetzen
- anstatt einer attributiver Prüfung, besser ein Messgerät einsetzen.

In jedem Fall ist ein erneuter Eignungsnachweis erforderlich.

	Eignungsnachweis für attributive Prüfmittel (Lehren)	Seite:

Teile Bezeichnung:____________________ Teile Nr.:____________________

Änderungsdatum:________________

Merkmal Bezeichnung:________________ Nennwert / Abmaße:______________

Merkmal Nr.:________________________ OGW / UGW:___________________

Bereich:____________________________ Werkstatt:_____________________

Arbeitsgang Bez.:_____________________ Maschine Bez.:_________________

Arbeitsgang Nr.:______________________ Maschine Nr.:__________________

Prüfmittel Bez.:______________________ Prüfer **A** (Name/Nr.):____________

Prüfmittel Nr.:_______________________ Prüfer **B** (Name/Nr.):____________

Prüfbedingungen:____

Bemerkungen:____

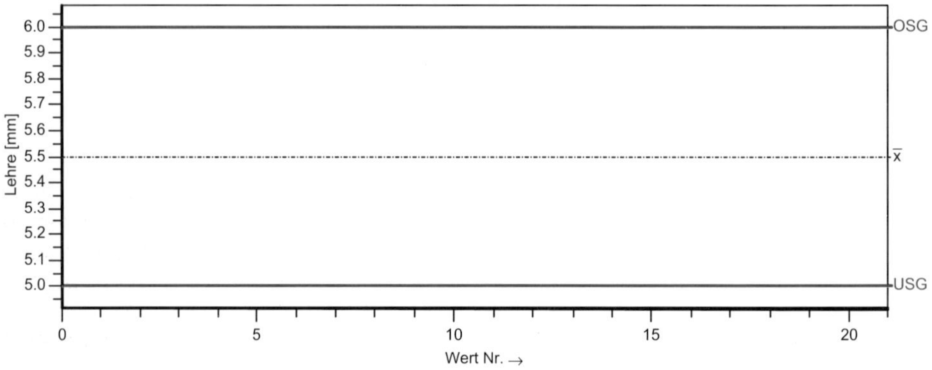

Teile Nr.		1	2	3	4	5	6	7	8	9	10	11	12	13	14	15	16	17	18	19	20
A	**1.**																				
	2.																				
B	**1.**																				
	2.																				

Prüfergebnis: <: kleiner Toleranz, =: in Toleranz, >: größer Toleranz

Anzahl der Übereinstimmungen:______________von______________möglichen.

Prüfmittel beeignet: ☐ ja ☐ nein → Maßnahmen:______________

Datum:____________ Abteilung:__________ Name:_____________ Unterschrift:______________

Abbildung 6.4-2: Leerformular für die Short Method

6.5 Untersuchung von attributiven Prüfprozessen „Erweiterte Methode"

6.5.1 Einleitung

Dieser Abschnitt bezieht sich auf das Dokument Measurement System Analysis – MSA, 3. Ausgabe [1]. Die MSA ist Bestandteil der QS-9000 Referenzhandbücher und dient als Richtlinie zur Anwendung. Die in der 2. Ausgabe der MSA „Erweiterte Methoden" enthaltene Vorgehensweise „Short-Method" (s. Abschnitt 6.4) ist entfallen.

Ziel dieses Abschnittes ist, die Methoden zur Untersuchung attributiver Prüfsysteme nachvollziehbar darzustellen. In der MSA (3. Ausgabe) sind zwei Methoden zur Untersuchung von attributiven Prüfsystemen enthalten:

- Testen von Hypothesen mit Kreuztabellen
- Beurteilung der Effektivität
- Signalerkennung

Man verfolgt das Ziel, festzustellen, wie genau ein oder mehrere Prüfer fehlerhafte und gute Teile einstufen können. Insbesondere sind die Übergangsbereiche (Grauzonen) interessant, in denen die Prüfer zu widersprüchlichen Entscheidungen kommen, also gute Teile als fehlerhaft einstufen und fehlerhafte Teile als gut einstufen.

Das Szenario

Gegeben sei ein Prozess mit einer Prozessfähigkeit von P_p, P_{pk} = 0,5. Die Teile dieses Prozesses müssen aussortiert werden. Zur Aussortierung wird eine Lehre verwendet. Um Fehlentscheidungen an den Spezifikationsgrenzen soweit wie möglich zu vermeiden, muss die Eignung der Lehre nachgewiesen werden. Die Abbildung 6.5-1 zeigt die drei Bereiche I, II und III. Eindeutigkeit herrscht in den Bereichen I und III. Der sogenannte „Graubereich" II ist im vorliegenden Fall zu finden. Wie bei variablen Merkmalen ist die Frage zu beantworten: „Ist der Unsicherheitsbereich, bei dem Fehlentscheidungen möglich sind, akzeptabel oder nicht". Dazu ist auch für ein attributives Messsystem ein %R&R-Wert zu berechnen und mit den Forderungen zu vergleichen.

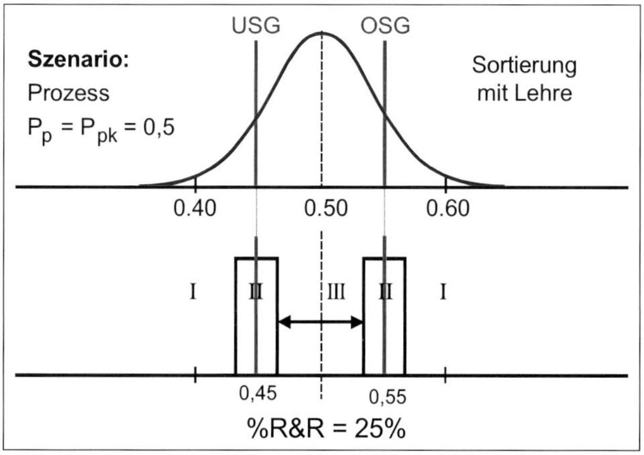

Abbildung 6.5-1: Darstellung der Zonen I, II und III

In der **Zone I** lautet das Prüfergebnis der Prüfer übereinstimmend „schlecht“. Bei den beiden **Zonen II** treten widersprüchliche Prüfentscheidungen auf – die Teile werden mal als „gut“ und mal als „schlecht“ eingestuft. Schließlich sind in der mittleren **Zone III** die Prüfentscheidungen übereinstimmend gut. Kritisch sind also Merkmalswerte in der Nähe der Spezifikationsgrenzen, da die Teile dann nicht eindeutig als „gut“ oder „schlecht“ eingestuft werden können.

Durchführung der Prüfung

Dazu werden dem Prozess 50 Teile entnommen. Die Teile müssen den Prozess repräsentieren. Dazu gehören nicht nur Teile innerhalb, sondern auch außerhalb der Spezifikationsgrenzen. Die Teile sind mit einem geeigneten Messgerät mit bekannter Messunsicherheit zu vermessen. Der Istwert des jeweiligen Teils ist festzuhalten. Anschließend überprüfen drei Prüfer die jeweiligen Teile mit der ausgewählten Lehre und halten die Ergebnisse in kodierter Form fest. Folgende Kodierung wird verwendet:

Abbildung 6.5-2: Kodierung

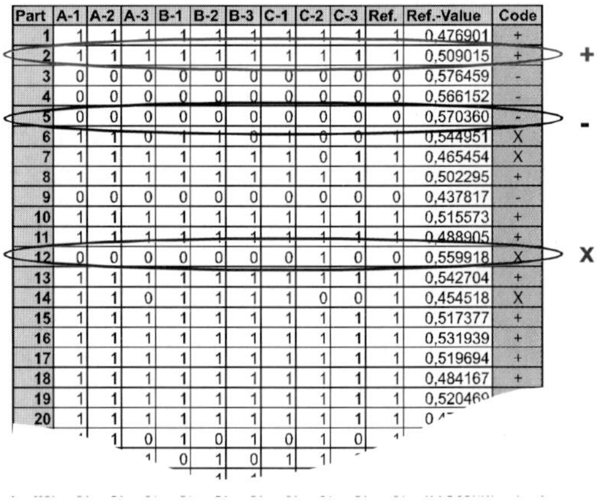

Part	A-1	A-2	A-3	B-1	B-2	B-3	C-1	C-2	C-3	Ref.	Ref.-Value	Code
1	1	1	1	1	1	1	1	1	1	1	0,476901	+
2	1	1	1	1	1	1	1	1	1	1	0,509015	+
3	0	0	0	0	0	0	0	0	0	0	0,576459	-
4	0	0	0	0	0	0	0	0	0	0	0,566152	-
5	0	0	0	0	0	0	0	0	0	0	0,570360	-
6	1	1	0	1	1	0	1	0	0	1	0,544951	X
7	1	1	1	1	1	1	1	0	1	1	0,465454	X
8	1	1	1	1	1	1	1	1	1	1	0,502295	+
9	0	0	0	0	0	0	0	0	0	0	0,437817	-
10	1	1	1	1	1	1	1	1	1	1	0,515573	+
11	1	1	1	1	1	1	1	1	1	1	0,488905	+
12	0	0	0	0	0	0	0	1	0	0	0,559918	X
13	1	1	1	1	1	1	1	1	1	1	0,542704	+
14	1	1	0	1	1	1	1	0	0	1	0,454518	X
15	1	1	1	1	1	1	1	1	1	1	0,517377	+
16	1	1	1	1	1	1	1	1	1	1	0,531939	+
17	1	1	1	1	1	1	1	1	1	1	0,519694	+
18	1	1	1	1	1	1	1	1	1	1	0,484167	+
19	1	1	1	1	1	1	1	1	1	1	[illegible]	[illegible]
20	1	1	1	1	1	1	1	1	1	1	[illegible]	[illegible]

Abbildung 6.5-3: attributive Ergebnisse

Nach Durchführung der Prüfung ergibt sich das in Abbildung 6.5-3 auszugsweise dargestellte Ergebnis.

In Tabelle 6.5-1 und Tabelle 6.5-2 sind die Prüfergebnisse und die Referenzwerte dargestellt. Die Tabelle 6.5-1 enthält die Werte unsortiert. In Tabelle 6.5-2 sind die gleichen Ergebnisse nach Größe der Referenzwerte sortiert. Die drei Prüfer wurden mit A, B und C kodiert. Daher bedeutet die Überschrift x_{A1}, dass dies die Ergebnisse des Prüfers A von dem ersten Prüfdurchgang sind. Mit x_{A2} sind die Ergebnisse des Prüfers A von dem zweiten Prüfdurchgang überschrieben usw.

n	Ref. 1	$x_{A;1}$	$x_{A;2}$	$x_{A;3}$	$x_{B;1}$	$x_{B;2}$	$x_{B;3}$	$x_{C;1}$	$x_{C;2}$	$x_{C;3}$	
1	0,476901	+	+	+	+	+	+	+	+	+	☺
2	0,509015	+	+	+	+	+	+	+	+	+	☺
3	0,576495	−	−	−	−	−	−	−	−	−	☺
4	0,566152	−	−	−	−	−	−	−	−	−	☺
5	0,570360	−	−	−	−	−	−	−	−	−	☺
6	0,544951	−	+	−	+	+	+	+	−	+	☹
7	0,465454	+	+	+	+	+	+	+	−	+	☹
8	0,502295	+	+	+	+	+	+	+	+	+	☺
9	0,437817	−	−	−	−	−	−	−	−	−	☺
10	0,515573	+	+	+	+	+	+	+	+	+	☺
11	0,488905	+	+	+	+	+	+	+	+	+	☺
12	0,559918	−	−	−	−	−	−	−	+	−	☹
13	0,542704	+	+	+	+	+	+	+	+	+	☺
14	0,454518	+	+	−	+	+	+	+	−	−	☹
15	0,517377	+	+	+	+	+	+	+	+	+	☺
16	0,531939	+	+	+	+	+	+	+	+	+	☺
17	0,519694	+	+	+	+	+	+	+	+	+	☺
18	0,484167	+	+	+	+	+	+	+	+	+	☺
19	0,520496	+	+	+	+	+	+	+	+	+	☺
20	0,477236	+	+	+	+	+	+	+	+	+	☺
21	0,452310	+	+	−	+	−	+	−	+	−	☹
22	0,545604	−	−	+	−	+	−	+	+	−	☹
23	0,529065	+	+	+	+	+	+	+	+	+	☺
24	0,514192	+	+	+	+	+	+	+	+	+	☺
25	0,599581	−	−	−	−	−	−	−	−	−	☺
26	0,547204	−	+	−	−	−	−	−	−	+	☹
27	0,502436	+	+	+	+	+	+	+	+	+	☺
28	0,521642	+	+	+	+	+	+	+	+	+	☺
29	0,523754	+	+	+	+	+	+	+	+	+	☺
30	0,561457	−	−	−	−	−	+	−	−	−	☹
31	0,503091	+	+	+	+	+	+	+	+	+	☺
32	0,505850	+	+	+	+	+	+	+	+	+	☺
33	0,487613	+	+	+	+	+	+	+	+	+	☺
34	0,449696	−	−	+	−	−	+	−	+	+	☹
35	0,498698	+	+	+	+	+	+	+	+	+	☺
36	0,543077	+	+	−	+	+	+	+	−	+	☹
37	0,409238	−	−	−	−	−	−	−	−	−	☺
38	0,488184	+	+	+	+	+	+	+	+	+	☺
39	0,427687	−	−	−	−	−	−	−	−	−	☺
40	0,501132	+	+	+	+	+	+	+	+	+	☺
41	0,513779	+	+	+	+	+	+	+	+	+	☺
42	0,566575	−	−	−	−	−	−	−	−	−	☺
43	0,462410	+	+	+	+	+	+	+	+	−	☹
44	0,470832	+	+	+	+	+	+	+	+	+	☺
45	0,412453	−	−	−	−	−	−	−	−	−	☺
46	0,493441	+	+	+	+	+	+	+	+	+	☺
47	0,486379	+	+	+	+	+	+	+	+	+	☺
48	0,587893	−	−	−	−	−	−	−	−	−	☺
49	0,483803	+	+	+	+	+	+	+	+	+	☺
50	0,446697	−	−	−	−	−	−	−	−	−	☺

Tabelle 6.5-1: Prüfergebnisse unsortiert

n	Ref. i	$x_{A;1}$	$x_{A;2}$	$x_{A;3}$	$x_{B;1}$	$x_{B;2}$	$x_{B;3}$	$x_{C;1}$	$x_{C;2}$	$x_{C;3}$	
25	0,599581	−	−	−	−	−	−	−	−	−	☺
48	0,587893	−	−	−	−	−	−	−	−	−	☺
3	0,576495	−	−	−	−	−	−	−	−	−	☺
5	0,570360	−	−	−	−	−	−	−	−	−	☺
42	0,566575	−	−	−	−	−	−	−	−	−	☺
4	0,566152	−	−	−	−	−	−	−	−	−	☺
30	0,561457	−	−	−	−	−	+	−	−	−	☹
12	0,559918	−	−	−	−	−	−	−	+	−	☹
26	0,547204	−	+	−	−	−	−	−	−	+	☹
22	0,545604	−	−	+	−	+	−	+	+	−	☹
6	0,544951	−	+	−	+	+	+	+	−	+	☹
36	0,543077	+	+	−	+	+	+	+	−	+	☹
13	0,542704	+	+	+	+	+	+	+	+	+	☺
16	0,531939	+	+	+	+	+	+	+	+	+	☺
23	0,529065	+	+	+	+	+	+	+	+	+	☺
29	0,523754	+	+	+	+	+	+	+	+	+	☺
28	0,521642	+	+	+	+	+	+	+	+	+	☺
19	0,520496	+	+	+	+	+	+	+	+	+	☺
17	0,519694	+	+	+	+	+	+	+	+	+	☺
15	0,517377	+	+	+	+	+	+	+	+	+	☺
10	0,515573	+	+	+	+	+	+	+	+	+	☺
24	0,514192	+	+	+	+	+	+	+	+	+	☺
41	0,513779	+	+	+	+	+	+	+	+	+	☺
2	0,509015	+	+	+	+	+	+	+	+	+	☺
32	0,505850	+	+	+	+	+	+	+	+	+	☺
31	0,503091	+	+	+	+	+	+	+	+	+	☺
27	0,502436	+	+	+	+	+	+	+	+	+	☺
8	0,502295	+	+	+	+	+	+	+	+	+	☺
40	0,501132	+	+	+	+	+	+	+	+	+	☺
35	0,498698	+	+	+	+	+	+	+	+	+	☺
46	0,493441	+	+	+	+	+	+	+	+	+	☺
11	0,488905	+	+	+	+	+	+	+	+	+	☺
38	0,488184	+	+	+	+	+	+	+	+	+	☺
33	0,487613	+	+	+	+	+	+	+	+	+	☺
47	0,486379	+	+	+	+	+	+	+	+	+	☺
18	0,484167	+	+	+	+	+	+	+	+	+	☺
49	0,483803	+	+	+	+	+	+	+	+	+	☺
20	0,477236	+	+	+	+	+	+	+	+	+	☺
1	0,476901	+	+	+	+	+	+	+	+	+	☺
44	0,470832	+	+	+	+	+	+	+	+	+	☺
7	0,465454	+	+	+	+	+	+	+	−	+	☹
43	0,462410	+	+	+	+	+	+	+	+	−	☹
14	0,454518	+	+	−	+	+	+	+	−	−	☹
21	0,452310	+	+	−	+	−	+	−	+	−	☹
34	0,449696	−	−	+	−	−	+	−	+	+	☹
50	0,446697	−	−	−	−	−	−	−	−	−	☺
9	0,437817	−	−	−	−	−	−	−	−	−	☺
39	0,427687	−	−	−	−	−	−	−	−	−	☺
45	0,412453	−	−	−	−	−	−	−	−	−	☺
37	0,409238	−	−	−	−	−	−	−	−	−	☺

Tabelle 6.5-2: Prüfergebnisse nach Referenzwerten sortiert

In der Spalte „Code“ sind weitere Symbole aufgeführt:

X Symbol für ein Teil, das innerhalb der **Grauzone II** liegt. Die Prüferentscheidungen waren widersprüchlich.

+ Symbol für ein Teil, das innerhalb der **Zone I** liegt. Anhand der Referenzwerte erfolgte die Referenz-Einstufung der Teile als „gut“ und alle Prüfer haben diese übereinstimmend als **„gut“** eingestuft.

- Symbol für ein Teil, das innerhalb der **Zone III** liegt. Anhand der Referenzwerte erfolgte die Referenz-Einstufung der Teile als „schlecht“ *und* alle Prüfer haben diese übereinstimmend als **„schlecht“** eingestuft.

In den folgenden Abschnitten werden drei Bewertungsmethoden beschrieben:

- Test von Hypothesen (Abschnitt 6.5.2)
- Beurteilung der Effektivität (Abschnitt 6.5.3)
- Methode der Signalerkennung

In der MSA (3rd. Edition) [1] wird explizit erwähnt, dass für die beiden ersten Methoden „Test von Hypothesen“ und „Beurteilung der Effektivität“ die Entscheidungskriterien und Grenzwerte nicht auf theoretischen Herleitungen begründet sind, sondern auf Erfahrungswerten und auf individuellen Einschätzungen beruhen. Daher muss der Anwender seine endgültigen Entscheidungskriterien davon abhängig machen, welche Risiken in Bezug auf den Prozess bzw. auf den Endkunden daraus entstehen.

Hinweis:

Der Originaltext in der MSA [1] zu dem Thema lautet:

„Es gibt kein theorie-basiertes Entscheidungskriterium bezüglich annehmbarer Risiken. Die oben genannten Richtlinien sind Erfahrungswerte und wurden basierend auf einzelnen Überzeugungen, was noch als annehmbar betrachtet werden kann, entwickelt. Die endgültigen Entscheidungskriterien sollten auf dem Einfluss (d.h. Risiken) auf den weiteren Prozess und auf den Endkunden basieren. Dies wird eine Fall zu Fall Entscheidung und keine auf statistischen Grundsätzen basierende Entscheidung sein.

6.5.2 Testen von Hypothesen

Bei attributiven Prüfungen stehen oft keine Messwerte zur Verfügung. Die Frage ist: Wie kann man beurteilen, ob eine Prüfmethode dafür geeignet ist, zwischen guten und schlechten Teilen zu unterscheiden ?

Ein Ansatz für eine solche Beurteilung besteht darin, mehrere Prüfer die selben Teile prüfen zu lassen. Wenn alle Prüfer sehr oft zu gleichen Ergebnissen kommen, spricht das dafür, dass die Prüfmethode geeignet sein könnte, zwischen guten und schlechten Teilen zu unterscheiden – eine Garantie dafür gibt es jedoch nicht!

Aufbauend auf diesem Grundgedanken ist das Ziel, den Grad der Übereinstimmung von Prüfer-Entscheidungen anhand einer Maßzahl zu beurteilen. Die sogenannte Kreuztabelle ist ein Hilfsmittel zur Bestimmung der gesuchten Maßzahl. Zunächst ist der Aufbau und der Zweck einer Kreuztabelle beschrieben und anschließend die Ableitung der Maßzahl aus der Kreuztabelle.

6.5.2.1 Aufbau einer Kreuztabelle für zwei Prüfer

Betrachtet man die Prüfergebnisse der Prüfer A und B in Tabelle 6.5-2, so kann man zählen, wie oft haben

- beide Prüfer „gut“ entschieden?
- Prüfer A „gut“ und Prüfer B „schlecht“ entschieden ?
- Prüfer A „schlecht“ und Prüfer B „gut“ entschieden?
- beide Prüfer „schlecht“ entschieden?

Es ergeben sich insgesamt 150 zu vergleichende Entscheidungen, d.h. 50 Entscheidungen des ersten Prüfdurchgangs (Spalte x_{A1} mit Spalte x_{B1}) sowie jeweils 50 Entscheidungen des zweiten (Spalte x_{A2} mit Spalte x_{B2}) und dritten Prüfdurchgangs (Spalte x_{A3} mit Spalte x_{B3}).

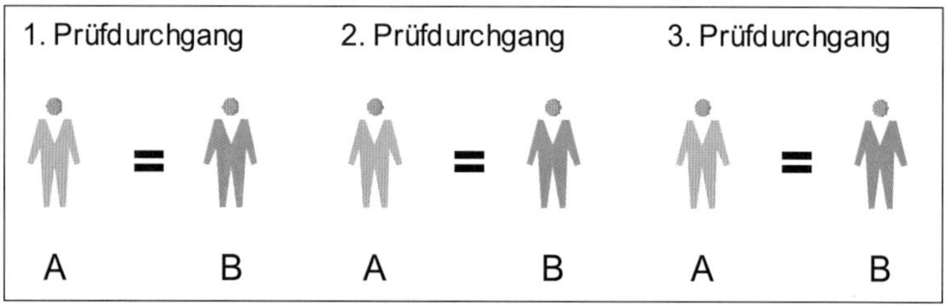

Abbildung 6.5-4: Vergleich von Prüfer A mit Prüfer B

Die Häufigkeitszählungen sind übersichtlich in der Kreuztabelle dargestellt:

		Entscheidungen Prüfer A		Gesamt Zeile
		schlecht	gut	
Entscheidungen Prüfer B	schlecht	44	6	50
	gut	3	97	100
Gesamt Spalte		47	103	150

Tabelle 6.5-3: beobachtete Häufigkeiten

Beobachtete Anteile

Um den beobachteten Anteil für jede der vier Entscheidungskombinationen zu berechnen, bestimmt man die relativen Häufigkeiten der Zellen. Die relative Häufigkeit für jede Tabellenzelle bestimmt man, indem man den Zellwert durch die Gesamtanzahl der Fälle dividiert. Diese relativen Häufigkeiten heißen „beobachtete Anteile“.

		Entscheidungen Prüfer A	
		schlecht	gut
Entscheidungen Prüfer B	schlecht	44/150 = **0,2933**	6/150 = **0,04**
	gut	3/150 = **0,02**	97/150 = **0,6467**

Tabelle 6.5-4: beobachtete Anteile

Übereinstimmung durch Zufall - erwarteter Anteil

Man muss sich bewusst sein, dass ein gewisser Grad an Übereinstimmung allein durch den Zufall zustande kommt. Es gilt also zu klären, wie groß der Anteil an Übereinstimmungen von beiden Prüfern wäre, wenn diese nur ein Zufallsprodukt wären. Man bezeichnet die allein durch Zufall entstehenden Übereinstimmungen als „erwarteten Anteil“.

1. Zunächst sind die Zeilensummen durch die Anzahl der Fälle (Prüfentscheidungen) zu dividieren.
2. Anschließend sind die Spaltensummen durch die Anzahl aller Fälle zu dividieren.
3. Im dritten Schritt sind die erwarteten Anteile zu bestimmen. Das Rechenschema ist in der nachstehend abgebildeten Tabelle erkennbar:

		Entscheidungen Prüfer A		Gesamt Zeile
		schlecht	gut	
Entscheidungen Prüfer B	schlecht	$p_{1.1} = p_{1.} \cdot p_{.1} \approx$ **0,104**	$p_{1.2} = p_{1.} \cdot p_{.2} \approx$ **0,229**	$p_{1.}$=50/150≈0,33
	gut	$p_{2.1} = p_{2.} \cdot p_{.1} \approx$ **0,209**	$p_{2.2} = p_{2.} \cdot p_{.2} \approx$ **0,458**	$p_{2.}$=100/150≈0,6 7
Gesamt Spalte		$p_{.1}$ = 47/150 ≈ 0,31	$p_{.2}$ = 103/150 ≈ 0,69	150/150=1

Tabelle 6.5-5: erwartete Anteile

Erwartete Häufigkeit

Aus den erwarteten Anteilen können die erwarteten Häufigkeiten berechnet werden: Man multipliziert die erwarteten Anteile mit der Gesamtanzahl N der Fälle.

		Entscheidungen Prüfer A		Gesamt Zeile
		schlecht	gut	
Entscheidungen Prüfer B	schlecht	$p_{1.1} \cdot N$ = 0,104·150 ≈ **15,7**	$p_{1.2} \cdot N$ = 0,229·150≈ **34,3**	$p_{1.} \cdot N$ = 50
	gut	$p_{2.1} \cdot N$ =0,209·150≈ **31,3**	$p_{2.2} \cdot N$ = 0,458·150≈ **68,7**	$p_{2.} \cdot N$ =100
Gesamt Spalte		$p_{.1} \cdot N$ = 47	$p_{.2} \cdot N$ = 103	150

Tabelle 6.5-6: erwartete Häufigkeiten

Grad der Übereinstimmung von Prüferentscheidungen

Um den Grad der Übereinstimmung der Entscheidungen von beiden Prüfern zu beurteilen, bedient man sich folgender Überlegung:

1. Man bildet zunächst die Summe der beobachteten Anteile von den Fällen, bei denen beide Prüfer zu gleichen Entscheidungen gekommen sind.

   Die übereinstimmenden Fälle sind:
   - Prüfer A entscheidet „gut“ und Prüfer B entscheidet „gut“.
   - Prüfer A entscheidet „schlecht“ und Prüfer B entscheidet „schlecht“.

   Die Summe der beobachteten Anteile dieser beiden Fällen bezeichnen wir als $\mathbf{P_o}$.

2. Wenn alle Beobachtungen in den beiden Feldern links oben (Beide Prüfer entscheiden „schlecht“) und rechts unten (Beide Prüfer entscheiden „gut“) liegen, dann ist der Grad der Übereinstimmung von beiden Prüfer-Entscheidungen maximal. D.h., die Summe der beobachteten Anteile Po ist in diesem Fall $P_o = 1$ bzw. 100%.
3. Diese Überlegung macht man sich bei der Bildung des Indexwertes κ (Kappa) zunutze:

   $$\kappa = \frac{P_o - P_e}{1 - P_e}$$ Index Kappa nach Cohen

   Zunächst kann man P_e ignorieren – es ist weiter unten beschrieben.

4. Unabhängig davon, welchen Wert P_e hat, ist der berechnete Wert vom Index Kappa genau dann gleich eins, wenn der Wert Po = 1 ist – also dann, wenn die Übereinstimmung zwischen beiden Prüfer-Entscheidungen vollkommen ist. Damit ist der Index Kappa eine Maßzahl für den Grad der Übereinstimmung der Entscheidungen von beiden Prüfern.

Bezogen auf das Zahlenbeispiel berechnet man die Summe der beobachteten Anteile Po aus den Werten der Tabelle der beobachteten Anteile:

		Entscheidungen Prüfer A	
		schlecht	gut
Entscheidungen Prüfer B	schlecht	44/150 = **0,2933**	6/150 = **0,04**
	gut	3/150 = **0,02**	97/150 = **0,6467**

Tabelle 6.5-7: beobachtete Anteile

P_o = beob. Anteil Übereinstimmung „gut“ + beob. Anteil Übereinstimmung „schlecht“

$\mathbf{P_o}$ = 0,2933 + 0,6467 = **0,94**

Summe der erwarteten Anteile P_e

Auf die gleiche Weise wie die Summe der beobachteten Anteile P_o gebildet wurde, wird die Summe der erwarteten Anteile P_e berechnet. Mit dem einzigen Unterschied, dass die Berechnung auf der Grundlage der Tabelle der erwarteten Anteile beruht:

		Entscheidungen Prüfer A		Gesamt Zeile
		schlecht	gut	
Entscheidungen Prüfer B	schlecht	$p_{1.1} = p_{1.} \cdot p_{.1} \approx$ **0,104**	$p_{1.2} = p_{1.} \cdot p_{.2} \approx$ **0,229**	$p_{1.}$=50/150≈0,33
	gut	$p_{2.1} = p_{2.} \cdot p_{.1} \approx$ **0,209**	$p_{2.2} = p_{2.} \cdot p_{.2} \approx$ **0,458**	$p_{2.}$=100/150≈0,67
Gesamt Spalte		$p_{.1}$ = 47/150 ≈ 0,31	$p_{.2}$ = 103/150 ≈ 0,69	150/150=1

Tabelle 6.5-8: erwartete Anteile

P_e = erw. Anteil Übereinstimmung „schlecht" + erw. Anteil Übereinstimmung „gut"

$\mathbf{P_e}$ = 0,104 + 0,458 = **0,562**

Index Kappa berechnen

Mit den beiden Kennwerten beobachtete Anteilssumme P_o und erwartete Anteilssumme P_e bestimmt man den Index Kappa:

$$\kappa = \frac{P_o - P_e}{1 - P_e} = \frac{0{,}94 - 0{,}562}{1 - 0{,}562} \approx 0{,}86$$

Interpretation der Zahlenwerte von Kappa

Der Index Kappa kann Werte von –1 (Ausschließlich gegensätzliche Entscheidungen – wenn A „gut" entscheidet, entscheidet B „schlecht" und umgekehrt) bis +1 annehmen (Absolute Übereinstimmung). Der Wert 0 besagt, dass die beobachteten Übereinstimmungen rein zufällig zustande kamen.

Allgemein gilt:

- Ist die Summe der beobachteten Übereinstimmungen größer oder gleich der Summe der zufällig erwarteten Übereinstimmungen, so liegt der Wert für Kappa im Bereich $\kappa \geq 0$.

- Ist die Summe der beobachteten Übereinstimmungen kleiner oder gleich der Summe der zufällig erwarteten Übereinstimmungen, so liegt der Wert für Kappa im Bereich $\kappa \leq 0$.

Grenzwert für Kappa

Nun stellt sich die Frage, bei welchem Grenzwert für Kappa die Übereinstimmung der Prüferentscheidungen als „zu gering" einzustufen ist. In dem Referenz-Handbuch MSA wird $\kappa \geq 0{,}75$ als Wertebereich für eine gute Übereinstimmung angegeben. Dieser Wertebereich ist heuristisch festgelegt.

Hinweise:

Wenn der Wert des Index Kappa hoch ist, dann besteht die Möglichkeit, dass die Einstufungen der Teile durch die Prüfer den wahren Zustand der Teile wiederspiegeln (gut und schlecht) - allerdings ist diese Schlussfolgerung keineswegs sicher! Andererseits, wenn der Grad der Übereinstimmung gering ist, ist die Art der Prüfung ungeeignet.

Letztendlich enthält der einzelne Zahlenwert von Kappa immer noch keine ausreichende Information. Ist der Zahlenwert von Kappa nur zufällig oder signifikant von Null verschieden ? Um diese Frage zu beantworten, benötigt man die Angabe des Vertrauensbereiches von Kappa. Eine Näherungsformel zur Bestimmung des Vertrauensbereiches von Kappa findet man z.B. in [40], Seite 222.

6.5.3 Beurteilung der Effektivität eines attributiven Prüfsystems

Die bisher durchgeführte Analyse erlaubt nur das Urteil, dass beide Prüfer in ihren Entscheidungen gut übereinstimmen. Aufgrund der Analyse kann man streng genommen nicht schließen, wie genau das Prüfsystem gute von schlechten Teilen unterscheiden kann.

Im Beispiel der MSA ist die Situation dargestellt, dass es alternativ eine Messmethode gibt, mit der die Messwerte der Teile bestimmt werden können. Anhand der Messwerte kann eine **Referenz-Einstufung der Teile** in „gut" (Teil mit Merkmalswert innerhalb der Spezifikation) und „schlecht" (Teil mit Merkmalswert außerhalb der Spezifikation) vorgenommen werden. Die Referenz-Messwerte und Referenz-Einstufungen sind in der Tabelle 6.5-2 dargestellt.

Wenn derartige Referenz-Messwerte verfügbar sind, kann eine Maßzahl für das attributive Prüfsystem bestimmt werden, welche ein Urteil über die Güte des Trennvermögens des attributiven Prüfsystems erlaubt - die Effektivität.

Zur Bestimmung der Effektivität zählt man, wie oft die Prüfer zu übereinstimmenden Entscheidungen gekommen sind (z.T. im Vergleich mit der Referenz-Einstufung der Teile). Die Effektivität ist definiert als das Verhältnis von der Anzahl an korrekten Entscheidungen zur Anzahl aller möglichen Entscheidungen.

$$\text{Effektivität} = \frac{\text{Zahl der korrekten Entscheidungen}}{\text{Gesamtzahl der möglichen Entscheidungen}}$$

In dem Beispiel der MSA ist für vier Fälle die Effektivität bestimmt worden:

1. **Effektivität bei einem Prüfer ohne Referenz-Vergleich**: Die Entscheidungen eines Prüfers stimmen bei allen drei Wiederholprüfungen überein.

2. **Effektivität bei einem Prüfer mit Referenz-Vergleich**: Die Entscheidungen eines Prüfers stimmen in allen Wiederholprüfungen mit der Referenz-Einstufung überein.
3. **Effektivität bei allen Prüfern ohne Referenz-Vergleich**: Alle Entscheidungen der drei Prüfer stimmen untereinander überein.
4. **Effektivität bei allen Prüfer mit Referenz-Vergleich**: Alle Entscheidungen der Prüfer stimmen untereinander und mit der Referenz-Einstufung überein.

Hinweis:

Die Bestimmung der Effektivität für die Fälle 1 und 3 können als alternative Beurteilungsmethode zu der Bestimmung von Cohens Kappa angesehen werden, wenn keine Referenz-Messwerte zur Verfügung stehen.

Wenn Referenz-Messwerte zur Verfügung stehen, sollte die Effektivität nur für die Fälle 2 und 4 durchgeführt werden, da die Untersuchung der Fälle 1 und 2 dann keinen Informationsgewinn ergeben.

6.5.3.1 Effektivität bei einem Prüfer ohne Referenz-Vergleich

Um die Effektivität bei einem Prüfer zu bestimmen, wird gezählt, wie oft ein Prüfer bei allen Wiederholprüfungen zu identischen Entscheidungen gekommen ist.

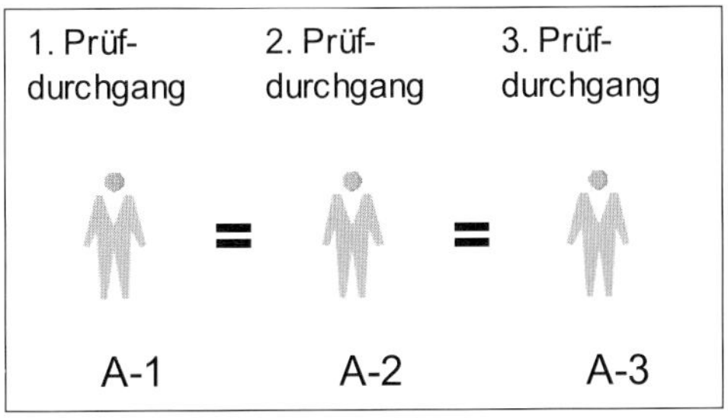

Abbildung 6.5-5: Übereinstimmung am Beispiel des Prüfers A bei allen drei Prüfdurchgängen

Mit Bezug auf die Tabelle 6.5-2 zählt man für die Prüfer die folgende Anzahl übereinstimmender Entscheidungen:

	Prüfer A	Prüfer B	Prüfer C
Anzahl übereinstimmend „gut“	29	32	28
Anzahl übereinstimmend „schlecht“	13	13	12
Gesamt	**42**	**45**	**40**
Anzahl Entscheidungen gesamt	**50**	**50**	**50**
Prozentanteil übereinstimmender Entscheidungen	**84 %**	**90 %**	**80 %**

Tabelle 6.5-9: übereinstimmende Entscheidungen der Prüfer bei den Wiederholmessungen

Berechnen von Vertrauensbereichen

Für den Prozentanteil an übereinstimmenden Entscheidungen lassen sich Vertrauensbereiche bestimmen. Grundlage für die Berechnung der Vertrauensbereichsgrenzen ist die F-Verteilung.

Zweiseitiger Vertrauensbereich zum Vertrauensniveau 1-α:

$$p_{ob} = \frac{(x+1) \cdot F_{f_1;f_2;1-\alpha/2}}{n - x + (x+1) \cdot F_{f_1;f_2;1-\alpha/2}}$$

mit dem F-Wert (F_{ob}) für die Freiheitsgrade $f_1 = 2 \cdot (x+1)$ und $f_2 = 2 \cdot (n-x)$.

$$p_{un} = \frac{x}{x + (n - x + 1) \cdot F_{f_1;f_2;1-\alpha/2}}$$

mit dem F-Wert (F_{un}) für die Freiheitsgrade $f_1 = 2 \cdot (n-x+1)$ und $f_2 = 2 \cdot x$.
Der Stichprobenumfang ist n = 50. Die Anzahl x ist die Anzahl richtiger Entscheidungen, die in der Tabelle übereinstimmender Entscheidungen der Prüfer bei Wiederholmessung in der Zeile Gesamt zu finden sind.

Prüfer	p_{un}	p	p_{ob}	F_{un}	F_{ob}	α	n	x	2(n-x+1)	2x	2(x+1)	2(n-x)
A	70,9%	84,0%	92,8%	1,916547	2,408711	5%	50	42	18	84	86	16
B	78,2%	90,0%	96,7%	2,092456	3,157879	5%	50	45	12	90	92	10
C	66,3%	80,0%	90,0%	1,849862	2,187775	5%	50	40	22	80	82	20

Tabelle 6.5-10: 95%-Vertrauensbereiche für die Effektivität Prüfer

Test auf Gleichwertigkeit der Prüfer-Entscheidungen

Es werden jeweils die Vertrauensbereiche von zwei Prüfern miteinander verglichen. Wenn sich die Vertrauensbereiche überschneiden, ist von der Gleichwertigkeit der Entscheidungen auszugehen (keine signifikanten Unterschiede zwischen den Prüfern). Aus der Tabelle ist erkennbar, dass die Prüfer-Entscheidungen als gleichwertig zu betrachten sind, denn die Vertrauensbereiche überlappen einander.

6.5.3.2 Effektivität bei einem Prüfer mit Referenz-Vergleich

Bei der Beurteilung der Effektivität bei einem Prüfer mit Referenz-Vergleich werden die Übereinstimmungen der Entscheidungen mit der Referenz-Einstufung verglichen. D.h., wie oft hat ein Prüfer bei allen drei Wiederholprüfungen das gleiche Ergebnis erhalten und wie oft stimmte dieses Ergebnis mit der Referenz-Einstufung überein. Basis für diese Zählung ist wieder die Tabelle 6.5-2.

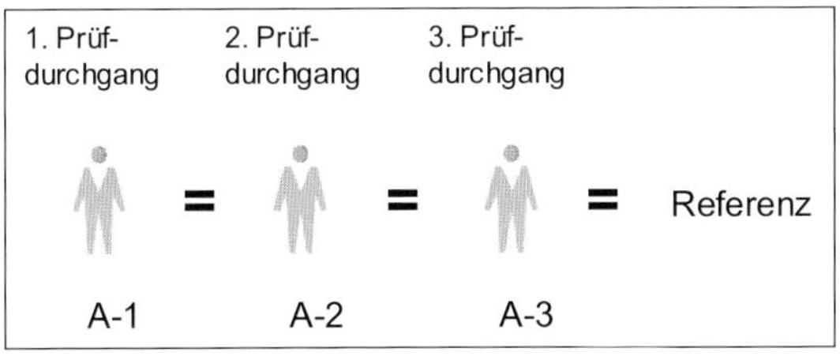

Abbildung 6.5-6: Übereinstimmende Entscheidungen am Beispiel des Prüfers A

Für die Berechnung der Grenzen des zweiseitigen Vertrauensbereiches gelten die im Abschnitt 6.5.2.1 angegebenen Formeln.

Prüfer	p_{un}	p	p_{ob}	F_{un}	F_{ob}	α	n	x	2(n-x+1)	2x	2(x+1)	2(n-x)
A	70,9%	84,0%	92,8%	1,916547	2,408711	0,05	50	42	18	84	86	16
B	78,2%	90,0%	96,7%	2,092456	3,157879	0,05	50	45	12	90	92	10
C	66,3%	80,0%	90,0%	1,849862	2,187775	0,05	50	40	22	80	82	20

Tabelle 6.5-11: Tabelle der 95%-Vertrauensbereiche für die Effektivität Referenz zu Prüfer

Berechnen der Vertrauensbereiche und Test auf Gleichwertigkeit der Prüfer-Entscheidungen

Wieder werden die Vertrauensbereiche von jeweils zwei Prüfern miteinander verglichen. Wenn sich die Vertrauensbereiche überschneiden, so gibt es keine signifikanten Unterschiede zwischen den Prüfer-Entscheidungen. Anhand der Tabelle ist erkennbar, dass sich die Vertrauensbereiche der drei Prüfer im Beispiel nicht signifikant unterscheiden.

6.5.3.3 Effektivität bei allen Prüfern ohne Referenz-Vergleich

In dem dritten Fall wird die Übereinstimmung der drei Prüfer untereinander verglichen. Man zählt, wie oft alle drei Prüfer bei allen drei Wiederholprüfungen zu den selben Entscheidungen gekommen sind.

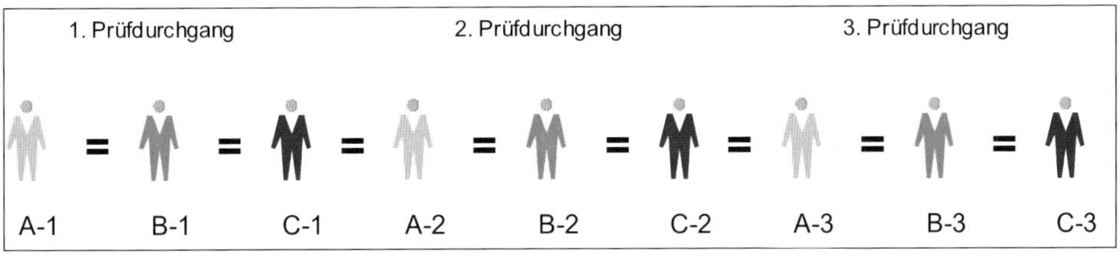

Grundlage für die nachfolgenden Berechnungen sind die Daten aus der Tabelle 6.5-2.

Die Grenzwerte für den zweiseitigen Vertrauensbereich wurden nach den Formeln im Abschnitt 6.5.3.1 bestimmt.

Prüfer	p_{un}	p	p_{ob}	F_{un}	F_{ob}	α	n	x	2(n-x+1)	2x	2(x+1)	2(n-x)
A, B und C	64,0%	78,0%	88,5%	1,825047	2,110788	5%	50	39	24	78	80	22

Tabelle 6.5-12: Tabelle der 95%-Vertrauensbereiche für die Effektivität der drei Prüfer

6.5.3.4 Effektivität bei allen Prüfer mit Referenz-Vergleich

Der vierte und letzte Fall ist die Bestimmung der Effektivität des Gesamtsystems. D.h., es werden die Fälle gezählt, bei denen alle drei Prüfer bei allen Wiederholprüfungen zu den selben Entscheidungen gekommen sind und die Entscheidungen mit der Referenz-Einstufung übereinstimmte. Wieder basieren die Berechnungen auf den Daten aus der Tabelle 6.5-2.

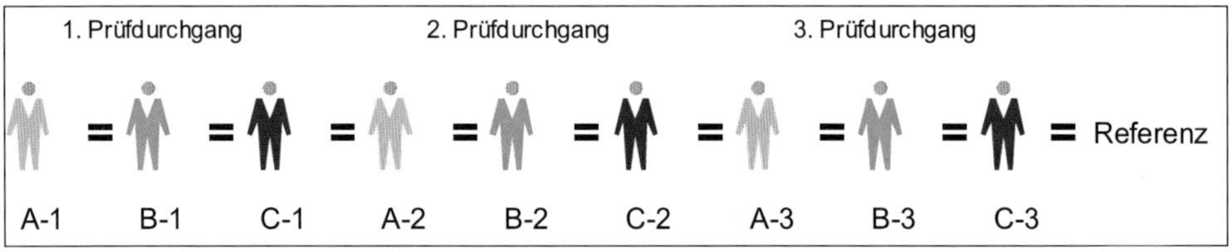

Die Berechnungen für die Grenzwerte des zweiseitigen Vertrauensbereiches sind in der Tabelle zusammengefasst:

Prüfer	p_{un}	p	p_{ob}	F_{un}	F_{ob}	α	n	x	2(n-x+1)	2x	2(x+1)	2(n-x)
A, B und C	64,0%	78,0%	88,5%	1,825047	2,110788	5%	50	39	24	78	80	22

Tabelle 6.5-13: Tabelle der 95%-Vertrauensbereiche für die Effektivität des Systems

Für den Nachweis der Eignung des Prüfsystems sind in der MSA [1] die folgenden Annahmekriterien aufgeführt:

Entscheidung Das Prüfsystem ist ...	**Effektivität**	**Anteil schlecht als gut**	**Anteil gut als schlecht**
... für den Prüfer geeignet	$\geq$ 90 %	$\leq$ 2 %	$\leq$ 5 %
... für den Prüfer eingeschränkt geeignet – Verbesserungen könnten notwendig sein	$\geq$ 80 %	$\leq$ 5 %	$\leq$ 10 %
... für den Prüfer nicht geeignet – Verbesserungen sind notwendig	< 80 %	> 5 %	> 10 %

Tabelle 6.5-14: Richtwerte für die Einstufung in geeignete und nicht geeignete Prüfsysteme

Betrachtet man diese Tabelle, so fällt folgendes auf: Ein Prüfmittel, mit dem ein Anteil von 2 % fehlerhafter Teile als gut eingestuft wird, gilt als anstandslos annehmbar.

Mit anderen Worten: Es können Lieferungen mit einem Anteil von 20.000 ppm fehlerhafter Teile zum Kunden gelangen!

6.5.4 Methode der Signalerkennung

Für die Methode der Signalerkennung benötigt man zwingend die Referenz-Messwerte. Ziel der Methode ist, die Breite des Graubereiches II (Abbildung 6.5-1), in dem die Prüfer zu keinen eindeutigen Entscheidungen kommen, zu bestimmen. Das folgende Zahlenbeispiel (Abbildung 6.5-7) ist wieder der MSA [1] entnommen und identisch mit den Ergebnissen aus Tabelle 6.5-1.

Ref.-Value	Code
0,599581	-
0,587893	-
0,576459	-
0,570360	-
0,566575	-
0,566152	-
0,561457	X
0,559918	X
0,547204	X
0,545604	X
0,544951	X
0,543077	X
0,542704	+
0,531939	+
0,529065	+
0,523754	+
0,521642	+
0,520469	+
0,519694	+
0,517377	+
0,515573	+
0,514192	+
0,513779	+
0,509015	+
0,505850	+

Letztmalig übereinstimmend „Ablehnung“ (0,566152)

Erstmalig übereinstimmend „Annahme“ (0,542704)

$d_{OSG} = 0{,}566152 - 0{,}542704$

$d_{OSG} = 0{,}024135$

Ref.-Value	Code
0,503091	+
0,502436	+
0,502295	+
0,501132	+
0,498698	+
0,493441	+
0,488905	+
0,488184	+
0,487613	+
0,486379	+
0,484167	+
0,483803	+
0,477236	+
0,476901	+
0,470832	+
0,465454	X
0,462410	X
0,454518	X
0,452310	X
0,449696	X
0,446697	-
0,437817	-
0,427687	-
0,412453	-
0,409238	-

$d_{USG} = 0{,}470832 - 0{,}446697$

$d_{USG} = 0{,}023448$

Letztmalig übereinstimmend „Annahme“ (0,470832)

Erstmalig übereinstimmend „Ablehnung“ (0,446697)

Abbildung 6.5-7: Tabelle zur Signal-Erkennung aus der MSA

Symbol-Erläuterung

In der Tabelle (Abbildung 6.5-7) sind die Referenz-Messwerte mit Kodierungen eingetragen. Ein Plus-Zeichen bedeutet, dass alle drei Prüfer bei allen Prüfdurchgängen das Teil für gut befunden haben und dass dieses Ergebnis mit der Referenz-Einstufung übereinstimmt.

Ein Minus-Zeichen bedeutet, dass alle drei Prüfer bei allen Prüfdurchgängen das Teil für schlecht befunden haben und dass dieses Ergebnis mit der Referenz-Einstufung übereinstimmte.

Das Zeichen X steht für die Fälle, bei denen mindestens einer der Prüfer zu einem Prüf-Ergebnis gekommen ist, das nicht mit dem Referenz-Wert übereinstimmt.

Arbeitsschritte, um die Breite des Graubereiches zu bestimmen:

Schritt 1:
Die Tabelle ist nach der Spalte Messwerte zu sortieren. Im obigen Beispiel wurde absteigend sortiert – also vom größten Wert absteigend bis zum kleinsten Wert.

Schritt 2:
Heraussuchen, wann alle Prüfer letztmalig übereinstimmend schlecht entschieden haben. Dies ist der Übergang von Symbol Minus zu Symbol X. Ausgewählt wird der Messwert für letztmalig Minus (Symbol: -).

0,566152	-
0,561457	X

Schritt 3:
Heraussuchen, wann alle Prüfer erstmalig übereinstimmend gut entschieden haben. Dies ist der Übergang von Symbol X zu Symbol +. Ausgewählt wird der Messwert für erstmalig Plus (Symbol: +).

0,543077	X
0,542704	+

Schritt 4:
Heraussuchen, wann alle Prüfer letztmalig übereinstimmend gut entschieden haben. Dies ist der Übergang von Symbol + zu Symbol X. Ausgewählt wird der Messwert für letztmalig +.

0,470832	+
0,465454	X

Schritt 5:
Heraussuchen, wann alle Prüfer erstmalig übereinstimmend schlecht entschieden haben. Dies ist der Übergang von Symbol X zu Symbol -. Ausgewählt wird der Messwert für erstmalig -.

0,449696	X
0,446697	-

Schritt 6:
Berechnen der Spannweite d_{OSG} Intervall vom letzten Teil, dass von allen Prüfern angenommen wurde bis zum ersten Teil, dass von allen Prüfern abgelehnt wurde.

$$d_{OSG} = 0{,}566152 - 0{,}542704 = 0{,}023448$$

Schritt 7:
Berechnen der Spannweite d_{USG} Intervall vom letzten Teil, dass von allen Prüfern angenommen wurde bis zum ersten Teil, dass von allen Prüfern abgelehnt wurde.

$$d_{USG} = 0{,}470832 - 0{,}446697 = 0{,}024135$$

Schritt 8:
Berechnen des Mittelwertes beider Spannweiten.

$$d = (d_{OSG} + d_{USG}) / 2 = (0{,}023448 + 0{,}024135) / 2 = 0{,}0237915$$

Schritt 9:
Bestimmen der Breite des Graubereiches.

%R&R = d / Toleranz = 0,0237915 / 0,1 = 0,237915 ≈ 0,24
Damit beträgt die Breite des Graubereiches II ungefähr 24 %.

In Abbildung 6.5-7 sind die einzelnen Schritte und die Ergebnisse zusammenfassend dargestellt. Das gleiche Ergebnis mit den einzelnen Beurteilungen der Prüfer enthält die Tabelle 6.5-2.

Die Abbildung 6.5-8 zeigt den Werteverlauf der Referenzwerte mit dem errechneten Graubereich.

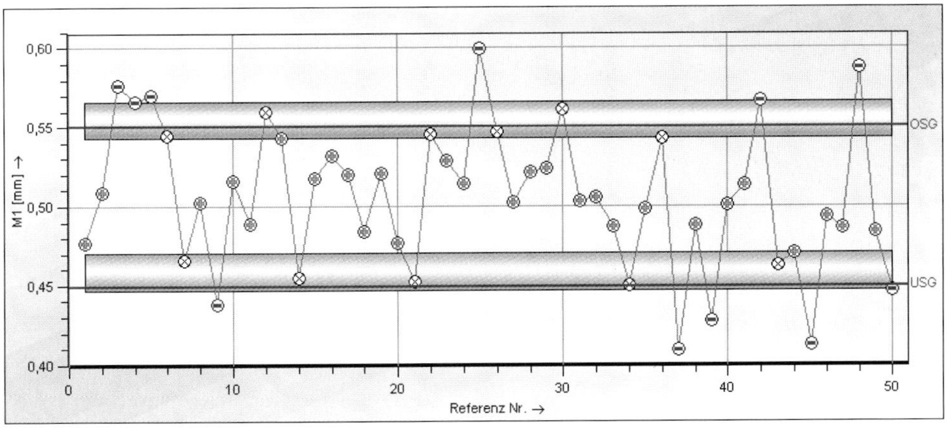

Abbildung 6.5-8: Werteverlauf mit überlagertem Graubereich

Hinweis:

Der Aufwand ist nicht unerheblich, da immerhin 450 Prüfungen durchzuführen und zu dokumentieren sind. Bei dem vorliegenden Beispiel aus der MSA [1] können die drei Bereiche I, II und III eindeutig identifiziert werden. Problematisch wird die Situation, wenn beispielsweise innerhalb des Graubereiches II trotzdem alle drei Prüfer zu dem gleichen Ergebnis kommen. In der MSA sind keine Hinweise zu finden, wie mit dieser Situation umzugehen ist.

Fallbeispiel: attributiver Prüfprozess

Insgesamt wurden 20 Prüfobjekte ausgewählt und vermessen. Zwei Prüfer prüfen die Prüfobjekte je zweimal. Die Ergebnisse sind in Abbildung 6.5-9 dargestellt.

n	Ref. 1	$x_{A;1}$	$x_{A;2}$	$x_{B;1}$	$x_{B;2}$
1	3,555	−	−	−	−
2	3,633	+	+	+	+
3	3,601	−	+	+	+
4	3,634	+	+	+	+
5	3,638	+	+	+	+
6	3,635	+	+	+	+
7	3,690	−	−	−	−
8	3,639	+	+	+	+
9	3,636	+	+	+	+
10	3,663	+	+	+	+
11	3,634	+	+	+	+
12	3,638	+	+	+	+
13	3,639	+	+	+	+
14	3,642	+	+	+	+
15	3,621	+	+	+	+
16	3,680	+	+	−	+
17	3,639	+	+	+	+
18	3,651	+	+	+	+
19	3,625	+	+	+	+
20	3,673	+	+	+	+

Abbildung 6.5-9: Ergebnis des attributiven Prüfprozesses

Bei Auswertung nach der Signalerkennungsmethode ergibt sich das in Abbildung 6.5-10 und Abbildung 6.5-11 gezeigte Ergebnis.

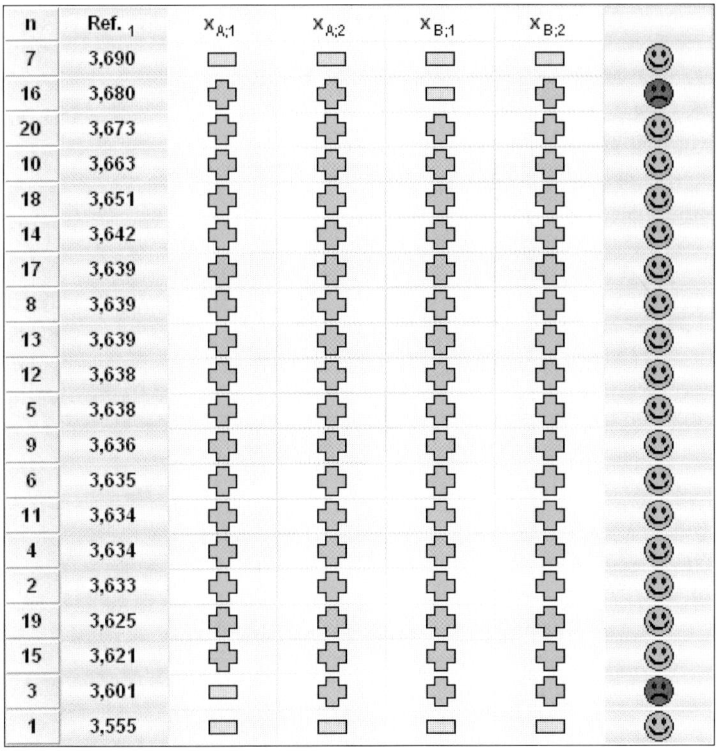

n	Ref. 1	$x_{A;1}$	$x_{A;2}$	$x_{B;1}$	$x_{B;2}$	
7	3,690	▭	▭	▭	▭	☺
16	3,680	+	+	▭	+	☹
20	3,673	+	+	+	+	☺
10	3,663	+	+	+	+	☺
18	3,651	+	+	+	+	☺
14	3,642	+	+	+	+	☺
17	3,639	+	+	+	+	☺
8	3,639	+	+	+	+	☺
13	3,639	+	+	+	+	☺
12	3,638	+	+	+	+	☺
5	3,638	+	+	+	+	☺
9	3,636	+	+	+	+	☺
6	3,635	+	+	+	+	☺
11	3,634	+	+	+	+	☺
4	3,634	+	+	+	+	☺
2	3,633	+	+	+	+	☺
19	3,625	+	+	+	+	☺
15	3,621	+	+	+	+	☺
3	3,601	▭	+	+	+	☹
1	3,555	▭	▭	▭	▭	☺

Abbildung 6.5-10: Ergebnis sortiert

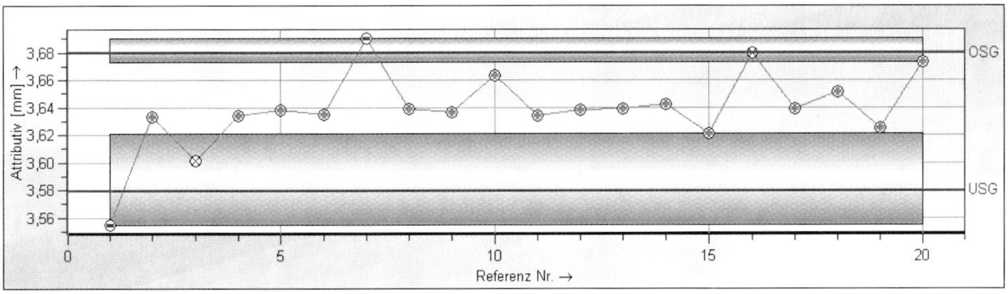

Abbildung 6.5-11: Graubereich überlagert

7 Erweiterte Messunsicherheit als Eignungsnachweis für Messprozesse

7.1 Allgemeine Betrachtung

Wie bereits in dem Abschnitt 1.2 erwähnt, ist der Begriff „Messunsicherheit" und dessen Bedeutung schon lange definiert. Konkrete Vorgehensweisen zur Bestimmung der Messunsicherheit sind in dem Dokument GUM [34] bereits 1993 veröffentlicht worden. Die Anwendung der GUM hat sich in den ersten Jahren sehr schleppend verbreitet und war in erster Linie bei Kalibrierlabors zum Einsatz gekommen. Erst mit konkreten Normenforderungen, die Messunsicherheit zu bestimmen (z.B. DIN EN ISO 14253 [32]) ist die Notwendigkeit entstanden, auch Messprozesse in der Fertigung gemäß der GUM zu beurteilen.

Die GUM ist für den Praktiker sehr schwer lesbar bzw. zu verstehen. Daher hat der VDA (Verein Deutscher Automobilindustrie) den VDA Band 5 „Prüfprozesseignung" [52] herausgebracht. Unter Anwendung der GUM werden dort praktikable Verfahren und Vorgehensweisen beschrieben, mit denen die praxisrelevanten Prüfprozesse die Messunsicherheit relativ einfach bestimmt bzw. berechnet werden kann. Um die Berechnungsweise möglichst einfach zu halten, müssen Annahmen getroffen werden bzw. bestimmte Voraussetzungen gegeben sein. Dadurch verringert sich die Komplexität der in der GUM beschriebenen Verfahren. Diese Annahmen sind für die meisten messtechnischen Betrachtungen in der Fertigung zutreffend.

7.2 Berechnung der Messunsicherheit gemäß GUM

Die GUM [34] schlägt zur Ermittlung der erweiterten Messunsicherheit zwei alternative Ermittlungsmethode A und B vor. Mit diesem Verfahren werden für die einzelnen Einflussfaktoren die Standardmessunsicherheitskomponenten bestimmt. Daraus errechnet sich die kombinierte Standardmessunsicherheit und die erweiterte Messunsicherheit (Abbildung 7.2-1). Bei der Modellierung des Messprozesses werden die Einflussgrößen und das Verfahren (Methode A oder B) zur Bestimmung der Standardmessunsicherheit für die jeweilige Komponente festgelegt.

Ermittlungsmethode A:
Ermittlung der Unsicherheit aufgrund experimenteller Untersuchungen

Hier werden in Analogie zu den bekannten und weit verbreiteten Verfahren zu Ermittlung der Prüfmittelfähigkeit (s. Abschnitt 1), Versuche durchgeführt, die ermittelten Ergebnisse ausgewertet und hierauf basierend die Standardmessunsicherheit bestimmt.

Damit ist die Standardmessunsicherheit die empirische Standardabweichung des Mittelwertes, der durch ein Mittelungsverfahren oder eine geeignete Regressionsanalyse gewonnen wird.

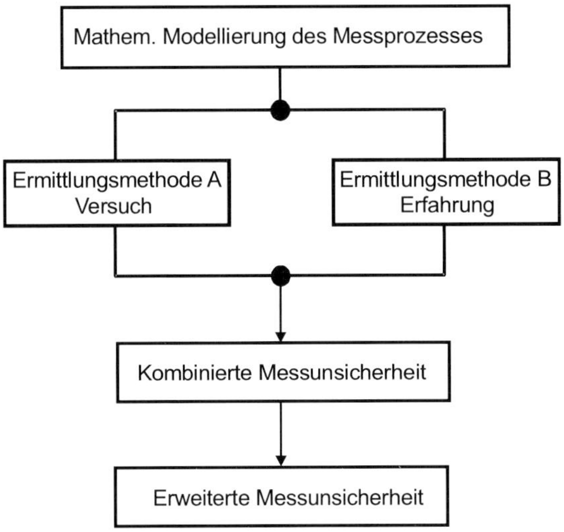

Abbildung 7.2-1: Ablauf zur Bestimmung der erweiterten Messunsicherheit

Ermittlungsmethode B:
Bestimmung der Unsicherheit mittels bekannter Unsicherheitskomponenten

In diesem Fall basiert die Ermittlung auf anderen, messtechnisch fundierten Kenntnissen:

- Werte aus anderen, früher durchgeführten Messungen
- Erfahrungen mit oder allgemeine Kenntnisse über das Verhalten und die Eigenschaften eingesetzter Materialien oder Geräte
- Herstellerangaben
- in Kalibrierscheinen oder anderen Bescheinigungen angegebene Werte
- Messunsicherheiten, die Referenzwerten aus Handbüchern beigeordnet sind.

7.3 Vorgehensweise nach GUM [34]

Im vorliegenden Abschnitt ist in der linken Spalte der Originaltext aus der GUM [34] Kapitel 8 „Zusammenfassung des Verfahrens zur Ermittlung und Angabe der Unsicherheit" wiedergegeben. In der rechten Spalte sind die einzelnen Schritte nochmals näher erläutert. In der GUM heißt es: „Die bei der Ermittlung und Angabe der Unsicherheit eines Messergebnisses zu befolgenden Schritte gemäß dem vorliegenden Leitfaden lassen sich wie folgt zusammenfassen":

Texte aus GUM	Interpretation der jeweiligen Schritte
1. Geben Sie die Beziehung zwischen der Messgröße Y und den Eingangsgrößen Xi an, von denen Y abhängt:	Abschätzen von Einflüssen auf das Messergebnis über Versuche am Einsatzort und kontinuierliche Überwachung des Messprozesses.

$Y=f(X_1, X_2, ..., X_N)$.

Die Funktion f muss jede Größe einschließlich aller Korrektionsfaktoren enthalten, die eine wesentliche Komponente zur Unsicherheit des Messergebnisses darstellen.

Verfahren zur Ermittlung statistischer Kenngrößen

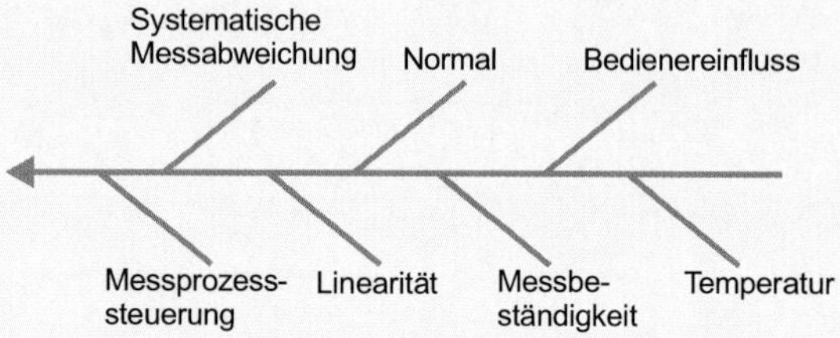

- u_1 = Kalibrierunsicherheit
- u_2 = Auflösungsvermögen des Messgerätes
- u_3 = Einstellunsicherheit
- u_4 = Unsicherheit aus dem Gerät
- u_5 = Einfluss Bediener
- u_6 = Einfluss Prüfobjekt
- u_7 = Temperatureinflüsse
- u_8 = Linearitätsabweichungen
- u_9 = und dergl. mehr

2. Ermitteln Sie entweder durch eine statistische Analyse von Messwerten oder auf andere Weise den Schätzwert x_i der Eingangsgröße X_i.

Ermittlungsmethode A (Versuch)

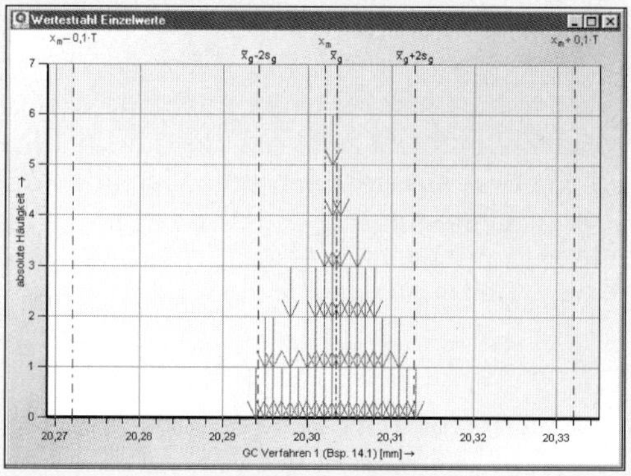

Normalverteilung

Werden Wiederholmessungen an einem Normal/Referenzteil unter Wiederholbedingungen durchgeführt, sind die gewonnenen Messwerte im Regelfall als normalverteilt anzunehmen.

Das unkorrigierte Messergebnis y' ist der arithmetische Mittelwert der Messreihe. Die bekannten systematischen Abweichungen sind im unkorrigierten Messergebnis zu korrigieren, denn der systematische Anteil der Abweichungen von Messwerten ist in vielen Fällen weitaus größer als der zufällige Anteil.

Das unkorrigierte Messergebnis ergibt sich aus dem arithmetischen Mittelwert $\overline{x}$ der Messreihe:

$$y' = \overline{x} = \frac{1}{n} \cdot \sum_{i=1}^{n} x_i$$

$i = 1, 2, ..., n$

n ist die Anzahl der Messungen.

3. Ermitteln Sie die Standardmessunsicherheit $u(X_i)$ für jeden Eingangsschätzwert x_i.

   Bei einem Eingangsschätzwert, der durch statistische Analyse von Messwerten gewonnen wurde, wird die Standardunsicherheit ermittelt (Ermittlungsmethode A der Standardunsicherheit).

   Bei einem Eingangsschätzwert, der auf andere Weise gewonnen wurde, wird die Standardunsicherheit $u(x_i)$ ermittelt (Ermittlungsmethode B der Standardunsicherheit).

Standardmessunsicherheit

Die Standardmessunsicherheit u errechnet sich aus der empirischen Standardabweichung

$$s = \sqrt{\frac{1}{n-1} \cdot \sum_{i=1}^{n} (x_i - \overline{x})^2}$$

Der beste Schätzwert für die Standardunsicherheit, die Standardabweichung des arithmetischen Mittelwerts ist:

$$u(x_i) = \frac{s}{\sqrt{n}}$$

mit n=1, wenn später mit dem Messgerät ein Merkmalswert nur einmal gemessen wird.
Bei „n“ Wiederholungsmessungen eines Merkmals, ist dieses n einzusetzen.

4. Berechnen Sie die Kovarianzen, die eventuell korrelierten Eingangsschätzwerten zugeordnet sind.

Kovarianzen

Diese Berechnung kann entfallen, wenn die Eingangsgrößen x_i voneinander unabhängig sind.
Die den Schätzwerten zweier Eingangsgrößen X_i und X_k beigeordnete Kovarianz kann gleich Null gesetzt oder als vernachlässigbar angesehen werden, wenn

a. die beiden Eingangsgrößen X_i und X_k voneinander unabhängig sind, z.B. weil sie in verschiedenen voneinander unabhängigen Experimenten mehrfach, aber nicht gleichzeitig beobachtet wurden oder weil sie resultierende Größen verschiedener, unabhängig voneinander durchgeführter Ermittlungen darstellen oder wenn
b. eine der Eingangsgrößen X_i und X_k als konstant angesehen werden kann oder wenn
c. es keine Anhaltspunkte für eine Korrelation zwischen den Eingangsgrößen X_i und X_k gibt.

5. Errechnen Sie das Messergebnis, das heißt, den Schätzwert y der Messgröße Y, aus der Funktionsbeziehung f, wobei Sie für die Eingangsgrößen X_i die in Schritt 2 ermittelten Schätzwerte x_i verwenden.

Schätzwerte für u_i

$u_i(y)$ (i = 1,2,..,N) ist derjenige Beitrag zur Standardmessunsicherheit, die dem Schätzwert y der Ergebnisgröße beizuordnen ist, der sich bei gegebenem Schätzwert x_i, der Eingangsgröße X_i aus der dem Schätzwert beigeordneten Standardmessunsicherheit ergibt:
$u_i(y) = c_i u(x_i)$

c_i ist der zu dem Eingangsschätzwert x_i gehörende Sensitivitätskoeffizient, das ist die partielle Ableitung der Modellfunktion f nach X_i, berechnet für die Eingangsschätzwerte x_i :

$$c_i = \frac{\partial f}{\partial x_i} = \left.\frac{\partial f}{\partial X_i}\right|_{X_i = x_i \ldots X_N = x_N}$$

Hinweis:

In der Praxis führen die Berechnungsvorschriften bei komplexen Modellen schnell zu einer nicht mehr handhabbaren analytischen Bestimmung der Sensitivitätskoeffizienten. Allerdings existieren Sonderfälle, die zu Sensitivitätskoeffizienten $c_i = \pm 1$ und damit zur einfachen quadratischen Addition der Unsicherheiten der Eingangsgrößen führen. In der Praxis der Fertigungsmesstechnik kann von diesen Sonderfällen ausgegangen werden. Diese Vereinfachung liegt dem VDA 5 Band [52] zu Grunde. Dadurch wird die Berechnung der erweiterten Messunsicherheit wesentlich leichter und damit für die Praxis anwendbar.

6. Ermitteln Sie die *kombinierte Standardunsicherheit* $u_c(y)$ für das Messergebnis y anhand der Standardunsicherheiten und Kovarianzen, die den Eingangsschätzwerten zugeordnet sind. Wenn die Messung gleichzeitig mehrere Ausgangsgrößen liefert, berechnen Sie deren Kovarianzen.

Kombinierte Standardunsicherheit

Im Sonderfall, dass alle Eingangsschätzwerte mit den Korrelationskoeffizienten $r(x_i, x_j) = +1$ korreliert sind, reduziert sich die Gleichung (16, s. GUM) auf:

$$u_c^2(y) = \left(\sum_{i=1}^{N} c_i u(x_i)\right)^2 = \left(\sum_{i=1}^{N} \frac{\partial f}{\partial x_i} u(x_i)\right)^2$$

Die kombinierte Standardunsicherheit $u_c(y)$ ist daher einfach eine lineare Summe von Gliedern, die die Variation des Ausgangsschätzwertes y repräsentieren, die sich aus der Standardunsicherheit der einzelnen Eingangsschätzwerte x_i ergibt.

Alle ermittelten Standardmessunsicherheiten können zu der kombinierten Standardmessunsicherheit u_{gesamt} zusammengefasst werden.

$$u_{gesamt} = \sqrt{\sum_{i=1}^{N} u_i^2} = \sqrt{u_1^2 + u_2^2 + \ldots + u_N^2} \qquad i = 1,2,\ldots,N$$

N ist die Anzahl der Einflussgrößen.

7. Ist die Angabe einer erweiterten Unsicherheit U erforderlich, die den Zweck hat, einen Bereich von y-U bis y+U anzugeben, von dem erwartet werden kann, dass er einen großen Anteil der Verteilung von Werten umfasst, die Messgröße Y sinnvoller Weise hinzugefügt werden können, so multiplizieren Sie die kombinierte Standardunsicherheit $u_c(y)$ mit einem Erweiterungsfaktor k, der normalerweise zwischen 2 und 3 liegt, um $U=ku_c(y)$ zu erhalten.
   Wählen Sie k anhand des für diesen Bereich geforderten Grads des Vertrauens aus (s. Tabelle 1).

Bestimmung der erweiterten Messunsicherheit

Mit dem Freiheitsgrad v_{eff} lässt sich aus Tabelle 1 der entsprechende Erweiterungsfaktor k bestimmen. Für Freiheitsgrade $v_{eff} \geq 14$ ist k = 2 (Näherungswert). In allen anderen Fällen gilt der entsprechende Tabellenwert. Die erweiterte Messunsicherheit lautet:

$$U = k \cdot u_{gesamt}$$

(k siehe Tabelle 15.1-4)

8. Protokollieren Sie das Messergebnis gemeinsam mit seiner kombinierten Standardunsicherheit $u_c(y)$ oder erweiterten Unsicherheit U, skizzieren Sie ebenfalls die Form, wie y und $u_c(y)$ oder U gewonnen wurde.

Vollständiges Messergebnis

Das vollständige Messergebnis besteht aus dem korrigierten Messergebnis und einer Messunsicherheitsangabe. Die Messunsicherheit gibt den bereich an, in dem der richtige Wert vermutet wir.

$$Y = y \pm U$$

Der richtige Wert liegt also in dem Intervall y+U und y-U.

7.3.1 Erweiterte Messunsicherheit

Die einzelnen Schritte bei der Bestimmung der Messunsicherheit können übersichtsartig zusammengefasst werden:

- Der Zusammenhang zwischen der Messgröße (Ergebnisgröße) Y und den Eingangsgrößen X_i (i = 1,2,…,N) ist aufzulisten.
- Alle bedeutenden Korrektionen sind festzustellen und anzuwenden.
- Alle Ursachen der Unsicherheit sind separat aufzulisten.
- Die Standardmessunsicherheit $u(x_i)$ für wiederholt gemessene Größen ist zu bestimmen.
- Bei Einzelwerten (z.B. bei aus anderen oder früheren Messungen) ist die Standardmessunsicherheit $u(x_i)$ zu verwenden. Dabei ist darauf zu achten, in welcher Form die Messunsicherheit angegeben ist (Standardmessunsicherheit – erweiterte Messunsicherheit).
- Für Eingangsgrößen, deren Wahrscheinlichkeitsverteilung bekannt ist oder entsprechend der vorhandenen Informationen angenommen werden kann, sind Erwartungswert x_i und Standardmessunsicherheit $u(x_i)$ zu berechnen.
- Für jede Eingangsgröße X_i ist der Beitrag $u_i(y)$ zur Messunsicherheit zu berechnen, die dem Schätzwert y der Ergebnisgröße beizuordnen ist. Er ergibt sich aus der dem Schätzwert x_i der Eingangsgröße beigeordneten Standardmessunsicherheit $u(x_i)$ durch Multiplikation mit dem Sensitivitätskoeffizienten c_i. Die Quadrate der Unsicherheitsbeiträge sind zu summieren, um das Quadrat der Standardmessunsicherheit u(y) zu erhalten, die dem Wert der Messgröße beizuordnen ist.
- Die erweiterte Messunsicherheit U ist durch Multiplikation der dem Schätzwert der Ergebnisgröße beigeordneten Standardmessunsicherheit u(y) mit dem Erweiterungsfaktor k (Tabelle 15.1-4) zu bestimmen.
- Das Ergebnis der Messung, das den Schätzwert y der Messgröße, die beigeordnete erweiterte Messunsicherheit U und den Erweiterungsfaktor k umfasst, ist für den Messprozess anzugeben.

In der Tabelle 7.3-1 können die Ergebnisse bei der Bestimmung der erweiterten Messunsicherheit übersichtsartig dargestellt werden:

Größe X_i	Schätzwert x_i	Standard-Messunsicherheit $u(x_i)$	Sensitivitäts-Koeffizient c_i	Unsicherheitsbeitrag $u_i(y)$
X_1	x_1	$u(x_1)$	c_1	$u_1(y)$
X_2	x_2	$u(x_2)$	c_2	$u_2(y)$
:	:	:	:	:
X_N	x_N	$u(x_N)$	c_N	$u_N(y)$
Y	y			$u^2(y)=\sum_{i=1}^{N}u_i^2(y)$ U= k*u(y)

Tabelle 7.3-1: Übersicht der Einflussgrößen

7.4 Bestimmung der erweiterten Messunsicherheit nach VDA 5 [52]

Die recht komplex erscheinende Vorgehensweise zur Bestimmung der Messunsicherheit nach GUM [34] war Anlass für den VDA, in seinem VDA Band 5 [52] dieses Prozedere zu vereinfachen, zu schematisieren und damit praktikabler zu machen. Prinzipiell liegt dieser Vorgehensweise die in Abbildung 7.4-1 dargestellte Struktur zu Grunde.

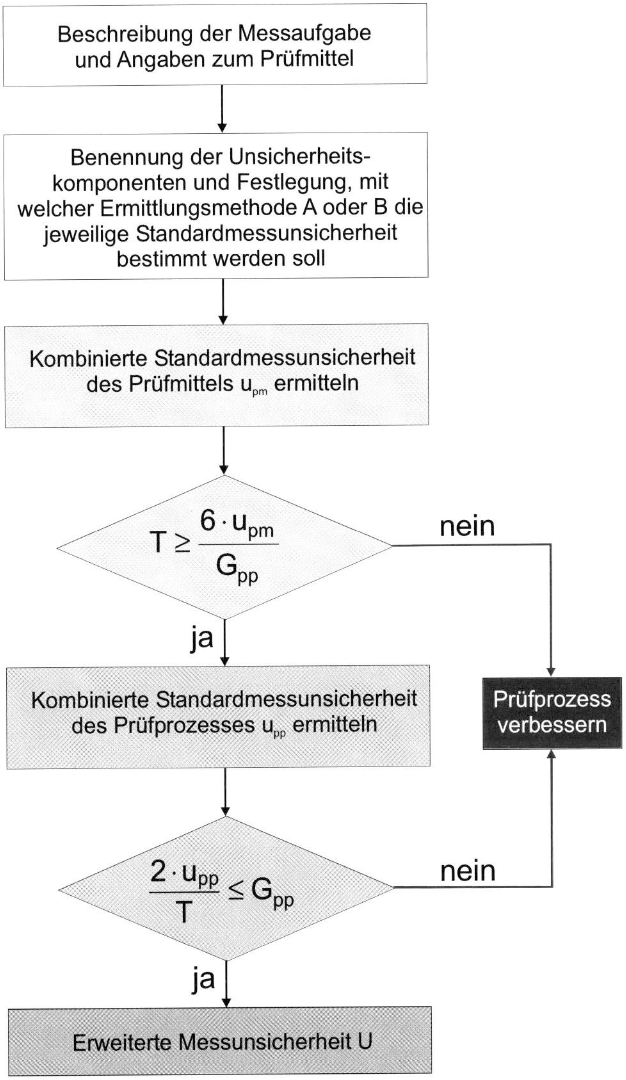

Abbildung 7.4-1: Ablauf bei der Bestimmung der erweiterten Messunsicherheit

7.4.1 Schematisierte Vorgehensweise

Dabei wird zwischen der Unsicherheit des:

- **Prüfmittels** und
- **Prüfprozesses**

unterschieden! Diese sinnvolle Aufteilung wird in der GUM nicht vorgenommen. Erfüllt bereits das Prüfmittel die Anforderungen nicht, können weitere Untersuchungen entfallen. Dazu wird die kombinierte Standardunsicherheit des Prüfmittels u_{pm} berechnet. Ist die zu prüfende Toleranz T

$$T \geq \frac{6 \cdot u_{pm}}{G_{pp}}$$ G_{pp} = Eignungsgrenzen (Tabelle 15.1-3)

ist das untersuchte Prüfmittel für den Anwendungsfall verwendbar und der Prüfprozess wird weiter untersucht. Falls diese Forderung nicht erfüllt wird, ist die weitere Betrachtung des Prüfprozesses hinfällig, da sich durch die zusätzlichen Einflussfaktoren der gesamte Prüfprozess nur noch verschlechtert. Die Grenzwerte u für die Eignung ergeben sich aus ISO 286-1 Tabelle 15.1-3 und Tabelle 15.1-2.

Erst danach erfolgt die Beurteilung des gesamten **Prüfprozesses** anhand der erweiterten Messunsicherheit U.

Hier muss das Verhältnis „$\frac{2 \cdot U}{T}$" ebenfalls kleiner als G_{pp} sein (Tabelle 15.1-3).

Die Abbildung 7.4-1 enthält die wichtigsten Schritte zur Bestimmung der erweiterten Messunsicherheit. Anhand dieser Schritte zur Bestimmung der erweiterten Messunsicherheit kann nach folgendem Schema vorgegangen werden:

1	**Analyse Prüfprozess; Unsicherheitskomponenten benennen**	**1, 2, ..., n**
2	**Standardunsicherheiten durch Methode A und/oder Methode B**	$u(x_A)_i$ $u(x_B)_i$
3	**Kombinierte Standardunsicherheit "Prüfmittel" u_{pm}**	$u_{pm} = \sqrt{\sum_{i=1}^{n} u(x)_i^2}$
4	**Kombinierte Standardunsicherheit "Prüfprozess" u_{pp}**	$u_{pp} = \sqrt{\sum_{i-1}^{n} u(x)_i^2}$
5	**Ermittlung der erweiterten Messunsicherheit U**	$U = k \cdot u_{pp}$

Abbildung 7.4-2: Schrittweise Bestimmung von U

1. **Beschreibung der Messaufgabe**
   Spezifikation der Messaufgabe
2. **Angaben zum Prüfmittel**
   Es sind Prüfmitteltyp, Hersteller, Messbereich, Skalenteilung, Wiederholbarkeit, Linearität usw. und Angaben zum Normal bzw. Referenzteil festzuhalten.
3. **Nachweis der Prüfmittelspezifikation**
   Die erwarteten Unsicherheitskomponenten des Prüfmittels sind zu benennen und das Unsicherheitsbudget für das „Prüfmittel" u_{pm} ist zu berechnen.

   Anschließend wird die minimale Toleranz berechnet, um festzustellen, ob das Prüfmittel für die Messaufgabe prinzipiell geeignet ist.
4. **Nachweis der Prüfprozesseignung**
   Die erwarteten Unsicherheitskomponenten des Messprozesses sind zu benennen, das Unsicherheitsbudget „Prüfprozess" u_{pp} zu bestimmen und die erweiterte Messunsicherheit U zu berechnen.

   Ist die Forderung $2U/T \leq G_{pp}$ erfüllt, wird der Prüfprozess als geeignet angesehen.
5. **Auswirkung auf die Grenzen**
   Die unter 4. berechnete Erweiterte Messunsicherheit muss bei der Beurteilung an der vereinbarten Spezifikationsgrenzen berücksichtigt werden.

Zunächst ist der Messprozess zu beschreiben. Anschließend sind die wichtigsten Angaben zum Prüfmittel, Normal und Umgebungsbedingungen zu dokumentieren. Im dritten Schritt werden die Standardmessunsicherheitskomponenten des Prüfmittels (Abschnitt 7.4.3 und 7.4.4) berechnet und damit diese prinzipielle Eignung (Abschnitt 7.4.2) für den Messprozess nachgewiesen werden. Ist das Prüfmittel geeignet, wird der gesamte Messprozess betrachtet und die erweiterte Messunsicherheit bestimmt.

Hinweis:

Da es mehrere Berechnungsmethoden zur Bestimmung von $u_i(x_i)$ gibt, ist bei jeder Auswertung diese mit anzugeben, bzw. in einer Richtlinie/Verfahrensanweisung eine genaue Vorgehensweise festzulegen.

7.4.2 Eignung des Prüfmittels

Ein Messprozess ist im Sinne des VDA Band 5 [52] geeignet, wenn gilt:

$$\frac{2 \cdot U}{T} \leq G_{pp} \quad \text{(s. Tabelle 15.1-2)}$$

Bevor der gesamte Messprozess untersucht wird, ist es sinnvoll, die prinzipielle Eignung des Prüfmittels festzustellen. Dies ist weniger zeitaufwendig. Stellt es sich als nicht geeignet heraus, können die weiteren Betrachtungen entfallen. Kennt man u_{pm} des Prüfmittels, kann dieses Ergebnis auch auf andere Prüfprozesse übertragen werden. Vor allem kann für konkrete Messprozesse abgeschätzt werden, bis zu welcher kleinsten Toleranz das Prüfmittel noch verwendbar ist. Wie wird diese kleinste Toleranz berechnet?

Dazu wird angenommen, dass die kombinierte Standardmessunsicherheit des Prüfmittels u_{pm} gleich der Standardmessunsicherheitskomponente aufgrund der Einsatzbedingungen $u_{Einsatz}$ ist. Damit lässt sich die kombinierte Standardmessunsicherheit des Prüfprozesses u_{pp} mit

$$u_{pp} = \sqrt{u_{pm}^2 + u_{Einsatz}^2}$$

bestimmen.

Ausgehend von der erweiterten Messunsicherheit $U = 2 \cdot u_{pp}$ und der getroffenen Annahme $u_{pm} = u_{Einsatz}$ ist

$$U = 2 \cdot u_{pp}$$

$$U = 2 \cdot \sqrt{u_{pm}^2 + u_{Einsatz}^2}$$

$$U = 2 \cdot \sqrt{2 \cdot u_{pm}^2}$$

$$U = 2 \cdot \sqrt{2} \cdot u_{pm}$$

Setzt man U in die Ungleichung für die Forderung an den Prüfprozess

$$\frac{2 \cdot U}{T} \leq G_{pp}$$

ein, ergibt sich:

$$\frac{2 \cdot 2 \cdot \sqrt{2} \cdot u_{pm}}{T} \leq G_{pp}$$

und damit die Forderung an die Toleranz:

$$T \geq \frac{4 \cdot \sqrt{2} \cdot u_{pm}}{G_{pp}}$$

Hinweis:

Das Produkt $4 \cdot \sqrt{2} = 5{,}66$ kann näherungsweise durch 6 ersetzt werden. Dadurch vereinfacht sich die Berechnung der minimal zulässigen Toleranz:

$$T_{min} \geq \frac{6 \cdot u_{pm}}{G_{pp}}$$

7.4.3 Bestimmung der Standardmessunsicherheitskomponente nach Ermittlungsmethode A

Bei die Ermittlungsmethode A wird vereinfachend von normalverteilten Einzelmesswerten ausgegangen. Durch den Mittelwert μ und die Streuung σ der Grundgesamtheit wird die Normalverteilung vollständig beschrieben.

Die statistische Auswertung einer Messreihe beinhaltet die Ermittlung des Schätzwertes $\overline{x}$ für den Mittelwert und der empirischen Standardabweichung s_{x_i} aus n Einzelmesswerten einer ausreißerbereinigten der Messreihe, deren Messwerte unter definierten Versuchsbedingungen entnommen wurden:

$$\overline{x} = \frac{1}{n}\sum_{i=1}^{n} x_i$$

und

$$s_{x_i} = \sqrt{\frac{\sum_{i=1}^{n}(x_i - \overline{x})^2}{n-1}}$$

Für die Bestimmung der Standardabweichung s_{x_i} werden n = 25 Messungswiederholungen empfohlen. Die Angabe der Standardunsicherheit $u(x_A)$ erfolgt unter Berücksichtigung des aktuellen Stichprobenumfangs n* als empirische Standardabweichung des Einzelwertes (n* = 1) bzw. des Mittelwertes $\overline{x}$ (n* > 1) in der Form:

$$u(x_A) = s_{\overline{x}_i} = \frac{s_{x_i}}{\sqrt{n^*}}$$

Hinweis:

Die Standardweichung s_{x_i} aus n Einzelmesswerten mit der Empfehlung n = 25 wird im Rahmen der Messunsicherheitsuntersuchung einmalig bestimmt. Der dafür erhaltene Wert wird für die Angabe von Standardunsicherheiten bei Messungen zur Serienüberwachung und Konformitätsprüfungen unter Berücksichtigung des dafür festgelegten Stichprobenumfangs n* verwendet. Bei Konformitätsprüfungen gilt in der Regel n* = 1, zur Serienüberwachung sind Stichprobenumfänge n* = 1,3 oder 5 üblich).

7.4.4 Bestimmung der Standardmessunsicherheitskomponente nach Ermittlungsmethode B

Wenn die Bestimmung einer Standardunsicherheit nach der Ermittlungsmethode A nicht, bzw. nicht wirtschaftlich erfolgen kann, so können die entsprechenden Standardunsicherheiten aus Vorinformationen geschätzt werden. Vorinformationen können sein:

- Daten aus früheren Messungen
- Erfahrungen oder allgemeine Kenntnisse über Verhalten und Eigenschaften der relevanten Materialien und Messgeräte (bauähnliche bzw. baugleiche Geräte)
- Angaben des Herstellers
- Daten von Kalibrierscheinen und Zertifikaten
- Unsicherheiten, die Referenzdaten aus Handbüchern zugeordnet sind.

Bei Methode B sind folgende Fälle zu unterscheiden:

Standardunsicherheit oder Erweiterte Messunsicherheit bekannt

Liegen für die verwendeten Vorinformationen Schätzwerte mit einer erweiterten Messunsicherheit U und Informationen zum verwendeten Erweiterungsfaktor k vor, so ist der Erweiterungsfaktor k vor der Zusammenfassung zur kombinierten Standardunsicherheit u(y) in der Form

$$u(x_B) = \frac{U}{k} \quad \text{mit k = 2 bei Vertrauensniveau 95\%}$$

zu berücksichtigen.

- **Beispiel: Erweiterte Messunsicherheit U aus Kalibrierschein**
  Die Kalibrierunsicherheit wird im Prüfzertifikat für den Einstellmeister mit U = 1,6 µm angegeben.
  Damit ist $u_{kal} = \frac{U}{2} = \frac{1{,}6\mu m}{2} = 0{,}8\mu m$

Ermittlung der Standardunsicherheit aus Fehlergrenzwerten

Ist dies nicht bekannt, so ist die Standardunsicherheit aus den Fehlergrenzwerten folgendermaßen zu berechnen:

Voraussetzung für die Ermittlung von Standardunsicherheiten aus Grenzwerten ist die Kenntnis des Verteilungstyps. Typische Verteilungsformen für vorgegebene Grenzwerte enthält Abbildung 7.4-3. Für die angegebenen Verteilungsformen kann die Standardunsicherheit u des Schätzwertes, der innerhalb der geschätzten Grenzen liegt berechnet werden (Transformation der Fehlergrenzwerte).

Als Grenzwertbezeichnung wird $\pm a$ gewählt. Ohne besondere Hinweise ist die Rechteck-Verteilung als sicherste Variante anzusetzen.

$$u(x_B) = a \cdot b$$

a – Grenzwert (z.B. Fehlergrenzen der Prüfmittels)
b – Transformationskoeffizient

Es wird prinzipiell davon ausgegangen, dass die Fehlergrenzwerte der Überdeckungswahrscheinlichkeit von 95% entsprechen. Weicht bekanntermaßen die Überdeckungswahrscheinlichkeit der angegebenen Fehlergrenzen von P = 95% ab, so ist dies entsprechend umzurechnen.

Verteilung	Schema	Transformations-koeffizient b	Standardunsicherheit $u(x_B)$
Dreieckverteilung	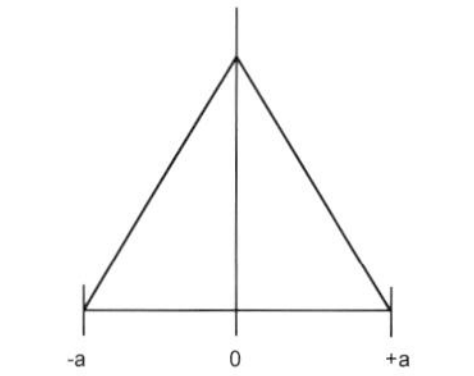	0,41	$u(x_B) = \frac{2a}{\sqrt{24}} = \frac{a}{\sqrt{6}} = 0{,}41 \cdot a$
Normalverteilung	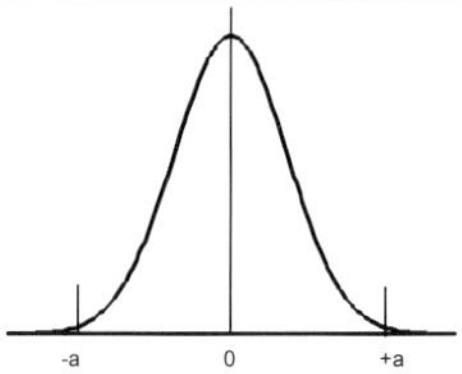	0,5	$u(x_B) = \frac{2a}{\sqrt{16}} = \frac{a}{2} = 0{,}5 \cdot a$
Rechteckverteilung	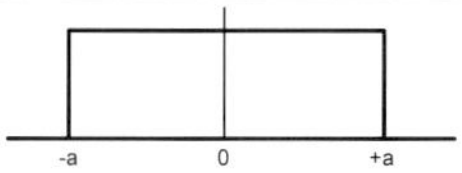	0,58	$u(x_B) = \frac{2a}{\sqrt{12}} = \frac{a}{\sqrt{3}} = 0{,}58 \cdot a$
U-Verteilung	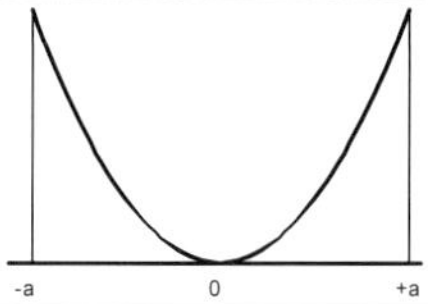	0,71	$u(x_B) = \frac{2a}{\sqrt{8}} = \frac{a}{\sqrt{2}} = 0{,}71 \cdot a$

Abbildung 7.4-3: Bestimmung von Standardunsicherheiten Typ B aus Fehlergrenzwerten

Fallbeispiele:

- **Standardmessunsicherheit für Auflösung u_{res}**
  Die Skalenteilung eines Messgerätes beträgt 1 µm. Zur Abschätzung der Standardmessunsicherheit wird die Rechteckverteilung verwendet.

  $$\text{Damit ist } u_{res} = \frac{1}{2} \cdot 0{,}58 \cdot \text{Auflösung} = \frac{1}{2} \cdot 0{,}58 \cdot 1\mu m = 0{,}29\mu m$$

- **Standardmessunsicherheit für systematische Messabweichung u_{sys}**
  Aus Wiederholungsmessungen an einem Referenzteil ergibt sich eine systematische Messabweichung Bi (Bias) von $Bi = \left|\bar{x}_g - x_m\right| = 1{,}5\mu m$. Zur Abschätzung der Standardmessunsicherheit wird die Rechteckverteilung verwendet.
  Damit kann die Standardmessunsicherheit u_{Bi} eingeschätzt werden

  mit $u_{Bi} = 0{,}58 \cdot 1{,}5\ \mu m = 0{,}87$

- **Standardmessunsicherheit für die Gerätestreuung u_g**
  Aus Wiederholungsmessungen an einem Referenzteil wird der Größt- (x_{max}) und Kleinstwert (x_{min}) bestimmt und daraus die Spannweite $R = x_{max} - x_{min} = 5{,}5\ \mu m$ berechnet. Die auszuwertenden Messwerte können als normalverteilt angesehen werden.

Damit kann die Gerätestreuung u_g abgeschätzt werden

$$\text{mit } u_g = 0{,}5 \cdot \frac{R}{2} = \frac{0{,}5 \cdot 5{,}5}{2} = 1{,}375\,\mu m$$

- **Standardmessunsicherheit für Standardmessmittel**

  Bei einem Standardmessmittel sind aus der Prüfmittelüberwachung die Fehlergrenzen (f_{ges}) bekannt. Damit wird die Standardmessunsicherheitskomponente über die Fehlergrenzen abgeschätzt. Die Fehlergrenze eines Feinzeigers (Gesamtabweichungsspanne) wird mit f_{ges} = 1,2 µm angegeben.

  Der Berechnung der Standardmessunsicherheit u_{pm} wird die Rechteckverteilung zugrunde gelegt. Damit ist

$$u_{pm} = 0{,}58 \cdot 1{,}2\,\mu m = 0{,}7\,\mu m$$

Hinweis:

Liegen keine konkreten Hinweise über die Verteilung vor, ist laut VDA 5 die Rechteckverteilung als sicherste Variante zu verwenden.

7.5 Wesentliche Standardunsicherheitskomponenten

Bei jedem Messprozess wirken Einflussfaktoren. Deren Auswirkung wird durch die jeweilige Standardmessunsicherheitskomponente $u(x_i)$ beschrieben. Die Einflussfaktoren lassen sich verallgemeinern. Das heißt, man kann eine Liste von typischen Einflussfaktoren aufstellen und für den jeweiligen Messprozess prüfen, ob ein Einflussfaktor eine Wirkung hat oder nicht. Dieser Sachverhalt kann (subjektiv) anhand von Überlegungen beurteilt oder (objektiv) durch konkrete Messungen belegt werden. Einige Einflussfaktoren lassen sich dem Prüfmittel zuordnen. Daraus ergibt sich die kombinierte Standardmessunsicherheit u_{pm}. Andere gehören zum Prüfprozess, wobei der Prüfprozess auch die Komponente des Prüfmittels beinhaltet. Die kombinierte Standardmessunsicherheit wird mit u_{pp} bezeichnet. Die Tabelle 7.5-1 enthält typische Einflussfaktoren und die zugeordnete Standardmessunsicherheitskomponente. Als Abkürzungen wurden die englischen Begriffe herangezogen.

		Typische Einflussfaktoren	Standardmessunsicherheits-komponenten		
Prüfprozess u_{pp}	Prüfmittel u_{pm}	• Normal / Referenzteil	u_{ref}	ref	= Reference
		• Auflösung	u_{res}	res	= Resolution
		• systematische Messabweichung	u_{Bi}	Bi	= Bias
		• Gerätestreuung (Messraum)	u_g	g	= Gauge
		• Gerätestreuung (Fertigung)	u_{EV}	EV	= Equipment Variation
		• Prüfobjekt	u_{pa}	pa	= Part
		• Bedienereinfluss	u_{AV}	AV	= Appraiser Variation
		• Linearität	u_{Lin}	Lin	= Linearity
		• Messbeständigkeit	u_{stab}	stab	= Stability
		• Temperatur	u_{temp}	temp	= Temperature
		• usw.			

Tabelle 7.5-1: Typische Einflussfaktoren und die zugeordnete Standardmessunsicherheitskomponente

Für die in Tabelle 7.5-1 dargestellten Einflussfaktoren wird im Folgenden aufgezeigt, wie für einen Einflussfaktor die dazu gehörende Standardmessunsicherheitskomponente bestimmt werden kann.

7.5.1 Standardmessunsicherheitskomponente u_{ref}

Die Unsicherheit des Normals bzw. eines Referenzteils wirkt sich erheblich auf den Messprozess aus. Die für die Einstellung bzw. kontinuierliche Überwachung eines Messgerätes erforderlichen Normale bzw. Referenzteile müssen kalibriert sein. Damit kann dem Kalibrierschein die Messunsicherheit U_{ref} entnommen werden. Die Messunsicherheit wird in der Regel mit einer Überdeckungswahrscheinlichkeit von P = 99% angegeben.

Damit ist k = 2 (s. Tabelle 15.1-4) und $u_{ref} = \frac{U_{ref}}{2}$.

Beispiel:

Für ein verwendetes Normal ist im Kalibrierschein die erweiterte Messunsicherheit u_{ref} mit u_{ref} = 1 µm angegeben. Mit k=2 ergibt sich die Standardmessunsicherheitskomponente u_{ref}:

$$u_{ref} = \frac{1\mu m}{2} = 0{,}5\mu m$$

7.5.2 Standardmessunsicherheitskomponente u_{res}

Jedes anzeigende Messgerät hat eine Auflösung, z.B. der Ziffernschritt bei einer digitalen Anzeige. Ist die Auflösung klein im Verhältnis zu der Toleranz, die mit dem Messprozess überprüft werden kann, ist deren Auswirkung vernachlässigbar. Das heißt, es wird die Standardmessunsicherheitskomponente für die Auflösung berechnet. Als Grenzwert hat sich 5% der Toleranz als sinnvoll erwiesen.

Beispiel:

Ein Messprozess hat die Toleranz T = 50 μm zu prüfen. Die Auflösung des verwendeten Messgeräts ist 1 μm.

$$\text{Auflösung (\%)} = \frac{1\mu m}{5\mu m} \cdot 100\%$$

$$\textbf{Auflösung (\%)} = 2\% \overset{!}{\leq} 5\%$$

Damit wird u_{res} nicht berechnet.

Wird der Grenzwert (5%) überschritten, das heißt die Auflösung ist größer als 5% der Toleranz, dann ergibt sich

$$u_{res} = \frac{\text{Auflösung} \cdot 0{,}58}{2}$$

Beispiel:

Bei einem Messprozess mit der Toleranz T = 10 μm und der Auflösung 1 μm ist:

$$\textbf{Auflösung (\%)} = \frac{1}{10} \cdot 100\% = 10\% \overset{!}{\geq} 5\%$$

Damit muss die Standardmessunsicherheitskomponente u_{res} für die Auflösung berücksichtigt werden.

$$u_{res} = \frac{1\mu m \cdot 0{,}58}{2} = 0{,}29\mu m$$

7.5.3 Standardmessunsicherheitskomponente u_{Bi}

Die systematische Messabweichung führt zu einem Versatz der gemessenen Werte. Dieser kann durch Wiederholungsmessungen an einem Normal bzw. einem kalibrierten Referenzteil ermittelt werden. Diese Messungen führt ein Bediener durch (mindestens 20) und hält die Messergebnisse fest. Dann wird der Mittelwert $\bar{x}_g$ bestimmt. Die systematische Messabweichung Bi (Bias) ergibt sich aus:

$$Bi = |\bar{x}_g - x_m| \qquad x_m = \text{Referenzteil}$$

Die Standardmessunsicherheitskomponente u_{Bi} ist nach Ermittlungsmethode B

$$u_{Bi} = Bi \cdot 0{,}58$$

Beispiel:

Aus Wiederholungsmessungen an einem Normal ergeben sich die in Tabelle 7.5-2 enthaltenen Messwerte. Diese sind in Abbildung 7.5-1 als Werteverlauf dargestellt.

x_i	x_i	x_i	x_i	x_i
6,001	6,001	6,001	6,002	6,002
6,002	6,001	6,000	6,002	6,000
6,001	6,000	6,001	6,002	5,999
6,001	5,999	6,002	6,002	6,002
6,002	6,001	6,002	6,000	6,002

Tabelle 7.5-2: Messwerte aus Wiederholungsmessungen an einem Normal

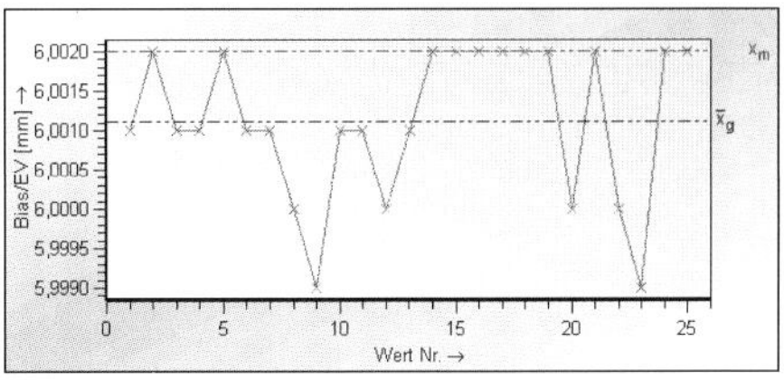

Abbildung 7.5-1: Werteverlauf

In der Abbildung 7.5-2 sind die Ergebnisse der Auswertung der Datensätze zusammengefasst.

Zeichnungswerte			Gemessene Werte			Statistische Werte		
x_m	=	6,00200				$\bar{x}_g$	=	6,00112
USG	=	---	$x_{min\,g}$	=	5,999	s_g	=	0,00097125
OSG	=	---	$x_{max\,g}$	=	6,002	$\lvert Bi\rvert = \lvert\bar{x}_g - x_m\rvert$	=	0,000880
T	=	---	R_g	=	0,003			
			n_{ges}	=	25	n_{eff}	=	25
Systematische Messabweichung (Bias)	=		u_{Bi} =	$Bi/\sqrt{3}$			=	0,000508

Abbildung 7.5-2: Standardmessunsicherheit u_{Bi}

7.5.4 Standardmessunsicherheitskomponente u_{pm} bei Standardprüfmittel

Handelt es sich um ein Standardmessmittel, dann ist aus dem Kalibrierschein die Fehlergrenze f_{ges} bekannt. Dann sind keine zusätzlichen Untersuchungen mehr erforderlich. Die Standardmessunsicherheitskomponente u_{pm} ergibt sich nach der Ermittlungsmethode B aus

$$u_{pm} = f_{ges} \cdot 0{,}58$$

Beispiel:

Für einen Feinzeiger wird im Kalibrierschein ein f_{ges} von 0,8 µm angegeben. Damit ist

$$u_{pm} = 0{,}8\mu m \cdot 0{,}58 = 0{,}464\mu m$$

7.5.5 Standardmessunsicherheitskomponente u_g

Jedes Messgerät unterliegt mehreren Einflussfaktoren, dadurch ergibt sich bei Wiederholungsmessungen eine Streuung. Bei der Gerätestreuung ist zu unterscheiden ob die Wiederholungsmessungen von einem Prüfer unter idealisierten Bedingungen (im Messraum und an einem Normal) oder ob die Messungen von mehreren Bedienern am Einsatzort und mit mehreren Prüfobjekten (Teilen) durchgeführt werden (Abschnitt 7.5.7). Die Auswirkungen können über die Standardmessunsicherheitskomponente u_g bzw. u_{EV} (EV = Equipment Variation) abgeschätzt werden.

Zur Bestimmung von u_g werden von einem Prüfer an einem Normal oder kalibrierten Referenzteil Wiederholungsmessungen (mindestens 20) temperiert durchgeführt. Aus der Messwertreihe kann die Standardabweichung s_g berechnet werden. Damit ergibt sich u_g aus (unter Annahme der Normalverteilung)

$$u_g = s_g \quad \text{bzw.} \quad u_g = \frac{R}{2} \cdot 0{,}5$$

Beispiel:

Es können die Messdaten zur Berechnung der systematischen Messabweichung (s. Tabelle 7.5-2) zugrunde gelegt werden. Die Standardabweichung s_g ist 0,00097 (s. Abbildung 7.5-1).

Damit ist $u_g = s_g = 0{,}00097$ bzw. $u_g = \frac{0{,}003}{2} \cdot 0{,}5 = 0{,}00075$.

7.5.6 Standardmessunsicherheitskomponente u_{EV}

Bei der Beurteilung in der Fertigung wirken mit Sicherheit weitere Einflüsse. Damit wird die Gerätestreuung größer sein. Um diese zu ermitteln, können in Analogie zu der Prüfmittelfähigkeitsuntersuchung nach Verfahren 2 oder 3 (s. Abschnitt 5.3) von z.B. drei Bedienern (r) an 10 Teilen (n) je zwei Messungen (k) durchgeführt werden. Die in Tabelle 7.5-3 enthaltenen Daten sind einem Fallbeispiel aus dem VDA Band 5 [52] entnommen und in Abbildung 7.5-3 grafisch dargestellt.

n	$x_{A;1}$	$x_{A;2}$	$x_{B;1}$	$x_{B;2}$	$x_{C;1}$	$x_{C;2}$
1	30,0054	30,0055	30,0057	30,0058	30,0058	30,0057
2	30,0056	30,0058	30,0059	30,0054	30,0057	30,0058
3	30,0053	30,0054	30,0055	30,0055	30,0056	30,0059
4	30,0041	30,0042	30,0043	30,0044	30,0045	30,0042
5	30,0051	30,0053	30,0055	30,0049	30,0052	30,0049
6	30,0050	30,0052	30,0054	30,0055	30,0055	30,0053
7	30,0049	30,0050	30,0049	30,0052	30,0051	30,0051
8	30,0053	30,0056	30,0057	30,0059	30,0058	30,0057
9	30,0054	30,0055	30,0056	30,0057	30,0054	30,0056
10	30,0057	30,0058	30,0059	30,0061	30,0057	30,0061

Tabelle 7.5-3: Messwerte zur Beurteilung des Prüfereinflusses

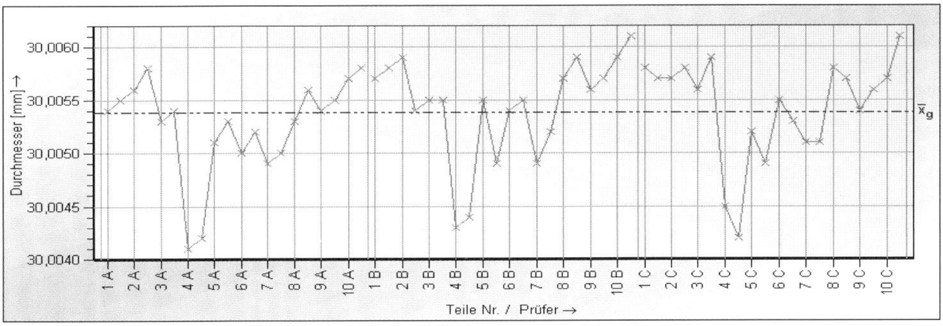

Abbildung 7.5-3: Werteverlauf nach Prüfer getrennt

Zur Bestimmung der Standardmessunsicherheitskomponente u_{EV} ist aus den Messwerten die Streuungskomponente des Geräts zu ermitteln. Dazu gibt es mehrere Berechnungsmethoden:

Spannweitenmethode $u_{EV} = \frac{1}{d_2^*} \cdot \overline{\overline{R}}$ d_2^* s. Tabelle 15.1-1

Differenzenmethode $u_{EV} = \overline{s}_\Delta / \sqrt{2}$ mit $\overline{s}_\Delta = \frac{1}{3}(s_{\Delta A} + s_{\Delta B} + s_{\Delta C})$

ANOVA-Methode u_{EV} = Standardabweichung Messgerät

Für die Messdaten aus Tabelle 7.5-3 und für die verschiedenen Berechnungsmethoden ergeben sich die in Abbildung 7.5-4, Abbildung 7.5-5 und Abbildung 7.5-6 dargestellten Ergebnisse:

Mittelwert aller Spannweiten	=	$\overline{\overline{R}}$	=	0,000190
		Faktor K_1	=	0,89
Wiederholpräzision	= u(EV) =	$EV = K_1 \cdot \overline{\overline{R}}$	=	0,000168
Spannweite der Mittelwerte der Teile	=	$\overline{x}_{diff}$	=	0,000185
		Faktor K_2	=	0,52
Vergleichspräzision	= u(AV) =	$AV = \sqrt{(K_2 \cdot \overline{x}_{diff})^2 - (EV/nr)^2}$	=	0,0000892

Abbildung 7.5-4: Spannweitenmethode

Mittlere Standardabweichung der Differenzen	=	$\overline{s_\Delta} = \sqrt{\frac{s_{\Delta A}^2 + s_{\Delta B}^2 + s_{\Delta C}^2}{m}}$	=	0,000228
Mittlere Standardabweichung	= u(EV) =	$\overline{s} = \overline{s_\Delta}/\sqrt{2}$	=	0,000161
Standardabweichung der Mittelwerte	= u(AV) =	$s_v = \sqrt{\frac{1}{m-1} \cdot \Sigma_{j=1}{}^{m} (\overline{x}_j - \overline{\overline{x}})^2}$	=	0,000104

Abbildung 7.5-5: Differenzenmethode

	Varianz	Standardabw.	
Wiederholpräzision	0,0000000245	0,000156	u_{EV}
Vergleichspräzision	0,00000000960	0,0000980	u_{AV}
Vertrauensniveau =	1-α	= 95,000%	

Abbildung 7.5-6: ANOVA Methode

Hinweis:

Die Differenzenmethode ist nur für zwei Wiederholungsmessungen pro Prüfer möglich.

7.5.7 Standardmessunsicherheitskomponente u_{AV}

Aufgrund der unterschiedlichen Bedienung von Messgeräten durch die Prüfer kann die daraus resultierende Messabweichung erheblich sein. Zur Abschätzung des Bedienereinflusses können von mehreren Bedienern (z.B. drei) an einem Normal bzw. Referenzteil jeweils mehrere Wiederholungsmessungen (mindestens 20) durchgeführt werden.

Die Tabelle 7.5-4 enthält die Messergebnisse dieser Untersuchung. Die Messdaten stammen von einem Fallbeispiel aus dem VDA Band 5 [52].

$x_{A;1}$	$x_{B;1}$	$x_{C;1}$
5,5	5,5	5,5
6,0	5,5	5,5
5,0	5,5	6,0
5,5	5,5	6,0
5,5	5,5	5,5
5,0	6,0	6,0
5,0	6,0	6,0
5,0	6,0	6,0
5,5	6,0	6,0
5,0	6,0	6,0
5,0	5,0	5,5
5,0	5,5	5,5
5,5	6,0	5,5
5,5	6,0	6,0
6,0	5,5	6,0
5,5	6,0	6,0
5,0	6,0	6,0
5,5	6,0	6,0
5,0	5,5	6,0
5,0	6,0	6,0

Tabelle 7.5-4: Wiederholungsmessungen mehrerer Prüfer

Für die Berechnung von u_{AV} stehen mehrere Berechnungsmethoden zur Verfügung. Zunächst wird für jeden Bediener der jeweilige Mittelwert $\overline{x}_A$, $\overline{x}_B$ und $\overline{x}_C$ berechnet.

Aus den Messwerten ergibt sich:

$$\bar{x}_A = 5{,}3 \qquad \bar{x}_B = 5{,}75 \qquad \bar{x}_C = 5{,}85 \qquad \Rightarrow \quad \bar{x}_{Diff} = 0{,}55 \quad \text{und} \quad s_{\bar{x}} = 0{,}29$$

Damit ergibt sich u_{AV} nach:

Spannweitenmethode

$$u_{AV} = AV = K_2 \cdot \bar{x}_{Diff}$$

mit $\bar{x}_{Diff}$ = Spannweite der Mittelwerte

$$u_{AV} = \bar{x}_{Diff} \cdot K_2 = 0{,}55 \cdot 0{,}52 = 0{,}285$$

mit K_2= 0,52 (s. Tabelle 15.1-4)

Standardabweichungsmethode

$$u_{AV} = s_{\bar{x}} = \sqrt{\frac{\sum_{i=1}^{3} (s_i - \bar{s})^2}{n-1}} = 0{,}29$$

Alternativ dazu kann der Bedienereinfluss auch aus Verfahren 2 (Abschnitt 7.3) gemäß der Prüfmittelfähigkeitsuntersuchung ermittelt werden. Dazu kann das Fallbeispiel (s. Tabelle 7.5-4) zur Bestimmung der Gerätestreuung herangezogen werden. Die Ergebnisse in Abhängigkeit der verschiedenen Berechnungsmethoden für u_{AV} sind in Abbildung 7.5-4, Abbildung 7.5-5 und Abbildung 7.5-6 dargestellt.

7.5.8 Standardmessunsicherheitskomponente u_{pa}

Die Streuung der Prüfobjekte (Teilestreuung) ist eine weitere Einflusskomponente, die auf Messprozesse wirkt. Aufgrund von Form- und/oder Oberflächenabweichungen entsteht bei Wiederholungsmessungen an ein und demselben Prüfobjekt eine Messabweichung, die in Form der Standardmessunsicherheitskomponente u_{pa} zu berücksichtigen ist. Je nach Werkstoff/Eigenschaften der Prüfobjekte können sich sogar diese mit der Zeit verändern (Elastizität, Viskosität, usw.). Um den Einfluss der Prüfobjekte zu bestimmen, führt ein Prüfer an einem Prüfobjekt mehrere Wiederholungsmessungen (mindestens 20) durch. Die aus der Messwertreihe ermittelte Standardabweichung entspricht der gesuchten Standardmessunsicherheitskomponente u_{pa}.

Beispiel:

An einem auf 20°C temperierten Flansch werden in einem klimatisierten Raum von einem Prüfer zwanzig Wiederholungsmessungen durchgeführt. Es ergeben sich die in Tabelle 7.5-5 enthaltenen Werte und der in Abbildung 7.5-7 gezeigte Werteverlauf. Das Zahlenbeispiel ist dem VDA Band 5 [52] entnommen.

x_i	x_i	x_i	x_i	x_i
5,5	7,0	7,5	6,5	7,0
7,5	6,0	7,0	5,5	6,5
6,5	6,0	6,5	6,5	5,0
8,0	7,0	7,5	8,0	7,0
8,0	8,0	5,5	7,5	6,5

Tabelle 7.5-5: Wiederholungsmessungen

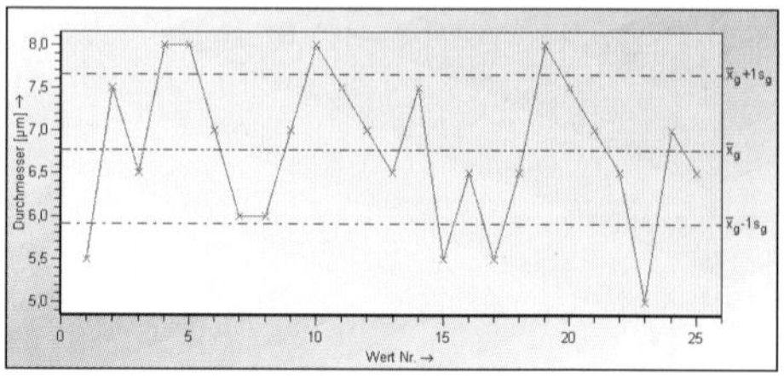

Abbildung 7.5-7: Werteverlauf

Die statistischen Kennwerte R_g und s_g aus dieser Messwertreihe sind in der Abbildung 7.5-8 dargestellt.

Gemessene Werte			Statistische Werte		
			$\bar{x}_g$	=	6,780
$x_{min\,g}$	=	5,0	s_g	=	0,86699
$x_{max\,g}$	=	8,0	R_g	=	3,0
n_{ges}	=	25	n_{eff}	=	25

Abbildung 7.5-8: Ergebnis

Als Schätzwert für u_{pa} können unterschiedliche Berechnungsformeln dienen:

nach Ermittlungsmethode B (Normalverteilung)

$$u_{pa} = \frac{R_g}{2} \cdot 0{,}5 = \frac{8{,}0 - 5{,}0}{2} \cdot 0{,}5 = 0{,}75$$

Spannweitenmethode

$$u_{pa} = \frac{R_g}{d_2^*} = \frac{3{,}0}{3{,}805} = 0{,}789$$

d_2^* s. Tabelle 15.1-1

Standardabweichungsmethode

$$u_{pa} = s_g = 0{,}8669$$

Hinweis:

Wird das Prüfobjekt bei dem Messprozess mehrfach gemessen, gilt:

$$u_{pa} = \frac{s_g}{\sqrt{n}}$$

mit n = Anzahl der Messungen

7.5.9 Standardmessunsicherheitskomponente u_{Lin}

Bei Messgeräten, die keine lineare Messverkörperung enthalten, ist der Einfluss aufgrund von Linearitätsabweichungen zu beachten. Die Beurteilung dieses Einflusses ist identisch mit der Betrachtung der systematischen Messabweichung. Allerdings werden die Untersuchungen an mehreren Stellen (Normale oder kalibrierte Referenzteile) durchgeführt. Dabei sollte das eine Normal in der Nähe der unteren Spezifikationsgrenze, das zweite in der Mitte der Toleranz und das dritte in der Nähe der oberen Toleranz liegen. Es können auch mehr als drei Normale verwendet werden. Allerdings erhöht sich dadurch der Aufwand. An jedem Normal werden Wiederholungsmessungen vorgenommen und die systematische Messabweichung Bi_i (Bi_1, Bi_2 und Bi_3) berechnet werden.

Dabei ist $Bi = \left|\overline{x}_{gi} - x_{mi}\right|$ mit i = 1,2,3. Das größte Bi (Bi_{max} = max {Bi_i}) wird zur Berechnung der Standardmessunsicherheitskomponente u_{Bi} herangezogen. Nach Ermittlungsmethode B ist:

$$u_{Bi} = Bi_{max} \cdot 0{,}58$$

Beispiel:

An drei Referenzteilen mit

x_{m1} = 30,0025 µm x_{m2} = 30,005 µm x_{m3} = 30,0076 µm

werden von einem Prüfer je zehn Wiederholungsmessungen durchgeführt. Die Ergebnisse enthält die Tabelle 7.5-6. Diese sind in Form eines Werteverlaufs (Abbildung 7.5-9) und eines Wertestrahls (Abbildung 7.5-10) gezeigt. Das Zahlenbeispiel ist dem VDA Band 5 entnommen.

n	$\overline{x}_{g\,Ref.}$	$x_{A;1}$	$x_{A;2}$	$x_{A;3}$	$x_{A;4}$	$x_{A;5}$	$x_{A;6}$	$x_{A;7}$	$x_{A;8}$	$x_{A;9}$	$x_{A;10}$	$\overline{x}_{gi}$
1	30,002500	30,0025	30,0024	30,0024	30,0023	30,0025	30,0024	30,0023	30,0023	30,0024	30,0024	30,00239
2	30,005000	30,0050	30,0051	30,0051	30,0050	30,0052	30,0051	30,0050	30,0051	30,0051	30,0052	30,00509
3	30,007600	30,0075	30,0075	30,0077	30,0075	30,0076	30,0076	30,0076	30,0075	30,0076	30,0076	30,00757

Tabelle 7.5-6: Messwerte Linearität

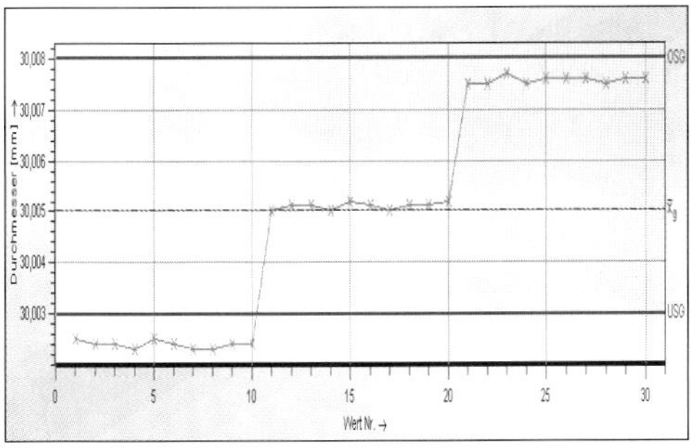

Abbildung 7.5-9: Werteverlauf

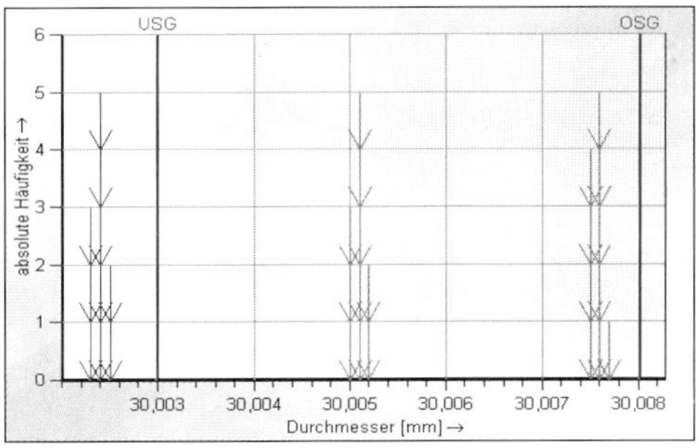

Abbildung 7.5-10: Wertestrahl

Die Mittelwerte aus den drei Messungen an den Referenzteilen sind in der Tabelle 7.5-6 angegeben. Daraus ergibt sich:

Bi_1 = 0,0011 µm Bi_2 = 0,00009 µm Bi_3 = 0,0003 µm

Damit ist Bi_1 die größte systematische Messabweichung. Aus dieser wird u_{Lin} nach Ermittlungsmethode B berechnet.

$$u_{Lin} = Bi_{max} \cdot 0{,}58 = 0{,}0011 \cdot 0{,}58 = 0{,}000635$$

7.5.10 Standardmessunsicherheitskomponente u_{Stab}

Eine Analyse des Messprozesses zum Zeitpunkt „x" lässt keine Rückschlüsse über sein Verhalten in der Zukunft zu. Daher muss die Messbeständigkeit eines Messprozesses kontinuierlich überprüft werden. In welchen Zeitabständen solche Betrachtungen stattfinden müssen, hängt von der Stabilität des Messprozesses ab und ist, wie in Abschnitt 3.5.4 beschrieben, zunächst zu untersuchen. Anschließend wird gemäß dem vorgegebenen Intervall ein Normal bzw. kalibriertes Referenzteil mit dem Messgerät ein- oder mehrmals gemessen. Dabei haben sich drei Wiederholungsmessungen als sinnvoll herausgestellt. Aus den Einzelwerten oder den Stichproben können statistische Kennwerte wie R_g und s_g berechnet werden. Diese dienen zur Abschätzung der Standardmessunsicherheitskomponente u_{Stab}.

Nach der Ermittlungsmethode B ergibt sich (Normalverteilung angenommen):

$$u_{Stab} = \frac{R_g}{2} \cdot 0{,}50$$

Wird die Gesamtstandardabweichung als Schätzer herangezogen, ist

$$u_{Stab} = s_g$$

Beispiel:

Die Tabelle 7.5-7 enthält Messdaten, die über einen längeren Zeitraum erfasst wurden. Bei jedem Zeitintervall wurde das Referenzteil dreimal gemessen und die Ergebnisse in Form einer Qualitätsregelkarte grafisch dargestellt (Abbildung 7.5-11).

i	x_i	i	x_i	i	x_i	i	x_i	i	x_i	i	x_i	i	x_i	i	x_i	i	x_i
1	6,002	4	6,004	7	6,003	10	6,003	13	6,002	16	6,000	19	6,001	22	6.001	25	6,000
2	6,001	5	6,004	8	6,002	11	6,001	14	6,001	17	6,001	20	6,001	23	6,002	26	6,000
3	6,001	6	6,003	9	6,002	12	6,004	15	6,002	18	5,999	21	6.000	24	6,002	27	6,001
i	x_i	i	x_i	i	x_i	i	x_i	i	x_i	i	x_i	i	x_i	i	x_i	i	x_i
28	6,004	31	6,002	34	6,003	37	6,002	40	6,002	43	6,004	46	6,003	49	6,002	52	6,002
29	6,004	32	6,001	35	6,001	38	6,001	41	6,000	44	6,003	47	6,002	50	6,002	53	6,002
30	6,003	33	6,002	36	6,001	39	6,002	42	6,001	45	6,003	48	6,001	51	6,000	54	6,002
i	x_i	i	x_i	i	x_i	i	x_i	i	x_i	i	x_i	i	x_i	i	x_i	i	x_i
55	6,001	58	6,003	61	6,004	64	6,002	67	6.004	70	6.005	73	6,002	76		79	
56	6,002	59	6,003	62	6,003	65	6,000	68	6,003	71	6,004	74	6,001	77		80	
57	6,001	60	6,002	63	6.004	66	6,001	69	6.002	72	6,004	75	6,001	78		81	

Tabelle 7.5-7: Messwerte für Messbeständigkeit

Aus der Messwertreihe ergibt sich $R_g = 0{,}5$ und $s_g = 1{,}32$

Damit ist nach der Ermittlungsmethode B $u_{Stab} = \frac{5}{2} \cdot 0{,}5 = 1{,}25$

und nach der Ermittlungsmethode A $u_{Stab} = s_g = 1{,}32$

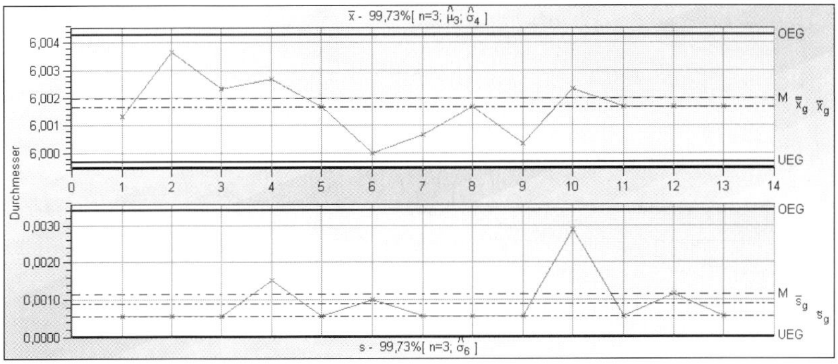

Abbildung 7.5-11: Qualitätsregelkarte

Hinweis:

Bei dieser Betrachtungsweise sind über die Zeit die meisten auf den Messprozess wirkenden Einflussfaktoren beinhaltet. Deren Auswirkungen sind in der erfassten Messwertreihe enthalten. Daher kann diese Untersuchung unter Umständen zur Beurteilung des gesamten Messprozesses herangezogen werden. Es ist nur noch zusätzlich die Unsicherheit des Normals bzw. kalibrierten Referenzteils zu berücksichtigen. Die kombinierte Standardmessunsicherheit des Prüfprozesses ist:

$$u_{pp} = \sqrt{u_{ref}^2 + u_{Stab}^2} \qquad \text{mit} \quad u_{ref} = \frac{U_{ref}}{2}$$

und U_{ref} = Messunsicherheit des Referenzteils aus dem Kalibrierschein.

7.6 Mehrfachberücksichtigung von Unsicherheitskomponenten

Je nachdem, welche Einflusskomponenten relevant sind, kann es sein, dass diese mehrfach bei der Berechnung der erweiterten Messunsicherheit zu berücksichtigen sind. Typische Beispiele:

1. Zur Bestimmung der Standardmessunsicherheit für den Objekteinfluss werden an einem temperierten Prüfobjekt mit einem Messgerät von einem Prüfer im Messraum Wiederholungsmessungen durchgeführt. Das Messgerät selbst hat natürlich eine Standardunsicherheitskomponente von u_g. Um den Objekteinfluss allein zu betrachten, muss die sich ergebende Gesamtstreuung um die Gerätestreuung u_{gesamt} reduziert werden. Damit ist

   $$u_{Obj} = \sqrt{u_{gesamt}^2 - u_g^2}$$

2. Die Auflösung ist quasi in jeder statistischen Kenngröße enthalten, die aus Messwertreihen berechnet werden. ist die Auflösung groß, wird z.B. bei Wiederholungsmessungen automatisch auch die Gerätestreuung größer (Abbildung 5.2-3 und Abbildung 5.2-4).

3. Bei der separaten Betrachtung der Prüfmittelspezifikation und Berechnung der Standardmessunsicherheit u_{pm} geht dies im VDA Band 5 [52] voll in den Prüfprozess mit ein, obwohl Komponenten daraus z.B. in u_{EV} oder u_{AV} enthalten sind.

Um die Berechnung der Kennzahlen nicht beliebig zu komplizieren, sollte auf diesen Sachverhalt zunächst keine Rücksicht genommen werden. Die einzelnen Standardunsicherheitskomponenten werden wie beschrieben berechnet und daraus durch die quadratische Addition u_{pm} bzw. u_{pp} gebildet. Wenn ein Prüfmittel oder der Prüfprozess dem Eignungsprozess nicht gerecht wird, können solche Überlegungen zur Verbesserung der Ergebnisse herangezogen werden.

7.7 Berücksichtigung der erweiterten Messunsicherheit an den Spezifikationsgrenzen

Gemäß DIN EN ISO 14253 [32] ist die erweiterte Messunsicherheit an den Spezifikationsgrenzen zu berücksichtigen. Dies kann linear (Abbildung 7.7-1) oder quadratisch (Abbildung 7.7-2) erfolgen.

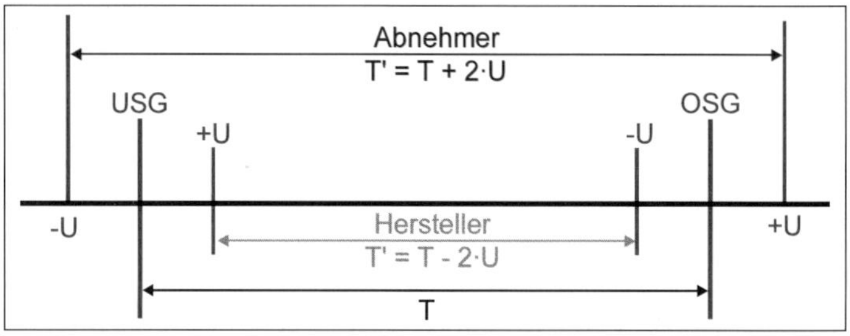

Abbildung 7.7-1: lineare Berücksichtigung an den Spezifikationsgrenzen

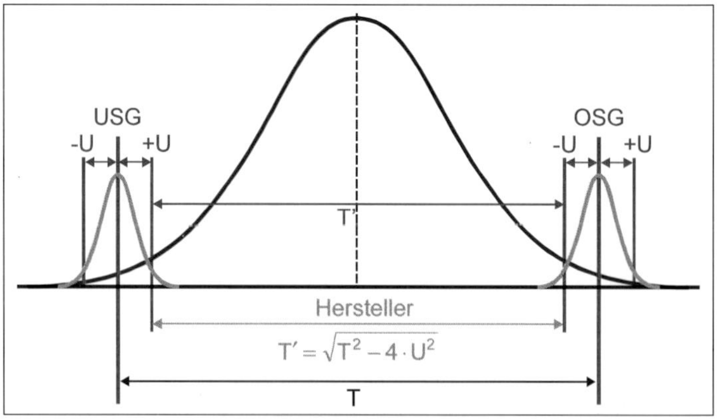

Abbildung 7.7-2: quadratische Berücksichtigung an den Spezifikationsgrenzen

Die lineare Berücksichtigung ist auf jeden Fall die schärfere Forderung, da der Toleranzbereich mehr eingeengt wird als bei der quadratischen Berücksichtigung. Dies führt insbesondere bei kleinen Toleranzen zu erheblichen Problemen. Allerdings kann die quadratische Berücksichtigung laut VDA 5 [52] nur unter bestimmten Voraussetzungen angewandt werden:

Im VDA Band 5 [52] ist nachzulesen:

„Voraussetzungen für die Anwendung dieser Methode sind:

- *Unabhängigkeit der quadratisch zu verknüpfenden Größen*
- *Zufälligkeit ihres Auftretens*
- *Normalverteilung, symmetrisch zur Toleranzmitte*

Die Einhaltung der Toleranz wird hinreichend zuverlässig dadurch garantiert, da die statistische Wahrscheinlichkeit für das Zusammentreffen maximaler Abweichungen des Einzelmesswertes und der maximalen Messunsicherheit gering ist, d.h. mit einer definierten statistischen Sicherheit werden keine Toleranzüberschreitungen auftreten. Die Messwerte liegen trotz ihrer Unsicherheit mit einer definierten statistischen Sicherheit in der Toleranz.“

7.8 Fallbeispiel: „Höhenmessung“

Die Ermittlung der erweiterten Standardunsicherheit soll anhand des folgenden Zahlenbeispiels erläutert werden.

1. **Beschreibung der Messaufgabe**

   Mit der in Abbildung 7.8-1 dargestellten Messvorrichtung soll die Ventilhöhe bestimmt werden. Die Toleranz beträgt laut Zeichnung 20μm.

2. **Angaben zum Prüfmittel und Normal**

   Langwegtaster der Firma Heidenhain
   Messbereich: 50 mm
   Auflösung: 0,1 μm
   Gesamtmessabweichung: 0,14 μm
   Kalibrierunsicherheit Parallelendmaß: U_{ref} = 0,5μm bei P = 95%

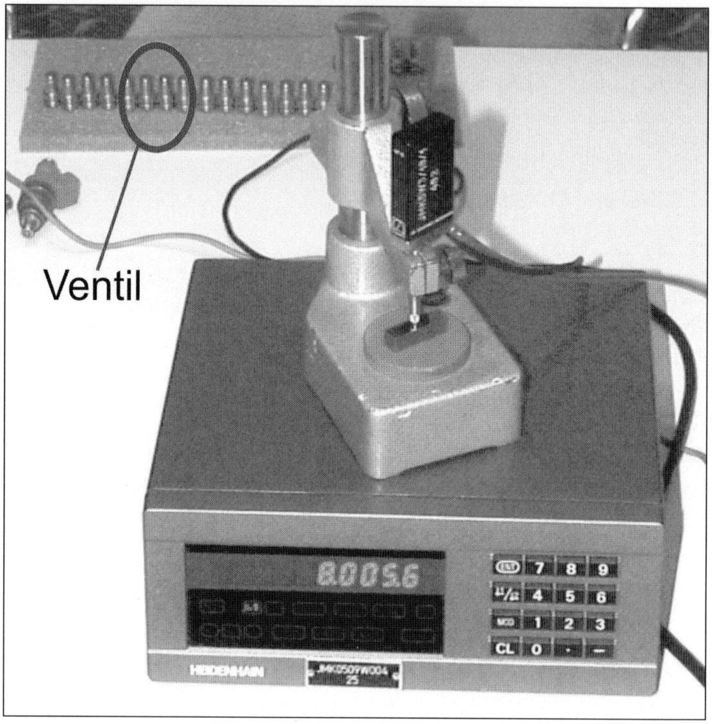

Abbildung 7.8-1: Messvorrichtung zur Bestimmung der Ventilhöhe

3. Nachweis der Prüfmittelspezifikation

Die Unsicherheitskomponenten sind:

- Auflösung u_{res} (Resolution)
- Kalibrierunsicherheit u_{ref} (Reference)
- Einstellvorgang u_{Bi} (Bias, systematische Messabweichung)
- Wiederholpräzision u_g (Equipment Variation)
- Linearitätsabweichung u_{Lin} (Linearity)

Damit ergibt sich das in Tabelle 7.8-1 dargestellte Unsicherheitsbudget „Prüfmittel“ u_{pm}.

Komponente	Methode	Verteilung	n	a	b	Formel	u_i	u_i^2
u_{res}	B	Rechteck	-	0,05	0,58	0.05 * 0,58	0,029	0,000841
u_{ref}		Normal	-	0,5		0,5 / 2	0,25	0,0625
*)u_{Bi}	A/B	Rechteck	25			Bi * 0,58	0,3494	0,1195084
*)u_g	A	Normal	25			s_g	0,172	0,029584
u_{Lin}	B	Rechteck	-	0,14	0,58	0,14 * 0,58	0,0812	0,0065934

Tabelle 7.8-1: Unsicherheitsbudget „Prüfmittel“

*) Die 25 Wiederholungsmessungen an dem Parallelendmaß (Tabelle 7.8-2) haben die systematische Messabweichung Bi = 0,596 µm und Streuung s_g = 0,17195 µm (Abbildung 7.8-2) ergeben. Der Werteverlauf der Messungen ist in Abbildung 7.8-3 dargestellt.

x_i	x_i	x_i	x_i	x_i
8,0003	8,0006	8,0005	8,0013	8,0007
8,0005	8,0005	8,0005	8,0007	8,0006
8,0005	8,0006	8,0006	8,0005	8,0005
8,0005	8,0006	8,0006	8,0005	8,0007
8,0006	8,0006	8,0007	8,0006	8,0006

Tabelle 7.8-2: Ergebnis Wiederholungsmessungen

Zeichnungswerte			Gemessene Werte			Statistische Werte		
x_m	=	8,000000				$\bar{x}_g$	=	8,000596
USG	=	7,9750	$x_{min\,g}$	=	8,0003	s_g	=	0,00017195
OSG	=	8,0250	$x_{max\,g}$	=	8,0013	$\lvert Bi \rvert = \lvert \bar{x}_g - x_m \rvert$	=	0,000596
T	=	0,0500	R_g	=	0,0010			
			n_{ges}	=	25	n_{eff}	=	25
Systematische Messabweichung (Bias)	=		$u_{Bi} = \frac{1}{2} Bi / \sqrt{3}$				=	0,000344

Abbildung 7.8-2: Statistische Kennwerte

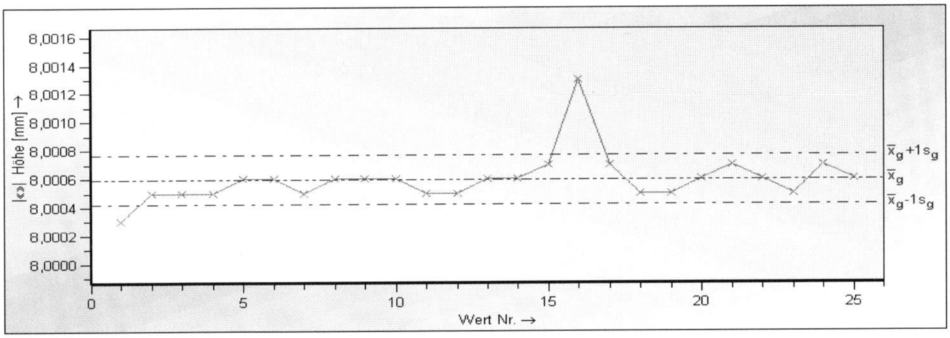

Abbildung 7.8-3: Werteverlauf

Kombinierte Standardmessunsicherheit Prüfmittel

Die kombinierte Standardmessunsicherheit u(y) wird aus allen nach Methode A und B ermittelten Unsicherheitskomponenten durch deren quadratische Addition ermittelt:

$$u_{pm}^2 = u_{res}^2 + u_{ref}^2 + u_{bi}^2 + u_{ev}^2 + u_{lin}^2 = 0{,}219$$

$$\text{und } u_{pm} = \sqrt{0{,}219} = 0{,}468 \mu m$$

Einhaltung der Prüfmittelspezifikation

Der Eignungsgrenzwert G_{pp} ist in dem Beispiel 0,2.

$$\frac{6 \cdot u_{pm}}{0{,}2} = \frac{6 \cdot 0{,}468}{0{,}2} = 14{,}04 \leq 20$$

Damit ist das Prüfmittel geeignet und der gesamte Prüfprozess wird analysiert.

4. Nachweis der Prüfprozesseignung

Erwartete Unsicherheitskomponenten für den Prüfprozess sind:

- Prüfmittelunsicherheit s. u_{pm} aus 3. Schritt
- Einfluss Messobjekt und Messaufbau,
- Bedienereinfluss wird als vernachlässigbar angenommen
- Temperatureinfluss u_{Temp} = 0,08 (Annahme)

Das Unsicherheitsbudget der „Prüfprozess" u_{pp} ist in Tabelle 7.8-3 zusammengefasst.

Kompo-nente	Methode	Verteilung	n	a μm	b	Formel	u_i μm	u_i^2
u_{pm}	s. 3. Schritt		-	-	-		0,468	0,2190
*) u_{EV}	A	Normal	25	-	-	Abbildung 7.8-4	0,469	0,21996
u_{Temp}	B	Rechteck	-	-	-		0,08	0,0064

Tabelle 7.8-3: Unsicherheitsbudget „Prüfprozess"

*) An 25 Prüfobjekten werden je zwei Wiederholungsmessungen durchgeführt. Die Messergebnisse sind in Tabelle 7.8-4 dargestellt. Mit der ANOVA-Analyse (Abbildung 7.8-4) kann die Standardmessunsicherheitskomponente u_{EV} abgeschätzt werden.

ANOVA Auswertung

	$\hat{\sigma}^2$	$\hat{\sigma}$	VB un 95%;	5.15 $\hat{\sigma}$	VB ob 95%;	%RF
EV	0.0000002200	0.0004690	0.001895	0.002416	0.003336	4.83
AV	---		---	---	---	---
IA	---	---	---	---	---	---
R&R	0.0000002200	0.0004690	0.001895	0.002416	0.003336	4.83
PV	0.0001005	0.01002	0.03446	0.05163	0.07760	103.27

Abbildung 7.8-4: Schätzer für Streuung aus ANOVA

$\mathbf{x_{A1}}$	21,310	21,313	21,323	21,319	21,323	21,328	21,307	21,317	21,293	21,330	21,308	21,320	21,325
$\mathbf{x_{A2}}$	21,311	21,313	21,323	21,319	21,324	21,329	21,307	21,318	21,293	21,331	21,308	21,319	21,325

$\mathbf{x_{A1}}$	21,307	21,294	21,311	21,306	21,327	21,319	21,306	21,324	21,306	21,313	21,309	21,307	
$\mathbf{x_{A2}}$	21,307	21,294	21,311	21,306	21,328	21,320	21,306	21,324	21,307	21,313	21,310	21,306	

Tabelle 7.8-4: Wiederholungsmessung an 25 Prüfobjekten

Kombinierte Standardmessunsicherheit des Prüfprozesses

Die kombinierte Standardunsicherheit u(y) wird aus allen nach Methode A und B ermittelten Unsicherheitskomponenten durch deren quadratische Addition bestimmt:

$$u_{pp}^2 = \sum_{i=n}^{n} u_i^2 = 0{,}4454$$

daraus folgt: $u_{pp} = 0{,}6674\ \mu m$

Erweiterte Messunsicherheit

$U = u_{pp} \cdot k$

Bei k = 2 (Tabelle 15.1-1) ergibt sich U = 0,6674 µm · 2 = 1,3347 µm (≈ 1,5 µm)

Einhaltung der Prüfprozessspezifikation

Der Eignungsgrenzwert G_{pp} beträgt 0,2 (Tabelle 15.1-2).

Die Forderung $\frac{2 \cdot U}{T} \leq G_{pp}$ ist erfüllt, da $\frac{2 \cdot 1{,}3347}{20} = 0{,}1334 \leq 0{,}2$ ist.

5. Auswirkungen auf die Grenzen der Übereinstimmung

Wenn keine Kenntnis über die Verteilung des Fertigungsprozesses vorliegt, hat der Hersteller des Bauteiles die Fertigungstoleranz von 20 µm linear auf 17 µm zu verringern, um sicherzustellen, dass keine Bauteile mit Toleranzüberschreitungen ausgeliefert werden.

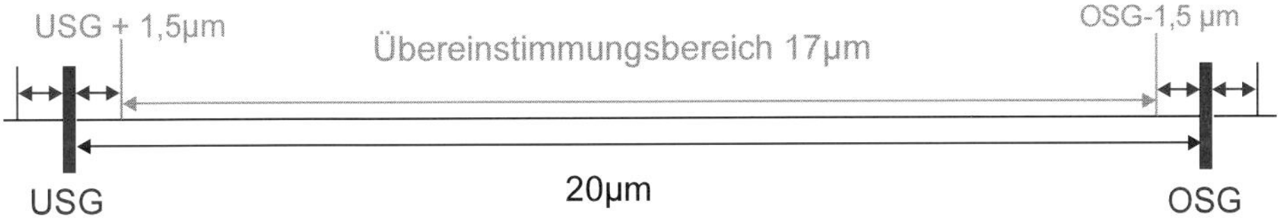

Abbildung 7.8-5: Erweiterte Messunsicherheit an den Spezifikationsgrenzen

Der Abnehmer kann nur Bauteile beanstanden, bei denen die um 2·1,5 µm erweiterten Toleranzgrenzen überschritten worden sind.

8 Messunsicherheit in Analogie zur Prüfmittelfähigkeit bestimmen

8.1 Vergleich der Verfahren

Bei der Bestimmung der Messunsicherheit lassen sich die jeweiligen Unsicherheitskomponenten in Analogie zur Vorgehensweise bei der Prüfmittelfähigkeitsuntersuchung bestimmen (Abbildung 8.1-1 und Abbildung 8.1-2). Je nach Messprozess kann die eine oder andere Einflussgröße signifikant sein, die bei der Ermittlung der Prüfmittelfähigkeit nicht bzw. unzureichend berücksichtigt wird. Diese kann einfach ergänzt werden (siehe u_x beim Prüfmittel bzw. u_y bei Prüfprozess in den jeweiligen Abbildungen).

Im VDA-Band 5 wird wie bei der Prüfmittelfähigkeitsuntersuchung zwischen der Unsicherheit des Messmittels (Abbildung 8.1-1, entspricht Verfahren 1) und der des gesamten Prüfprozesses (Abbildung 8.1-2, entspricht Verfahren 2) unterschieden. Durch diesen sinnvollen Zwischenschritt wird bereits in einer frühen Phase des Eignungsnachweises festgestellt, ob das Prüfmittel überhaupt für den Prüfprozess eingesetzt werden kann.

Der Vergleich zeigt, dass die Messunsicherheit für einen Messprozess genauso praktikabel ermittelt werden kann, wie beim Eignungsnachweis anhand der Prüfmittelfähigkeit. Die Unsicherheitskomponenten von eventuell fehlenden Einflussfaktoren sind zu ergänzen. Die weit verbreitete und bewährte Vorgehensweise der Prüfmittelfähigkeit kann so nahezu eins zu eins übertragen werden! Dadurch wird die Bestimmung der Messunsicherheit ebenfalls vereinheitlicht, formalisiert und die Ergebnisse vergleichbar. Es können sogar aus vorhandenen Daten der Prüfmittelfähigkeitsuntersuchungen die entsprechenden Schätzwerte für die Messunsicherheit abgeleitet werden. Diese Vorgehensweise ist umso wichtiger, da in den Firmen schon viele Datensätze zur Verfügung stehen.

Hinweise:

1. Die in Abbildung 8.1-1 und Abbildung 8.1-2 verwendeten Formeln sind exemplarisch zu verstehen. Andere Berechnungsformen sind ebenfalls möglich. So kann beispielsweise die Wiederholpräzision (EV – Equipment Variation), wie in Abschnitt 6 beschrieben, nach der ARM-, der Differenzen- oder ANOVA-Methode berechnet werden.
2. Um vergleichbare Ergebnisse zu erhalten, müssen die Berechnungsmethoden in Verfahrensanweisungen oder Richtlinien unbedingt festgehalten werden. Ähnlich wie bei der Prüfmittelfähigkeit gemäß des Leitfadens in Abschnitt 0.

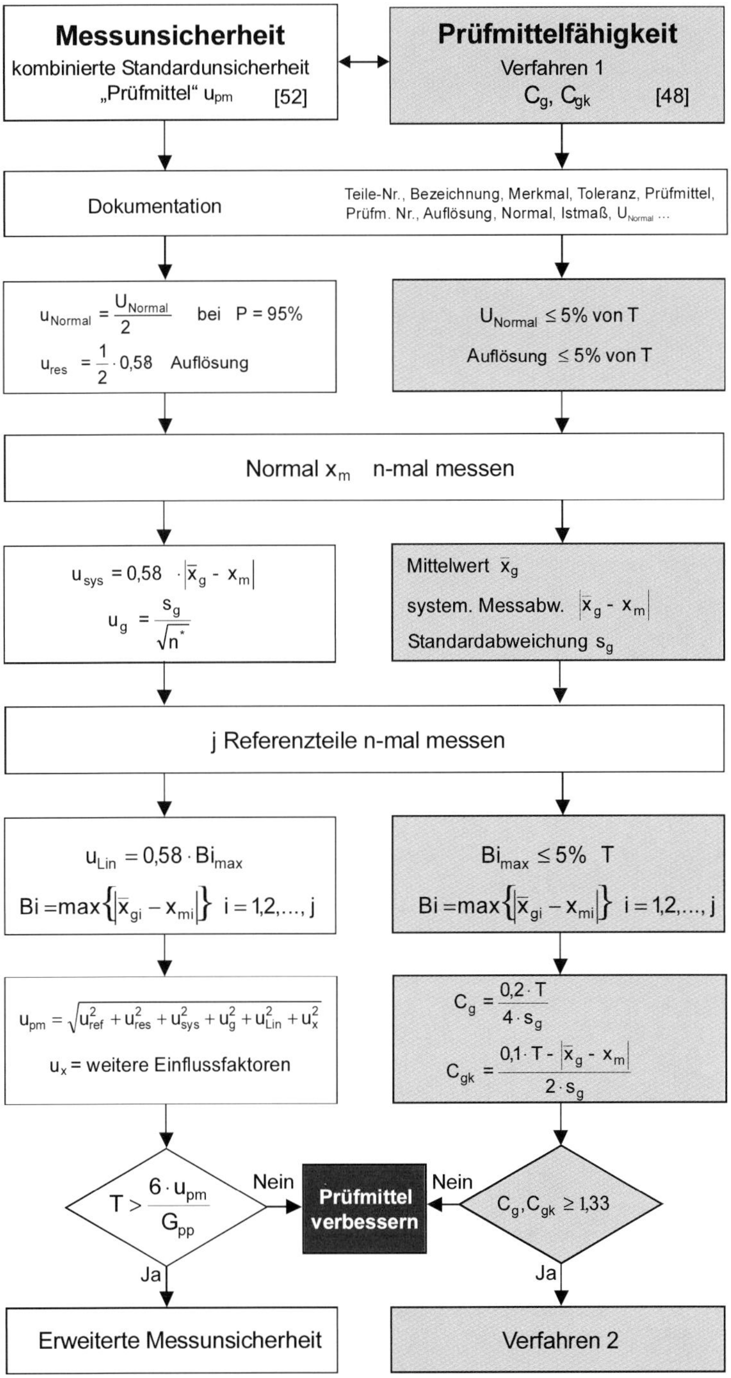

Abbildung 8.1-1: Kombinierte Standardunsicherheit u_{pm} im Vergleich zu Verfahren 1 (C_g, C_{gk})

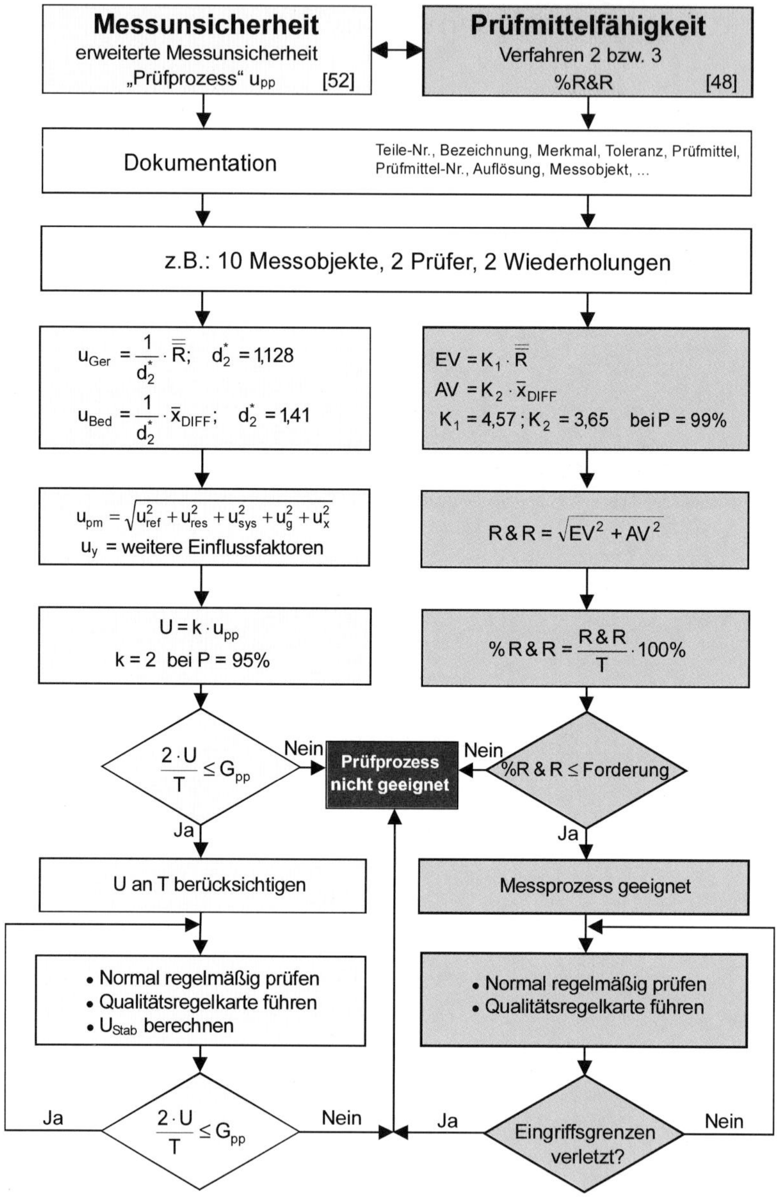

Abbildung 8.1-2: Kombinierte Standardunsicherheit u_{pp} im Vergleich zu Verfahren 2 (%R&R)

8.2 Messunsicherheit verwalten

Ist die erweiterte Messunsicherheit U bestimmt, kann diese, wie von der DIN EN ISO 14253 [31] gefordert, an den Spezifikationsgrenzen berücksichtigt werden. Gemäß VDA Band 5 [52] ist dies nicht erforderlich, wenn die Prozessfähigkeit P_{pk} bzw. C_{pk} den jeweiligen Forderungen genügt. Die Berücksichtigung der Messunsicherheit an den Spezifikationsgrenzen kann einerseits linear, was die schärfere Forderung darstellt, oder quadratisch berücksichtigt werden (s. Abschnitt 7.7). Letzteres ist nur zulässig, wenn der jeweilige Fertigungsprozess als normal verteilt angesehen werden kann, was im praktischen Einsatz ein erneuter Diskussionspunkt sein wird. Wie bei der Prüfmittelfähigkeit wird man sich zunächst auf die sichere Seite begeben und die lineare Schätzung wählen. Kann die geforderte minimale Messunsicherheit nicht erfüllt werden, müssen die Einflussfaktoren mit der größten Wirkung gefunden, und die negativen Auswirkungen durch sinnvolle Maßnahmen begrenzt werden.

Für die praktische Verwendung wirft die Messunsicherheit ein weiteres nicht unerhebliches Problem auf. Die Messunsicherheit muss für den jeweiligen Einsatz mitverwaltet werden, d.h. bei der Angabe von Spezifikationsgrenzen und der Verwendung des jeweiligen Prüfmittels muss die Messunsicherheit mit angegeben und beispielsweise in Werteverläufen berücksichtigt werden. Die Version der Software qs-STAT® ME 2.0 der Q-DAS® GmbH, Weinheim, erfüllt diese Forderung bereits.

9 Sonderfälle bei der Prüfprozesseignung

9.1 Was ist ein Sonderfall?

Im Prinzip können die in den vorangegangenen Abschnitten beschriebenen Verfahren und Vorgehensweisen auf alle Prüfmittel übertragen werden. Allerdings gibt es aufgrund technischer und wirtschaftlicher Kriterien Anwendungsfälle, für die dies nicht gilt bzw. nicht gelten kann. So kann beispielsweise bei einer zerstörenden Prüfung das Prüfobjekt nicht zweimal verwendet werden. Damit sind keine Wiederholungsmessungen möglich. Dies gilt auch, wenn sich das Normal mit der Zeit verändert. Bei einer Oberflächenmessung können zwar Wiederholungsmessungen durchgeführt werden, allerdings ist es mit einem taktilen Tastkopf nicht sinnvoll, an der gleichen Stelle zwei- oder mehrmals zu messen, da an der Oberfläche durch die vorangegangenen Messungen „Spuren“ hinterlässt und damit das Folgeergebnis beeinflusst. Diese Liste kann beliebig fortgesetzt werden. Das heißt, bei einigen Prüfprozessen können die Verfahren nur in modifizierter Form unter bestimmten Annahmen, Voraussetzungen oder unter Einschränkungen angewandt werden. Oft müssen auch die Grenzwerte für die Eignung der Prüfprozesse angepasst werden.

9.2 Typische Sonderfälle

Typische Prüfprozesse, die in diese Kategorien fallen, sind:

- Härteprüfung
- Oberflächenmessung
- optische Kompensatoren
- Drei-Koordinaten-Messgeräte als universelle Messgeräte
- Lecktester
- chemische Analysen
- Wuchtmaschinen
- dynamische Messung
- Formtest
- Kältetest
- Hitzetest
- Drehmoment, Winkel
- Klassier-, Zupaarungsvorgänge
- Partikelzählung, Kontaminationszahl
- Vollständigkeitskontrolle mit BV-Systemen
- Zerstörende Prüfungen
- Farbmesssysteme
- Durchflussmesssysteme
- Kraftmesssysteme, Federprüfgeräte (Hystereseprobleme)
- Drehmomenteinstell- und Messsysteme
- Schichtdicke, Wirbelstromprüfgeräte
- Formprüfgeräte bei kleinen Geometrien
- Lasermesssysteme (naturkonstante stabilisierte Wellenlänge)
- Überwachung, Kontrolle Wandlerkarten (z.B.: A/D,....)

Die oben aufgeführten Messsysteme und Messmittel müssen auf jeden Fall nach gültigen Normen und Richtlinien wie ISO, DIN, Britisch Standard, ASME, VDI, Herstellerrichtlinien usw. geprüft werden.

Hinweise:

1. An dieser Stelle sei ausdrücklich betont: „Der Begriff „Sonderfall" bedeutet nicht automatisch, dass die Standardverfahren nicht angewandt werden können".
2. In [49] sind für viele der o.g. Prüfprozesse Hilfestellungen für den Eignungsnachweis gegeben.
3. Die im VDA 5 [52] beschriebene Vorgehensweise bezieht sich ausschließlich auf Längenmaße.
4. Einige Firmenrichtlinien enthalten Hinweise und Annahmekriterien für diese Art von Messgeräten bzw. die Behandlung der daraus resultierenden Merkmalswerte (s. MRO von GM, in [11], bzw. EMS von GMPT, im Anhang.

10 Umgang mit nicht geeigneten Messprozessen

Unabhängig davon, ob es sich bei der Untersuchung eines Prüfprozesses um eine Prüfmittelfähigkeitsuntersuchung (MSA [1]) oder eine Beurteilung nach VDA 5 [52] (Messunsicherheit) handelt, kann das Ergebnis: „Prüfprozess nicht geeignet" sein. In diesem Fall muss der Prüfprozess verbessert werden. Dabei gilt es, die Auswirkungen der einzelnen Einflussgrößen näher zu betrachten.

10.1 Vorgehensweise zur Verbesserung von Prüfprozessen

Die Beurteilung eines Prüfprozesses erfolgt, wie in den vorangegangenen Abschnitten beschrieben, anhand unterschiedlicher Kennwerte wie %R&R oder 2U/T. Diese Kennwerte beurteilen letztendlich den gesamten Messprozess und lassen in dieser Form keinen Rückschluss auf einzelne Auswirkungen von Einflusskomponenten (s. Abbildung 1.1-4) zu. Betrachtet man allerdings Zwischenergebnisse, wie: RE, Bi, C_g, C_{gk}, u_{pm}, u_{pp}, AV, EV usw., so liefern diese wichtige Information zur Verbesserung von Messprozessen. Mit Hilfe der Zwischenergebnisse können Haupteinflusskomponenten wie:

- Unsicherheit Normal → U_{ref}
- Auflösung der Messgeräte → RE
- Systematische Messabweichung → Bi
- Wiederholpräzision → EV, s_g
- Vergleichspräzision → AV
- Linearität → Li
- Stabilität → S
- usw.

identifiziert werden. Mit diesem Wissen kann gezielter nach Ursachen gesucht werden. Ist beispielsweise die Vergleichspräzision im Verhältnis zu den anderen Kenngrößen sehr groß, deutet dies zunächst auf große Unterschiede zwischen den Bedienern hin. Damit sind beispielsweise folgende Abstellmaßnahmen zu treffen:

- bessere Einweisung der Bediener
- durch Hilfsvorrichtungen den Messprozess unabhängig vom Bediener gestalten (Abbildung 4.1-4)
- Abschirmung von Umgebungseinflüssen
- usw.

Auf diese Art und Weise lassen sich viele Messprozesse oftmals ohne großen Aufwand verbessern (s. Abschnitt 1.4).

In Abbildung 10.1-1 ist in Form eines Flussdiagramms eine Vorgehensweise vorgeschlagen, um die Schwachstellen gezielter finden zu können.

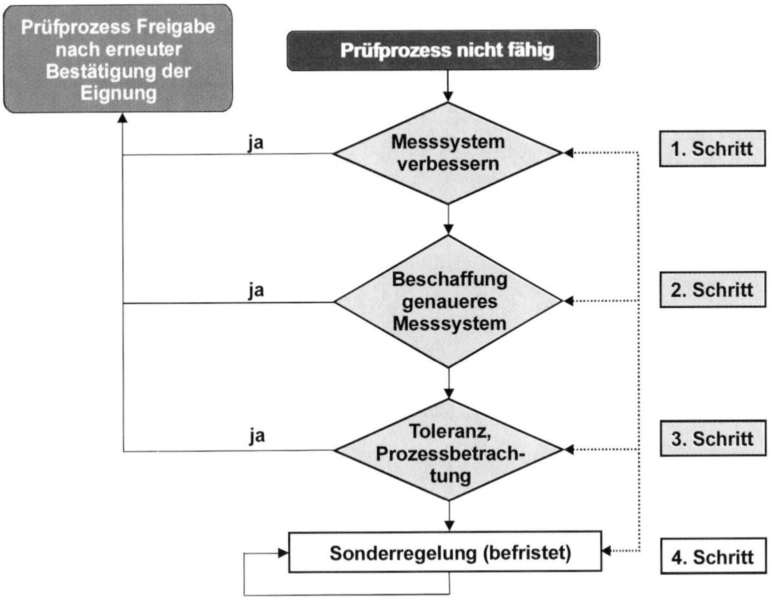

Abbildung 10.1-1: Vorgehensweise nicht geeignete Messprozesse

1. Schritt: Messsystem überprüfen, verbessern

- **Messabweichung, Einstellnormale**
  - Mess-, Spann-, Niederhaltekräfte
  - Messorte, Definition Messstellen
  - Aufnahmen, Fluchtung Prüfling, Messtaster
  - Antastelemente; Güte Einstellnormal(e)
  - Führungen, Reibung, Verschleiß
  - Positionierung, Verkippung Prüfling
  - Messablauf; Warmlaufphase, ...
- **Messverfahren, -strategie**
  - Bezugselement, Basis für Aufnahme
  - Messgeschwindigkeit, Einschwingzeiten
  - Mehrpunktmessungen bzw. Scannen anstatt Einzelmesswert, ...
  - Mittelwert aus Wiederholungsmessungen
  - Messtechnik-, Statistik-Software
  - Kalibrierkette, Einstellverfahren, ... (z.B. vor jeder Messung neu einstellen)
- **Umgebungsbedingungen**
  - Erschütterungen, Schwingungen
  - Staub, Ölnebel, Zugluft, Feuchtigkeit
  - Temperaturschwankungen
  - Elektrische Störungen, Spannungsspitzen
  - Energieschwankungen (Luft, Strom,..)

- **Prüfling**
  - Sauberkeit, Waschrückstände
  - Oberflächenbeschaffenheit, Grate
  - Formfehler, Bezugsbasis
  - Materialeigenschaften
  - Temperaturkoeffizient, ...
- **Bediener**
  - Eingewiesen, geschult
  - Sorgfalt, Handhabung
  - Sauberkeit, (Hautreste, Handfett,...)
  - Wärmeübertragung, ...

2. Schritt: Genaueres Messsystem beschaffen

- Auflösung < 5%
- Lineare Systeme einsetzen
- Absolut messende Systeme bevorzugen (digital inkremental anstatt analog induktiv)
- Robuste Messeinrichtung (Lagerungen, Führungen, Messhebel, Übertragungselemente,...)
- Bedienerunabhängige Messeinrichtung
- Neue (berührungslose) Messverfahren, ...

3. Schritt: Merkmals-, Toleranz-, Prozessbetrachtung

- Merkmal auf Funktionsabhängigkeit überprüfen (ggf. neues Merkmal definieren z.B. Dichtheit anstelle Rundheit)
- 100% verlesen mit reduzierten Toleranzen
- Messsystemstreuung von Toleranz abziehen
- Auswirkungen auf Prozessregelung und Prozessfähigkeit berücksichtigen
- Toleranz in Abstimmung mit Fertigungsplanung, Produktion, Qualitätssicherung, Entwicklung und Kunde anpassen: statistische Tolerierung; Toleranz und Prozessstreuung gegenüberstellen; Toleranzehrlichkeit!

4. Schritt: Sonderregelung

- Zusätzliche Absicherung (z.B. Stabilitätsüberwachung, zusätzlicher Regelkreis, genaueres Messmittel im Feinmessraum, Funktionsabsicherung, -überprüfung)
- Zeitlich befristete Sonderregelung in Abstimmung mit Messtechnikexperten, Fertigungsplanung, Produktion, Qualitätssicherung, Entwicklung und Kunde treffen
- Regelung z.B. jährlich neu bewerten gemäß Schritt 1 bis 4 und ggf. Regelung überarbeiten bzw. für weitere Zeitspanne bestätigen

Hinweis:

Gerade bei der Beschaffung eines Messgeräts ist immer der gesamte Messprozess zu beachten und zu beurteilen. Daher ist bereits bei der Bestellung die spezifische Aufgabenstellung in Form eines Lastenheftes zu spezifizieren und die Abnahme des Messprozesses gemäß einer vorgegebenen Richtlinie vorzuschreiben (s. Abschnitt 13 Beschaffung von Prüfmitteln).

11 Typische Fragen zur Prüfprozesseignung

11.1 Fragestellung

Die Eignungsnachweise sind in der Regel sehr zeitaufwendig und insbesondere bei einer großen Anzahl von Messsystemen nur bedingt vollständig durchführbar. Daher stellen sich in der Praxis folgende Fragen:

- Wann sind die Eignungsnachweise durchzuführen?
- Wie erfolgt eine Beurteilung von neuen Messsystemen?
- Wie erfolgt die Beurteilung von ähnlichen Messsystemen?
- Können Messgerätegruppen zusammengefasst werden?
- Wie häufig sind Eignungsnachweise durchzuführen?
- Sind für Standardmesssysteme Eignungsnachweise durchzuführen?
- Ist ein Eignungsnachweis bei zerstörender Prüfung möglich?
- Welche Annahmekriterien sind maßgebend?
- Welche Annahmekriterien können nicht eingehalten werden?
- Ist die Richtlinie des jeweiligen Abnehmers vollständig eingehalten?
- Wie ist bei „nicht fähigen" Messsystemen zu reagieren?

11.2 Antworten

Eine pauschale Antwort auf die oben gestellten Fragen ist nicht möglich. Im jeweiligen Fall sind immer die praktischen und technischen und wirtschaftlichen Rahmenbedingungen zu beachten. Abhängig hiervon lassen sich folgende Aussagen treffen:

- Eignungsnachweise sind prinzipiell bei allen kritischen und dokumentationspflichtigen Merkmal durchzuführen. Dies gilt insbesondere für enge Spezifikationsgrenzen. Werden Messverfahren verändert oder neue Messsysteme entwickelt, so ist deren Eignung ebenfalls nachzuweisen. Für Toleranzen kleiner 15 µm sind besondere Vorgehensweisen zu vereinbaren. Oftmals fehlen bei neuen Messsystemen geeignete Messverfahren oder Referenzgrößen für deren korrekte Beurteilung. Hier muss der Hersteller geeignete Überprüfungsmöglichkeiten erarbeiten und zur Verfügung stellen. Dazu sind qualifizierte Fachleute mit einzubeziehen und ggf. die PTB (Physikalische Technische Bundesanstalt) einzuschalten.

- Wenn unterschiedliche Messsysteme oder deren Komponenten für gleiche Messaufgaben verwendet werden, sollte exemplarisch die Vergleichbarkeit der einzelnen Messsysteme nachgewiesen werden. Hierfür kann das Verfahren 2 verwendet werden. Anstatt unterschiedlicher Bediener werden dann unterschiedliche Messsysteme von einem Bediener überprüft. Ist die Gesamtstreuung der Messsysteme ausreichend klein, kann davon ausgegangen werden, dass bei der jeweiligen Messaufgabe ein Messsystem aus der entsprechenden Gruppe ausgewählt werden kann. Eine solche Untersuchung ist exemplarisch durchzuführen und entsprechend zu dokumentieren. Durch die regelmäßige Qualifizierung wird sichergestellt, dass sich die einzelnen Messgeräte nicht signifikant verändern.

- Wie häufig Eignungsnachweise durchzuführen sind, hängt von dem Ergebnis der Untersuchung und von der Stabilität des Messsystems ab. Der Stabilitätsnachweis kann dann mit Hilfe des Verfahrens 1 ermittelt werden. Hinweise für die Häufigkeit der Stabilitätsprüfung finden Sie in Abschnitt 5.4. In der Regel werden häufige Überprüfungen auch erforderlich sein, wenn das Ergebnis des Eignungsnachweises nahe an dem Grenzwert liegen oder darüber hinaus gehen.

- Ein Eignungsnachweis für Standardmessmittel kann dann entfallen, wenn die zu erwartende Messunsicherheit ausreichend klein ist im Verhältnis zur Merkmalstoleranz. In der Regel befinden sich in einem Unternehmen sehr viele Messgeräte dieser Art. Allein aus wirtschaftlichen Gründen können nicht alle Geräte für den jeweiligen Einsatzfall untersucht werden. Ob weitere Standardmessmittel für die Messaufgaben geeignet sind, kann durch Einzelüberprüfungen oder Vergleichsmessungen (s.o. Messgerätegruppe) bestätigt werden.

- Bei einer zerstörenden Prüfung ist ein Eignungsnachweis in der Regel nicht möglich. Liegen keine Referenzmaterialien (Normale) vor, kann Verfahren 1 nicht angewandt werden. Verfahren 2 ist nur dann anwendbar, wenn von einem homogenen Material ausgegangen werden kann, so dass Wiederholungsmessungen an Originalteilen möglich sind. So könnten beispielsweise von einem Stück Draht, das als homogen angesehen wird, zwei Stücke getrennt und diese für die Untersuchungen herangezogen werden. Ob solche Annahmen zutreffend sind, ist im Einzelfall zu entscheiden. Das gleiche gilt auch für Härteprüfgeräte.

- Die Forderung der QS-9000 [1] für „geeignete Messsysteme" %R&R $\leq$ 10% ist für viele vorhandene Messsysteme nicht einhaltbar. Daher empfiehlt sich, diese Forderung nur auf neue Messverfahren anzuwenden, da ein Austausch vorhandener Messsysteme aus Kostengründen scheitert.

  Wird die Forderung %R&R $\leq$ 30% nicht eingehalten, sind die Qualifikationsintervalle zu verkürzen, die Häufigkeit der Stabilitätsprüfungen zu erhöhen und ggf. vor jeder Messung neu zu kalibrieren.

- Die Annahmekriterien sind, wie mehrfach erwähnt, in Firmenrichtlinien festgelegt. In der Regel findet man dort aber auch den Hinweis, dass andere Methoden und Grenzwerte akzeptiert werden, sofern der Kunde damit einverstanden ist. Von daher sollte insbesondere bei kritischen Messverfahren die Festlegung in Abstimmung mit dem Kunden individuell erfolgen. Diese Möglichkeit übersehen Auditoren häufig bei der Zertifizierung von QM-Systemen!

- Gerade der o.g. Hinweis erlaubt einem Unternehmen, seine eigene Verfahrensanweisung für die Vorgehensweise bei der Beurteilung von Messsystemen zu erstellen und umzusetzen, wenn man sich dabei an üblichen Standards orientiert. Einem Lieferanten, der mehrere Abnehmer bedient, wird allein aus wirtschaftlichen Gründen eine Verfahrensvielfalt nicht zuzumuten sein.

- Bei „nicht fähigen" Messsystemen gemäß der beschriebenen Verfahren und Annahmekriterien ist zunächst festzustellen, ob ein genaueres Messsystem eingesetzt werden kann. Sind keine Alternativen vorhanden, muss untersucht werden, ob o.g. Ursachen bei dem „nicht fähigen" Messsystem verbessert werden können. Wenn alle Verbesserungsversuche nicht erfolgreich sind, besteht die Möglichkeit, das Messsystem ohne statistische Auswertung anzunehmen. In diesem Fall wird die Wiederholbarkeit geprüft, indem ein Produktionsteil mindestens 25 mal, höchstens aber 50 mal gemessen wird. Wenn die maximale Spannweite der Messwerte nicht mehr als 15%

der Toleranz beträgt, ist das Messsystem zu akzeptieren. Auf jeden Fall ist es durch regelmäßige Stabilitätsuntersuchungen zu überwachen.

- Sind keine geeigneten Messsysteme vorhanden, können folgende temporäre Maßnahmen zur Aufrechterhaltung der Produktion ergriffen werden, bis eine langfristige Lösung gefunden wird:

  Eine allgemeine Methode zur täglichen Anwendung ist die mehrfache Überprüfung mit demselben Teil. Der Zufallseinfluss auf die Ergebnisse kann reduziert werden, wenn die Messungen mehrfach mit demselben Produktionsteil durchgeführt werden und anschließend der Mittelwert der Messungen gebildet wird. Das Messsystem muss vor jeder Messung des Produktionsteils kalibriert werden.

  Zusätzliche, genauere Messmittel können ergänzend zu dem Messsystem verwendet werden. So könnten z.B. Formtoleranzen wie Rundheit, Geradheit, Parallelität usw. zusätzlich mit Messmitteln, die in klimatisierten Räumen aufgestellt sind, überprüft werden.

Die ergriffenen Maßnahmen sind immer in der entsprechenden Prüfanweisung aufzunehmen und in regelmäßigen Abständen neu zu bewerten. Neue Erkenntnisse und Fortschritte in der Messtechnik lösen oftmals vorhandene Probleme.

12 Eignungsnachweis bei der Sichtprüfung

12.1 Anforderungen an die Sichtprüfung

Grundsätzlich gelten die gleichen Voraussetzungen am Arbeitsplatz wie bei attributiven Prüfprozessen. Allerdings ist der subjektive Einfluss bei dieser Art der Prüfung sehr hoch. Daher sind Rahmenbedingungen zu schaffen, um die Auswirkungen so weit wie möglich in Grenzen zu halten. Dabei ist größter Wert auf die kontinuierliche Qualifikation der Prüfer zu legen.

Besonderer Wert ist hier auf die richtige Beleuchtung (Beleuchtungsrichtung, Lichtstärke und Ausleuchtung des Prüfobjektes) zu legen (s. hierzu auch DIN 5035 M1 und 2).

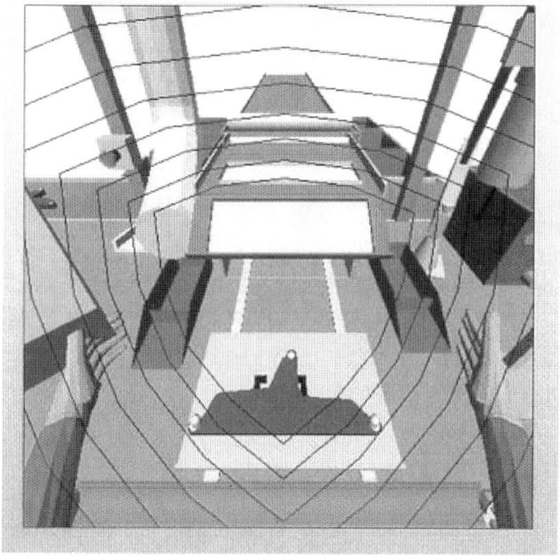

Abbildung 12.1-1: Ausleuchtung des Prüfplatzes

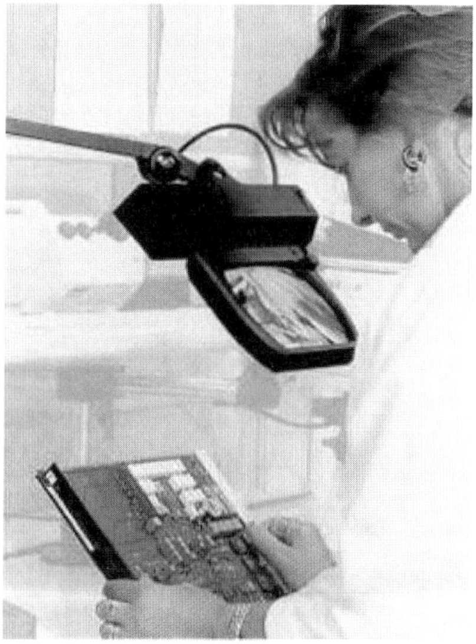

Abbildung 12.1-2: Leuchtlupe

Um Verwechslungen von guten und fehlerhaften Teilen zu vermeiden, ist ein klarer logistischer Materialfluss mit eindeutig gekennzeichneten Ablagen der einzelnen Fehlerklassen zu gewährleisten. Für die Prüfpersonen sind zu Schulungs- und Übungszwecken eindeutig definierte Musterteile, Grenzmuster oder falls nicht möglich Fotos der einzelnen Fehler mit klaren Hinweisen am Arbeitsplatz bereitzustellen.

Weiterhin ist zu bedenken, dass jeder Sichtprüfer nicht ständig gleichbleibend gut prüfen kann. Das Auge ermüdet und die Konzentration kann zwischenzeitlich nachlassen. Aufgrund dessen ist mit nicht entdeckten Fehlern zu rechnen, d. h. ein „natürlicher menschlicher“ Schlupf ist, wie auch zahlreiche wissenschaftliche Untersuchungen belegen, immer vorhanden. Um diesen möglichst niedrig zu halten, sind sogenannte Sichtprüf- und Erholungspausen sowie Wiederholungstrainings für die Sichtprüfer einzuplanen. Ebenso eine regelmäßige augenärztliche Überprüfung des Sehvermögens vorzusehen.

12.2 Eignungstest für Sichtprüfer

Voraussetzung für den Test eines Sichtprüfers ist eine intensive Einweisung und Schulung mit Übung durch einen erfahrenen Sichtprüfer. Die folgende Auflistung enthält einen Vorschlag, wie ein solcher Test aussehen kann:

- In einer repräsentativen Anzahl von Gutteilen sind die zuvor festgelegten fehlerbehafteten Teile unterzumischen und von der Testperson zu prüfen.
- Die Anzahl der fehlerhaften Teile ist zu verändern (auch Null ist möglich) und mit Gutteilen aufzufüllen. Die Prüfung ist erneut durchzuführen.
- Stehen keine geeigneten fehlerhaften Teile zur Verfügung, so sind über einen signifikanten Zeitraum die Prüfergebnisse in unmittelbarer Reihenfolge von einem erfahrenen Prüfer zu kontrollieren.
- Der Prüfer gilt als geeignet (Arbeitsplatz-Führerschein wird erteilt), wenn er alle fehlerhaften und alle guten Teile eindeutig erkennt und getrennt nach Fehlern ablegen kann.
- Bei nicht bestandenen Eignungstest können folgende Maßnahmen ergriffen werden:
    - Intensivere Einweisung, Schulung mit Übung durch erfahrenen Sichtprüfer.
    - Verbesserungen der Prüfbedingungen (Lichtverhältnisse, Kontrastverbesserung durch Beleuchtungsmethode, Monotonie durch kurze Pausen oder andere Tätigkeit unterbrechen,...)
    - Einsatz von Prüfhilfsmittel (Leuchtlupe, Stereomikroskop,...)
    - Bei kritischen Sichtprüfarbeitsgängen (Dichtungsringe,...) kann das Problem des „menschlichen Schlupfes“ dadurch vermindert werden, dass zur Erhöhung der Sicherheit ein weiterer Sichtprüfer die Teile nochmals prüft, oder falls möglich, ist die Sichtprüfung zu objektivieren, z.B. durch Bildverarbeitungs-, oder Laser-Systeme...

Der Eignungstest der Prüfer muss in regelmäßigen Abständen wiederholt werden.

Dokumentation der Prüfergebnisse

Zur Dokumentation von Sichtprüfungsergebnissen sind attributive Qualitätsregelkarten oder Fehlersammelkarten vorzusehen.

Bei relativ großem Fehleranteil genügt ein geringer Prüfumfang um Fehler zu entdecken. Dagegen muss bei geringem Fehleranteil der Prüfumfang sehr hoch gewählt werden, um noch zu einer statistisch sicheren Aussagen zu gelangen. In vielen Fällen ergibt sich dann eine 100%-Sichtprüfung.

Die Abbildung 12.2-2 zeigt das Ergebnis einer Sichtprüfung. In der Abbildung 12.2-1 ist exemplarisch ein Leerformular zur Dokumentation der Ergebnisse dargestellt.

Q-DAS®	**Eignungsnachweis für Sichtprüfung**	Seite:

Teile Bezeichnung:______________________ Teile Nr.:______________________

Änderungsdatum:______________________

Bereich:______________________ Werkstatt:______________________

Arbeitsgang Bez.:______________________ Arbeitsgang Nr.:______________________

Prüfmittel Bez.:______________________ Trainer (Name/Nr.):______________________

Prüfmittel Nr.:______________________ Prüfer (Name/Nr.):______________________

Prüfbedingungen:____

Bemerkungen:____

____

Merkmal Nr./Code	**Sichtprüf-Merkmale Bezeichnung**	**Anzahl Vorhanden**	**Anzahl Gefunden**	**Ergebnis**

Anzahl Prüflinge gesamt	**Anzahl i.O.-Prüflinge vorhanden**	**Anzahl i.O.-Prüflinge gefunden**	**Ergebnis**
St. / 100 %	**St. / %**	**St. / %**	

Prüfdauer:______________von:__________bis: ____________am: ___________

Sichtprüfung geeignet: ☐ ja ☐ nein → Maßnahmen: ______________

____

Datum:________Abteilung:________Name:__________________Unterschrift:____________

Abbildung 12.2-1: Leerformular für eine Sichtprüfung

Q-DAS®	**Eignungsnachweis für Sichtprüfung**	Seite:

Teile Bezeichnung: Ventilgehäuse
Teile Nr.: 2 356 813 200
Änderungsdatum: 22.04.98
Bereich: Produktion Ventile
Werkstatt: Teilefertigung 4
Arbeitsgang Bez.: Sichtprüfung
Arbeitsgang Nr.: 2735
Prüfmittel Bez.: Leuchtlupe
Trainer (Name/Nr.): Fr. Schmidt
Prüfmittel Nr.: OLL125W14
Prüfer (Name/Nr.): Fr. Müller
Prüfbedingungen: Prüflinge vor der Sichtprüfung gereinigt und getrocknet
Bemerkungen: Fr. Müller wurde 1 Woche (09.05.-14.05.00) von Fr. Schmidt trainiert
Nach 2 h Sichtprüfung je 10 min Erholungszeit

Merkmal Nr./Code	Sichtprüf-Merkmale Bezeichnung	Anzahl Vorhanden	Anzahl Gefunden	Ergebnis
01/S3GR	**Grate an Bohrungs-Oberkante**	**10**	**10**	**i.O.**
02/S3GR	**Grate an Bohrungs-Verschneidung**	**17**	**17**	**i.O.**
06/S3KO	**Korrosion in Bohrung**	**3**	**3**	**i.O.**
09/S3RI	**Riefen in Bohrung**	**12**	**12**	**i.O.**
11/S3AG	**Allgemeine Beschädigung**	**1**	**1**	**i.O.**

Anzahl Prüflinge gesamt	Anzahl i.O.-Prüflinge vorhanden	Anzahl i.O.-Prüflinge gefunden	Ergebnis
2500 St. / 100 %	**2480 St. / 99,2 %**	**2480 St. / 99,2 %**	**i.O.**

Prüfdauer: 1 Tag von: 7:00 bis: 14:00 am: 17.05.2000

Sichtprüfung geeignet: [x] ja [ ] nein → Maßnahmen:

Datum: 17.05.2000 Abteilung: PROD 4 Name: Meyer Unterschrift: *Meyer*

Abbildung 12.2-2: Fallbeispiel Sichtprüfung

13 Beschaffung von Prüfmitteln

Bereits bei der Beschaffung eines Prüfmittels ist größter Wert darauf zu legen, dass es für den späteren Einsatz bei einer konkreten Messaufgabe geeignet ist. Daher sind die Anforderungen genau zu spezifizieren und die Abnahmemodalitäten festzulegen. Eine exakte Abstimmung zwischen Kunde und Lieferant bereits in der Angebots- und Bestellphase vermeidet spätere Irritationen.

Im Folgenden sind einige Punkte aufgeführt, die bei der Prüfmittelbeschaffung berücksichtigt werden sollten:

- Umfassende Beschreibung der Messaufgabe samt Umfeld und Einsatzbedingungen (s. Abbildung 13.1-1).
- Bedarfsermittlung und Abgleich mit Bestand vorhandener Prüfmittel.
- Lastenhefterstellung mit allen erforderlichen Eigenschaften und Leistungsdaten als wichtigste Grundlage für den zu vergebenden Auftrag (siehe Abbildung 13.2-1).

  Hinweis: Nach Möglichkeit sollte nicht nur ein Messgerät bestellt werden, sondern eine Gesamtlösung der Messaufgabe(n), unter Berücksichtigung der Teilevielfalt und Einsatzbedingungen. Damit werden Unklarheiten und Schnittstellenprobleme weitestgehend vermieden und Verantwortlichkeiten eindeutig festgelegt.
- Machbarkeitsstudie ggf. mit Messsystemanalysen durchführen. Wichtig ist dabei, dass alle Varianten, auch Chargenunterschiede miteinbezogen werden.
- Angebotseinholung u. -bewertung mit Auswahl des Lieferanten bzw. Prüfmittels.
- Vorabnahme planen, Teilespektrum mit Chargentypen vorbereiten und rechtzeitig bereitstellen.
- Eingangsprüfung bzw. Endabnahme ggf. Erstkalibrierung durchführen; auf lückenloser Dokumentation mit Bedienerhandbuch usw. achten. Überwachung (Prüfmittelkartei aktualisieren, Überprüfmethode(n) und Qualifikationsintervalle in der Prüfmittelüberwachung festlegen.
- Bediener einweisen, schulen mit Erfolgskontrolle und geplanter Wiederholungsschulung.
- Service hinsichtlich der Wiederverfügbarkeit der Anlage nach Ausfall planen (Online Service, 24 h-Service o.ä. mit entsprechenden Reaktionszeiten).
- Bei bisher noch nicht eingesetzten unbekannten Prüfgeräten, insbesondere bei Neuentwicklungen, und völlig neuen Prüfverfahren (z. B. Scanningverfahren anstatt Punktantastung oder optischer anstatt taktiler Antastung, etc. ...) ist eine Grundsatzuntersuchung über einen signifikanten Zeitraum unbedingt durchzuführen.

13.1 Beispiel für Messaufgabenbeschreibung

1. Erzeugnis: .... **Teil:** .... **Zeich.-Nr.:** .... **Änd.-Std.:** ....

Werk: .... **Abteilung:** .... **Name:** .... **Telefon:** ....

Projekt-Nr.: .... **Auftr.-Nr.:** .... **Kosten:** .... **Termin:** ....

2. *Messaufgabe (Kurz-Bezeichnung):*

3. *Funktion, die mit Messaufgabe abgesichert werden soll:*

4. *Zielsetzung des Projektes (Qualität, Ratio, Verbesserung, ...)*

5. *Beschreibung der Messaufgabe:*

6. Ist–Zustand:

8. Soll–Zustand:

8. Skizze, Zeichnung: ☐ Zeichnung als Anhang beigefügt
☐ Prüfmerkmale gekennzeichnet

*Bei mehreren Zeichnungen **Typ-Spektrum** zusammenstellen.*
*Übersicht über **Nennmaß- und Toleranz-Bereiche** erstellen.*
*Zusammenhang **Prüfmerkmale/Prozessparameter** darstellen.*

***Zusätzliche Informationen** ergänzen:*

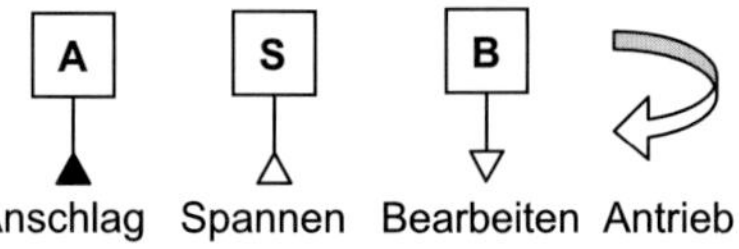

9. Prüfart:

Zulässige Prüfzeit:

Standzeit Werkzeug:

Anzahl Maschinen:

Maschinen-Takt:

Darstellung (Zahl, Grafik,...):

Prüfumfang/-häufigkeit:

Prüfumgebung:

Abrichtzyklus:

Maschinenbedienung:

Arbeitsgang-Bezeichnung:

Auswertung:

***10. Sonstige Angaben** (z.B. Bearbeitungsprobleme; nio-Prozesszustände, die abgesichert werden sollen):*

Abbildung 13.1-1: Formblatt: Beschreibung der Prüfaufgabe

13.2 Beispiel für Lastenheft

1. **Erzeugnis / Teil:** (Typspektrum / Maßfamilien)
2. **Zeichnungen / Änderungsstand:**
3. **Prüfmerkmale, Toleranzen:**
4. **Prüfzeiten, Taktzeiten:**
5. **Prüfbedingungen:** (Prüfpunkte, Prüf-, Spannkräfte; Zustand der Prüfteile,...)
6. **Aufnahme-Basis:** (Basis für Anschlag und Spannen des Prüflings)
7. **Umgebungsbedingungen:** (Temperatur, Schwingungen, ...)
8. **Messablauf, Bedienbarkeit, Bedienerführung, Klartextmeldungen** :
9. **Abnahmekriterien:**
   a. C_{gm}/C_{gmk} **≥ 1,33** Einstellnormal(e) 25x gemessen
   b. **%R&R** **≤ 20%** 25 Serienteile 2x gemessen
   c. Nachweis der **Langzeitstabilität** der C_g/C_{gk}- sowie **%R&R**-Analyse über 5 Arbeitstage

   Linearität muss vom Hersteller angegeben werden.
10. **Kalibrierung, Einstellnormale, Rückführbarkeit,** zu verwendete **Normen/ Richtlinien:**
11. **Nachvollziehbarkeit** (Berechnungsalgorithmen, Ergebnisse, Parameter...) müssen vom Hersteller in klar verständlicher Form dokumentiert werden.
12. **Typwechsel, Umrüstbedingungen:** ohne bzw. Einfachst-, und Schnell-Umrüsten kleiner ... min. muss vom Hersteller sichergestellt sein.
13. **Schnittstellen** (Datenbeschreibung, Protokoll, Netzwerkanschluss):
14. **Auswertungen, Statistik, Beschreibung Auswertealgorithmen:**
15. **Schulung, Einweisung:**
16. **Dokumentationen:** (Hard- , Software, Bedienungsanleitung, Kurzanleitung...)
17. **Konformitätserklärung, CE-Zeichen:** Muss vom Hersteller geliefert werden.
18. **Inbetriebnahme:**
19. **Allgemeines** (Magnetisierung, Sauberkeit, Beschädigungsgefahren,...):
20. **Ersatzteilliste, Bezeichnung, Lieferbedingungen:**
21. **Service-, Reparaturfreundlichkeit:** Muss vom Hersteller sichergestellt werden.
22. **Garantie, Gewährleistung:**
23. **Sonstiges:**

Erstellt von:
Abtl.: .... Name: .... Tel./Fax:.................Datum/Unterschrift:.............................

Auftraggeber:
Abtl.: .... Name: .... Tel./Fax:.................Datum/Unterschrift:.............................

Messgerätehersteller/Vertriebsbeauftragter:
Einhaltung der Lastenheftvorgaben vom Messgerätehersteller zugesichert:
Datum/Unterschrift: ....

Abbildung 13.2-1: Formblatt: Lastenheft

14 Eignungsnachweis für Prüfsoftware

14.1 Allgemeine Betrachtung

Ohne den Einsatz von Rechnersoftware ist eine Überwachung, Messung und Auswertung von Qualitätsdaten nicht mehr denkbar. In der Vergangenheit war die „Rechnergläubigkeit" sehr hoch. Den von Rechnerprogrammen gelieferten Ergebnissen wurde und wird heute teilweise noch blindlings vertraut. Gerade wegen der Vielfältigkeit und der Komplexität von Rechnerprogrammen ist Software sehr fehlerbehaftet. Selbst bei umfangreichen Tests werden nicht alle „Fehler" gefunden (s. Abschnitt 14.1). Um so wichtiger ist die Überprüfung der Software, ob sie den Anforderungen für den konkreten Einsatz genügt.

Das folgende Beispiel zeigt eine von vielen möglichen Fehlerquellen auf:

„Erfahrungen haben gezeigt, dass die Ausführung ein und desselben Rechnerprogramms auf unterschiedlichen Betriebssystemen (Windows 98 / ME / NT 4.0 / XP) bei der Auswertung eines Datensatzes zu unterschiedlichen Ergebnissen führen kann. Dies kann nur durch die Verwendung von speziellen Routinen im Quellcode des Programms verhindert werden. Fehlen diese, führt die unterschiedliche Rechengenauigkeit zu den beschriebenen Problemen."

Daher benötigen Anwender heute mehr denn je qualitativ hochwertige Software und die Sicherheit, dass das Produkt für den jeweiligen Anwendungsbereich geeignet ist. Normen zum Qualitätsmanagement fordern konkret einen Bestätigungsnachweis über die Eignung der eingesetzten Software für die beabsichtigte Anwendung sowohl vor dem Erstgebrauch als auch für den fortgesetzten Einsatz (z.B. DIN EN ISO 9001, ISO/TS 16949 und ISO/DIS 10012).

Auszug aus DIN EN ISO 9001 [30], Abschnitt 7.6 „Lenkung von Überwachungs- und Messmitteln":

Bei Verwendung von Rechnersoftware zur Überwachung und Messung festgelegter Anforderungen muss die Eignung dieser Software für die beabsichtigte Anwendung bestätigt werden. Dies muss vor dem Erstgebrauch vorgenommen werden und wenn notwendig auch später bestätigt werden.

ANMERKUNG: Für Anleitung siehe ISO 10012-1 und ISO 10012-2.

Auszug aus ISO/TS 16949 [33], Abschnitt 7.6 „Lenkung von Überwachungs- und Messmitteln":

Bei Verwendung von Rechnersoftware zur Überwachung und Messung festgelegter Anforderungen muss die Eignung dieser Software für die beabsichtigte Anwendung bestätigt werden. Dies muss vor dem Erstgebrauch vorgenommen werden und wenn notwendig auch später bestätigt werden.

ANMERKUNG: Für Anleitung siehe ISO 10012-1 und ISO 10012-2.

Auszug aus ISO/DIS 10012 [25], Abschnitt 6.2.2 „Software“:

Die in den Messprozessen und bei der Berechnung der Ergebnisse eingesetzte Software muss dokumentiert, gekennzeichnet und überwacht werden, um ihre Eignung für den fortgesetzten Einsatz sicherzustellen. Die Software und sämtliche neueren Versionen müssen vor dem Einsatz geprüft und/oder validiert werden, für den Einsatz freigegeben und archiviert werden.

Anleitung

Die Software kann in verschiedenen Formen vorliegen, wie z.B. als eingebettete, programmierbare oder standardisierte Programmpakete. Die Software sollte in dem für die Sicherstellung ordnungsgemäßer Messergebnisse erforderlichen Umfang überwacht und für den Einsatz geprüft werden.

Die Prüfung kann Überprüfungen auf Viren, Überprüfungen anwenderprogrammierter Algorithmen, Konfigurationsmanagement für komplexe oder kritische Anwendungen oder eine Kombination derselben umfassen, je nachdem, was erforderlich ist, um das geforderte Messergebnis zu erhalten.

Ein zertifiziertes QM-System des Software-Lieferanten allein kann jedoch nur bedingt die Eignung der Software bestätigen, da mit einer Zertifizierung immer nur die Qualität der Entwicklungsprozesse hinsichtlich bestimmter Anforderungen nachgewiesen werden. Wie kann man also Vertrauen in die Daten und Auswerteergebnisse schaffen und der Frage nach der Eignung begegnen?

Die Eignung der Rechnersoftware kann, wie in ISO 10012 [24] formuliert (s.o.), nur durch entsprechende Prüfung und/oder Validierung nachgewiesen werden.

Laut DIN EN ISO 9000 ist „Prüfung“:
„Konformitätsbewertung durch Beobachten und Beurteilen, begleitet – soweit zutreffend – durch Messen, Testen oder Vergleichen“

und „Validierung“:
„Bestätigung durch Bereitstellung eines objektiven Nachweises, dass die Anforderungen für einen spezifischen beabsichtigten Gebrauch oder eine spezifische beabsichtigte Anwendung erfüllt worden sind“.

Im Folgenden wird beschrieben, wie die Q-DAS® GmbH, Eisleber Str. 2, 69469 Weinheim, die Eignung ihrer Software qs-STAT® für den vorgesehenen Einsatzbereich nachweist. Diese Vorgehensweise ist als ein Beispiel zu sehen und kann zur Anregung für andere Anwendungen dienen.

Die Q-DAS® Software wird für unterschiedliche Aufgabenstellungen im Bereich der statistischen Auswertung von Qualitätsdaten eingesetzt. Hierzu sind mittlerweile eine Reihe von Richtlinien bzw. Leitfäden von unterschiedlichen Firmen, wie z.B. Ford, General Motors, DaimlerChrysler und Robert Bosch, sowie Dokumente mit normativen Charakter, wie z.B. VDA Band 5 [52] und QS-9000/MSA [1], entstanden. Diese Dokumente beschreiben beispielsweise die Vorgehensweise bei der Beurteilung von Messsystemen, bei der Maschinenabnahmen oder bei Prozessfähigkeitsuntersuchungen. Anhand von Fallbeispielen werden die beschriebenen Verfahren detailliert erläutert und die Ergebnisse der Auswertung und deren Beurteilung dokumentiert.

In dem Produkt qs-STAT® sind diese Verfahren in Form von Auswertekonfigurationen abgebildet, die vom Anwender über eine Auswahlliste gewählt werden können. Die Daten werden dann automatisch nach den jeweiligen Vorgaben ausgewertet und bezüglich der Anforderungen bewertet, ohne dass vom Anwender weitere Einstellungen am Programm vorzunehmen sind. Durch Vergleich der Auswertungsergebnisse der Testdaten mit den in den Richtlinien bzw. Leitfäden dokumentierten Ergebnissen lässt sich die korrekte Berechnung für das jeweilige Beispiel nachweisen. Da mit den Testbeispielen (Auszug s. Abschnitt 14.3) ein breites Spektrum der möglichen Auswertemethoden abgedeckt wird, ist eine größtmögliche Sicherheit auch im konkreten Anwendungsfall gewährleistet. Damit ist die Erfüllung der Anforderungen für den beabsichtigten Gebrauch bestätigt. Die Software kann dann als validiert bezeichnet werden. Dieser Eignungsnachweis kann jederzeit wiederholt werden, so dass auch für den fortgesetzten Einsatz eine regelmäßige Überprüfung bzw. Validierung, z.B. bei Software-Updates, durchgeführt werden kann.

Von entscheidender Bedeutung ist in diesem Zusammenhang der Schutz der hinterlegten Auswertekonfigurationen vor Änderungen und Manipulationen. Die Konfigurationen werden in enger Abstimmung mit den Erstellern der Firmenrichtlinien bzw. -leitfäden erstellt und durch diese auch freigegeben. Alle mit qs-STAT® ausgelieferten Konfigurationen sind fest vorgegeben und können nicht geändert werden. Zusätzlich kann über verschiedene Optionen jeglicher manuelle Eingriff in die Auswertung, wie z.B. die testweise Auswertung auf Grundlage eines anderen Verteilungsmodells oder das manuelle Entfernen von Ausreißern, unterbunden werden. Damit kann der Anwender auf richtlinienkonforme Ergebnisse vertrauen und er hat die Gewissheit, dass das Produkt für diesen spezifischen Einsatz geeignet ist.

Ein anderer, nicht zu vernachlässigender Aspekt ist die Lenkung der Aufzeichnungen der Auswertungsergebnisse. Neben der eindeutigen Kennzeichnung und einer geeigneten Aufbewahrung steht hier auch der Schutz im Vordergrund. Im Rahmen der statistischen Auswertung von Qualitätsdaten gilt es, die Ergebnisse z.B. einer Messmittelfähigkeitsuntersuchung oder Maschinenabnahme und den zugrundeliegenden Datensatz zu sichern und vor nachträglichen Änderungen zu schützen. qs-STAT® bietet die Möglichkeit, Ergebnisberichte zu signieren und gemeinsam mit dem dazugehörigen Datensatz in der Datenbank als PDF-Dokument vorzuhalten. Auf den Bericht kann jederzeit lesend zugegriffen werden und bei Bedarf können die Daten erneut eingelesen und ausgewertet werden. Für den Anwender bedeutet dies ein hohes Maß an Datensicherheit, Transparenz und Nachvollziehbarkeit.

Hinweis:

Viele Unternehmen setzen zur Beurteilung der Prüfprozesseignung Berechnungen ein, die sie mit Microsoft™ Excel durchführen. Die von vielen QM-Beratern unterstützte Vorgehensweise genügt bei weitem nicht den Anforderungen bezüglich der Validierung. Um diese sicherstellen zu können, ist der Aufwand so immens hoch, dass sich der Erwerb einer „validierten“ Standardsoftware sehr schnell rechnet. Nicht berücksichtigt ist dabei die Abbildung der vielen unterschiedlichen Firmenrichtlinien.

14.2 Das Märchen von der „Excel Tabelle"

„Ein internationales Unternehmen hat sich vor langer, langer Zeit entschieden, künftig Prüfmittelfähigkeitsuntersuchungen durchzuführen. Eine Standardsoftware zur Auswertung der verfassten Werte sollte aus Kostengründen nicht beschafft werden. „Das können wir selbst" sagte der Qualitätsbeauftragte und ruckzuck wurde eine Excel Tabelle erstellt, in das die Werte eingegeben werden konnten. Als Auswertemethode hat man sich für die Differenzenmethode (s. Abschnitt 5.3.3, Verfahren 3) entschieden. Die entsprechenden Berechnungsformeln wurden abgebildet. Innerhalb kurzer Zeit war das Auswerteformular mit den Berechnungen fertiggestellt. Es konnten erste Werte eingegeben werden und die Ergebnisse standen zur Verfügung. Ein Auszug aus diesem Formular ist in der Abbildung 14.2-1 dargestellt.

Teilenummer	Messwerte Messreihe1	Messwerte Messreihe 2	Differenz =W1-W2
1	8,795	8,804	-0,009
2	8,829	8,831	-0,002
3	8,769	8,771	-0,002
4	8,831	8,832	-0,001
5	8,749	8,750	-0,001
6	8,763	8,759	0,004
7	8,794	8,789	0,005
8	8,762	8,779	-0,017
9	8,796	8,790	0,006
10	8,803	8,801	0,002
11	8,800	8,800	0
12	8,892	8,917	-0,025
13	8,744	8,736	0,008
14	8,732	8,736	-0,004
15	8,770	8,782	-0,012
16	8,806	8,809	-0,003
17	8,744	8,744	0
18	8,780	8,776	0,004
19	8,790	8,785	0,005
20	8,773	8,786	-0,013
21			0
22			0
23			0
24			0
25			0
	Standardabweichung der Differenzen s_Δ	=	0,0070451

Abbildung 14.2-1: Fallbeispiel Excel Tabelle für Verfahren 3

Damit man sicher ist, keinen Fehler gemacht zu haben, wurden exemplarisch Daten eingegeben und die Ergebnisse mit denen eines Referenzbeispieles verglichen. Danach wurde das Excel Tabelle ohne weitere Hinweise bzw. Einweisung zur allgemeinen Verwendung in den Werken freigegeben.

Im Laufe der Zeit wurden munter viele Prüfmittelfähigkeitsstudien durchgeführt, die „schönen“ Ergebnisse dokumentiert, dem Management berichtet und den Auditoren vorgelegt. Alle waren zufrieden und glücklich, bis eines Tages der Fehler mit den fatalen Folgen ans Licht kam.

Zunächst konnte sich keiner erklären, dass trotz der guten Messprozesse fehlerhafte Teile an den Kunden gingen. Was war geschehen? In der Abbildung 14.2-1 sind Messwerte für 25 Teile vorgesehen. Allerdings wird der Anwender nicht gehindert, auch weniger Teile zu prüfen und diese in die Tabelle einzutragen. Wie die Abbildung 14.2-1 zeigt, wurden die letzten fünf Werte nicht eingetragen, allerdings die Differenz „Null“ berechnet. Konsequenterweise ist die errechnete Standardabweichung falsch. Da es bequemer ist, weniger als 25 Teile zu messen und die Prüfmittel umso besser waren, je weniger Teile gemessen wurden, wurde diese Vorgehensweise über einen längeren Zeitraum gerne verwendet.

Es kam noch viel schlimmer, der geübte Excel-Anwender wird es sofort erkannt haben: „Die Zeilen 35 bis 39 sind in Abbildung 14.2-1 *ausgeblendet, aber in der Berechnung enthalten!“ Die Spannung stieg ins Unermessliche: „Was wird zum Vorschein kommen?“ Die* Abbildung 14.2-2 *bringt die Wahrheit ans Licht! Es sind Messwerte von einem ganz anderen Messprozess, die munter bei den vielen Untersuchungen immer mit in die Berechnung eingeflossen sind.*

Glücklicherweise hat man in dem Unternehmen diesen fatalen Fehler erkannt, sonst würde man sich wahrscheinlich heute noch über die sehr guten „Prüfmittel“ freuen und über die schlechten Prozesse wundern. Doch wie viele solcher oder ähnlicher Excel Tabellen werden tagein, tagaus noch verwendet und die „schönen“ Ergebnisse als bare Münze genommen?

Ob das Märchen wahr ist oder nicht, spielt keine Rolle. Allerdings kann die beschriebene Situation auf jeden Fall eintreten. Fehlinterpretationen und Fehlentscheidungen sind die Konsequenz verbunden mit nicht unerheblichen Fehlleistungskosten. Die Kosten für den Erwerb einer Standardsoftware amortisiert sich unter diesen Gesichtspunkten sofort.

	A	B	C	D	E	F	G	H	I	J	K	L	M
17			**3**		8,769			8,771			-0,002		
18			**4**		8,831			8,832			-0,001		
19			**5**		8,749			8,750			-0,001		
20			**6**		8,763			8,759			0,004		
21			**7**		8,794			8,789			0,005		
22			**8**		8,762			8,779			-0,017		
23			**9**		8,796			8,790			0,006		
24			**10**		8,803			8,801			0,002		
25			**11**		8,800			8,800			0		
26			**12**		8,892			8,917			-0,025		
27			**13**		8,744			8,736			0,008		
28			**14**		8,732			8,736			-0,004		
29			**15**		8,770			8,782			-0,012		
30			**16**		8,806			8,809			-0,003		
31			**17**		8,744			8,744			0		
32			**18**		8,780			8,776			0,004		
33			**19**		8,790			8,785			0,005		
34			**20**		8,773			8,786			-0,013		
35			**21**		3,664			3,664			0		
36			**22**		3,743			3,741			0,002		
37			**23**		3,756			3,756			0		
38			**24**		3,701			3,701			0		
39			**25**		3,771			3,771			0		
40			**21**								0		
41			**22**								0		
42			**23**								0		
43			**24**								0		
44			**25**								0		
45													
46				**Standardabweichung der Differenzen** s_{Δ}						=	**0,0070451**		
47													

Abbildung 14.2-2: Versteckte Zeilen aus Abbildung 14.2-1 eingeblendet

Hinweise:

1. Ein anderer Fehler, der bei selbst erstellten Tabellen sehr häufig vorkommt, sind die fehlerhaft verwendeten K-Faktoren. Diese ändern sich in Abhängigkeit der Konstellation „Anzahl Teile, Anzahl Prüfer und Anzahl Wiederholungen“. Da die Excel Tabelle quasi jede Konstellation zulässt, müssen die K-Faktoren angepasst werden, was in der Regel nicht gemacht wird. Auch in diesem Zusammenhang sind fehlerhafte Ergebnisse die Konsequenz.
2. Die in Abschnitt 5 beschriebene Vorgehensweise bei der Prüfmittelfähigkeit lässt eine Vielzahl von unterschiedlichen Betrachtungs- und Berechnungsmethoden zu. Hier kommen sehr schnell 30 bis 40 verschiedene Variationen zum Tragen. Davon führen ca. 80% zu einem unterschiedlichen Ergebnis. Alle Varianten müssten einzeln validiert werden. Ein nahezu hoffnungsloses Unterfangen, dies mit Excel Tabellen abzuwickeln.

14.3 Testbeispiele zur Prüfmittelfähigkeit

Zur Validierung von Software für Prüfmittelfähigkeitsuntersuchungen können Referenzbeispiele herangezogen werden. Damit können Hersteller und Anwender ihr System selbst prüfen. Dies gibt dem Anwender solcher Systeme ein hohes Maß an Sicherheit, dass die Datensätze korrekt berechnet werden. Um ein möglichst breites Spektrum abzudecken, wurden für verschiedene Konstellationen entsprechende Datensätze individuell vorbereitet. Die Ergebnisse der Auswertung dieser Datensätze sind auf den folgenden Seiten dokumentiert und kommentiert. Die Ergebnisse wurden mehrfach mit unterschiedlichen Rechnerprogrammen überprüft und stellen quasi eine Referenz dar. Die in Tabelle 14.3-1 verwendeten Datensätze sind in dem jeweiligen Originaldokument veröffentlicht.

Hinweise:

1. Die hier vorgestellten Beispiele sind als ein Spektrum anzusehen. Für eine vollständige Validierung sind weitere Fallbeispiele heranzuziehen.
2. Bei den Zwischen- und Endergebnissen kann es wegen Rechengenauigkeit zu geringfügigen Abweichungen kommen. So können beispielsweise die K-Faktoren gemäß der MSA [1] 2. Ausgabe mit zwei Nachkommastellen bzw. gemäß der MSA [1] 3. Ausgabe mit fünf Nachkommastellen angegeben sein. Die Abweichungen kommen auch zustande, wenn Zwischenergebnisse, z.B. Mittelwert oder Standardabweichung, gerundet in die weitere Berechnung eingehen. Gerade diese Situation ist im Vergleich der Ergebnisse nur schwer nachvollziehbar, da die Rundungsgrenzen in der Regel nicht bekannt sind.

lfd. Nr. des Beispiels	Dateiname	Zweck des Tests und Herkunft der Daten
1	PMF_Ford_TEST_14	Verfahren 1, toleranzbezogen, Ford Testbeispiel [42]
2	PMF_Ford_TEST_15	Verfahren 1, prozessbezogen, Ford Testbeispiel [42]
3	PMF_Ford_TEST_16	Verfahren 2 (ARM), Ford Testbeispiel [42]
4	PMF_MSA_ARM	%R&R nach ARM, MSA [1]
5	PMF_MSA_ANOVA	%R&R nach ANOVA, MSA [1]
6	PMF_MSA_Attributiv	Attributiv, Signalerkennung, MSA [1]
7	PMF_Bosch_V1	Verfahren 1, toleranzbezogen, Bosch Heft 10 [51]
8	PMF_Bosch_V2_ARM	Verfahren 2, Bosch Heft 10 [51]
9	PMF_Bosch_V3_ARM	Verfahren 3, Bosch Heft 10 [51]
10	PMF_Bosch_LIN	Linearität, Bosch Heft 10 [51]
11	PMF_Bosch_Stab	Stabilität, Bosch Heft 10 [51]
12	PMF_Bosch_Attributiv	Attributiv, Signalerkennung Bosch Heft 10 [51]

Tabelle 14.3-1: Referenzbeispiele

Q-DAS	Messsystemanalyse	Seite 1 / 1

Akt. Dat. 21.02.2003	Bearb.Name.	Abt./Kst./Prod.	Prüfort

Prüfmittel		Normal		Merkmal	
Prfm.Bez.		Normal Bez.		Merkm.Bez.	GC Verfahren 1 (Bsp. 14.1)
Prfm.Nr.		Normal Nr.		Merkm.Nr.	14.1
Prfm.Aufl.	0.001	Normal-Istw.	20.302	Nennm.	OSG 20.450 ≙
Prüfgrnd.		Einh.	mm	Einh. mm	USG 20.150 ≙
Bemerkung					

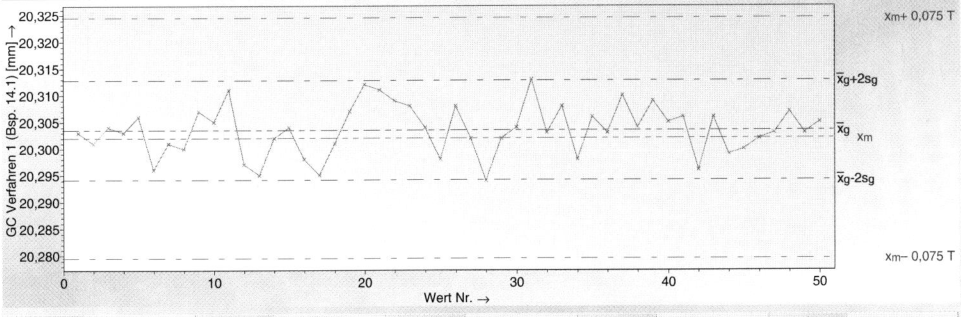

i	xi	i	xi	i	xi	i	xi	i	xi
1	20,303	11	20,311	21	20,311	31	20,313	41	20,306
2	20,301	12	20,297	22	20,309	32	20,303	42	20,296
3	20,304	13	20,295	23	20,308	33	20,308	43	20,306
4	20,303	14	20,302	24	20,304	34	20,298	44	20,299
5	20,306	15	20,304	25	20,298	35	20,306	45	20,300
6	20,296	16	20,298	26	20,308	36	20,303	46	20,302
7	20,301	17	20,295	27	20,302	37	20,310	47	20,303
8	20,300	18	20,301	28	20,294	38	20,304	48	20,307
9	20,307	19	20,307	29	20,302	39	20,309	49	20,303
10	20,305	20	20,312	30	20,304	40	20,305	50	20,305

Zeichnungswerte			Gemessene Werte			Statistische Werte		
x_m	=	20,30200				$\bar{x}_g$	=	20,30348
USG	=	20,150	x_{ming}	=	20,294	s_g	=	0,0046565
OSG	=	20,450	x_{maxg}	=	20,313	$\lvert Bi \rvert = \lvert \bar{x}_g - x_m \rvert$	=	0,00148
T	=	0,300	R_g	=	0,019			
			n_{ges}	=	50	n_{eff}	=	50

				Minimale Bezugsgrösse für fähiges Messsystem		
$C_g = \frac{0,15\,T}{6\,s_g}$	=	1,61	0 1	T_{min}	=	0,18634
$C_{gk} = \frac{0,075\,T - \lvert \bar{x}_g - x_m \rvert}{3\,s_g}$	=	1,50	0 1	T_{min}	=	0,20599
%RE	=	0,33%	0 2 5	T_{min}	=	0,050000

Messsystem fähig (RE,C_g,C_{gk})

Ford EU 1880 1997: Verfahren 1

Abbildung 14.3-1: Verfahren 1, toleranzbezogen, Ford Testbeispiel [42]

Q-DAS	Messsystemanalyse	Seite 1 / 1

Akt. Dat. 21.02.2003	Bearb.Name.	Abt./Kst./Prod.	Prüfort

Prüfmittel		Normal		Merkmal	
Prfm.Bez.	Höhenmeßgerät	Normal Bez.		Merkm.Bez.	GC - Verfahren 1 (Bsp. 15.1)
Prfm.Nr.		Normal Nr.		Merkm.Nr.	15.1
Prfm.Aufl.	0.01	Normal-Istw.	17.05	Nennm.	OSG 17.25 $\hat{=}$
Prüfgrnd.		Einh.	mm	Einh. mm	USG 16.75 $\hat{=}$

Bemerkung

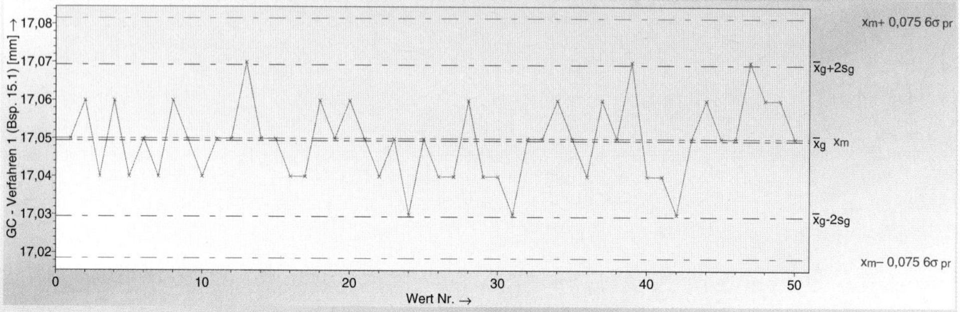

i	xi	i	xi	i	xi	i	xi	i	xi
1	17,05	11	17,05	21	17,05	31	17,03	41	17,04
2	17,06	12	17,05	22	17,04	32	17,05	42	17,03
3	17,04	13	17,07	23	17,05	33	17,05	43	17,05
4	17,06	14	17,05	24	17,03	34	17,06	44	17,06
5	17,04	15	17,05	25	17,05	35	17,05	45	17,05
6	17,05	16	17,04	26	17,04	36	17,04	46	17,05
7	17,04	17	17,04	27	17,04	37	17,06	47	17,07
8	17,06	18	17,06	28	17,06	38	17,05	48	17,06
9	17,05	19	17,05	29	17,04	39	17,07	49	17,06
10	17,04	20	17,06	30	17,04	40	17,04	50	17,05

Zeichnungswerte			Gemessene Werte			Statistische Werte		
x_m	=	17,0500				$\bar{x}_g$	=	17,0494
USG	=	16,75	x_{ming}	=	17,03	s_g	=	0,0099816
OSG	=	17,25	x_{maxg}	=	17,07	$\lvert Bi \rvert = \lvert \bar{x}_g - x_m \rvert$	=	0,000600
T	=	0,50	R_g	=	0,04			
			n_{ges}	=	50	n_{eff}	=	50

				Minimale Bezugsgrösse für fähiges Messsystem		
$C_g = \frac{0{,}15\ 6\ \sigma_p}{6\ s_g}$	=	1,05	0 1	$6\ \sigma_{pmin}$	=	0,40000
$C_{gk} = \frac{0{,}075\ 6\ \sigma_p - \lvert \bar{x}_g - x_m \rvert}{3\ s_g}$	=	1,03	0 1	$6\ \sigma_{pmin}$	=	0,40726
%RE	=	2,38%	0 2 5	$6\ \sigma_{pmin}$	=	---

Messsystem bedingt fähig (RE,C_g,C_{gk})

Prozessbezogen: Ford EU 1880

Abbildung 14.3-2: Verfahren 1, prozessbezogen, Ford Testbeispiel [42]

Q-DAS	Messsystemanalyse	Seite 1 / 1

Akt. Dat. 21.02.2003	Bearb.Name.	Abt./Kst./Prod.	Prüfort Feinzeiger

Prüfmittel	Teil	Merkmal
Prfm.Bez.	Teilebez. MSA Studie 2 (Bsp. 16)	Merkm.Bez. GC - Verfahren 2 (Bsp. 16.1)
Prfm.Nr.	Teilnr. 16	Merkm.Nr. 16.1
Prfm.Aufl. 0.001		Nennm. 100.00 OSG 100.20 ≙ 0.20
Prüfgrnd.		Einh. mm USG 99.80 ≙ -0.20

Bemerkung

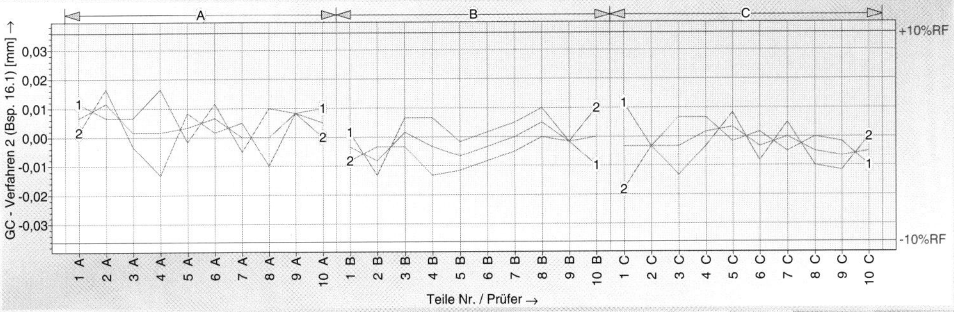

n	$x_{A;1}$	$x_{A;2}$	$\bar{x}_{gj}$	R_{gj}	$x_{B;1}$	$x_{B;2}$	$\bar{x}_{gj}$	R_{gj}	$x_{C;1}$	$x_{C;2}$	$\bar{x}_{gj}$	R_{gj}	$\bar{x}_{gn}$	s_{gn}
1	100,01	100,00	100,005	0,01	100,00	99,99	99,995	0,01	100,01	99,98	99,995	0,03	99,9983	0,0136
2	100,01	100,02	100,015	0,01	99,99	100,00	99,995	0,01	100,00	100,00	100,000	0,00	100,0033	0,0054
3	100,01	100,00	100,005	0,01	100,01	100,00	100,005	0,01	100,01	99,99	100,000	0,02	100,0033	0,0108
4	100,02	99,99	100,005	0,03	100,01	99,99	100,000	0,02	100,01	100,00	100,005	0,01	100,0033	0,0163
5	100,00	100,01	100,005	0,01	100,00	99,99	99,995	0,01	100,00	100,01	100,005	0,01	100,0017	0,0081
6	100,01	100,00	100,005	0,01	100,00	99,99	99,995	0,01	100,00	99,99	99,995	0,01	99,9983	0,0081
7	99,99	100,00	99,995	0,01	100,00	99,99	99,995	0,01	99,99	100,00	99,995	0,01	99,9950	0,0081
8	100,01	99,99	100,000	0,02	100,01	100,00	100,005	0,01	100,00	99,99	99,995	0,01	100,0000	0,0108
9	100,01	100,01	100,010	0,00	100,00	100,00	100,000	0,00	100,00	99,99	99,995	0,01	100,0017	0,0027
10	100,01	100,00	100,005	0,01	99,99	100,01	100,000	0,02	99,99	100,00	99,995	0,01	100,0000	0,0108

Wiederholpräzision	=	$EV = K_1 \bar{\bar{R}}$	=	0,0621	=
Wiederholpräzision	=	$\%EV = \frac{EV\ 100\%}{6\ \sigma_p}$	=	17,24%	0 20 30
Vergleichspräzision	=	$AV = K_2\ \bar{x}_{diff}$	=	0,0220	=
Vergleichspräzision	=	$\%AV = \frac{AV\ 100\%}{6\ \sigma_p}$	=	6,11%	0 20 30
Messsystemstreuung	=	$R\&R = \sqrt{EV^2 + AV^2}$	=	0,0658	=
Messsystemstreuung	=	$\%R\&R = \frac{R\&R\ 100\%}{6\ \sigma_p}$	=	18,29%	0 20 30

Messsystem fähig (RE,R&R)

Prozessbezogen: Ford EU 1880

Faktor K_1	=	5,32	Faktor K_2	=	3,14

Abbildung 14.3-3: Verfahren 2 (ARM), Ford Testbeispiel [42]

Q-DAS	Messsystemanalyse	Seite 1 / 1

Akt. Dat. 07.03.2003	Bearb.Name.	Abt./Kst./Prod.	Prüfort

Prüfmittel	Teil	Merkmal
Prfm.Bez.	Teilebez. V2 MSA S.101	Merkm.Bez. M1
Prfm.Nr.	Teilnr. 1	Merkm.Nr. 1
Prfm.Aufl. 0,01		Nennm. 0,00 OSG ≙
Prüfgrnd.		Einh. mm USG ≙
Bemerkung		

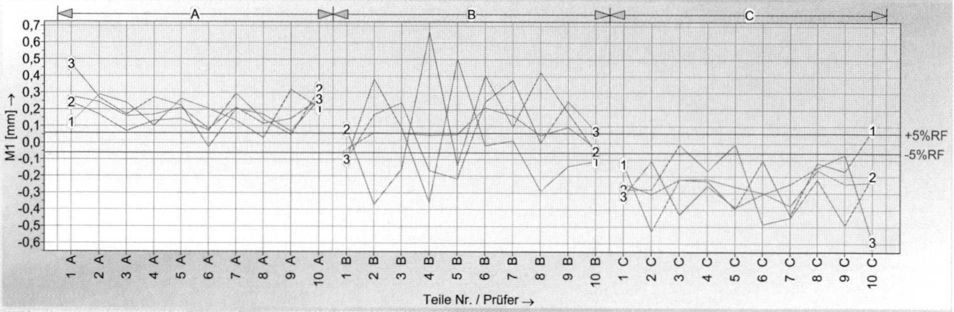

n	$x_{A;1}$	$x_{A;2}$	$x_{A;3}$	$\bar{x}_{gj}$	R_{gj}	$x_{B;1}$	$x_{B;2}$	$x_{B;3}$	$\bar{x}_{gj}$	R_{gj}	$x_{C;1}$	$x_{C;2}$	$x_{C;3}$	$\bar{x}_{gj}$	R_{gj}	$\bar{x}_{gn}$	s_{gn}
1	0,29	0,41	0,64	0,447	0,35	0,08	0,25	0,07	0,133	0,18	0,04	-0,11	-0,15	-0,073	0,19	0,1689	0,1357
2	-0,56	-0,68	-0,58	-0,607	0,12	-0,47	-1,22	-0,68	-0,790	0,75	-1,38	-1,13	-0,96	-1,157	0,42	-0,8511	0,2431
3	1,34	1,17	1,27	1,260	0,17	1,19	0,94	1,34	1,157	0,40	0,88	1,09	0,67	0,880	0,42	1,0989	0,1866
4	0,47	0,50	0,64	0,537	0,17	0,01	1,03	0,20	0,413	1,02	0,14	0,20	0,11	0,150	0,09	0,3667	0,2412
5	-0,80	-0,92	-0,84	-0,853	0,12	-0,56	-1,20	-1,28	-1,013	0,72	-1,46	-1,07	-1,45	-1,327	0,39	-1,0644	0,2318
6	0,02	-0,11	-0,21	-0,100	0,23	-0,20	0,22	0,06	0,027	0,42	-0,29	-0,67	-0,49	-0,483	0,38	-0,1856	0,1941
7	0,59	0,75	0,66	0,667	0,16	0,47	0,55	0,83	0,617	0,36	0,02	0,01	0,21	0,080	0,20	0,4544	0,1357
8	-0,31	-0,20	-0,17	-0,227	0,14	-0,63	0,08	-0,34	-0,297	0,71	-0,46	-0,56	-0,49	-0,503	0,10	-0,3422	0,1791
9	2,26	1,99	2,01	2,087	0,27	1,80	2,12	2,19	2,037	0,39	1,77	1,45	1,87	1,697	0,42	1,9400	0,2036
10	-1,36	-1,25	-1,31	-1,307	0,11	-1,68	-1,62	-1,50	-1,600	0,18	-1,49	-1,77	-2,16	-1,807	0,67	-1,5711	0,1809

Wiederholpräzision	=	$EV = K_1 \cdot \bar{\bar{R}}$	=	0,20186
Wiederholpräzision	=	$\%EV = \frac{EV \cdot 100\%}{TV}$	=	17,61% (0 10 30)
Vergleichspräzision	=	$AV = \sqrt{(K_2 \cdot \bar{x}_{diff})^2 - (EV/nr)^2}$	=	0,22968
Vergleichspräzision	=	$\%AV = \frac{AV \cdot 100\%}{TV}$	=	20,04% (0 10 30)
Messsystemstreuung	=	$GRR!!! = \sqrt{EV^2 + AV^2}$	=	0,30578
Messsystemstreuung	=	$\%GRR!!! = \frac{GRR!!! \cdot 100\%}{TV}$	=	26,68% (0 10 30)
Teilestreuung	=	$PV = K_3 \cdot R_p$	=	1,10445
Gesamtstreuung	=	$RF = TV$	=	1,14600
ndc	=	$ndc = \sqrt{2}\frac{PV}{R\&R}$	=	5

Messsystem bedingt fähig (RE,R&R)

Q-DAS MSA: Prozessstreuung

Faktor K_1	=	0,5908	Faktor K_2	=	0,5231

Abbildung 14.3-4: %R&R nach ARM, MSA [1]

Q-DAS	Messsystemanalyse	Seite 1 / 1

Akt. Dat. 21.02.2003	Bearb.Name.	Abt./Kst./Prod.	Prüfort

Prüfmittel	Teil	Merkmal
Prfm.Bez.	Teilebez. V2 MSA S.101	Merkm.Bez. M1
Prfm.Nr.	Teilnr. 1	Merkm.Nr. 1
Prfm.Aufl. 0.01		Nennm. 0.00 OSG ≙
Prüfgrnd.		Einh. mm USG ≙

Bemerkung

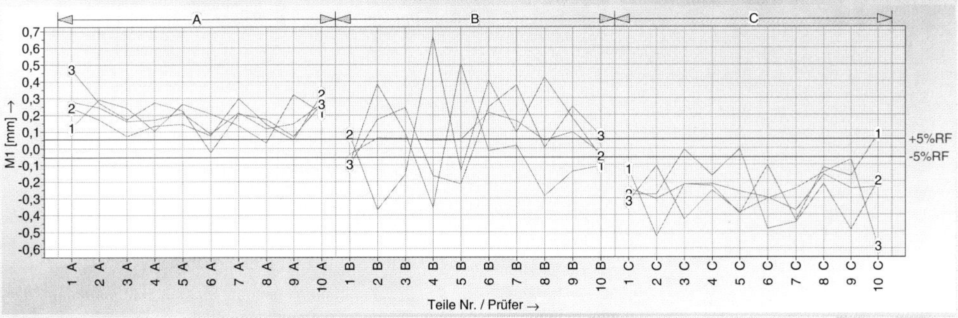

n	$x_{A;1}$	$x_{A;2}$	$x_{A;3}$	$\bar{x}_{gj}$	s_{gj}	$x_{B;1}$	$x_{B;2}$	$x_{B;3}$	$\bar{x}_{gj}$	s_{gj}	$x_{C;1}$	$x_{C;2}$	$x_{C;3}$	$\bar{x}_{gj}$	s_{gj}
1	0,29	0,41	0,64	0,447	0,178	0,08	0,25	0,07	0,133	0,101	0,04	-0,11	-0,15	-0,073	0,100
2	-0,56	-0,68	-0,58	-0,607	0,064	-0,47	-1,22	-0,68	-0,790	0,387	-1,38	-1,13	-0,96	-1,157	0,211
3	1,34	1,17	1,27	1,260	0,085	1,19	0,94	1,34	1,157	0,202	0,88	1,09	0,67	0,880	0,210
4	0,47	0,50	0,64	0,537	0,091	0,01	1,03	0,20	0,413	0,542	0,14	0,20	0,11	0,150	0,046
5	-0,80	-0,92	-0,84	-0,853	0,061	-0,56	-1,20	-1,28	-1,013	0,395	-1,46	-1,07	-1,45	-1,327	0,222
6	0,02	-0,11	-0,21	-0,100	0,115	-0,20	0,22	0,06	0,027	0,212	-0,29	-0,67	-0,49	-0,483	0,190
7	0,59	0,75	0,66	0,667	0,080	0,47	0,55	0,83	0,617	0,189	0,02	0,01	0,21	0,080	0,113
8	-0,31	-0,20	-0,17	-0,227	0,074	-0,63	0,08	-0,34	-0,297	0,357	-0,46	-0,56	-0,49	-0,503	0,051
9	2,26	1,99	2,01	2,087	0,150	1,80	2,12	2,19	2,037	0,208	1,77	1,45	1,87	1,697	0,219
10	-1,36	-1,25	-1,31	-1,307	0,055	-1,68	-1,62	-1,50	-1,600	0,092	-1,49	-1,77	-2,16	-1,807	0,337

	Varianz	Standardabw.		
Wiederholpräzision	0,0400	0,200	EV = 0,173 ≤ **0,200** ≤ 0,237	%EV = 18,42%
Vergleichspräzision	0,0515	0,227	AV = 0,111 ≤ **0,227** ≤ 1,443	%AV = 20,90%
Wechselwirkung	---	---	IA = ---	%IA = ---
Messsystemstreuung	0,0914	0,302	R&R = 0,230 ≤ **0,302** ≤ 1,457	%R&R = 27,86%

Toleranz = T = ---	Vertrauensniveau = 1-α = 95,000%

Auflösung = %RE = 0,92% (Skala 0 5)

Messsystemstreuung = %R&R = 27,86% (Skala 0 10 30)

Gesamtbeurteilung = Messsystem bedingt fähig (RE,R&R)

Q-DAS MSA: Teilestreuung

Abbildung 14.3-5: %R&R nach ANOVA, MSA [1]

n	Ref. 1	$x_{A;1}$	$x_{A;2}$	$x_{A;3}$	$x_{B;1}$	$x_{B;2}$	$x_{B;3}$	$x_{C;1}$	$x_{C;2}$	$x_{C;3}$	
25	0,599581	−	−	−	−	−	−	−	−	−	☺
48	0,587893	−	−	−	−	−	−	−	−	−	☺
3	0,576495	−	−	−	−	−	−	−	−	−	☺
5	0,570360	−	−	−	−	−	−	−	−	−	☺
42	0,566575	−	−	−	−	−	−	−	−	−	☺
4	0,566152	−	−	−	−	−	−	−	−	−	☺
30	0,561457	−	−	−	−	−	+	−	−	−	☹
12	0,559918	−	−	−	−	−	−	−	+	−	☹
26	0,547204	−	+	−	−	−	−	−	−	+	☹
22	0,545604	−	−	+	−	+	−	+	+	−	☹
6	0,544951	−	+	−	+	+	+	+	−	+	☹
36	0,543077	+	+	−	+	+	+	+	−	+	☹
13	0,542704	+	+	+	+	+	+	+	+	+	☺
16	0,531939	+	+	+	+	+	+	+	+	+	☺
23	0,529065	+	+	+	+	+	+	+	+	+	☺
29	0,523754	+	+	+	+	+	+	+	+	+	☺
28	0,521642	+	+	+	+	+	+	+	+	+	☺
19	0,520496	+	+	+	+	+	+	+	+	+	☺
17	0,519694	+	+	+	+	+	+	+	+	+	☺
15	0,517377	+	+	+	+	+	+	+	+	+	☺
10	0,515573	+	+	+	+	+	+	+	+	+	☺
24	0,514192	+	+	+	+	+	+	+	+	+	☺
41	0,513779	+	+	+	+	+	+	+	+	+	☺
2	0,509015	+	+	+	+	+	+	+	+	+	☺
32	0,505850	+	+	+	+	+	+	+	+	+	☺
31	0,503091	+	+	+	+	+	+	+	+	+	☺
27	0,502436	+	+	+	+	+	+	+	+	+	☺
8	0,502295	+	+	+	+	+	+	+	+	+	☺
40	0,501132	+	+	+	+	+	+	+	+	+	☺
35	0,498698	+	+	+	+	+	+	+	+	+	☺
46	0,493441	+	+	+	+	+	+	+	+	+	☺
11	0,488905	+	+	+	+	+	+	+	+	+	☺
38	0,488184	+	+	+	+	+	+	+	+	+	☺
33	0,487613	+	+	+	+	+	+	+	+	+	☺
47	0,486379	+	+	+	+	+	+	+	+	+	☺
18	0,484167	+	+	+	+	+	+	+	+	+	☺
49	0,483803	+	+	+	+	+	+	+	+	+	☺
20	0,477236	+	+	+	+	+	+	+	+	+	☺
1	0,476901	+	+	+	+	+	+	+	+	+	☺
44	0,470832	+	+	+	+	+	+	+	+	+	☺
7	0,465454	+	+	+	+	+	+	+	−	+	☹
43	0,462410	+	+	+	+	+	+	+	+	−	☹
14	0,454518	+	+	−	+	+	+	+	−	−	☹
21	0,452310	+	+	−	+	−	+	−	+	−	☹
34	0,449696	−	−	+	−	−	+	−	+	+	☹
50	0,446697	−	−	−	−	−	−	−	−	−	☺
9	0,437817	−	−	−	−	−	−	−	−	−	☺
39	0,427687	−	−	−	−	−	−	−	−	−	☺
45	0,412453	−	−	−	−	−	−	−	−	−	☺
37	0,409238	−	−	−	−	−	−	−	−	−	☺

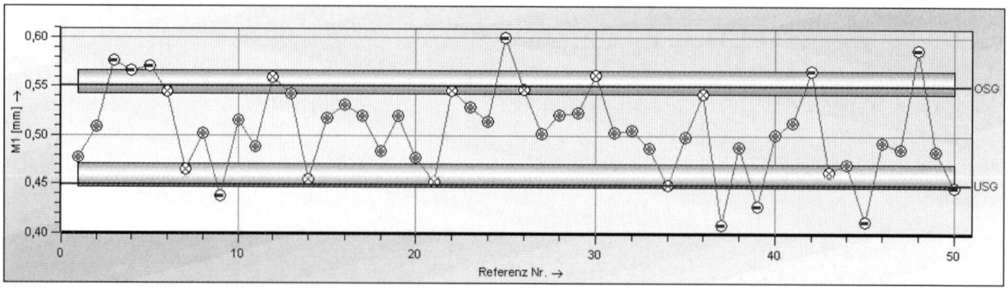

USG	=	0,450000	OSG	=	0,550000	T	=	0,100000
Messsystemstreuung				=	R&R	=	0,0238	
Messsystemstreuung	=	%R&R		=	23,79%		☹	
Q-DAS MSA: Attributiv								

Abbildung 14.3-6: Attributiv, Signalerkennung, MSA [1]

Messsystemanalyse

Q-DAS

Seite 1 / 1

Akt. Dat.	21.02.2003	Bearb.Name.	Abt./Kst./Prod.	Prüfort

Prüfmittel		Normal		Merkmal	
Prfm.Bez.	Längenmessgerät	Normal Bez.	Einstellzylinder	Merkm.Bez.	Aussendruchmesser
Prfm.Nr.	JML9Q002	Normal Nr.	N-Nr	Merkm.Nr.	MM-NR
Prfm.Aufl.	0.001	Normal-Istw.	6.002	Nennm. 6.000	OSG 6.030 ≙ 0.030
Prüfgrnd.		Einh.	mm	Einh. mm	USG 5.970 ≙ -0.030

Bemerkung: Manuelle Handhabung; Messstelle mitte Zylinder; Raumtemperatur 20,2 C

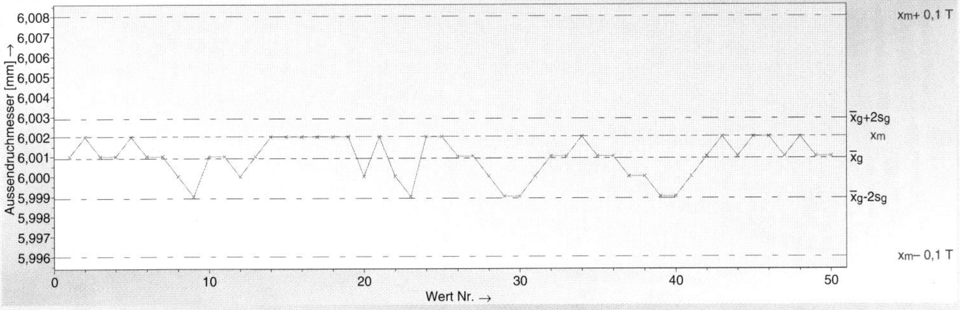

i	xi	i	xi	i	xi	i	xi	i	xi
1	6,001	11	6,001	21	6,002	31	6,000	41	6,000
2	6,002	12	6,000	22	6,000	32	6,001	42	6,001
3	6,001	13	6,001	23	5,999	33	6,001	43	6,002
4	6,001	14	6,002	24	6,002	34	6,002	44	6,001
5	6,002	15	6,002	25	6,002	35	6,001	45	6,002
6	6,001	16	6,002	26	6,001	36	6,001	46	6,002
7	6,001	17	6,002	27	6,001	37	6,000	47	6,001
8	6,000	18	6,002	28	6,000	38	6,000	48	6,002
9	5,999	19	6,002	29	5,999	39	5,999	49	6,001
10	6,001	20	6,000	30	5,999	40	5,999	50	6,001

Zeichnungswerte			Gemessene Werte			Statistische Werte		
x_m	=	6,00200				$\bar{x}_g$	=	6,00090
USG	=	5,970	x_{ming}	=	5,999	s_g	=	0,00099488
OSG	=	6,030	x_{maxg}	=	6,002	$\lvert Bi \rvert = \lvert \bar{x}_g - x_m \rvert$	=	0,00110
T	=	0,060	R_g	=	0,003			
			n_{ges}	=	50	n_{eff}	=	50

			Minimale Bezugsgrösse für fähiges Messsystem		
$C_g = \frac{0{,}2\,T}{6\,s_g}$	=	2,01	T_{min}	=	0,029851
$C_{gk} = \frac{0{,}1\,T - \lvert \bar{x}_g - x_m \rvert}{3\,s_g}$	=	1,64	T_{min}	=	0,040847
%RE	=	1,67%	T_{min}	=	0,050000

Messsystem fähig (RE, C_g, C_{gk})

Bosch Heft 10: Toleranz

Abbildung 14.3-7: Verfahren 1, toleranzbezogen, Bosch Heft 10 [51]

Q-DAS	Messsystemanalyse	Seite 1/1

Akt. Dat. 21.02.2003	Bearb.Name.	Abt./Kst./Prod.	Prüfort W025

Prüfmittel		Teil		Merkmal	
Prfm.Bez.	Längenmessgerät	Teilebez.	Welle	Merkm.Bez.	Aussendruchmesser
Prfm.Nr.	JML9Q002	Teilnr.		Merkm.Nr.	1460320000
Prfm.Aufl.	0.001			Nennm. 6.000	OSG 6.030 ≙ 0.030
Prüfgrnd.				Einh. mm	USG 5.970 ≙ -0.030

Bemerkung

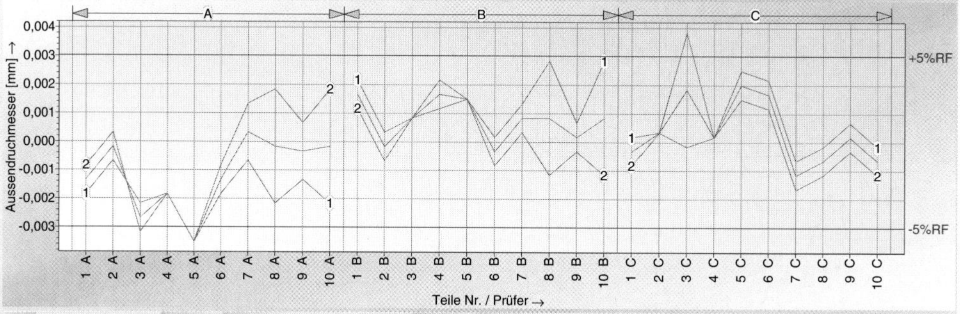

n	$x_{A;1}$	$x_{A;2}$	$\bar{x}_{gj}$	R_{gj}	$x_{B;1}$	$x_{B;2}$	$\bar{x}_{gj}$	R_{gj}	$x_{C;1}$	$x_{C;2}$	$\bar{x}_{gj}$	R_{gj}	$\bar{x}_{gn}$	s_{gn}
1	6,029	6,030	6,0295	0,001	6,033	6,032	6,0325	0,001	6,031	6,030	6,0305	0,001	6,03083	0,00081
2	6,019	6,020	6,0195	0,001	6,020	6,019	6,0195	0,001	6,020	6,020	6,0200	0,000	6,01967	0,00054
3	6,004	6,003	6,0035	0,001	6,007	6,007	6,0070	0,000	6,010	6,006	6,0080	0,004	6,00617	0,00136
4	5,982	5,982	5,9820	0,000	5,985	5,986	5,9855	0,001	5,984	5,984	5,9840	0,000	5,98383	0,00027
5	6,009	6,009	6,0090	0,000	6,014	6,014	6,0140	0,000	6,015	6,014	6,0145	0,001	6,01250	0,00027
6	5,971	5,972	5,9715	0,001	5,973	5,972	5,9725	0,001	5,975	5,974	5,9745	0,001	5,97283	0,00081
7	5,995	5,997	5,9960	0,002	5,997	5,996	5,9965	0,001	5,995	5,994	5,9945	0,001	5,99567	0,00108
8	6,014	6,018	6,0160	0,004	6,019	6,015	6,0170	0,004	6,016	6,015	6,0155	0,001	6,01617	0,00244
9	5,985	5,987	5,9860	0,002	5,987	5,986	5,9865	0,001	5,987	5,986	5,9865	0,001	5,98633	0,00108
10	6,024	6,028	6,0260	0,004	6,029	6,025	6,0270	0,004	6,026	6,025	6,0255	0,001	6,02617	0,00244

Wiederholpräzision	=	$EV = K_1 \bar{\bar{R}}$	=	0,00121	=
Wiederholpräzision	=	$\%EV = 6 \frac{EV\ 100\%}{T}$	=	12,12%	0 10 30
Vergleichspräzision	=	$AV = \sqrt{(K_2\ \bar{x}_{diff})^2 - (EV/nr)^2}$	=	0,000957	=
Vergleichspräzision	=	$\%AV = 6 \frac{AV\ 100\%}{T}$	=	9,57%	0 10 30
Messsystemstreuung	=	$R\&R = \sqrt{EV^2 + AV^2}$	=	0,00154	=
Messsystemstreuung	=	$\%R\&R = 6 \frac{R\&R\ 100\%}{T}$	=	15,44%	0 10 30

Messsystem bedingt fähig (RE,R&R)

Bosch Heft 10: Verfahren 2 ARM

Faktor K_1	=	0,89	Faktor K_2	=	0,52

Abbildung 14.3-8: Verfahren 2, Bosch Heft 10 [51]

Q-DAS	Messsystemanalyse	Seite 1 / 1

Akt. Dat. 21.02.2003	Bearb.Name.	Abt./Kst./Prod.	Prüfort

Prüfmittel		Teil		Merkmal	
Prfm.Bez.	Längenmessgerät	Teilebez.	Welle	Merkm.Bez.	Aussendurchmesser
Prfm.Nr.	JML9Q002	Teilnr.		Merkm.Nr.	
Prfm.Aufl.	0.001			Nennm. 6.000	OSG 6.030 ≙ 0.030
Prüfgrnd.				Einh. mm	USG 5.970 ≙ -0.030

Bemerkung

n	$x_{A;1}$	$x_{A;2}$	$\overline{x}_{gj}$	R_{gj}
1	6,029	6,030	6,0295	0,001
2	6,019	6,020	6,0195	0,001
3	6,004	6,003	6,0035	0,001
4	5,982	5,982	5,9820	0,000
5	6,009	6,009	6,0090	0,000
6	5,971	5,972	5,9715	0,001
7	5,995	5,997	5,9960	0,002
8	6,014	6,018	6,0160	0,004
9	5,985	5,987	5,9860	0,002
10	6,024	6,028	6,0260	0,004
11	6,033	6,032	6,0325	0,001
12	6,020	6,019	6,0195	0,001
13	6,007	6,007	6,0070	0,000
14	5,985	5,986	5,9855	0,001
15	6,014	6,014	6,0140	0,000
16	5,973	5,972	5,9725	0,001
17	5,997	5,996	5,9965	0,001
18	6,019	6,015	6,0170	0,004
19	5,987	5,986	5,9865	0,001
20	6,029	6,025	6,0270	0,004
21	6,017	6,019	6,0180	0,002
22	6,003	6,001	6,0020	0,002
23	6,009	6,012	6,0105	0,003
24	5,987	5,987	5,9870	0,000
25	6,006	6,003	6,0045	0,003

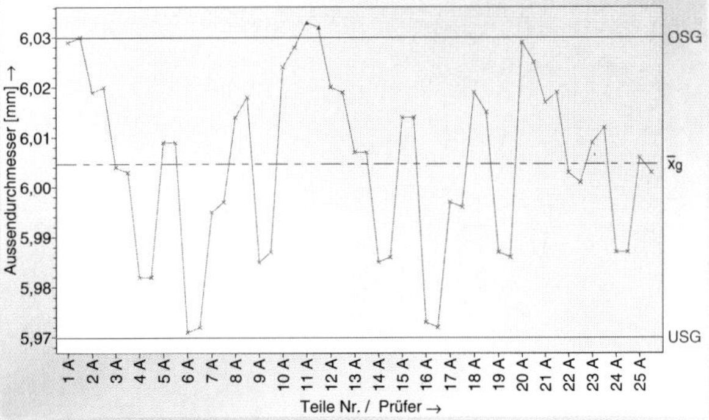

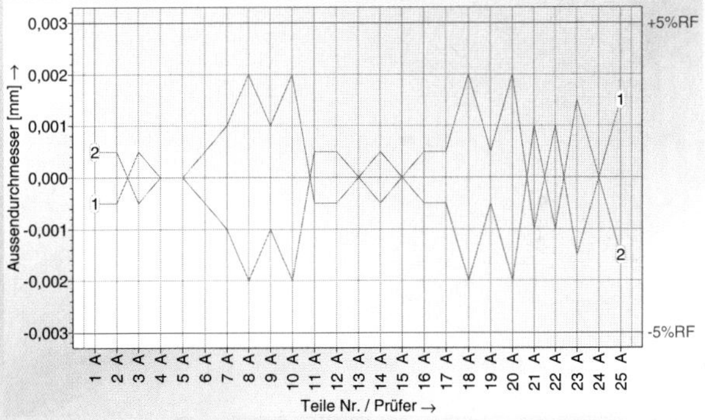

Wiederholpräzision	=	$EV = 6{,}00\,\sigma$	=	0,00142	=
Wiederholpräzision	=	$\%EV = 6\,\frac{EV\ 100\%}{T}$	=	14,18%	0 10 30
Messsystemstreuung	=	$R\&R = EV$	=	0,00142	=
Messsystemstreuung	=	$\%R\&R = 6\,\frac{R\&R\ 100\%}{T}$	=	14,18%	0 10 30

Messsystem bedingt fähig (RE,R&R)

Bosch Heft 10: Verfahren 3 ARM

Abbildung 14.3-9: Verfahren 3, Bosch Heft 10 [51]

Q-DAS	Messsystemanalyse Linearität	Blatt : 1 / 1

Messmittel :		**Merkmal :**		**Normal :**	
Werksbereich	:	Merkm.Bez.	: RV	Bezeichnung	:
Abteilung	:	Merkm.Nr.	: 1	Normal Nr.	:
Werkstatt/Bereich	:	Nennmaß	:	Normal-Istwert	:
Bezeichnung	:	Unteres Abmaß	:	Auflösung	:
Messmittelnr.	:	Oberes Abmaß	:	Kalibrierunsicherheit	:
Prüfplatz	:	Toleranz	: ---		
Prfm.Herst.	:	Einheit	: mm		

n	$\bar{x}_{g\,Ref.}$	$x_{A;1}$	$x_{A;2}$	$x_{A;3}$	$x_{A;4}$	$x_{A;5}$	$x_{A;6}$	$x_{A;7}$	$x_{A;8}$	$x_{A;9}$	$x_{A;10}$	$\bar{x}_{g\,j}$
1	2,00100	1,977	1,922	1,908	2,049	1,910	1,942	1,939	1,954	1,986	1,908	1,9495
2	4,00300	4,017	4,072	4,056	4,027	3,962	4,013	4,102	3,995	4,005	3,921	4,0170
3	5,99900	6,008	5,952	5,953	5,952	6,019	5,990	5,939	5,933	6,037	6,014	5,9797
4	8,00100	8,074	8,057	8,015	7,997	7,974	8,016	8,053	8,053	7,980	8,067	8,0286
5	10,00200	10,068	10,062	10,032	10,078	10,037	9,921	10,036	10,015	10,029	10,039	10,0317

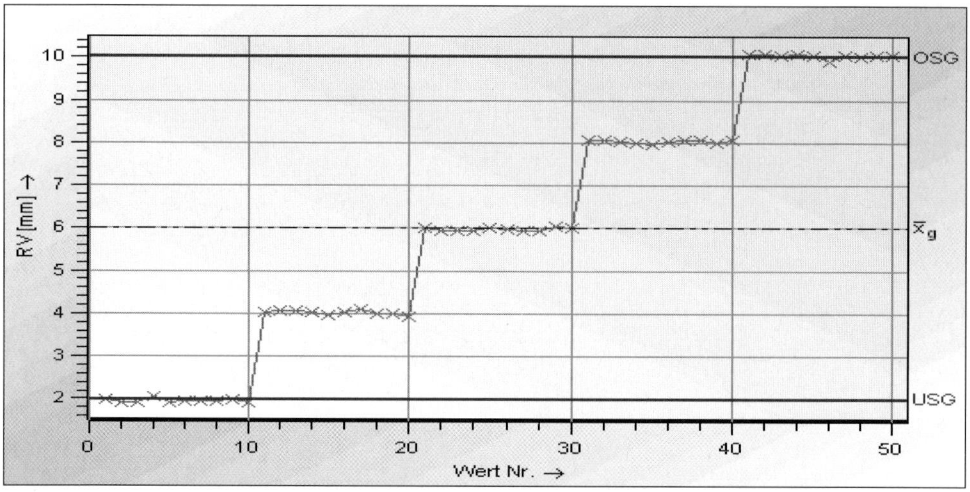

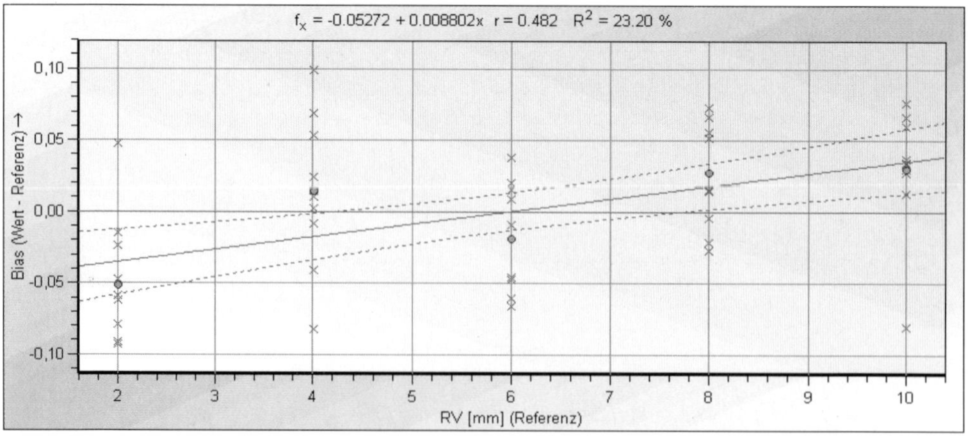

Abbildung 14.3-10: Linearität, Bosch Heft 10 [51]

Q-DAS	Messsystemanalyse Stabilität	Blatt : 1 / 1

Messmittel :	**Merkmal :**	**Normal :**
Werksbereich :	Merkm.Bez. : Durchmesser	Bezeichnung :
Abteilung :	Merkm.Nr. :	Normal Nr. :
Werkstatt/Bereich :	Nennmaß : 6.000	Normal-Istwert :
Bezeichnung :	Unteres Abmaß : -0.030	Auflösung :
Messmittelnr. :	Oberes Abmaß : 0.030	Kalibrierunsicherhe :
Prüfplatz :	Toleranz : 0,060	
Prfm.Herst. :	Einheit : mm	

Bemerkung

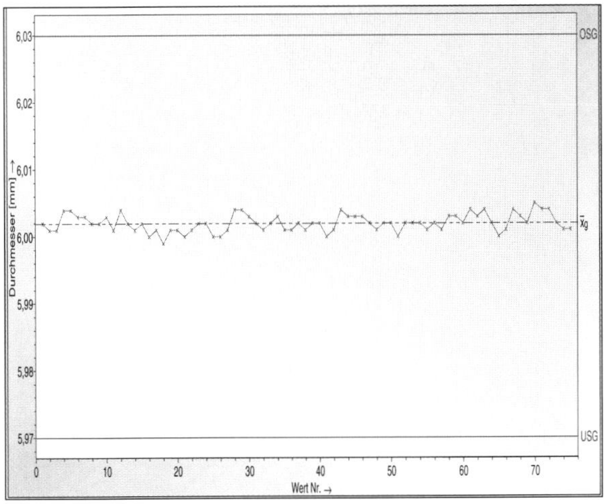

x_i	x_i	x_i	x_i	x_i
6,002	6,004	6,003	6,003	6,002
6,001	6,004	6,002	6,003	6,001
6,001	6,003	6,002	6,003	6,002
x_i	x_i	x_i	x_i	x_i
6,000	6,001	6,001	6,000	5,999
6,001	6,001	6,002	6,000	5,999
5,999	6,001	6,002	6,001	6,000
x_i	x_i	x_i	x_i	x_i
6,002	6,003	6,002	6,002	6,004
6,001	6,001	6,001	6,000	6,003
6,002	6,001	6,002	6,001	6,003
x_i	x_i	x_i	x_i	x_i
6,003	6,002	6,002	6,001	6,003
6,002	6,002	6,002	6,002	6,003
6,001	6,000	6,002	6,001	6,002
x_i	x_i	x_i	x_i	x_i
6,004	6,002	6,004	6,005	6,002
6,003	6,000	6,003	6,004	6,001
6,004	6,001	6,002	6,004	6,001

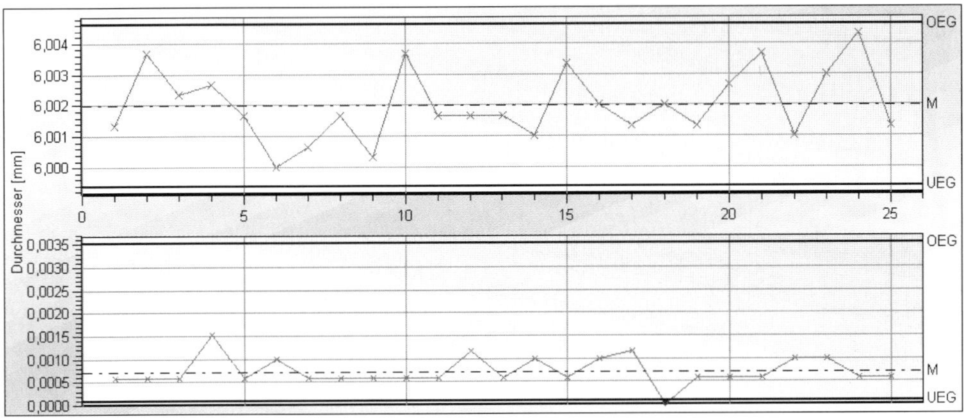

Abbildung 14.3-11: Stabilität, Bosch Heft 10 [51]

n	Ref. 1	$x_{A;1}$	$x_{A;2}$	$x_{B;1}$	$x_{B;2}$	
28	3,6640	−	−	−	−	☺
7	3,6520	−	−	−	−	☺
30	3,6520	−	−	−	−	☺
2	3,6490	−	−	−	−	☺
6	3,6450	−	−	−	−	☺
22	3,6420	−	−	−	−	☺
32	3,6410	−	−	+	−	☹
9	3,6340	−	−	−	+	☹
27	3,6320	−	−	+	+	☹
36	3,6320	−	−	+	+	☹
1	3,6320	−	−	+	+	☹
47	3,6320	−	−	+	+	☹
46	3,6260	+	+	+	+	☺
10	3,6250	+	+	+	+	☺
26	3,6220	+	+	+	+	☺
23	3,6210	+	+	+	+	☺
5	3,6210	+	+	+	+	☺
15	3,6170	+	+	+	+	☺
33	3,6140	+	+	+	+	☺
42	3,6140	+	+	+	+	☺
43	3,6130	+	+	+	+	☺
50	3,6090	+	+	+	+	☺
38	3,6030	+	+	+	+	☺
34	3,6000	+	+	+	+	☺
8	3,5990	+	+	+	+	☺
40	3,5970	+	+	+	+	☺
13	3,5950	+	+	+	+	☺
21	3,5950	+	+	+	+	☺
25	3,5930	+	+	+	+	☺
44	3,5920	+	+	+	+	☺
35	3,5910	+	+	+	+	☺
41	3,5870	+	+	+	+	☺
3	3,5870	+	+	+	+	☺
31	3,5860	+	+	+	+	☺
16	3,5850	+	+	+	+	☺
18	3,5820	+	+	+	+	☺
39	3,5780	+	+	+	+	☺
20	3,5740	+	+	+	+	☺
48	3,5730	+	+	+	+	☺
11	3,5720	+	+	+	+	☺
37	3,5700	+	+	+	+	☺
24	3,5650	+	+	−	−	☹
14	3,5610	+	+	−	+	☹
45	3,5600	+	+	−	−	☹
49	3,5590	+	+	−	−	☹
4	3,5520	+	−	−	−	☹
12	3,5520	+	−	−	−	☹
29	3,5460	−	−	−	−	☺
19	3,5440	−	−	−	−	☺
17	3,5310	−	−	−	−	☺

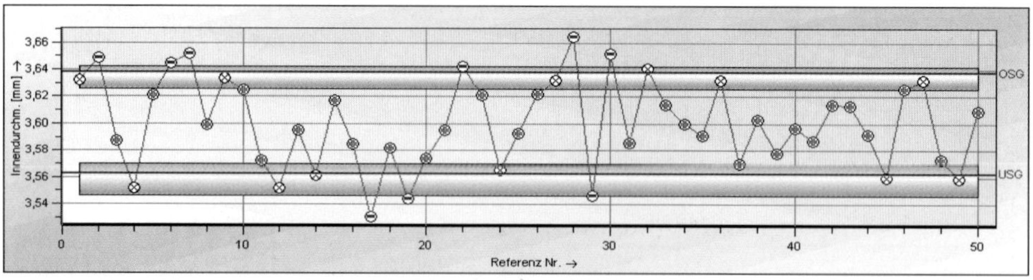

USG	=	3,5625	OSG	=	3,6375	T	=	0,0750
Messsystemstreuung			=	R&R	=	0,0200		
Messsystemstreuung	=	%R&R	=	26,67%		☹		
Q-DAS MSA: Attributiv								

Abbildung 14.3-12: Attributiv, Signalerkennung Bosch Heft 10 [51]

15 Anhang

15.1 Tabellen

15.1.1 d_2^*-Tabelle zur Bestimmung der K-Faktoren u. Freiheitsgrade für t-Werte

Anzahl Stichproben: k · n Anzahl Prüfer (k) • Anzahl Teile (n)	Stichprobenumfang: Anzahl Wiederholungen (r) für K_1 oder Anzahl Prüfer (k) für K_2								
	2	3	4	5	6	7	8	9	10
1	1.0 1.41421	2.0 1.91155	2.9 2.23887	3.8 2.48124	4.7 2.67253	5.5 2.82981	6.3 2.96288	7.0 3.07794	7.7 3.17905
2	1.9 1.27931	3.8 1.80538	5.7 2.15069	7.5 2.40484	9.2 2.60438	10.8 2.76779	12.3 2.90562	13.8 3.02446	15.1 3.12869
3	2.8 1.23105	5.7 1.76858	8.4 2.12049	11.1 2.37883	13.6 2.58127	16.0 2.74681	18.3 2.88628	20.5 3.00643	22.6 3.11173
4	3.7 1.20621	7.5 1.74989	11.2 2.10522	14.7 2.36571	18.1 2.56964	21.3 2.73626	24.4 2.87656	27.3 2.99737	30.1 3.10321
5	4.6 1.19105	9.3 1.73857	13.9 2.09601	18.4 2.35781	22.6 2.56263	26.6 2.72991	30.4 2.87071	34.0 2.99192	37.5 3.09808
6	5.5 1.18083	11.1 1.73099	16.7 2.08985	22.0 2.35253	27.0 2.55795	31.8 2.72567	36.4 2.86680	40.8 2.98829	45.0 3.09467
7	6.4 1.17348	12.9 1.72555	19.4 2.08543	25.6 2.34875	31.5 2.55460	37.1 2.72263	42.5 2.86401	47.6 2.98568	52.4 3.09222
8	7.2 1.16794	14.8 1.72147	22.1 2.08212	29.2 2.34591	36.0 2.55208	42.4 2.72036	48.5 2.86192	54.3 2.98373	59.9 3.09039
9	8.1 1.16361	16.6 1.71828	24.9 2.07953	32.9 2.34370	40.4 2.55013	47.7 2.71858	54.5 2.86028	61.1 2.98221	67.3 3.08896
10	9.0 1.16014	18.4 1.71573	27.6 2.07746	36.5 2.34192	44.9 2.54856	52.9 2.71717	60.6 2.85898	67.8 2.98100	74.8 3.08781
11	9.9 1.15729	20.2 1.71363	30.4 2.07577	40.1 2.34048	49.4 2.54728	58.2 2.71600	66.6 2.85791	74.6 2.98000	82.2 3.08688
12	10.7 1.15490	22.0 1.71189	33.1 2.07436	43.7 2.33927	53.8 2.54621	63.5 2.71504	72.6 2.85702	81.3 2.97917	89.7 3.08610
13	11.6 1.15289	23.8 1.71041	35.8 2.07316	47.3 2.33824	58.3 2.54530	68.7 2.71422	78.6 2.85627	88.1 2.97847	97.1 3.08544
14	12.5 1.15115	25.7 1.70914	38.6 2.07213	51.0 2.33737	62.8 2.54452	74.0 2.71351	84.7 2.85562	94.9 2.97787	104.6 3.08487
15	13.4 1.14965	27.5 1.70804	41.3 2.07125	54.6 2.33661	67.2 2.54385	79.3 2.71290	90.7 2.85506	101.6 2.97735	112.1 3.08438
16	14.3 1.14833	29.3 1.70708	44.1 2.07047	58.2 2.33594	71.7 2.54326	84.5 2.71237	96.7 2.85457	108.4 2.97689	119.5 3.08395
17	15.1 1.14717	31.1 1.70623	46.8 2.06978	61.8 2.33535	76.2 2.54274	89.8 2.71190	102.8 2.85413	115.1 2.97649	127.0 3.08358
18	16.0 1.14613	32.9 1.70547	49.5 2.06917	65.5 2.33483	80.6 2.54228	95.1 2.71148	108.8 2.85375	121.9 2.97613	134.4 3.08324
19	16.9 1.14520	34.7 1.70480	52.3 2.06862	69.1 2.33436	85.1 2.54187	100.3 2.71111	114.8 2.85341	128.7 2.97581	141.9 3.08294
20	17.8 1.14437	36.5 1.70419	55.0 2.06813	72.7 2.33394	89.6 2.54149	105.6 2.71077	120.9 2.85310	135.4 2.97552	149.3 3.08267
d_2 cd	1.12838 0.876	1.69257 1.815	2.05875 2.7378	2.32593 3.623	2.53441 4.4658	2.70436 5.2673	2.8472 6.0305	2.97003 6.7582	3.07751 7.4539

Anzahl Stichproben: k · n / Anzahl Prüfer (k) • Anzahl Teile (n)	Stichprobenumfang: Anzahl Wiederholungen (r) für K_1 oder Anzahl Prüfer (k) für K_2									
	11	12	13	14	15	16	17	18	19	20
1	8.3 3.26909	9.0 3.35016	9.6 3.42378	10.2 3.49116	10.8 3.55333	11.3 3.61071	11.9 3.66422	12.4 3.71424	12.9 3.76118	13.4 3.80537
2	16.5 3.22134	17.8 3.30463	19.0 3.38017	20.2 3.44922	21.3 3.51287	22.4 3.57156	23.5 3.62625	24.5 3.67734	25.5 3.72524	26.5 3.77032
3	24.6 3.20526	26.5 3.28931	28.4 3.36550	30.1 3.43512	31.9 3.49927	33.5 3.55842	35.1 3.61351	36.7 3.66495	38.2 3.71319	39.7 3.75857
4	32.7 3.19720	35.3 3.28163	37.7 3.35815	40.1 3.42805	42.4 3.49246	44.6 3.55183	46.7 3.60712	48.8 3.65875	50.8 3.70715	52.8 3.75268
5	40.8 3.19235	44.0 3.27701	47.1 3.35372	50.1 3.42381	52.9 3.48836	55.7 3.54787	58.4 3.60328	61.0 3.65502	63.5 3.70352	65.9 3.74914
6	49.0 3.18911	52.8 3.27392	56.5 3.35077	60.1 3.42097	63.5 3.48563	66.8 3.54522	70.0 3.60072	73.1 3.65253	76.1 3.70109	79.1 3.74678
7	57.1 3.18679	61.6 3.27172	65.9 3.34866	70.0 3.41894	74.0 3.48368	77.9 3.54333	81.6 3.59888	85.3 3.65075	88.8 3.69936	92.2 3.74509
8	65.2 3.18506	70.3 3.27006	75.2 3.34708	80.0 3.41742	84.6 3.48221	89.0 3.54192	93.3 3.59751	97.4 3.64941	101.4 3.69806	105.3 3.74382
9	73.3 3.18370	79.1 3.26878	84.6 3.34585	90.0 3.41624	95.1 3.48107	100.1 3.54081	104.9 3.59644	109.5 3.648.38	114.1 3.69705	118.5 3.74284
10	81.5 3.18262	87.9 3.26775	94.0 3.34486	99.9 3.41529	105.6 3.48016	111.2 3.53993	116.5 3.59559	121.7 3.64755	126.7 3.69625	131.6 3.74205
11	89.6 3.18174	96.6 3.26690	103.4 3.34406	109.9 3.41452	116.2 3.47941	122.3 3.53921	128.1 3.59489	133.8 3.64687	139.4 3.69558	144.7 3.74141
12	97.7 3.18100	105.4 3.26620	112.7 3.34339	119.9 3.41387	126.7 3.47879	133.3 3.53861	139.8 3.59430	146.0 3.64630	152.0 3.69503	157.9 3.74087
13	105.8 3.18037	114.1 3.26561	122.1 3.34282	129.8 3.41333	137.3 3.47826	144.4 3.53810	151.4 3.59381	158.1 3.64582	164.7 3.69457	171.0 3.74041
14	113.9 3.17984	122.9 3.26510	131.5 3.34233	139.8 3.41286	147.8 3.47781	155.5 3.53766	163.0 3.59339	170.3 3.64541	177.3 3.69417	184.2 3.74002
15	122.1 3.17938	131.7 3.26465	140.9 3.34191	149.8 3.41245	158.3 3.47742	166.6 3.53728	174.6 3.59302	182.4 3.64505	190.0 3.69382	197.3 3.73969
16	130.2 3.17897	140.4 3.26427	150.2 3.34154	159.7 3.41210	168.9 3.47707	177.7 3.53695	186.3 3.59270	194.6 3.64474	202.6 3.69351	210.4 3.73939
17	138.3 3.17861	149.2 3.26393	159.6 3.34121	169.7 3.41178	179.4 3.47677	188.8 3.53666	197.9 3.59242	206.7 3.64447	215.2 3.69325	223.6 3.73913
18	146.4 3.17829	157.9 3.26362	169.0 3.34092	179.7 3.41150	190.0 3.47650	199.9 3.53640	209.5 3.59216	218.8 3.64422	227.9 3.69301	236.7 3.73890
19	154.5 3.17801	166.7 3.26335	178.4 3.34066	189.6 3.41125	200.5 3.47626	211.0 3.53617	221.1 3.59194	231.0 3.64400	240.5 3.69280	249.8 3.73869
20	162.7 3.17775	175.5 3.26311	187.8 3.34042	199.6 3.41103	211.0 3.47605	222.1 3.53596	232.8 3.59174	243.1 3.64380	253.2 3.69260	263.0 3.73850
d_2 cd	3.17287 8.1207	3.25846 8.7602	3.33598 9.3751	3.40676 9.9679	3.47193 10.5396	3.53198 11.0913	3.58788 11.6259	3.64006 12.144	3.68896 12.6468	3.735 13.1362

Tabelle 15.1-1: *d_2^*-Tabelle mit Freiheitsgraden*

Anmerkungen zu den Tabelleneinträgen:

- In der ersten Zeile einer jeden Zelle sind die Freiheitsgrade (f) eingetragen. Mit f kann in Verbindung mit der gewünschten statistischen Wahrscheinlichkeit P auf der t-Tabelle [44] der t-Wert ermittelt werden.
- In der zweiten Zeile einer jeden Zelle ist der Wert d_2^* eingetragen.

Hinweis:

Die in dieser Tabelle benutzte Notation folgt den Ausführungen von Acheson Duncan "Quality Control and Industrial Statistics" [39].

Ablesen der d_2^*-Funktion

K_1-Faktor:

K_1 ist abhängig von der Anzahl Wiederholungen (r) und der Anzahl Teile (n) mal der Anzahl der Prüfer (k).

K_2-Faktor:

K_2 ist abhängig von der Anzahl der Prüfer (k). Da nur eine Spannweite berechnet wird, gilt nur Zeile 1.

K_3-Faktor:

K3 ist abhängig von der Anzahl (n) der Prüfobjekte. Da nur eine Spannweite berechnet wird, gilt nur Zeile 1.

Beispiele zur Bestimmung der K-Faktoren:

Leitfaden [48]

1. 2 Wiederholungen (r=2),
   3 Prüfer (k=3), 10 Teile (n=10)
   falls $k \cdot n = 3 \cdot 10 = 30$
   dann gilt die Zeile >15 $d_2^* = 1.128$
   $K_1 = \frac{5.152}{1.128} = 4.567$

2. 10 Wiederholungen (r=10),
   1 Prüfer (k=1), 5 Teile (n=5)
   $k \cdot n = 1 \cdot 5 = 5$ $d_2^* = 3.10$
   $K_1 = \frac{5.152}{3.1} = 1.662$

3. 3 Prüfer k=3
   $K_2 = \frac{5.152}{1.91} = 2.697$ $d_2^* = 1.91$

Neu: ab MSA [1] 3. Ausgabe

1. 2 Wiederholungen (r=2),
   3 Prüfer (k=3), 10 Teile (n=10)
   falls $k \cdot n = 3 \cdot 10 = 30$
   dann gilt die Zeile >15 $d_2^* = 1.12838$
   $K_1 = \frac{1}{1.128} = 0,8862$

2. 10 Wiederholungen (r=10),
   1 Prüfer (k=1), 5 Teile (n=5)
   $k \cdot n = 1 \cdot 5 = 5$ $d_2^* = 3.09808$
   $K_1 = \frac{1}{3.09808} = 0,3228$

3. 3 Prüfer k=3
   $K_2 = \frac{1}{1.92155} = 0,5231$ $d_2^* = 1.92155$

15.1.2 Eignungsgrenzen gemäß VDA 5

Toleranzklasse s. Tabelle 15.1-3	Empfohlener Eignungsgrenzwert G_{pp}
2	0,40
3	0,40
4	0,40
5	0,40
6	0,40
7	0,30
8	0,30
9	0,30
10	0,30
11	0,20
12	0,20
13	0,20
14	0,20
15	0,20
16	0,20
17	0,20

Tabelle 15.1-2: Eignungsgrenzwert G_{pp} abhängig von den Toleranzklassen des Passungssystems nach DIN ISO 286 T1

Nennmaß [mm]		Zahlenwerte der Grundtoleranzen IT (DIN ISO 286-1)													
		IT1	IT2	IT3	IT4	IT5	IT6	IT7	IT8	IT9	IT10	IT11	IT12	IT13	...
über	bis	Grundtoleranzen [µm]											[mm]		
-	3	0,8	1,2	2	3	4	6	10	14	25	40	60	0,1	0,14	...
3	6	1	1,5	2,5	4	5	8	12	18	30	48	75	0,12	0,18	...
6	10	1	1,5	2,5	4	6	9	15	22	36	58	90	⋮	⋮	
10	18	1,2	2	3	5	8	11	18	⋮	⋮	⋮	⋮			
18	30	1,5	2,5	4	6	9	⋮	⋮							
30	50	1,5	2,5	4	7	⋮									
50	80	2	3	5	⋮										
80	120	2,5	4	6											
120	180	3,5	5	⋮											
180	250	4,5	7												
250	315	⋮	⋮												
⋮	⋮														

Tabelle 15.1-3: Auszug aus DIN ISO 286-1

15.1.3 k-Faktoren

Freiheitsgrad f	1	2	3	4	5	6	7	8	9	10	11	12	13	14	$\rightarrow \infty$
Werte k (p=95,5%)	13,97	4,53	3,31	2,87	2,65	2,52	2,43	2,37	2,32	2,28	2,25	2,23	2,21	2,20	2,0

Tabelle 15.1-4: k-Werte für 95,5% in Abhängigkeit des Freiheitsgrades

Der Freiheitsgrad kann der Tabelle 15.1-1 entnommen werden.

15.2 Modelle der Varianzanalyse

15.2.1 Messsystemanalyse – Verfahren 2

P Prüfer messen mit einem Messmittel ***T*** Teile jeweils mit ***W*** Wiederholungen.

Es wird davon ausgegangen, dass sich jeder Messwert additiv zusammensetzt aus dem Gesamtmittelwert der Messwerte, dem Einfluss von Prüfer, dem Einfluss des Teils, dem Einfluss des Zusammentreffens von Prüfer und Teil (Wechselwirkungseinfluss) sowie der Restabweichung (Einfluss des Messmittels), also

Messwert von Prüfer an Teil in Wiederholung **=**
Gesamtmittelwert + Einfluss vom Prüfer
\+ Einfluss vom Teil
\+ Einfluss von (Prüfer misst Teil)
\+ Restabweichung.

Um die Einflüsse getrennt beurteilen zu können, zerlegt man zunächst die Summe der quadratischen Abweichungen über alle Messwerte in Teilsummen und berechnet daraus dann die Varianzen.

Zur Berechnung:

Der Mittelwert von „Prüfer ***p*** misst Teil ***t***" über die Wiederholungen : $X_{pt\bullet}$
Der Mittelwert über die Messwerte von Prüfer ***p*** : $X_{p\bullet\bullet}$
Der Mittelwert über die Messwerte von Teil ***t*** : $X_{\bullet t\bullet}$
Der Gesamtmittelwert : $X_{\bullet\bullet\bullet}$

Summe der quadratischen Abweichungen zwischen den ***p*** Prüfern:

$$\Sigma P := tw\,[(X_{1\bullet\bullet} - X_{\bullet\bullet\bullet})^2 + (X_{2\bullet\bullet} - X_{\bullet\bullet\bullet})^2 + (X_{3\bullet\bullet} - X_{\bullet\bullet\bullet})^2 \;...\; (X_{p\bullet\bullet} - X_{\bullet\bullet\bullet})^2\,]$$

mit Freiheitsgrad

$$f_{IV} := p - 1;$$

Summe der quadratischen Abweichungen zwischen den ***t*** Teilen:

$$\Sigma T := pw\,[(X_{\bullet 1\bullet} - X_{\bullet\bullet\bullet})^2 + (X_{\bullet 2\bullet} - X_{\bullet\bullet\bullet})^2 + (X_{\bullet 3\bullet} - X_{\bullet\bullet\bullet})^2 \;...\; (X_{\bullet t\bullet} - X_{\bullet\bullet\bullet})^2\,]$$

mit Freiheitsgrad
$f_{III} := t - 1;$

Summe der quadratischen Abweichungen durch die Wechselwirkung (***p*** misst ***t***):

$$\Sigma PT := w \sum_{i=1..p} \sum_{j=1..t} (X_{ij\bullet} - X_{i\bullet\bullet} - X_{\bullet j\bullet} - X_{\bullet\bullet\bullet})^2$$

mit Freiheitsgrad

$f_{II} := (p - 1)(t - 1);$

Summe der quadratischen Abweichungen innerhalb der Wiederholungen von Prüfer ***p*** misst Teil ***t***.

$$\Sigma E := \sum_{i=1..p} \sum_{j=1..t} \sum_{k=1..w} (X_{ijk} - X_{ij\bullet})^2$$

mit Freiheitsgrad

$f_I := pt(w - 1);$

Die Summe der quadratischen Abweichungen über alle Messwerte ist dann $\Sigma P + \Sigma T + \Sigma PT + \Sigma E$.

Für die Messmittelanalyse werden folgende Varianzen berechnet:

Hierbei wird unterschieden, ob der Einfluss der Wechselwirkung signifikant ist oder nicht. (**F-Test, Prüfwert** s^2_{PT}/s^2_E, **krit. Wert** $F_{fII,fI,1-\alpha}$).

Die Varianzen berechnen sich entsprechend aus Quotient aus der Summe der quadratischen Abweichungen durch den entsprechenden Freiheitsgrad:
Varianz Prüfereinfluss $s^2_P := \Sigma P / f_{IV}$
Varianz Teileeinfluss $s^2_T := \Sigma T / f_{III}$

Bei signifikanter Wechselwirkung
Varianz Wechselwirkung $s^2_{PT} := \Sigma PT / f_{II}$
Varianz Messmitteleinfluss $s^2_E := \Sigma E / f_I$.

Bei nicht signifikanter Wechselwirkung
Varianz ADDWechselw/Messm. $s^2_{add} := (\Sigma E + \Sigma PT) / (f_I + f_{II})$.

1. Wechselwirkungseinfluss signifikant:

Die Vertrauensbereiche zum Niveau 1-α berechnen sich hier aus

$$\frac{f_I}{\chi^2_{fI,1-\alpha/2}} s_E^2 \le \sigma_E^2 \le \frac{f_I}{\chi^2_{fI,\alpha/2}} s_E^2$$

$$\frac{s_E^2}{w}\left(\frac{s_{PT}^2/s_E^2}{F_{fII,fI,1-\alpha/2}} - 1\right) \le \sigma_{PT}^2 \le \frac{s_E^2}{w}\left(\frac{s_{PT}^2/s_E^2}{F_{fII,fI,\alpha/2}} - 1\right)$$

$$\frac{s_{PT}^2}{tw}\left(\frac{s_P^2/s_{PT}^2}{F_{fIII,fII,1-\alpha/2}}-1\right)\le\sigma_P^2\le\frac{s_{PT}^2}{tw}\left(\frac{s_P^2/s_{PT}^2}{F_{fIII,fII,\alpha/2}}-1\right)$$

$$\frac{s_{PT}^2}{pw}\left(\frac{s_T^2/s_{PT}^2}{F_{fIV,fII,1-\alpha/2}}-1\right)\le\sigma_T^2\le\frac{s_{PT}^2}{pw}\left(\frac{s_T^2/s_{PT}^2}{F_{fIV,fII,\alpha/2}}-1\right)$$

$$\frac{1}{tw}\left(\frac{f_{III}}{\chi^2_{fIII,1-\alpha/2}}s_P^2+t(w-1)s_E^2+(t-1)s_{PT}^2\right)\le\sigma_P^2+\sigma_T^2+\sigma_{PT}^2\le\frac{1}{tw}\left(\frac{f_{III}}{\chi^2_{fIII,\alpha/2}}s_P^2+t(w-1)s_E^2+(t-1)s_{PT}^2\right)$$

Mit Hilfe der Kenngrößen

Messmittel :	VE	:=	$s^2{}_E$
Wechselwirkung (Prüfer misst Teil):	VW	:=	$(s^2{}_{PT} - s^2{}_E)/\,w$
Prüfer :	VP	:=	$(s^2{}_P - s^2{}_{PT})/\,tw$
Teil :	VT	:=	$(s^2{}_T - s^2{}_{PT})/\,pw$

kann auf den Einfluss der einzelnen Komponenten geschlossen werden (das Produkt 5.15 * s entspricht einem Anteil von 99% der Werte bei normalverteilter Grundgesamtheit):

EV (**E**quipment **V**ariation)	- „Streuung des Messmittels“:	$5.15\sqrt{VE}$
AV (**A**ppraiser **V**ariation)	- „Streuung des Prüfers“:	$5.15\sqrt{VP}$
IA (**Inter**a**ction**)	- „Streuung der Wechselwirkung“	$5.15\sqrt{VW}$
PV (**P**art **V**ariation)	- „Streuung des Teils“:	$5.15\sqrt{VT}$
R&R (**R**epeatability & **R**eproducibility)	-	$\sqrt{EV + AV + IA}$

2. Wechselwirkungseinfluss nicht signifikant:

Die Vertrauensbereiche zum Niveau 1-α berechnen sich hier aus

$$\frac{f_I+f_{II}}{\chi^2_{fI+fII,1-\alpha/2}}s_{add}^2\le\sigma_{add}^2\le\frac{f_I+f_{II}}{\chi^2_{fI+fII,\alpha/2}}s_{add}^2$$

$$\frac{s_{add}^2}{tw}\left(\frac{s_P^2/s_{add}^2}{F_{fIII,fI+fII,1-\alpha/2}}-1\right)\le\sigma_P^2\le\frac{s_{add}^2}{tw}\left(\frac{s_P^2/s_{add}^2}{F_{fIII,fI+fII,\alpha/2}}-1\right)$$

$$\frac{s_{add}^2}{pw}\left(\frac{s_T^2/s_{add}^2}{F_{fIV,fI+fII,1-\alpha/2}}-1\right)\le\sigma_T^2\le\frac{s_{add}^2}{pw}\left(\frac{s_T^2/s_{add}^2}{F_{fIV,fIfII,\alpha/2}}-1\right)$$

$$\frac{1}{tw}\left(\frac{f_{III}}{\chi^2_{fIII,1-\alpha/2}}s_P^2+(tw-1)s_{add}^2\right)\le\sigma_P^2+\sigma_T^2\le\frac{1}{tw}\left(\frac{f_{III}}{\chi^2_{fIII,1-\alpha/2}}s_P^2+(tw-1)s_{add}^2\right)$$

Mit Hilfe der Kenngrößen

Messmittel : VE := s^2_{add}

Prüfer : VP := $(s^2_P - s^2_{add})/tw$

Teil : VT := $(s^2_T - s^2_{add})/pw$

kann auf den Einfluss der einzelnen Komponenten geschlossen werden (das Produkt 5.15 * s entspricht einem Anteil von 99% der Werte bei normalverteilter Grundgesamtheit):

EV (**E**quipment **V**ariation) - „Streuung des Messmittels": $5.15\sqrt{VE}$

AV (**A**ppraiser **V**ariation) - „Streuung des Prüfers": $5.15\sqrt{VP}$

IA (**Intera**ction) - „Streuung der Wechselwirkung" $5.15\sqrt{VW}$

PV (**P**art **V**ariation) - „Streuung des Teils": $5.15\sqrt{VT}$

R&R (**R**epeatability & **R**eproducibility) - $\sqrt{EV + AV + IA}$

Fallbeispiel:

	Prüfer 1		Prüfer 2	
	Wdh. 1	Wdh. 2	Wdh. 1	Wdh. 2
Teil 1	2	1	1	1
Teil 2	1	1	1	2
Teil 3	2	1	1	1
Teil 4	3	2	1	2
Teil 5	1	3	1	1

Um die einzelnen Mittelwerte, Summen der quadratischen Abweichungen und Varianzen zu berechnen, verwendet man bei Handrechnung die ANOVA- Zerlegungstafel (vgl. [46]):

	Prüfer 1		Prüfer 2		$\sum$	$\sum$	$(\sum)^2$	$\sum()^2$
	W1+W2	$W1^2+W2^2$	W1+W2	$W1^2+W2^2$				
T1	3		2		a1=5		c1=25	e1=13
T1		5		2		b1=7		
T2	2		3		a2=5		c2=25	e2=13
T2		2		5		b2=7		
T3	3		2		a3=5		c3=25	e3=13
T3		5		2		b3=7		
T4	5		3		a4=8		c4=64	e4=34
T4		13		5		b4=18		
T5	4		2		a5=6		c5=36	e5=20
T5		10		2		b5=12		
$\sum$	A1=17		A2=12		A=29		C=175	
$\sum$		B1=35		B2=16		B=51		
$(\sum)^2$	D1=289		D2=144		D=433			
$\sum()^2$	E1=63		E2=30					E=93

Daraus ergeben sich folgende Kenngrößen:

$X_{pt\bullet}$ = Summe W1+W2 von Prüfer p, Teil t dividiert durch Anzahl Wdh.:

$X_{11\bullet} = 3/2 = 1.5$ $X_{12\bullet} = 2/2 = 1$ $X_{13\bullet} = 3/2 = 1.5$

$X_{14\bullet} = 5/2 = 2.5$ $X_{15\bullet} = 4/2 = 2$

$X_{21\bullet} = 2/2 = 1$ $X_{22\bullet} = 3/2 = 1.5$ $X_{33\bullet} = 2/2 = 1$

$X_{24\bullet} = 3/2 = 1.5$ $X_{25\bullet} = 2/2 = 1$

$X_{p\bullet\bullet}$ = A_p dividiert durch Teile *Wdh.:

$X_{1\bullet\bullet} = 17/10 = 1.7$ $X_{2\bullet\bullet} = 12/10 = 1.2$

$X_{\bullet t\bullet}$ = a_t dividiert durch Prüfer *Wdh.:

$X_{\bullet 1\bullet} = 5/4 = 1.25$ $X_{\bullet 2\bullet} = 5/4 = 1.25$ $X_{\bullet 3\bullet} = 5/4 = 1.25$

$X_{\bullet 4\bullet} = 8/4 = 2$ $X_{\bullet 5\bullet} = 6/4 = 1.5$

$X_{\bullet\bullet\bullet}$ = A dividiert durch Prüfer*Teile *Wdh. = 29/20 =1.45.

$$\begin{aligned}\Sigma P &= D/(tw) - A^2/(ptw)\\ &= 433/10 - 841/20\\ &= 1.25\\ s^2_P &= 1.25 / 1 = 1.25\end{aligned}$$

$$\begin{aligned}\Sigma T &= C/(pw) - A^2/(ptw)\\ &= 175/4 - 841/20\\ &= 1.7\\ s^2_T &= 1.7 / 4 = 0.425\end{aligned}$$

$$\begin{aligned}\Sigma PT &= E/w - C/(pw) - D/(tw) + A^2/(ptw)\\ &= 93/2 - 175/4 - 433/10 + 841/20\\ &= 1.5\\ s^2_{PT} &= 1.5 / 4 = 0.375\end{aligned}$$

$$\begin{aligned}\Sigma E &= B - E/w\\ &= 51 - 93/2\\ &= 4.5\\ s^2_E &= 4.5 / 10 = 0.45\end{aligned}$$

Prüfwert F-Test: $s^2_{PT} / s^2_E = 0.375 / 0.45 = 0.8334 < 3.48 = F_{10,4,1-95\%}$
damit ist die Wechselwirkung nicht signifikant, d.h.

$$\begin{aligned}s^2_{add} &= (\Sigma E + \Sigma PT) / ptw-p-t+1\\ &= 6 / 14 = 0.4285\end{aligned}$$

Messmittel :		VE	=	0.429
Prüfer :		VP	=	0.0821
Teil :		VT	=	0 (da < 0)
EV	- „Streuung des Messmittels“:	$5.15\sqrt{VE}$	=	3.373
AV	- „Streuung des Prüfers“:	$5.15\sqrt{VP}$	=	1.476
PV	- „Streuung des Teils“:	$5.15\sqrt{VT}$	=	0
R&R	-	$\sqrt{EV + AV}$	=	3.682

Das Ergebnis R&R ist ins Verhältnis zu einer vorgegebenen Referenzgröße (RF) zu setzen:

$$\%R\&R = \frac{R\&R}{RF} \cdot 100\%$$

Dieses Ergebnis ist mit den festgelegten Annahmekriterien zu vergleichen.

15.2.2 Messsystemanalyse – Verfahren 3

Zur Beurteilung eines automatischen Messsystems bietet sich das Modell der balancierten einfachen Varianzanalyse mit Zufallskomponenten an. Mit dieser Methodik kann ein Teil im Gegensatz zu der in Abschnitt 8.5.9 beschriebenen Standardabweichungsmethode auch mehr als zweimal geprüft werden. Es wird davon ausgegangen, dass sich jeder Messwert aus: „Gesamtmittelwert + Einfluss des Teils + Einfluss des Messmittels" zusammensetzt. Um nur den Einfluss des Messmittels beurteilen zu können, ist durch geeignete Maßnahmen der Teileeinfluss[1] gering zu halten. Dies kann beispielsweise durch die Markierung der Messstellen geschehen.

Die Summe der quadratischen Abweichung der Wiederholungen (= Messungen pro Teil):

$$\sum E = \sum_{i=1}^{n} \sum_{j=1}^{k} \left(X_{ij} - X_{i\bullet}\right)^2$$

mit $X_{i\bullet}$ = Mittelwert der Messungen pro Teil

$i = 1, 2, ..., n$ = Anzahl Teile

$j = 1, 2, ..., k$ = Anzahl Messungen pro Teil

Daraus errechnet sich:

Streuung des Messmittels

$$s_E^2 = \frac{1}{f} \sum E$$

mit Freiheitsgrad $f = n \cdot (k-1)$.

$EV = 5{,}15 \cdot s_E$ für Vertrauensniveau 99%

$EV = 6 \cdot s_E$ für Vertrauensniveau 99,73%

Für die Berechnung der Gesamtstreuung des Messsystems %R&R wird EV ins Verhältnis zu einer vorgegebenen Referenzgröße (RF) gesetzt:

$$\%R\&R = \%EV = \frac{EV}{RF} \cdot 100\%$$

Dieser Kennwert ist mit den festgelegten Annahmekriterien zu vergleichen. Typische Referenzgrößen sind die Toleranz, die sechsfache Prozessstreuung oder die Teilestreuung (= die Streuung zwischen den verschiedenen Teilen, PV = Part Variation).

[1] Streuung bei Mehrfachmessung an einem Teil infolge von Ungleichheiten eines Teiles

Diese kann aus der quadratischen Abweichung zwischen den Teilen bestimmt werden:

$$\sum T = k\sum_{i=1}^{n}\left(x_{i\bullet} - x_{\bullet\bullet}\right)^2 \qquad \text{mit } i = 1, 2, ..., n = \text{Anzahl Teile}$$

k = Anzahl Messungen pro Teil

$x_{\bullet\bullet}$ = Gesamtmittelwert

$$s_T^2 = \frac{\sum T}{f_T} \quad \text{und} \quad VT = \frac{\left(s_T^2 - s_E^2\right)}{k} \qquad \text{mit Freiheitsgrad } f_T = n - 1$$

$PV = 5{,}15 \cdot VT$ für Vertrauensniveau 99%

$PV = 6 \cdot VT$ für Vertrauensniveau 99,73 %

Falls keine signifikante Teilestreuung vorhanden ist, kann VT < 0 sein. In diesem Fall darf die Teilestreuung nicht als Referenzgröße herangezogen werden.

Fallbeispiel:

Zehn Teile werden zweimal gemessen. Die Merkmalstoleranz ist 0,06 mm.

i		x_{2i}	$x_{i\bullet}$	$(x_{1i}-x_{i\bullet})^2$	$(x_{2i}-x_{i\bullet})^2$	E	T
1	6,029	6,030	6,0295	0,00000025	0,00000025	0,0000005	0,00065536
2	6,019	6,020	6,0195	0,00000025	0,00000025	0,0000005	0,00024336
3	6,004	6,003	6,0035	0,00000025	0,00000025	0,0000005	0,00000016
4	5,982	5,982	5,9820	0,00000000	0,00000000	0,0000000	0,00047961
5	6,009	6,009	6,0090	0,00000000	0,00000000	0,0000000	0,00002601
6	5,971	5,972	5,9715	0,00000025	0,00000025	0,0000005	0,00104976
7	5,995	5,997	5,9960	0,00000100	0,00000100	0,0000020	0,00006241
8	6,014	6,018	6,0160	0,00000400	0,00000400	0,0000080	0,00014641
9	5,985	5,987	5,9860	0,00000100	0,00000100	0,0000020	0,00032041
10	6,024	6,028	6,0260	0,00000400	0,00000400	0,0000080	0,00048841
	$x_{\bullet\bullet}$ = 6,0039					**ΣE** = 0,0000220	**ΣT** = 0,00347190

für die **Streuung des Messsystems**

$$s_E^2 = \frac{0{,}000022}{10(2-1)} = 0{,}0000022$$

$$EV = 6 \cdot \sqrt{0{,}0000022} = 0{,}0089 \qquad \text{für Vertrauensniveau 99,73\%}$$

$$\%R\,\&\,R = \%EV = \frac{0{,}0089}{0{,}06} \cdot 100\% = 14{,}8\% \qquad \text{mit Toleranz als Referenzgröße}$$

für die **Streuung zwischen den Teilen**

$$s_T^2 = \frac{0{,}0034719}{9} \qquad = 0{,}000386$$

$$VT = \frac{(0{,}000386 - 0{,}000022)}{2} \qquad = 0{,}0001819$$

$$PV = 6 \cdot \sqrt{0{,}0001819} \qquad = 0{,}0809$$ für Vertrauensniveau 99,73%

16 Verzeichnisse

16.1 Verzeichnis der verwendeten Abkürzungen

$1-\alpha$	Vertrauensniveau
α	Wahrscheinlichkeit für den Fehler 1. Art = Irrtumswahrscheinlichkeit
ANOVA	(Varianzanalyse) **An**alysis **o**f **Va**riance
ARM	Mittelwert-Spannweiten-Methode (**A**verage **R**ange **M**ethod)
AV	Vergleichpräzision (Reproducibility / **A**ppraiser **V**ariation)
%AV	Vergleichpräzision (Reproducibility / **A**ppraiser **V**ariation) in % bezogen auf die Bezugsgröße (RF)
Bi	Systematische Messabweichung
%Bi	Systematische Messabweichung (**Bi**as) in % bezogen auf die Bezugsgröße (RF) **Hinweis:** Die systematische Messabweichung wird häufig als Genauigkeit bezeichnet. In der ISO 10012 ist aber der Begriff "Genauigkeit" als qualitativer Begriff definiert. Daher wird in dieser Richtlinie die Differenz zwischen dem beobachteten Mittelwert $\overline{x}_g$ und dem "wahren Wert" x_m mit systematischer Messabweichung bezeichnet.
C_g	Potential Messsystem (**g**age potential index)
C_{gk}	Fähigkeitsindex Messsystem (**g**age **c**apability index) Verfahren 1
d_2^*	Konstante zur Bestimmung des Schätzwertes für die Streuung (Grundgesamtheit) aus der Spannweite (Stichprobe)
EV	Wiederholpräzision (Repeatability – **E**quipment **V**ariation) Messsystem
%EV	Wiederholpräzision (Repeatability – **E**quipment **V**ariation) Messsystem in % bezogen auf die Bezugsgröße (RF)
f	Freiheitsgrad
H_0	Nullhypothese
H_1	Alternativhypothese
k	Anzahl der Prüfer (operators)
K	K-Faktor zur Bestimmung der erweiterten Messunsicherheit
K_1, K_2, K_3	Faktoren, die von der Anzahl der Prüfer, Wiederholungen und Teile abhängt
Li	Linearität (**Li**nearity)
Li_{un}, Li_{ob}	Linearität für min. bzw. max. Meister
%Li	Linearität (**Li**nearity) in % bezogen auf die Bezugsgröße (RF)
μ	Mittelwert der Grundgesamtheit
$\hat{\mu}$	Schätzwert für den Mittelwert der Grundgesamtheit

N	Losumfang
n	Anzahl der Teile (**n**umber of parts) Stichprobenumfang
OEG	**O**bere **E**ingriffs**g**renze
OSG	**O**bere **S**pezifikations**g**renze
P	Allgemeine Bezeichnung der Wahrscheinlichkeit
PV	Teilestreuung (**P**art **V**ariation)
%PV	Teilestreuung (**P**art **V**ariation) in % bezogen auf die Bezugsgröße (RF)
$\hat{Q}_{0,135}$	$(\hat{=}\, u_p)$ unterer Prozentpunkt (0,135%)
$\hat{Q}_{0,99865}$	$(\hat{=}\, o_p)$ unterer Prozentpunkt (99,865%)
QRK	Qualitätsregelkarte
r	Anzahl der Messwertreihen pro Prüfer
R	Spannweite, Range
$\overline{R}$	mittlere Spannweite
$\overline{\overline{R}}$	Mittelwert der mittleren Spannweiten
R&R	Wiederhol- und Vergleichpräzision, **R**epeatability & **R**eproducibility
%R&R	Wiederhol- und Vergleichpräzision (**R**epeatability & **R**eproducibility) in % bezogen auf die Bezugsgröße (RF)
RE	Auflösung (**Re**solution) des Messsystems
%RE	Auflösung (**Re**solution) des Messsystems in %
RF	Bezugsgröße (**R**eference **F**igure), z.B. Prozesstoleranz, Prozessstreuung, Toleranz, Klassentoleranz
s	Standardabweichung der Stichprobe
s^2	Varianz der Stichprobe
s_g	Standardabweichung einer, mit einem Messsystem am Normal erfaßten, Messreihe
$\overline{s}$	Mittelwert der Standardabweichungen aus Stichproben
σ	Standardabweichung der Grundgesamtheit
σ^2	Varianz der Grundgesamtheit
$\hat{\sigma}$	Schätzwert für die Standardabweichung der Grundgesamtheit
t	Kritischer Wert der t-Verteilung
T	Gesamttoleranz
u	Standardisierte Größe für $(x-\mu)/\sigma$ der Normalverteilung
u_{AV}	AV = Appraiser Variation
u_{Bi}	Bi = Bias
u_{EV}	EV = Equipment Variation

u_g	g = Gauge
u_{Lin}	Lin = Linearity
u_{pa}	pa = Part
u_{ref}	ref = Reference
u_{res}	res = Resolution
u_{stab}	stab = Stability
u_{temp}	temp = Temperature
U	**U**nsicherheit
%U	**U**nsicherheit in % bezogen auf die Bezugsgröße (RF)
UEG	**U**ntere **E**ingriffs**g**renze
USG	**U**ntere **S**pezifikations **G**renze
x_i	Einzelwerte einer Messwertreihe
x_m	Referenzwert (**m**aster) (von Normal) entspricht “richtiger” bzw. “wahrer” Wert
$(x_m)_i$	Referenzwert des Normals i
x_{mu}, x_{mo}	Referenzwert des min. bzw. max. Normals
x_{max}	Größter Wert
x_{min}	Kleinster Wert
x-Karte	Einzelwertkarte
$\bar{x}$	Mittelwert der Stichprobe
$\bar{x}_{Diff}$	max. Differenz zwischen den Mittelwerten mehrerer Messwertreihen (von $\bar{x}$)
$\bar{x}_g$	Mittelwert einer, mit einem Messsystem am Normal erfaßten, Messwertreihe
$\bar{x}_{gu}$	unterer Mittelwert einer, mit einem Messsystem am Normal erfaßten, Messwertreihe
$\bar{x}_{go}$	oberer Mittelwert einer, mit einem Messsystem am Normal erfaßten, Messwertreihe
$\bar{\bar{x}}$	Mittelwert der Stichprobenmittelwerte
$\tilde{x}$	Median, Zentralwert

16.2 Formeln

$AV = K_2 \cdot \bar{x}_{Diff}$

$\%AV = \frac{AV}{T} \cdot 100\%$

$Bi = |\bar{x}_g - x_m|$

$\%Bi = \frac{Bi}{T} \cdot 100\%$

$C_g = \frac{0{,}2 \cdot T}{6 \cdot s_g}$

$C_{gk} = \frac{0{,}1 \cdot T - |Bi|}{3 \cdot s_g}$

$EV = K_1 \cdot \bar{\bar{R}}$

$\%EV = \frac{EV}{RF} \cdot 100\%$

$ndc = 1{,}41 \cdot \frac{PV}{R\&R}$

$PV = K_3 \cdot R_p$

$\%PV = \frac{PV}{RF} \cdot 100\%$

$R\&R = \sqrt{EV^2 + AV^2}$

$\%R\&R = \frac{R\&R}{RF} \cdot 100\%$

$R = x_{max} - x_{min}$

R_j = Spannweite der Wiederholungsmessungen

$\bar{R}_i = \frac{\sum_{j=1}^{n} R_j}{n}$

$\bar{\bar{R}} = \frac{\sum_{i=1}^{n} \bar{R}_i}{k}$

$s_g = \sqrt{\frac{1}{n-1} \sum_{i=1}^{n} (x_i - \bar{x}_g)^2}$

R_p = Spannweite aus $\bar{x}_i$ (Mittelwert pro Teil)

$u_{pp} = \sqrt{u_1^2 + u_2^2 + \ldots + u_n^2}$

$U = k \cdot u_{pp}$

$\bar{x}_g = \frac{1}{n} \sum_{i=1}^{n} x_i$

$\bar{x}_{Diff}$ = Spannweite aus $\bar{x}_i$ (Mittelwert pro Prüfer)

16.3 Literaturverzeichnis

[1] ***A.I.A.G. – Chrysler Corp., Ford Motor Co., General Motors Corp.***
Measurement Systems Analysis, Reference Manual, 3. Auflage.
Michigan, USA, 2002.

[2] ***A.I.A.G. – Chrysler Corp., Ford Motor Co., General Motors Corp.***
Forderungen an Qualitätsmanagement-Systeme, QS-9000.
3. Auflage, 1998.

[3] ***DaimlerChrysler AG***
Richtlinie QR 01 „Prozessbeurteilung", Version 2.0.
Stuttgart, 1999.

[4] ***DaimlerChrysler AG***
Richtlinie QR 02 „Fähigkeitsnachweis von Messsystemen", Version 2.1 D/E.
Stuttgart, 1999.

[5] ***DaimlerChrysler AG***
Leitfaden LF 05 „Prüfprozesseignung".
Stuttgart, 2003.

[6] ***DGQ - Deutsche Gesellschaft für Qualität***
DGQ Band 11-04: Managementsysteme – Begriffe, Ihr Weg zu klarer Kommunikation, 7. völlig überarbeitete Auflage.
Beuth Verlag, Berlin, 2002.

[7] ***DGQ – Deutsche Gesellschaft für Qualität***
DGQ Band 13-61, Anlage 4: Prüfmittelmanagement – Prüfprozesse planen, überwachen und verbessern. Anwendung der DIN EN ISO 9001:2000.
Beuth Verlag, Berlin, 2003.

[8] ***Dietrich, E.***
MSA 3rd Edition – Was ist neu?
in PIQ 3/2002, S. 29-30.
Q-DAS® GmbH, Weinheim.

[9] ***Dietrich, E.***
Messprozess überwachen.
in QZ 47 (2002) 11, S. 1126.
Carl Hanser Verlag, München.

[10] ***Dietrich, E.***
Es geht auch einfach – Messunsicherheit in Analogie zur Prüfmittelfähigkeit bestimmen.
in QZ 46 (2001) 3, S. 264-265.
Carl Hanser Verlag, München

[11] ***Dietrich, E. / Schulze, A.***
Statistische Verfahren zur Maschinen- und Prozessqualifikation,
4., überarbeitete Auflage.
Carl Hanser Verlag, München, 2002.

[12] ***Dietrich, E. / Schulze, A.***
Pocket Guide 1: Eignungsnachweis von Messsystemen.
Carl Hanser Verlag, München, 2001.

[13] ***Dietrich, E. / Schulze, A.***
Richtlinien zur Beurteilung von Meßsystemen und Prozessen, Abnahme von Fertigungseinrichtungen.
Carl Hanser Verlag, München, 1998.

[14] ***Dietrich, E. / Schulze, A.***
Fähige Meßverfahren – Die Basis der statistischen Prozeßlenkung.
in QZ 36 (1991) 3, S. 153-159.
Carl Hanser Verlag, München.

[15] ***Dietrich, E. / Schulze, A. / Baeßler, S.***
Klar linear – Software muss systematische Messabweichung berücksichtigen.
in QZ 45 (2000) 2, S. 219-220.
Carl Hanser Verlag, München.

[16] ***DIN - Deutsches Institut für Normung***
DIN 1319-1: Grundlagen der Messtechnik – Teil 1: Grundbegriffe.
Beuth Verlag, Berlin, 1995.

[17] ***DIN - Deutsches Institut für Normung***
DIN 1319-2: Grundlagen der Messtechnik – Teil 2: Begriffe für die Anwendung von Messgeräten.
Beuth Verlag, Berlin, 1996.

[18] ***DIN - Deutsches Institut für Normung***
DIN 1319-3: Grundlagen der Messtechnik – Teil 3: Auswertung von Messungen einer einzelnen Messgröße, Messunsicherheit.
Beuth Verlag, Berlin, 1996.

[19] ***DIN - Deutsches Institut für Normung***
DIN 1319-4: Grundbegriffe der Messtechnik – Teil 4, Auswertung von Messungen, Messunsicherheit.
Beuth Verlag, Berlin, 1999.

[20] ***DIN - Deutsches Institut für Normung***
DIN 2257, Teil 1-2: Begriffe der Längenprüftechnik: Einheiten, Tätigkeiten, Prüfmittel, meßtechnische Begriffe.
Beuth Verlag, Berlin, 1982.

[21] ***DIN - Deutsches Institut für Normung***
DIN 32881-3: Geometrische Produktspezifikation (GPS) – Verfahren zur Bestimmung der Messunsicherheit von Koordinatenmessgeräten (KMG) – Teil 3: Unsicherheitsermittlung mit kalibrierten Werkstücken (ISO/DTS 15530-3:2000).
Beuth Verlag, Berlin, 2000.

[22] ***DIN - Deutsches Institut für Normung***
DIN 55350-11: Begriffe zu Qualitätsmanagement und Statistik – Teil 11; Begriffe des Qualitätsmanagements.
Beuth Verlag, Berlin, 1995.

[23] ***DIN - Deutsches Institut für Normung***
DIN 55350-13: Begriffe der Qualitätssicherung und Statistik; Begriffe zur Genauigkeit von Ermittlungsverfahren und Ermittlungsergebnissen.
Beuth Verlag, Berlin, 1987.

[24] ***DIN - Deutsches Institut für Normung***
DIN ISO 10012-1: Forderungen an die Qualitätssicherung für Messmittel; Teil 1: Bestätigungssystem für Messmittel
Beuth Verlag, Berlin, 1992.

[25] ***DIN - Deutsches Institut für Normung***
DIN prEN ISO 10012:2001: Messüberwachungssysteme (ISO/DIS 10012:2001).
Beuth Verlag, Berlin, 2001.

[26] ***DIN - Deutsches Institut für Normung***
DIN ISO 5725, Teil 1-6: Genauigkeit (Richtigkeit und Präzision) von Messverfahren und Messergebnissen.
Beuth Verlag, Berlin, 1994-2002.

[27] ***DIN - Deutsches Institut für Normung***
DIN ISO/IEC 12119: Informationstechnik - Software-Erzeugnisse - Qualitätsanforderungen und Prüfbestimmungen.
Beuth Verlag, Berlin, 1995.

[28] ***DIN - Deutsches Institut für Normung***
DIN EN 10092 -1, Ausgabe:2000-04
Warmgewalzte Flachstäbe aus Federstahl - Teil 1: Flachstäbe; Maße, Formtoleranzen und Grenzabmaße; Deutsche Fassung prEN 10092-1:2000
DIN EN 10092-2, Ausgabe:2000-04.
Warmgewalzte Flachstäbe aus Federstahl - Teil 2: Gerippter Federstahl; Maße, Formtoleranzen und Grenzabmaße; Deutsche Fassung prEN 10092-2:2000.
Beuth Verlag, Berlin, 2000.

[29] ***DIN - Deutsches Institut für Normung***
DIN EN ISO 9000:2000
Qualitätsmanagementsysteme - Grundlagen und Begriffe.
Beuth Verlag, Berlin, 2000.

[30] ***DIN - Deutsches Institut für Normung***
DIN EN ISO 9001:2000: Qualitätsmanagementsysteme - Anforderungen.
Beuth Verlag, Berlin, 2000.

[31] ***DIN - Deutsches Institut für Normung***
DIN EN ISO 14253-1: Geometrische Produktspezifikation (GPS). Prüfung von Werkstücken und Messgeräten durch Messen. Teil 1: Entscheidungsregeln für die Feststellung von Übereinstimmung oder Nichtübereinstimmung mit Spezifikationen.
Beuth Verlag, Berlin, 1999.

[32] ***DIN - Deutsches Institut für Normung***
ISO/TR 14253-2: Geometrical product specifications (GPS) – Inspection by measurement of workpieces and measuring equipment. Part 2: Guide to the estimation of uncertainty in GPS measurement, in calibration of measuring

equipment and in product verification.
International Organization for Standardization, Genf, 1998.

[33] ***DIN - Deutsches Institut für Normung***
ISO/TS 16949, Qualitätsmanagementsysteme - Besondere Anforderungen bei Anwendung von ISO 9001:2000 für die Serien- und Ersatzteil-Produktion in der Automobilindustrie.
Beuth Verlag, Berlin, 2002.

[34] ***DIN - Deutsches Institut für Normung***
DIN V ENV 13005:1999: Leitfaden zur Angabe der Unsicherheit beim Messen.
Beuth Verlag, Berlin, 1999.

[35] ***DIN - Deutsches Institut für Normung***
DIN Taschenbuch 11: Längenprüftechnik 3 - Messgeräte, Messverfahren.
Beuth Verlag, Berlin, 2000.

[36] ***DIN - Deutsches Institut für Normung***
DIN Taschenbuch 197: Längenprüftechnik 2 - Lehren.
Beuth Verlag, Berlin, 1987.

[37] ***DIN - Deutsches Institut für Normung***
DIN Taschenbuch 303: Längenprüftechnik 1 - Grundnormen.
Beuth Verlag, Berlin, 2000

[38] ***DIN - Deutsches Institut für Normung***
Internationales Wörterbuch der Metrologie.
Beuth Verlag, Berlin, 1994.

[39] ***Duncan, A. J.***
Quality Control and Industrial Statistics, 5th ed.
Richard D. Irwin, Inc., Homewood, Illinois, 1986.

[40] ***Fleiss, Joseph L.***
Statistical Methods for Rates and Proportions. Second Edition.
John Wiley & Sons, 1981.

[41] ***Ford Motor Co.: EU 1880B***
Richtlinie: Fähigkeit von Mess-Systemen und Messmitteln.
Übersetzung der EU 1880A.
Köln, Oktober 1997.

[42] ***Ford Motor Co. / Q-DAS GmbH: EU 883 B***
Ford Testbeispiele, Beurteilung von SPC Software.
Köln, 1991.

[43] ***General Motors Co. – GM Powertrain***
SP-Q-EMS 3.4 – Richtlinie für Messsystemanalysen.
Detroit/Rüsselsheim, Juni 2000.

[44] ***Graf, U. / Henning, H.-J. / Stange, K. / Wilrich, P.-T.***
Formeln und Tabellen der mathematischen Statistik, 3. völlig neu bearbeitete Auflage, 2. korr. Nachdruck.
Springer-Verlag, Berlin, Heidelberg, New York, 1998.

[45] ***ISO/TC 69/SC 6***
ISO/DTS 21748 – Working Draft: Guide to the use of repeatability and trueness estimates in measurement uncertainty estimation.
Japanese Industrial Standards Committee, Tokyo, 2002.

[46] ***PSA Peugeot, Citroën, Renault***
CNOMO Norm E41.36.110.N
Produktionsmittel, Zulassung der Funktionsfähigkeit von Meßmitteln, Spezifische Prüfmittel.
Oktober 1991

[47] ***PSA Peugeot, Citroën, Renault***
CNOMO Norm E41.36.110.N, Anhang 1:
CMC nicht toleranzgerecht – Analyse der Ursachen für die Unsicherheit.
Oktober 1991.

[48] ***Q-DAS® GmbH***
Leitfaden der Automobilindustrie zum „Fähigkeitsnachweis von Messsystemen".
Birkenau, 1999.

[49] ***Q-DAS® GmbH***
Sonderfälle bei der Beurteilung von Messverfahren.
Q-DAS® GmbH, Weinheim, 2001.

[50] ***Robert Bosch GmbH***
Schriftenreihe „Qualitätssicherung in der Bosch-Gruppe Nr. 8"
Messunsicherheit.
Stuttgart, 2001.

[51] ***Robert Bosch GmbH***
Schriftenreihe „Qualitätssicherung in der Bosch-Gruppe Nr. 10"
"Fähigkeit von Messeinrichtungen und Prüfprozessen".
Stuttgart, 2003.

[52] ***VDA – Verband der Automobilindustrie***
VDA Band 5: Prüfprozesseignung.
VDA, Frankfurt, 2003.

[53] ***VDI – Verein Deutscher Ingenieure***
VDI 2449: Prüfkriterien von Messverfahren. Allgemeine Methode zur Ermittlung der Unsicherheit kalibrierfähiger Messverfahren.
Beuth Verlag, Berlin, 2001.

[54] ***VDI/VDE/DGQ Richtlinie***
VDI/VDE/DGQ 2618, Blatt 1.2: Prüfmittelüberwachung – Anweisungen zur Überwachung von Messmitteln für geometrische Größen – Messunsicherheit.
Beuth Verlag, Berlin, 1999.

[55] ***Volkswagen AG – Audi AG***
VW 101 18-2 - Prüfmittelfähigkeit.
Oktober 1998.

16.4 Abbildungsverzeichnis

16.5 Tabellenverzeichnis

17 Index

I

J

K

L

M

N

O

P

W

Z

Leitfaden zum „Fähigkeitsnachweis von Messsystemen“

Allgemeine Vorbemerkungen

Der Titel des Leitfadens lautet: „Fähigkeitsnachweis von Messsystemen“. Die Begriffe „Fähigkeit“ und „Messsystem“ sind nicht genormt. Da beide Begriffe umgangssprachlich einen hohen Bekanntheitsgrad haben, haben die Ersteller des Leitfadens bewusst die Begriffe beibehalten.

Die Begriffe „Fähigkeit“ bzw. „fähig“ sind gleichbedeutend mit „Eignung“ bzw. „geeignet“ (s. DIN 55350 bzw. DGQ 13-61). Daher sind beide Begriffe als gleichwertig anzusehen. Der Definition des Begriffes „Messsystem“ ist ein eigener Abschnitt gewidmet.

Vorwort

Die Beurteilung von Maschinen, Fertigungseinrichtungen und einer laufenden Fertigung basiert auf der statistischen Auswertung von Merkmalswerten. Die Merkmalswerte stammen von Messsystemen, mit deren Hilfe vordefinierte Merkmale gemessen werden. Um Fehlinterpretationen zu vermeiden, müssen die erfassten Messwerte den tatsächlichen Sachverhalt ausreichend sicher widerspiegeln.

Diese Forderungen sind in verschiedenen Normen und Verbandsrichtlinien festgehalten. Insbesondere beim Aufbau und bei der Zertifizierung eines Qualitätsmanagementsystems nach DIN EN ISO 9000ff, QS-9000, VDA 6.1, ANFIA AVSQ94 usw. wird ein Unternehmen mit dieser Fragestellung konfrontiert. Einerseits gibt es diese Forderung schon sehr lange, andererseits aber keine konkreten Hinweise, wie diese Forderungen umgesetzt werden sollen. Daher haben sich insbesondere die Großkonzerne der Automobilindustrie und deren Zulieferer in den vergangenen Jahren eigene Richtlinien zur Beurteilung von Messsystemen geschaffen. Die Konsequenz war, dass die entstandenen Richtlinien vom Prinzip her alle ähnlich waren, sich allerdings teilweise in der Vorgehensweise, der Berechnungsmethodik und den geforderten Grenzwerten unterschieden haben. Dies stellt für die Hersteller von Messsystemen und für die Kunden-/ Lieferantenbeziehung ein nicht unerhebliches Problem dar. Die Zulieferer sehen sich unterschiedlichen Forderungen ausgesetzt, die je nach Auftraggeber eingehalten werden müssen. Der Abnehmer hat das Problem, dass er seine Annahmebedingungen jedes Mal ändern muss.

Um hier mehr Transparenz zu schaffen, ist auf Anregung der Automobilindustrie dieser Arbeitskreis zusammengetreten mit der Zielsetzung: „Einen für die Automobil- und Zulieferindustrie einheitlichen Leitfaden zum Eignungsnachweis von Messsystemen zu erarbeiten.“ Die Richtlinie soll geltende Normen sowie Verbandsrichtlinien berücksichtigen. Im Rahmen dieses Arbeitskreises ist es gelungen, in den wesentlichen Sachfragen Konsens in den Berechnungsmethoden zu finden und eine Empfehlung für Grenzwerte zu geben. Hierauf basierend können die Firmen bezüglich allgemeiner Annahmemodalitäten und praxisbezogener Abwicklungen individuelle Ergänzungen bzw. Festlegungen vornehmen.

1 Einleitung

Die Forderungen bezüglich des Eignungsnachweises anhand von Fähigkeitsuntersuchungen und der Messunsicherheit von Messsystemen sind exemplarisch an folgenden Stellen aufgeführt:

1.1 DIN EN ISO 9001

Auszug aus Abschnitt 4.11.1 ISO 9001:

... Prüfmittel müssen in einer Weise benutzt werden, die sicherstellt, dass die Messunsicherheit bekannt und mit der betreffenden Forderung vereinbar ist. ...

1.2 DIN EN ISO 10012 Forderungen an die Qualitätssicherung von Messmitteln

Folgende Forderungen sind an das **Messmittel** gestellt (siehe Abschnitt 4.2 ISO 10012):

Die Messmittel müssen die für den beabsichtigten Einsatz und Zweck geforderten metrologischen Merkmale aufweisen (zum Beispiel Genauigkeit, Messbeständigkeit, Messbereich und Auflösung).

Die Einrichtungen und die Dokumentation sind so zu unterhalten, dass Korrektionen, Einsatzbedingungen (einschließlich Umgebungsbedingungen) usw. die zur Erreichung der geforderten Leistung notwendig sind, Rechnung getragen wird.

Die geforderte Leistung ist zu dokumentieren.

An die **Messunsicherheit** sind folgende Forderungen gestellt (siehe Abschnitt 4.6 ISO 10012):

Bei der Durchführung von Messungen und der Angabe und Anwendung der Ergebnisse hat der Lieferant alle wichtigen bekannten Unsicherheiten des Messvorgangs einschließlich derer, die auf das Messmittel (einschließlich der Messnormale) und auf Personal, Verfahren und Umgebung zurückzuführen sind, zu berücksichtigen.

Beim Schätzen der Unsicherheiten muss der Lieferant alle relevanten Daten berücksichtigen einschließlich derjenigen, die aus statistischen Prozesslenkungssystemen erhältlich sind, die vom oder für den Lieferanten betrieben werden.

1.3 Forderung aus QS-9000

„Prüfmittelüberwachung“ Element 4.11 „Untersuchung von Messsystemen“:

Es sind angemessene statistische Untersuchungen zur Beurteilung von Messsystemen und Prüfeinrichtungen durchzuführen. Die dabei angewandten analytischen Methoden und Annahmekriterien sollten mit denen in dem Referenz-Manual „Measurement Systems Analysis“ übereinstimmen. Andere analytische Methoden und Annahmekriterien können ebenfalls angewandt werden, sofern der Kunde damit einverstanden ist.

1.4 Forderung aus VDA 6.1

Auszug aus Abschnitt 16 „Prüfmittelüberwachung“

Voraussetzung zum Einsatz von Prüfmitteln (Prüfeinrichtungen einschließlich Prüfsoftware und Lehren) ist die Sicherstellung, dass das Prüfmittel für den vorgesehenen Zweck geeignet ist, z.B. durch Prüfmittelfähigkeitsnachweis bzw. Vergleichsmessung.

Prüfmittel sind so auszuwählen, dass die zu prüfenden Merkmale mit einer vertretbaren Unsicherheit, die bekannt sein muss, gemessen werden können.

Abhängig von Prozess-/Produktspezifikation und der Prüfanweisung ergibt sich die höchstzulässige Messunsicherheit.

Die „Fähigkeit von Prüfmitteln“ wird von der Messunsicherheit des Prüfmittels im Verhältnis zur Toleranz des Prüfmerkmals bestimmt.

Die Fähigkeitsuntersuchung von Prüfmitteln ist über statistische Auswertung von Messreihen nachzuweisen. Dies kann rechnerisch oder grafisch erfolgen (Korrelationsdiagramm). Hierbei sind spezielle Kundenforderungen soweit möglich zu berücksichtigen, andere Verfahren sind ggf. zu vereinbaren.

Die Prüfmittelfähigkeit wird über die Wiederholbarkeit oder Vergleichbarkeit mit Hilfe der Spannweiten-Methode oder der Mittelwert- und Spannweiten-Methode unter Beachtung des Zufallsstreubereiches (95%, 99%, 99,73%) ermittelt.

Das Ergebnis der Untersuchung wird nicht nur durch das Prüfmittel selbst, sondern durch Einflüsse bestimmt, wie z.B.

- *Beschaffenheit der geprüften Produkte*
- *Bedienungsperson*
- *Messaufnahmen*
- *Spannmittel*
- *Umgebungsbedingungen.*

Die Notwendigkeit eines Fähigkeitsnachweises für Prüfmittel ist u.a. abhängig von:

- *der Messunsicherheit des Prüfmittels*
- *der Komplexität des Prüfmittels*
- *dem Einsatz ineinandergreifender Prüfmittel/Prüfmethoden.*

Das gilt vorwiegend für komplexe Prüfmittel wie z.B.:

- *Messmaschinen*
- *MehrstellenMessvorrichtungen*
- *Messmittel zur statistischen Messwertaufnahme*
- *Prüfmittel für elektrische Größen.*

1.5 GUM und DIN EN ISO 14253-1

Hierbei handelt es sich um den „Leitfaden zur Angabe der Unsicherheit beim Messen“ (GUM) und „Entscheidungsregeln für die Feststellung von Übereinstimmung oder Nicht-Übereinstimmung mit Spezifikationen“.

1.6 ANFIA AVSQ94 Forderungen

Anhang A: „Metodi per lo studio delle apparecchiature di misura"

Jedes Messmittel und Testinstrument muß fähig sein. Die Fähigkeitsuntersuchung wird in zwei Schritten durchgeführt: Genauigkeit und Wiederholbarkeit (Accuracy and Repeatability, A&R), Wiederholbarkeit und Nachvollziehbarkeit (Repeatability and Reproducibility, R&R). Die Höchstwerte von A&R and R&R sind von der Produktspezifikation abhängig.

2 Begriffe

Die im folgenden verwendeten Begriffe sind in DIN EN ISO 10012 beschrieben:

- Messmittel
- Messung
- Messgröße
- Einflussgröße
- Messgenauigkeit
- Messunsicherheit
- Korrektion
- Justierung
- Messbereich
- Referenzbedingungen
- Auflösung (einer Anzeigeeinrichtung)
- Messgerätedrift
- Grenzwerte für Messabweichungen
- Referenzmaterial
- Internationales Normal
- Nationales Normal
- Rückführbarkeit/Rückverfolgbarkeit
- Kalibrierung
- Qualitätsaudit

In dem vorliegenden Leitfaden sind weitere Begriffe verwendet, die zur besseren Übersicht im folgenden kurz erläutert werden. Diese sind den Literaturstellen, [7] bzw. [38] entnommen und zum Teil umgangssprachlich ergänzt.

2.1 Messabweichung

2.1.1 Systematische Messabweichung

Mittelwert, der sich aus einer unbegrenzten Anzahl von Messungen derselben Messgröße ergeben würde, die unter Wiederholbedingungen ausgeführt wurden, minus einem wahren Wert der Messgröße.

Das zu messende Teil ist ein Normal (Referenzwert), dessen Wert mit Präzisionsmesssystemen, z.B. Koordinatenmessgeräten ermittelt wird und das auf ein nationales oder internationales Normal zurückführbar sein muß. Ein Referenzwert kann bestimmt werden, indem mehrere Messungen mit einem entsprechend genaueren Messgerät durchgeführt werden (z.B. im Messraum oder Kalibrierlabor).

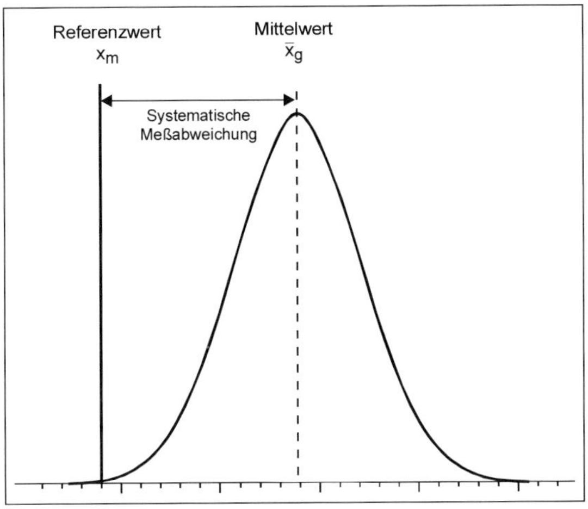

Systematische Messabweichung

2.1.2 Zufällige Messabweichung

Messergebnis minus dem Mittelwert, der sich aus einer unbegrenzten Anzahl von Messungen derselben Messgröße ergeben würde, die unter Wiederholbedingungen ausgeführt wurden.

2.2 Messgerät

Gerät, das allein oder in Verbindung mit zusätzlichen Einrichtungen für Messungen gebraucht werden soll.

2.3 Messmittel

Alle Messgeräte, Normale, Referenzmaterialien, Hilfsmittel und Anweisungen, die für die Durchführung einer Messung notwendig sind. Dieser Begriff umfaßt Messmittel, die für Prüfzwecke und solche, die für die Kalibrierung verwendet werden.

2.4 Messeinrichtung

Vollständiger, zur Durchführung vorgegebener Messungen zusammengestellter Satz von Messgeräten und anderen Einrichtungen.

2.5 Linearität

Linearität ist bisher kein in der Norm definierter Begriff. Umgangssprachlich versteht man darunter die systematische Messabweichung über einen spezifizierten Bereich, in der Regel der Toleranzbereich. Die systematische Messabweichung wird aus mehreren gleichmäßig über den spezifizierten Bereich verteilten Messstellen ermittelt.

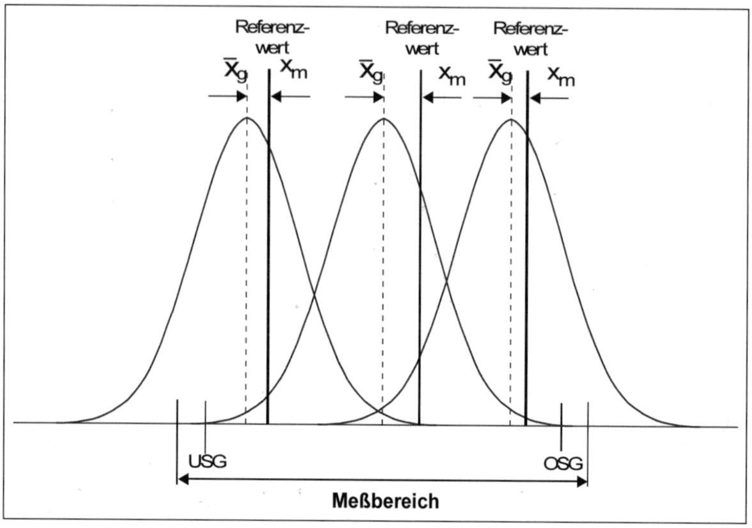

Linearität

2.6 Normal / Einstellmeister / Referenzteil

Massverkörperung, Messgerät, Referenzmaterial oder Messeinrichtung zum Zweck, eine Einheit oder mehrere Größenwerte festzulegen, zu verkörpern, zu bewahren oder zu reproduzieren.

Ein Normal wird zur Einstellung des Messmittels auf einen Bezugswert bzw. zur Durchführung von Wiederholungsmessungen verwendet. Der Bezugswert des Normals muß zertifiziert und auf das entsprechende nationale bzw. internationale Normal rückführbar sein.

Häufig steht kein Normal zur Verfügung. In diesem Fall wird ein Referenzteil/Einstellmeister verwendet. Für das Referenzteil gelten die gleichen Bedingungen wie für ein Normal. Ein Einstellmeister ist ein Gebrauchsnormal, das (nahezu) die Maße und Formen des Messobjektes verkörpert.

Hinweis:
Die Kalibrierunsicherheit des Normals ist durch ein Zertifikat (Kalibrierschein) nachzuweisen. Diese muß im Verhältnis zur Toleranz ausreichend klein sein (z.B. kleiner gleich 5% der Toleranz).

2.7 Messkette

Folge von Elementen eines Messgerätes oder einer Messeinrichtung, die den Weg des Messsignals von der Eingabe zur Ausgabe bildet.

2.8 Messprozess / -system

Die Gesamtheit aller Einflusskomponenten zur Ermittlung eines Messwerts für ein Merkmal: Verfahren, Vorgehensweise, Messgerät, Hilfsmittel, Normal, Software, Personal etc., das dazu benutzt wird, um dem zu messenden Merkmal einen Wert zuzuweisen. Mit anderen Worten: der Gesamtprozess zur Erfassung von Messwerten. Der Gesamt-/Messprozess wird als Messsystem bezeichnet:

Ein Prozess wird durch Eingaben und durch den Prozess bewirkte Ausgaben gekennzeichnet. Für einen Messprozess ist die Eingabe das Prüfobjekt und die Ausgabe der Messwert oder das Messergebnis. Da jedoch weitere Einflussgrößen wirksam sein können, wie z.B. das Messverfahren, die Antaststrategie, der Bediener, das Normal sowie die Umgebung, wird der gesamte Vorgang „Messsystem“ definiert.

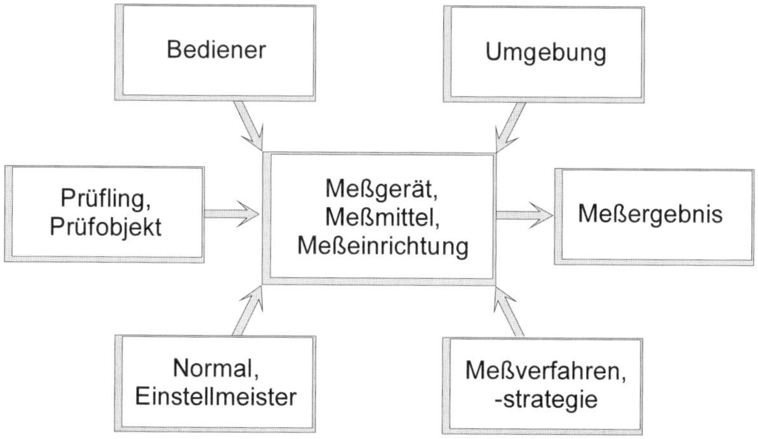

2.9 Wiederholpräzision

Wiederholpräzision (eines Messgerätes) ist die Fähigkeit eines Messgerätes, bei wiederholtem Anlegen derselben Messgröße unter denselben Messbedingungen nahe beieinander liegende Anzeigen zu liefern.

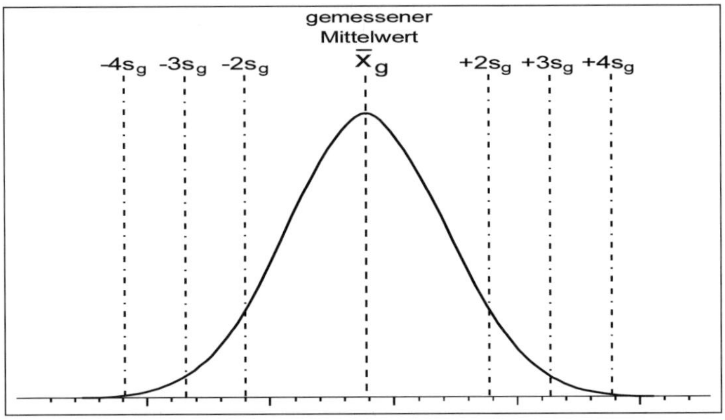

Wiederholpräzision

2.10 Vergleichspräzision

Vergleichspräzision (von Messergebnissen) ist ein Ausmaß der gegenseitigen Annäherung zwischen Messergebnissen derselben Messgröße, gewonnen unter veränderten Messbedingungen.

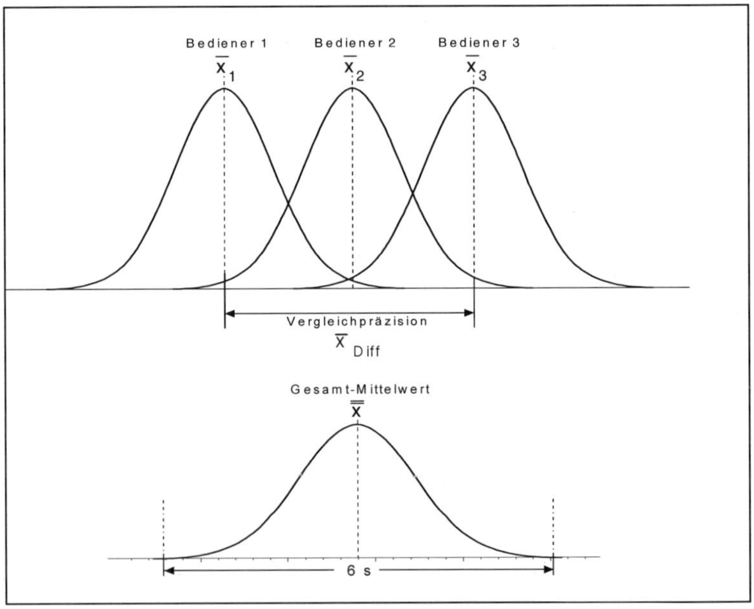

Vergleichpräzision

2.11 Messbeständigkeit / Stabilität

Fähigkeit eines Messsystems, seine metrologischen Merkmale zeitlich unverändert beizubehalten.

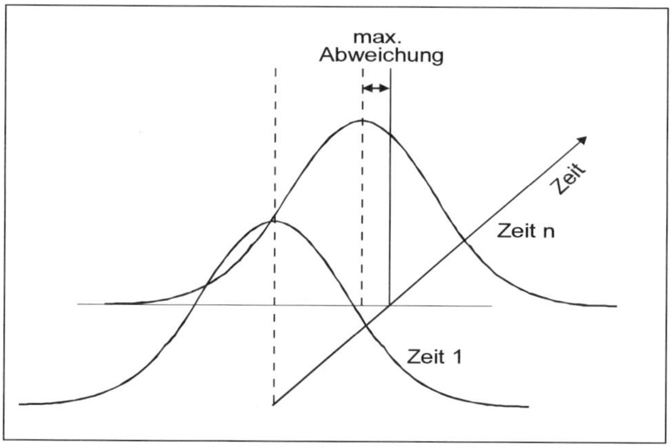

Messbeständigkeit / Stabilität

3 Geltungsbereich

Die im Leitfaden enthaltenen Verfahren eignen sich nur für messende Einrichtungen. Diese werden in Standardmessverfahren bzw. in Sonderfälle eingeteilt. Der vorliegende Leitfaden beschreibt nur die Beurteilungen für die Standardverfahren. In einem separaten Dokument sind für verschiedene Sonderfälle Beispiele enthalten.

Dieser Leitfaden ist gültig beim Neukauf und Einsatz sowie der Bewertung vorhandener Messsysteme. Eventuell bestehende Gesetze und Verordnungen in den jeweiligen Ländern haben uneingeschränkt Vorrang.

Der Leitfaden erstreckt sich auf die Annahmeprüfung und laufende Überwachung aller Messsysteme in den Werken, sowie die Annahmeprüfung bei den Herstellern der Messsysteme. Eine Annahmeprüfung muß vor Inbetriebnahme der Messsysteme durchgeführt werden, nach Neuaufstellungen, Generalüberholungen, wesentlichen konstruktiven Änderungen und Umstellungen. Diese Annahmeprüfungen sollten vor der Beurteilung von Maschinen- und Prozessfähigkeit durchgeführt werden.

4 Verfahren für den Fähigkeitsnachweis

Für den Fähigkeitsnachweis von Messsystemen haben sich verschiedene Methoden als sinnvoll herausgestellt. Je nach Verfahren können die verschiedenen Unsicherheitskomponenten ermittelt werden.

4.1 Auflösung des Messgerätes

Bevor eine der genannten Untersuchungen durchgeführt wird, ist zu überprüfen, ob die Auflösung des Messgerätes gegeben ist.

Das Messgerät muss eine Auflösung von %RE $\leq$ 5% der Toleranz des Merkmals haben, um Messwerte sicher ermitteln und ablesen zu können.

Fallbeispiel:

Längenmaß 125 $\pm$ 0.25 mm

Bei einer Toleranz von 0,5 mm entsprechen 5% der Toleranz 0,025 mm. D.h., das Messsystem darf eine Auflösung von maximal 0,025 mm über den gesamten Messbereich haben. Gewählt wird z.B. eine Messuhr mit 0,01 mm Skalenteilung.

4.2 Verfahren 1

Das Verfahren 1 wird zur Beurteilung von neuen und vorhandenen Messsystemen vor der Annahmeprüfung beim Lieferanten bzw. am endgültigen Einsatzort beim Kunden durchgeführt. Anhand des Fähigkeitskennwertes kann die Eignung festgestellt werden.

4.3 Verfahren 2

Verfahren 2 findet zur Beurteilung von neuen und vorhandenen Messsystemen vor der Annahmeprüfung beim Kunden am endgültigen Aufstellungsort statt. Dieses Verfahren kann auch beim Lieferanten eingesetzt werden. Dies setzt voraus, dass sowohl Teile als auch Prüfer beim Lieferanten vorhanden sind. Dieses Verfahren wird auch im Rahmen von routinemäßigen Audits oder zu Zwischenprüfungen eingesetzt. Die Beurteilung erfolgt dabei unter möglichst realen Bedingungen, d.h. die Untersuchung wird am Einsatzort, mit original Messobjekten und den Prüfern vor Ort durchgeführt. Die Beurteilung wird anhand des sogenannten %R&R Kennwertes festgestellt.

4.4 Verfahren 3

Bei Verfahren 3 handelt es sich um einen Sonderfall von Verfahren 2. Diese Vorgehensweise wird bei Messsystemen ohne Bedienereinfluss, d.h. automatischen oder mechanisierten Messsystemen (z.B. bei Post-Prozess-, In-Prozess-Messeinrichtungen und vollautomatischen Messeinrichtungen) in Transferstraßen bzw. halbautomatischen Messsystemen (z.B. Drei-Koordinaten-Messgeräten, Nockenformprüfgeräten und Mehrstellenmessgeräten) eingesetzt.

Die Beurteilung dieses Messverfahrens erfolgt ebenfalls anhand des %R&R Kennwertes. Es wird in Analogie zu Verfahren 2 die gleiche Abkürzung verwendet, obwohl eigentlich die Vergleichspräzision (Reproducibility) null ist.

Hinweis zu Verfahren 2 und 3

Die Beurteilung von Messsystemen mit Hilfe von Verfahren 2 und 3 erfolgt über die sogenannte Mittelwert-Spannweiten-Methode (ARM Average-Range-Methode) oder über die ANOVA-Methode (Analysis of Variance). Aufgrund der genaueren statistischen Betrachtung wird die Berechnungsmethode nach ANOVA empfohlen. Allerdings ist dabei der Einsatz eines Rechnerprogramms erforderlich.

Die Vorgehensweise zur Ermittlung der Merkmalswerte und die Interpretation der Ergebnisse ist bei beiden Verfahren gleich. Aufgrund der unterschiedlichen Berechnungsmethoden (ARM bzw. ANOVA) können die Ergebnisse verschieden sein. Dadurch ist eine Vergleichbarkeit nur innerhalb eines Verfahrens möglich.

Bei der Beschreibung der Verfahren wurde der Einfachheit halber die ARM-Methode verwendet. Die ANOVA-Methode ist im Anhang erläutert.

4.5 Linearität

Anhand dieser Studie ist zu untersuchen, ob die systematische Messabweichung über den gesamten Anwendungsbereich als geeignet angesehen werden kann. Die Untersuchung der Linearität kann sowohl beim Lieferant als auch beim Kunden am endgültigen Aufstellungsort stattfinden.

Ist Linearität gefordert, ist diese vor oder in Verbindung mit Verfahren 1 durchzuführen.

4.6 Messbeständigkeit / Stabilität

Bei den Fähigkeitsuntersuchungen (insbesondere den Verfahren 1, 2 und 3) sowie der Beurteilung der Linearität handelt es sich immer nur um eine Momentaufnahme. Anhand von Stabilitätsuntersuchungen ist nachzuweisen, dass die eingesetzten Messeinrichtungen ihre Eignung über die Dauer des Einsatzes halten.

4.7 Vorgehensweise

Der Ablauf der Eignungsuntersuchung kann nach folgendem Flussdiagramm erfolgen:

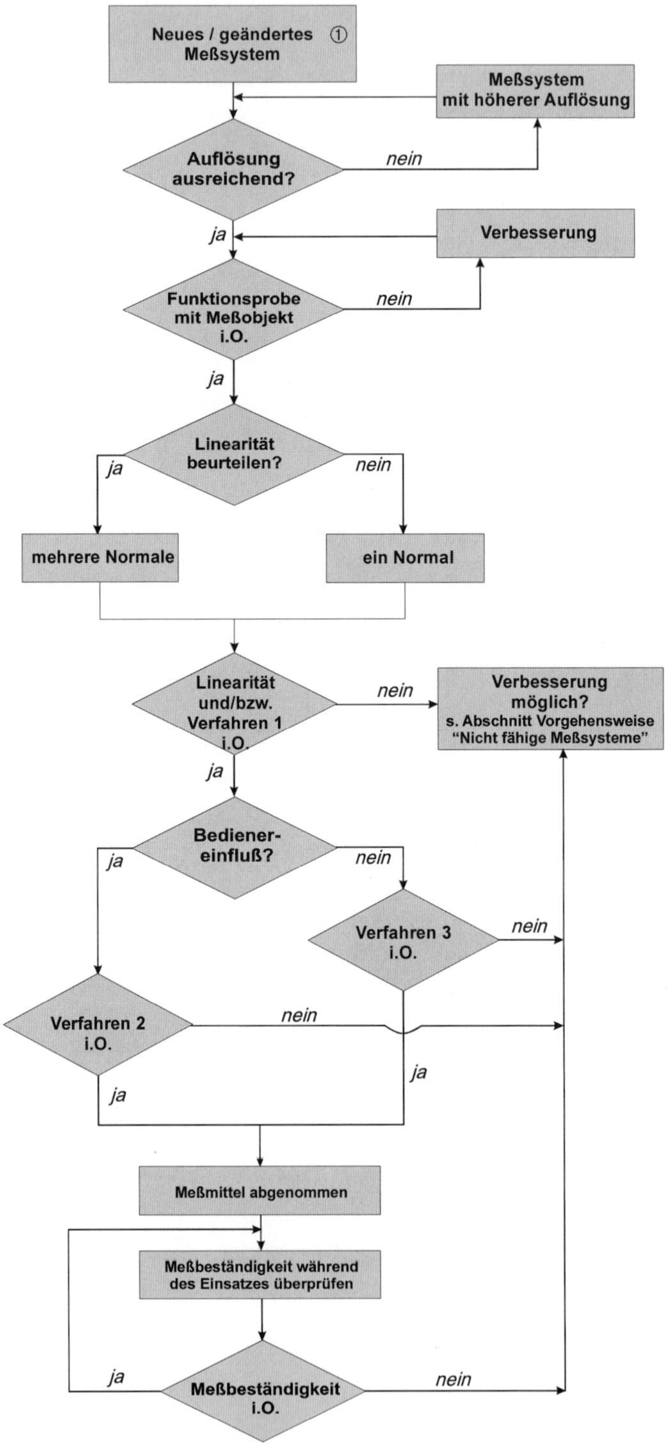

① Messsystem muß eindeutig durch eine Identnummer gekennzeichnet sein.

5 Verfahren 1

Ziel der Untersuchung

Anhand der Fähigkeitskennwerte C_g und C_{gk} wird entschieden, ob eine Messeinrichtung unter Verwendung eines Normals für den vorgesehenen Einsatz unter Betriebsbedingungen geeignet ist.

Voraussetzung

1. Die Messeinrichtung ist entsprechend den Vorschriften des Herstellers einzurichten und gebrauchsfertig zu machen.
2. Es muss ein Normal/Einstellmeister vorhanden sein, dessen richtiger Wert durch Kalibrierung auf nationale oder internationale Normale rückführbar ist und sich im Laufe des Untersuchungszeitraums nicht verändert.

   Die Messunsicherheit, mit denen der richtige Wert des Normals bestimmt wird, ist anzugeben.
3. Steht aus messtechnischen Gründen kein Normal zur Verfügung, entfällt die Berechnung von C_{gk}. In diesem Fall kann mit Hilfe eines geeigneten Messobjektes (z.B. stabilisiertes Teil aus der Serie) nur die Wiederholpräzision C_g bestimmt werden.

Hinweis:

Bei der Verwendung eines Messobjektes anstelle eines Normals kann eine größere Streuung auftreten.

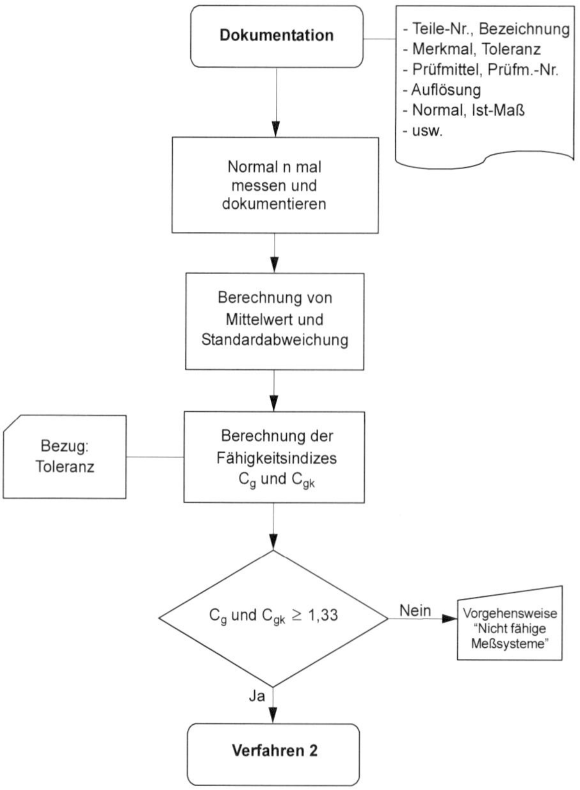

Messung und Auswertung

1. Schritt
Istwert des Normals und Toleranz des Merkmals T in das Auswerteblatt eintragen.

2. Schritt
Beurteilung der Auflösung (RE) der Messeinrichtung (Messwertaufnehmer mit Anzeige).

RF Bezugsgröße (Reference Figure) hier Toleranz T

$$\%RE = \frac{RE}{RF} \cdot 100\%$$

$\%RE \leq 5\%$ geeignete Auflösung
$\%RE > 5\%$ Das Messgerät ist aufgrund der unzureichenden Auflösung ungeeignet für diese Messaufgabe.

Hinweis:
Ausnahmeregelungen bei kleinen Toleranzen[2] müssen im Einzelfall getroffen werden (s. Vorgehensweise "Nicht fähige Messsysteme").

3. Schritt
Festlegung und Auswahl eines Normals, dessen richtiger Wert x_m im Toleranzfeld des Prüfmerkmals liegen sollte. Die Messposition ist am Normal zu kennzeichnen, zwangsweise zu positionieren oder zu beschreiben.

4. Schritt
Einstellung und Abgleich der Messeinrichtung nach der gültigen Vorschrift. Während der Durchführung der Messung sind Veränderungen an der Messeinrichtung nicht zulässig.

5. Schritt
Am Standort sind 50 (min. 20) Wiederholmessungen in kurzen Zeitabständen am Normal nach der gültigen Vorschrift (Wiederholbedingungen) durch denselben Prüfer durchzuführen. Das Normal ist vor jeder Messung erneut bei gleicher Messposition in die Messvorrichtung einzulegen. Die Werte sind in das Auswerteblatt (Verfahren 1) einzutragen.

Hinweis:
Ein Messvorgang kann sehr lange dauern, so dass die Messzeit bei 50 Wiederholungen mehrere Stunden in Anspruch nimmt. Diese Zeiten sind oftmals wirtschaftlich nicht zu vertreten.

Weiter zeigen Untersuchungen, dass sich bei stabilen Messsystemen die Standardabweichungen nach 10 Wiederholungsmessungen nicht mehr signifikant ändern. Damit reichen in der Regel 20 Wiederholungsmessungen aus.

[2] „Kleine Toleranzen“ ist ein subjektiver Begriff, der je nach Messaufgabe unterschiedlich zu interpretieren ist. Das kann beispielsweise das Messen einer Welle in einem Toleranzbereich von 10µ in der Fertigung oder das Erreichen einer physikalischen/technischen Grenze sein.

Daher ist die Anzahl der Wiederholungsmessungen in Abhängigkeit der Messaufgabe festzulegen und zwischen Kunde und Lieferant abzustimmen.

6. Schritt
Berechnung des angezeigten Mittelwerts $\bar{x}_g$ und der Wiederholstandardabweichung s_g der angezeigten Werte.

7. Schritt
Berechnung der Abweichung Bi des Mittelwerts $\bar{x}_g$ vom richtigen Wert xm des Normals:
$Bi = \bar{x}_g - x_m$

8. Schritt

Bestimmung des Fähigkeitskennwerts C_{gk}, der eine systematische und eine zufällige Komponente berücksichtigt:

$$C_{gk} = \frac{0{,}1 \cdot T - |Bi|}{2 \cdot s_g}$$

9. Schritt

Bestimmung des Fähigkeitskennwerts C_g, der nur eine zufällige Komponente (Wiederholpräzision) berücksichtigt. Bei zweiseitig begrenzten Merkmalen zeigt die Differenz zwischen C_{gk} und C_g die Verbesserungsmöglichkeit z.B. durch genaues Einstellen der Messeinrichtung an, was einer systematischen Messabweichung Bi = 0 entspricht.

$$C_g = \frac{0{,}2 \cdot T}{4 \cdot s_g}$$

Hinweise:

Messbeständigkeit
Bei Verfahren 1 handelt es sich um eine Kurzzeitbeurteilung des Messsystems, die keine Aussage über die Messbeständigkeit beim Einsatz zulässt. Daher wird empfohlen, die Messbeständigkeit separat zu betrachten (siehe Abschnitt 9 Messbeständigkeit / Stabilität).

Warum 4·s_g als Streubereich?
In den bisher vorliegenden Richtlinien zur Berechnung der Fähigkeitsindizes C_g bzw. C_{gk} wurde in der Regel als Streubereich des Messsystems 6·s_g herangezogen. In dem vorliegenden Leitfaden wurde als Streubereich des Messsystems 4·s_g verwendet.

Begründung:

3. Insbesondere wenn die Auflösung des Messsystems nicht wesentlich unter 5% der Toleranz liegt, klassiert das Messverfahren quasi die Messwerte. In diesem Fall ist als Verteilungsmodell der Messwerte die Normalverteilung nicht zutreffend.

4. Umfangreiche praktische Versuche haben bestätigt, dass bei Messprozessen, sowohl in der industriellen Fertigungsüberwachung als auch bei Kalibrierungen in Laboratorien, die Messwertstreuung bei Wiederholmessungen mit einem Streubereich von $\pm 2s_g$, vollständig abgedeckt ist. Das gilt bei Annahme einer Normalverteilung. Treten Werte außerhalb dieses Bereichs auf, sind diese auf eine defekte Messeinrichtung oder auf unzulässig in die Messung mit einbezogene Trends zurückzuführen.

Beurteilung des Ergebnisses:

I. Fall:

$C_{gk} \geq 1{,}33$

Das Messgerät ist fähig.

Der Fall $s_g = 0$ ist zu begründen. Dieser Fall kann z.B. unter folgenden Bedingungen auftreten:

a: Die Auflösung der Messeinrichtung reicht nicht aus, um die Einflüsse zu erkennen.
b: Fehler in der Messeinrichtung (z.B. Messtaster klemmt).

II. Fall:

$C_{gk} < 1{,}33$
Das Messgerät ist nicht fähig.

s. Vorgehensweise „Nicht fähige Messsysteme“

Ausnahmeregelungen bei kleinen Toleranzen[3] müssen im Einzelfall getroffen werden (siehe hierzu auch Vorgehensweise „Nicht fähige Messsysteme“).

Anmerkung:
Durch Umstellen der Formel für C_{gk} mit $C_{gk} \geq 1{,}33$ kann der kleinste Betrag der Toleranz errechnet werden, ab dem die Messeinrichtung nach Verfahren 1 geeignet ist.

$$T_{min} \geq \frac{80}{3} \cdot s_g + 10 \cdot |Bi|$$

[3] „Kleine Toleranzen“ ist ein subjektiver Begriff, der je nach Messaufgabe unterschiedlich zu interpretieren ist. Das kann beispielsweise das Messen einer Welle in einem Toleranzbereich von 10µ in der Fertigung oder das Erreichen einer physikalischen/technischen Grenze sein.

6 Verfahren 2

Vorbemerkung

Beim Verfahren 2 wird im wesentlichen der Bedienereinfluss ermittelt. Ist ein Bedienereinfluss bei einer Messeinrichtung gegeben, so muss dieser Einfluss untersucht werden. Ansonsten kann Verfahren 3 (keine Berücksichtigung des Bedienereinflusses) angewendet werden.

Hinweis:

Ein Bedienereinfluss ist nur dann ganz auszuschließen, wenn die Beschickung der Messeinrichtung mit dem Messobjekt und/oder der Messprozess automatisiert abläuft.

Ziel des Verfahrens

Anhand des Kennwertes %R&R wird beurteilt, ob eine Messeinrichtung unter Berücksichtigung aller Einflussgrößen für die vorgesehene Messaufgabe geeignet ist.

Voraussetzung

Das Verfahren 2 darf nur nach erfolgreichem Nachweis der Eignung aus Verfahren 1 durchgeführt werden.

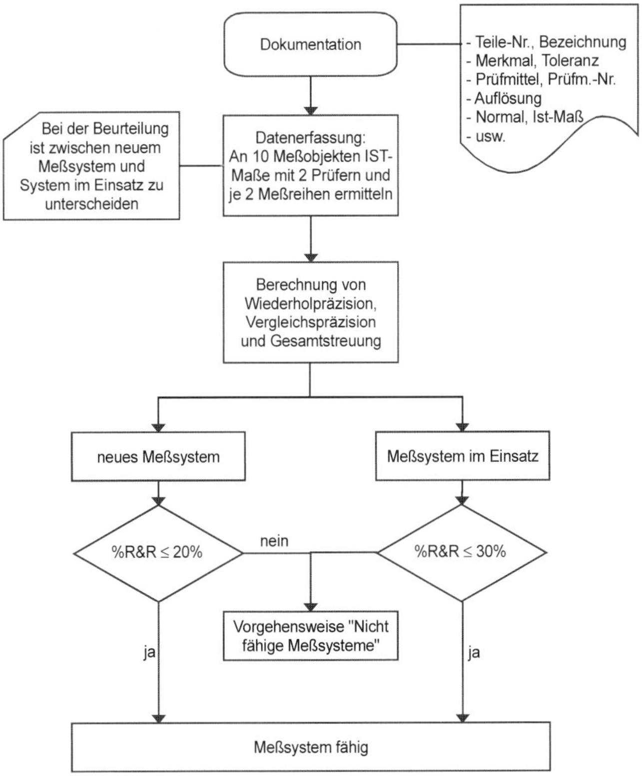

Messung und Auswertung

1. Schritt
Festlegung der Anzahl von Prüfern ($k \geq 2$), die Auswahl von 10 Messobjekten ($n \geq 5$), die möglichst über den Toleranzbereich verteilt sind und die Anzahl der Messungen pro Prüfer ($r \geq 2$). Dabei muss das Produkt $k \cdot r \cdot n$ größer gleich 30 sein: $k \cdot r \cdot n \geq 30$.

Standardfall: 2 Prüfer, 10 Teile mit 2 Messreihen pro Prüfer.

2. Schritt
Die Teile werden nummeriert. Um den Einfluss des Messobjekts, z.B. die Teilegeometrie, auszuschließen, wird die Messposition gekennzeichnet oder dokumentiert. Die Umgebungsbedingungen (z.B. Temperatur, Bediener, Schwingungen usw.) sind zu dokumentieren.

3. Schritt
Der erste Gerätebediener stellt die Messeinrichtung ein und ermittelt die Merkmalswerte der Messobjekte in der durch die Nummerierung vorgegebenen Reihenfolge und nach der gültigen Vorschrift unter Beachtung der Messposition. Die Messwerte werden dokumentiert. In derselben Reihenfolge und nach derselben Verfahrensweise ermittelt der erste Gerätebediener die Merkmalswerte der Messobjekte ein zweites Mal. Die Messergebnisse der zweiten Messung dürfen von den Ergebnissen der ersten Messung nicht beeinflusst werden. Während der Durchführung der Untersuchung sind Veränderungen an der Messeinrichtung nicht zulässig.

Hinweis:
Die hier empfohlene Reihenfolge für den Messablauf kann oftmals aus praktischen Gegebenheiten nicht eingehalten werden.

Daher empfiehlt sich, die Reihenfolge des Messablaufs je nach Messaufgabe in Absprache zwischen Kunde und Lieferant individuell festzulegen und entsprechend zu dokumentieren.

4. Schritt
Schritt 3 ist mit jedem weiteren Prüfer zu wiederholen. Die jeweiligen Messergebnisse sollten während der Durchführung der Messung den anderen Prüfern nicht bekannt sein.

5. Schritt
Ermittlung der Spannweiten aus den Ergebnissen des ersten Prüfers pro Messobjekt.

6. Schritt
Berechnung des Mittelwertes der Einzelwerte des ersten Prüfers $\overline{x}_1$ und der mittleren Spannweite $\overline{R}_1$ aus den Messreihen des ersten Prüfers.

7. Schritt
Schritt 5 und 6 sind für jeden weiteren Prüfer zu wiederholen.

8. Schritt
Berechnung der Wiederholpräzision des Messsystems (EV)

$EV = K_1 \cdot \overline{\overline{R}}$ mit $\overline{\overline{R}}$ Mittelwert der mittleren Spannweiten

Hinweis:
Die K_1-Faktoren sind dem Anhang zu entnehmen.

9. Schritt
Berechnung der Vergleichspräzision des Messsystems (AV)

$\overline{x}_{Diff} = \overline{x}_{max} - \overline{x}_{min}$

$AV = K_2 \cdot \overline{x}_{Diff}$

Hinweis:
Die K_2-Faktoren sind dem Anhang zu entnehmen.

10. Schritt
Berechnung der Wiederhol- und Vergleichpräzision R&R

$$R\,\&\,R = \sqrt{EV^2 + AV^2}$$

$$\%R\,\&\,R = \frac{R\,\&\,R}{RF} \cdot 100\%$$

Beurteilung des Ergebnisses:

I. Fall: %R&R $\leq$ 20% für neue Messsysteme
II. Fall: %R&R $\leq$ 30% für Messsysteme im Einsatz

Das Messsystem ist geeignet.

Tritt bei einem oder mehreren Prüfern der Fall $\overline{R} = 0$ auf, so ist dies zu begründen. Dieser Fall kann z.B. nur unter folgenden Bedingungen auftreten:

a: Die Auflösung der Messeinrichtung reicht nicht aus, um die Einflüsse zu erkennen.
b: Fehler in der Messeinrichtung (z.B. Messtaster klemmt).

III. Fall: %R&R > 20% bzw. 30%

Das Messsystem ist nicht geeignet.

Der Einfluss der Prüfer und/oder die Messstreuung sind durch geeignete Maßnahmen zu reduzieren, bis die Forderung erfüllt ist. Eventuell ist ein anderes Messverfahren oder eine bessere Schulung der Prüfer notwendig (siehe hierzu auch Vorgehensweise „Nicht fähige Messsysteme“).

Ausnahmeregelungen bei kleinen Toleranzen[4] müssen im Einzelfall getroffen werden (siehe hierzu auch Vorgehensweise „Nicht fähige Messsysteme“).

Anmerkung:

Durch Umstellung der Ungleichung %R&R ≤ 20% bzw. 30% kann die kleinste zulässige Betrag der Toleranzvorgabe errechnet werden, für die die Messeinrichtung nach Verfahren 2 eingesetzt werden kann.

$T_{min} \geq 5 \cdot R\&R$ bei neuen Messsystemen

$T_{min} \geq \frac{10}{3} \cdot R\&R$ bei Messsystemen im Einsatz

7 Verfahren 3

Vorbemerkung

Das Verfahren 3 ist ein Sonderfall des Verfahrens 2 und wird bei Messsystemen angewendet, bei denen kein Bedienereinfluss vorliegt. (z.B. mechanisierte Messeinrichtung, Prüfautomaten, automatisches Handling usw.) bzw. der Bedienereinfluss vernachlässigbar klein ist.

Ziel des Verfahrens

Anhand des Kennwerts %EV wird beurteilt, ob eine Messeinrichtung unter Verwendung von Messobjekten (z.B. Produktionsteilen) unter Betriebsbedingungen und Berücksichtigung des möglichen Einflusses der zu messenden Produktionsteile (Oberflächeneinfluss, Verschmutzung, Temperatureinfluss etc.) für die vorgesehene Messaufgabe geeignet ist.

Voraussetzung

Das Verfahren 3 darf nur nach erfolgreichem Nachweis der Eignung aus Verfahren 1 durchgeführt werden.

Messung und Auswertung

1. Schritt

Auswahl von Messobjekten ($n \geq 5$), die möglichst über die Toleranz verteilt sind und Festlegung der Anzahl Messungen pro Messobjekt ($r \geq 2$). Dabei muss das Produkt $n \cdot r$ größer gleich 20 sein: $n \cdot r \geq 20$.

[4] „Kleine Toleranzen“ ist ein subjektiver Begriff, der je nach Messaufgabe unterschiedlich zu interpretieren ist. Das kann beispielsweise das Messen einer Welle in einem Toleranzbereich von 10µ in der Fertigung oder das Erreichen einer physikalischen/technischen Grenze sein.

Standardfall:
25 Teile mit 2 Messungen pro Messobjekt.

2. Schritt
Die Teile werden nummeriert. Um den Einfluss des Messobjekts (z.B. der Teilegeometrie) auszuschließen, wird die Messposition gekennzeichnet oder zu dokumentieren. Die Einflussgrößen (z.B. Temperatur, Schwingung usw.) sind festzuhalten.

3. Schritt
Der Gerätebediener stellt die Messeinrichtung ein und ermittelt die Messwerte der Messobjekte in der durch die Nummerierung vorgegebenen Reihenfolge und nach der gültigen Vorschrift unter Beachtung der Messposition. Die Messwerte werden dokumentiert. In derselben Reihenfolge und nach derselben Verfahrensweise ermittelt der Gerätebediener die Merkmalswerte der Teile ein zweites Mal. Die Messergebnisse der zweiten Messung dürfen von den Ergebnissen der ersten Messung nicht beeinflusst werden. Während der Durchführung der Untersuchung sind Veränderungen an der Messeinrichtung nicht zulässig.

Hinweis:
Die hier empfohlene Reihenfolge für den Messablauf kann oftmals aus praktischen Gegebenheiten nicht eingehalten werden. Um bestimmte Eigenschaften einer Messeinrichtung bzw. den Drift durch Temperatureinfluss erkennen zu können, ist es ebenfalls sinnvoll, eine andere Reihenfolge zu wählen.

Daher empfiehlt sich, die Reihenfolge des Messablaufs je nach Messaufgabe in Absprache zwischen Kunde und Lieferant individuell festzulegen und entsprechend zu dokumentieren.

4. Schritt
Ermittlung der Spannweite pro Messobjekt.

5. Schritt
Berechnung der mittleren Spannweite $\overline{R}$ aus den Ergebnissen der Messungen.

6. Schritt
Berechnung der Wiederholpräzision Messsystem (EV)

$$R\&R = EV = K_1 \cdot \overline{R}$$

mit $\overline{R}$ Mittelwert der Spannweiten

Hinweis:
Die K_1-Faktoren sind dem Anhang zu entnehmen.

$$\%R\&R = \%EV = \frac{EV}{RF} \cdot 100\%$$

Beurteilung der Ergebnisse

I. Fall: $\%R\&R = \%EV \leq 20\%$ für neue Messsysteme
II. Fall: $\%R\&R = \%EV \leq 30\%$ für Messsysteme im Einsatz

Das Messgerät ist geeignet.

Der Fall $\overline{R} = 0$ ist zu begründen. Dieser Fall kann z.B. unter folgenden Bedingungen auftreten:

a: Die Auflösung der Messeinrichtung reicht nicht aus, um die Einflüsse zu erkennen.
b: Fehler in der Messeinrichtung (z.B. Messtaster klemmt).

III. Fall: $\%R\&R = \%EV > 20\%$ bzw. 30%

Das Messgerät ist nicht geeignet.

Die Messstreuung ist zu reduzieren, bis die Forderung erfüllt ist (siehe hierzu auch Vorgehensweise „Nicht fähige Messsysteme“).

Ausnahmeregelungen bei kleinen Toleranzen[5] müssen im Einzelfall getroffen werden (siehe hierzu auch Vorgehensweise „Nicht fähige Messsysteme“).

Anmerkung:
Durch Umstellung der Ungleichung $\%EV \leq 20\%$ bzw. 30% kann die kleinste zulässige Betrag der Toleranzvorgabe errechnet werden, für die die Messeinrichtung zur Messung nach Verfahren 3 eingesetzt werden kann:

$T \geq 5 \cdot EV$ bei neuem Messsystem

$T \geq \frac{10}{3} \cdot EV$ bei Messsystem im Einsatz

[5] „Kleine Toleranzen“ ist ein subjektiver Begriff, der je nach Messaufgabe unterschiedlich zu interpretieren ist. Das kann beispielsweise das Messen einer Welle in einem Toleranzbereich von 10µ in der Fertigung oder das Erreichen einer physikalischen/technischen Grenze sein.

8 Linearität / Untersuchung an den Spezifikationsgrenzen

8.1 Vorbemerkung

Beim Einsatz des Messsystems ist dessen "Linearität" nachzuweisen. Bei der Untersuchung der Linearität sind folgende Situationen zu unterscheiden:

3. das Messsystem enthält eine lineare Maßverkörperung. Dies ist in Form eines Zertifikates bzw. Überprüfung nachzuweisen. In diesem Fall ist keine separate Linearitätsstudie erforderlich. Die Beurteilung des Messverfahrens nach Verfahren 1 ist ausreichend.
4. Das Messsystem enthält keine lineare Maßverkörperung. In diesem Fall sollte die Linearität des Messsystems näher untersucht werden.

8.2 Begriffserklärung „Linearität“

In [7] findet man folgende Definition für „Linearität“.

„Konstant bleibender Zusammenhang zwischen der Ausgangsgröße und der Eingangs- (Mess-) größe eines Messmittels bei deren Änderung.“

Eine ähnliche Festlegung ist in [1] zu finden. Beide Begriffsdefinitionen sind für eine umfassende Linearitätsuntersuchung nicht ausreichend.

Daher wird zunächst der Begriff „Linearität“ beschrieben, wie er im vorliegenden Leitfaden zu verstehen ist.

Mit einer Linearitätsuntersuchung soll die „Systematische Messabweichung“ eines Messsystems über einen spezifizierten Bereich ermittelt werden. Anhand der Ergebnisse ist zu beurteilen, ob sich die systematische Messabweichung in einem Bereich bewegt, in dem das Messsystem als geeignet angesehen werden kann.

Die folgenden Bilder zeigen verschiedene Situationen mit Abweichungen von der Linearität. Es bedeuten:

········ Verbindungslinie der Mittelwerte

—— ideale Position, bei der alle Messwerte dem jeweiligen Referenzwert entsprechen

● Mittelwert der Messwertreihe am Normal i

$(x_m)_i$ Referenzwert des Normals i

x_{ij} Messwert

$(\bar{x}_g)_i$ Mittelwert der Messwerte zu Normal i

Folgende unterschiedliche Situationen sind zu betrachten:

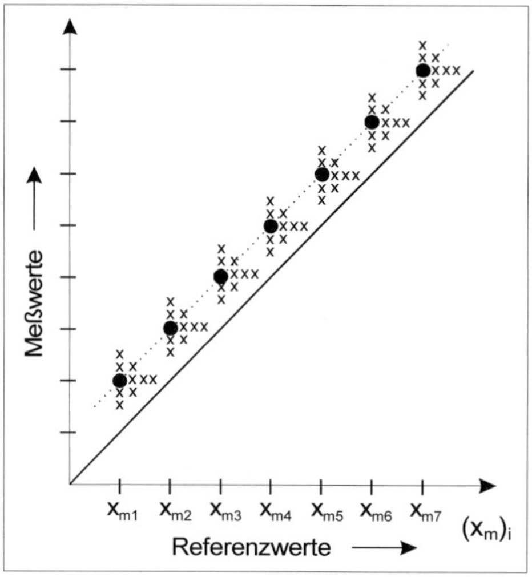

Die systematische Messabweichung ist unabhängig von den Referenzwerten über den spezifizierten Bereich konstant.

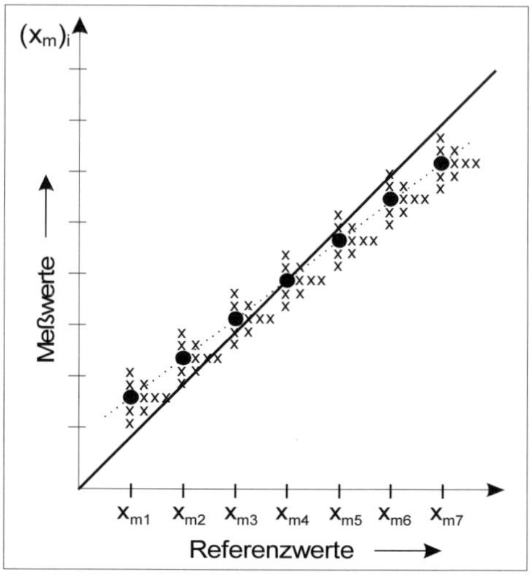

Die systematische Messabweichung ändert sich über den spezifizierten Bereich. Es besteht ein linearer Zusammenhang zwischen den Referenzwerten und der systematischen Messabweichung.

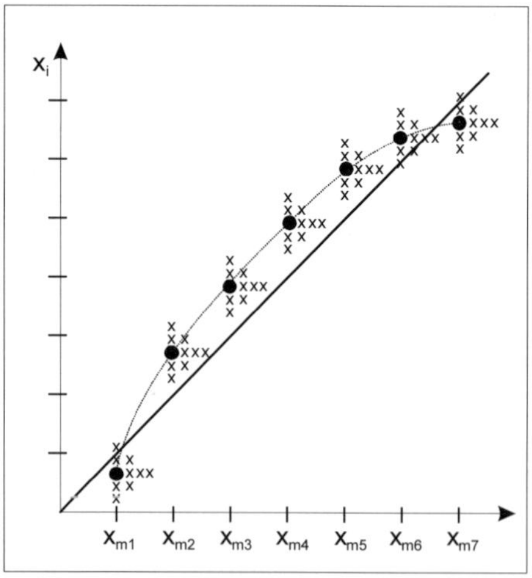

Es besteht kein linearer Zusammenhang zwischen den Referenzwerten und der systematischen Messabweichung.

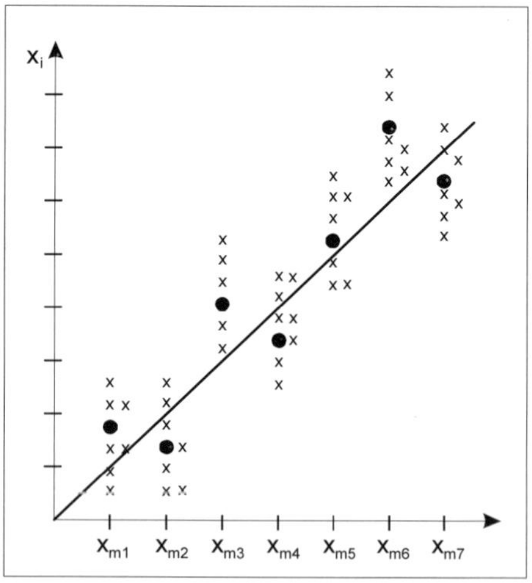

Die Streuung der Messwerte bei den einzelnen Referenzwerten ist signifikant.

Die Streuung der Messwerte an einem Referenzteil muss gemäß Verfahren 1 ausreichend klein sein.

8.3 Bestimmung der systematischen Messabweichung

Um die systematische Messabweichung über einen spezifizierten Bereich beurteilen zu können, sind mehrere (mindestens drei) Normale erforderlich. Die Normale sollten über den Toleranzbereich möglichst gleichmäßig verteilt sein. Dabei sollte jeweils ein Normal oben bzw. unten auch außerhalb der Toleranzgrenze liegen.

Werden nur drei Normale (x_{m1}, x_{m2}, x_{m3}) verwendet, sollten die Referenzwerte innerhalb folgender Bereiche liegen:

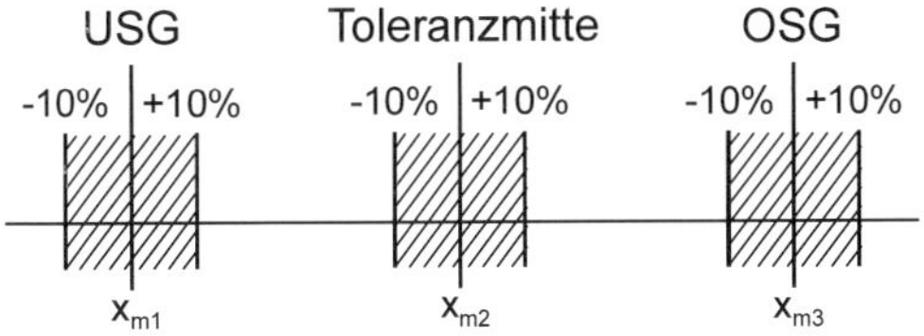

Anschließend werden alle verwendeten Normale unter Wiederholbedingungen n-mal (n=10, mindestens n=5) gemessen. Die Messwerte und die Mittelwerte pro Normal können im xy-Plot oder als Differenz zum jeweiligen Referenzteil im Abweichungsdiagramm dargestellt werden.

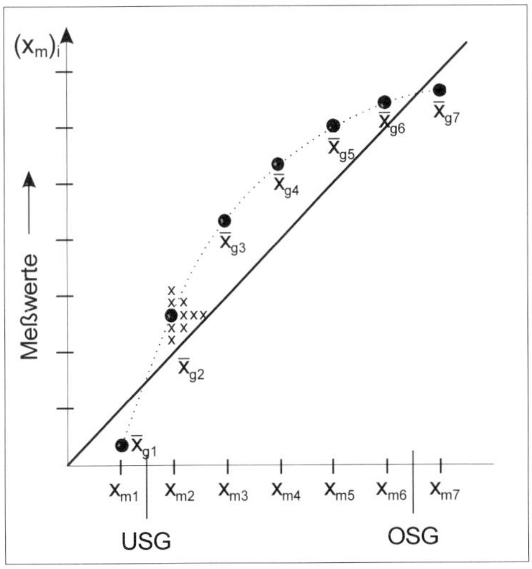

xy-Plot

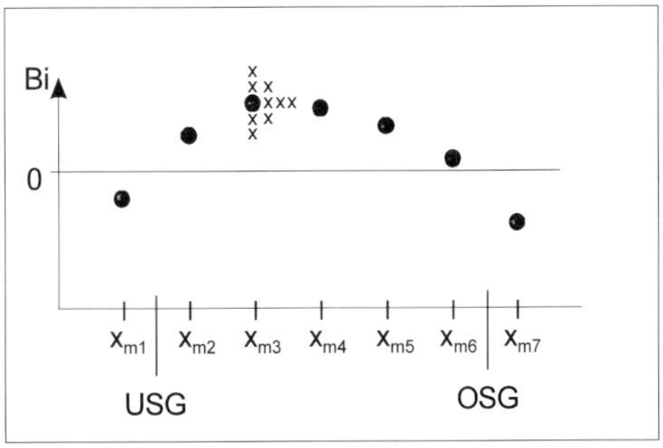

Abweichungsdiagramm

8.4 Beurteilung der Linearität

Die Linearität wird anhand der systematischen Messabweichung Bi beurteilt. Für jedes Normal gilt:

$$Bi_i = \left(\bar{x}_g\right)_i - \left(x_m\right)_i$$

Die an jedem Normal ermittelte systematische Messabweichung sollte z.B. dem Betrag nach kleiner gleich 5% der Toleranz sein. In diesem Fall lautet die allgemeine Forderung für Bi:

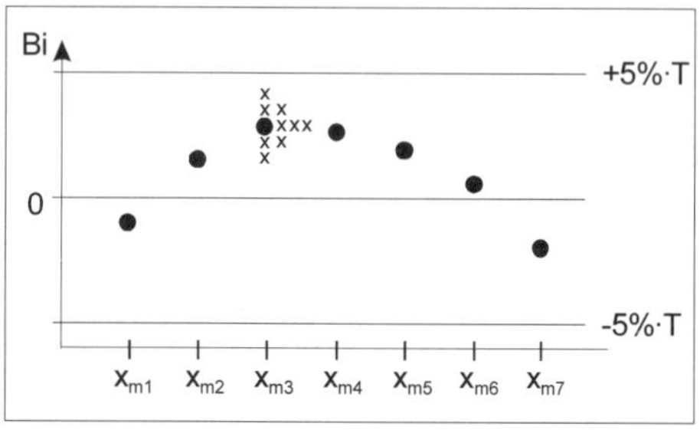

$$-5\% \cdot T \leq Bi \leq 5\% \cdot T$$

Hinweis:

Die Streuung des Messsystems ist bei dieser Betrachtung nicht berücksichtigt. Soll diese in die Beurteilung mit einbezogen werden, ist für jedes Normal eine Betrachtung nach Verfahren 1 durchzuführen.

8.5 Regressionsanalyse

Für den Fall, dass ein linearer Zusammenhang zwischen dem Referenzwert und den gemessenen Mittelwerten besteht, kann die Geradengleichung mittels einer Regressionsanalyse [1] bestimmt werden. Anhand des Korrelationskoeffizienten (R^2) kann abgeschätzt werden, ob die ermittelte Ausgleichsgerade den Sachverhalt ausreichend genau beschreibt. Die Formeln zur Berechnung der Ausgleichsgeraden und des Korrelationskoeffizienten sind im Anhang zusammengestellt.

8.6 Untersuchung der Linearität

Um die Linearität gemäß der hier getroffenen Definition beurteilen zu können, sind pro Merkmal m Normale ($m \geq 3$) zu verwenden. Die Normale sollten möglichst gleichmäßig über den spezifizierten Auswertungsbereich verteilt sein. An jedem Normal werden Messungen (Standardfall n=10) durchgeführt. Anschließend sind die Mittelwerte $(\bar{x}_g)_i$ und die systematische Messabweichung Bi_i zu bestimmen. Die Linearität wird anhand der Ergebnisse $(Bi)_i$ durch den Vergleich mit den vorgegebenen Grenzwerten beurteilt.

8.7 Untersuchung an der Spezifikationsgrenze

Oftmals können aus wirtschaftlichen Gründen nicht mehr als zwei Normale zur Verfügung gestellt werden. Daher beschränkt man sich auf die Untersuchung an den Spezifikationsgrenzen. Damit sind jeweils ein Normal in der Nähe der unteren bzw. der oberen Spezifikationsgrenze zur Verfügung zu stellen. Anschließend wird mit jedem Normal eine Fähigkeitsuntersuchung gemäß Verfahren 1 durchgeführt.

Hinweis:
Diese Vorgehensweise ist keine Linearitätsuntersuchung, sondern lässt nur eine Aussage über die Eignung an den jeweils betrachteten Stellen zu. Über andere Bereiche kann keine Aussage getroffen werden.

9 Messbeständigkeit / Stabilität

Bei den vorher genannten Verfahren wird immer nur eine Kurzzeitbetrachtung vorgenommen. Daher ist die kontinuierliche Untersuchung der Messbeständigkeit zu empfehlen.

Für den Stabilitätsnachweis sind zunächst in kurzen Zeitabständen Überprüfungen vorzunehmen. Zur Ermittlung der Urwerte sind stabilisierte Erzeugnisteile und Normale/Einstellmeister zu verwenden. Basierend auf den Ergebnissen ist ein Intervall festzulegen, zu dem regelmäßig neue Überprüfungen stattfinden sollen.

Die Beurteilung der Messbeständigkeit kann auf 2 Arten vorgenommen werden:

- Es sind die Messwerte aufzuzeichnen und die Grenzwerte festzulegen. Diese dürfen z.B. maximal ±10% der Toleranz bezogen auf den Ist-Wert des Normals/ Referenzteils betragen.
- Die gemessenen Werte sind in Form einer Shewhart-Qualitätsregelkarte aufzuzeichnen. Hierbei gelten firmenspezifische Festlegungen.

Beispiel zur Messung und Auswertung

1. Schritt
Dokumentieren der Daten zu Messeinrichtung, Normal, Merkmal, Toleranz etc.

2. Schritt
Eintragen der Grenzen der Messbeständigkeit in die Regelkarte. Der Stichprobenumfang kann zwischen 1, ..., 5 liegen (Empfehlung n=5).

Fallbeispiel:

OEG = $x_m + 2{,}576 \cdot s_g$ mit s_g aus Verfahren 1 für 99%

UEG = $x_m - 2{,}576 \cdot s_g$

Hinweis:
Falls bei einer Urwertkarte der Abstand der natürlichen Eingriffsgrenzen einer Einzelwertkarte < 10% der Toleranz ist, können die Eingriffsgrenzen auf 10% der Toleranz festgelegt werden, um zu verhindern, dass die Auflösung des Messmittels der Grund für eine Verletzung der Eingriffsgrenze ist.

alternativ:

OEG = $x_m + 0{,}1 \cdot T$

UEG = $x_m - 0{,}1 \cdot T$

3. Schritt
Einstellen der Messeinrichtung mit Hilfe des Normals nach der gültigen Vorschrift.

4. Schritt
Ausführung von Einzelmessungen am Normal und/oder Referenzteil über eine Schicht bzw. einen repräsentativen Zeitraum nach der gültigen Vorschrift. Während der Messbeständigkeitsprüfung darf nicht nachgestellt werden.

5. Schritt
Die Messergebnisse werden in die Regelkarte eingetragen und beurteilt.

6. Schritt
Das Prüfintervall ist festzulegen:

I. Fall:
Liegen die Messwerte innerhalb der vorgegebenen Eingriffsgrenzen, reicht es aus, die Messeinrichtung in festgelegten Intervallen, zum Beispiel, jeweils am Arbeitsbeginn einzustellen.

II. Fall:
Treten Über- oder Unterschreitungen der vorgegebenen Eingriffsgrenzen auf, ist das Intervall so zu verkürzen, dass die Messwerte innerhalb der Grenzen verbleiben. Ist ein Trend erkennbar, sollten die Gründe untersucht werden.

III. Fall:
Es treten Über- und Unterschreitungen der vorgegebenen Grenzen in kurzen Zeiträumen statt, so dass bei der Messeinrichtung keine stabile Phase erkennbar ist. In diesem Fall sind entsprechende Verbesserungen einzuleiten (siehe hierzu auch Vorgehensweise „Nicht fähige Messsysteme").

Hinweis:
Sollen Abweichungen aufgrund unzureichender Messbeständigkeit möglichst ausgeschlossen werden, ist die Messeinrichtung vor jeder Messung einzustellen.

GM **POWERTRAIN**

Globale Richtlinie für Maschinen und Fertigungseinrichtungen

Richtlinie für Messsystemanalysen (EMS)

Dokument Nr.: SP-Q- EMS

Version 3.4

Datum des Originals: 1999-12-17

Überarbeitung: 2000-06-18

Zur Veröffentlichung freigegeben von:

Global Specifications Management Team

Dokumentation in Dateiformat

Erstellt von Global Powertrain Manufacturing Engineering

Einschließlich NA, ITDC, GM Mexico, GM Brazil und GM Holden

Information zur Dokumentenlenkung

Die gelenkte Version dieses Dokuments ist auf der Website für die GMPT-Richtlinien für Maschinen- und Fertigungseinrichtungen zu finden. Bei einem gedruckten Exemplar handelt es sich um ein nicht gelenktes Exemplar. Der Nutzer muss anhand der Website überprüfen, ob er/sie über die für das jeweilige Projekt gültige Version der Richtlinie verfügt.

Richten Sie Fragen oder Kommentare hinsichtlich dieser Richtlinie bitte stets an den Projektingenieur, der für das betreffende Projekt zuständig ist.

Datum der Über-arbeitung	Version Nr.	Dokumentname Dateiname	Überarbeitung	Betroffene Absätze	Überarbeitung durch
99-12-17	3.0	SP-Q- EMS	Alle	Alle	Engel
2000-02-15	3.1	SP-Q- EMS	Anmerkung zur Titelseite hinzugefügt		Lukas
2000-02-23	3.1	SP-Q- EMS	Querverweise zur Spezifikation überarbeitet	1.1.1; 3.6.1.1 3.10.2.3; 5.3; 3.10.2.3; 3.10.2.3.1; 3.10.3.1.2 3.10.3.2.2	Engel
2000-02-23	3.1	SP-Q- EMS	Piece Variation war zuvor Part Variation	3.6.2.1; 3.10.1.2; 5.1.6	Engel
2000-02-23	3.1	SP-Q- EMS	SV zur Tabelle hinzugefügt	5.2	Engel
2000-02-23	3.1	SP-Q- EMS	Abschnitt 6.4 zur Inhaltsübersicht hinzugefügt	6.4	Engel
2000-04-26	3.2	SP-Q- EMS	Verweis auf Machine Tool Specifications sp-d-general korrigiert. Sollte Global Machinery & Equipment Specification SP-G-General heißen.	1.1.1	Lukas/Neuenfeldt
2000-04-26	3.2	SP-Q- EMS	Verschiedene Tippfehler korrigiert.	Alle	Lukas/Neuenfeldt
2000-05-23	3.3	SP-Q- EMS	Text hinzugefügt.	3.10.8	Engel
2000-06-18	3.4	SP-Q- EMS	Verfahren zur Bewertung der Linearität überarbeitet und verschiedene Tippfehler korrigiert. Hinweis: Musterberichte in Abschnitt 6.4 müssen noch überarbeitet werden: Beim Bericht zu Verfahren 1 muss noch die Linearitätsbewertung gemäß der neuen Fassung von Abschnitt 3.6.1.3 hinzugefügt werden. Bei den Berichten zu Verfahren 2 und 3 müssen noch Änderungen in den Linearitätsgrafiken eingearbeitet werden.	3.2; 3.4; 3.6.1; 3.6.1.2; 3.6.1.3; 3.6.1.4; 3.6.2.2; 3.6.2.3; 3.6.3.2; 6.4	Hogarth

Für neue, nicht genehmigte Richtlinien gilt die Bezeichnung: Entwurf 0.X (z. B. Entwurf 0.1)

Für genehmigte Richtlinien gilt die Bezeichnung: Version X.X (z. B. Version 1.0)

Für geringfügige, nicht genehmigte Aktualisierungen gilt die Bezeichnung: Entwurf X.X (z. B. Entwurf 1.1)

Für umfangreichere, nicht genehmigte Aktualisierungen gilt die Bezeichnung: Entwurf Y.X (z. B. Entwurf 2.0)

Die Versionsnummer ist folgendermaßen aufgebaut: Die Zahl links vom Dezimalpunkt ist die Haupt-Versionsnummer. Die Zahl rechts vom Dezimalpunkt ist die Neben-Versionsnummer.

Information zur Dokumentenlenkung

Die Haupt-Versionsnummer kann sich aus folgenden Gründen ändern:

- Hinzufügung von Informationen zum Dokument.
- Streichung von Informationen aus dem Dokument.
- Änderung der Reihenfolge der Abschnitte des Dokuments.
- Überarbeitungen/Änderungen in Bezug auf den Geltungsbereich oder den Zweck des Dokuments.

Die Neben-Versionsnummer kann sich aus folgenden Gründen ändern:

- Korrektur von Rechtschreibfehlern.
- Korrektur des Seitenlayouts oder der Formatierung.
- Geringfügige Änderungen, die keine Auswirkungen auf den Geltungsbereich oder Zweck des Dokuments haben.

Inhaltsübersicht

Inhaltsübersicht

1. EINLEITUNG

1.1 Geltungsbereich

1.1.1 Zweck der Richtlinie

Mit dieser Richtlinie werden die Basisanforderungen an Messsysteme, die intern und/oder extern hergestellt bzw. bezogen werden, geregelt. Damit sollen gleichzeitig eindeutige Grundlagen für die Ausschreibungen und Abnahmeverfahren für die Vertragspartner geschaffen werden. Deshalb ist der Inhalt dieser Richtlinie den Lieferanten und Herstellern von Messsystemen zugänglich zu machen.

Jede Abweichung von dieser Richtlinie muss von der GMPT-Geschäftsleitung genehmigt werden und vor Bestellung schriftlich mit dem Lieferanten vereinbart werden (siehe Anhang A der GM Powertrain Global Machinery and Equipment General Specification, SP-G-General).

1.1.2 Örtlicher Geltungsbereich

Diese Richtlinie gilt für alle GMPT-Werke beim Neukauf und Einsatz von Messsystemen. Eventuell bestehende Gesetze und Verordnungen der betreffenden Standorte haben uneingeschränkt Vorrang.

1.1.3 Geltung in Programmen

Diese Richtlinie gilt in den nordamerikanischen GMPT-Fertigungswerken für alle neuen und größeren Programme, die ab dem Kalenderjahr 1999 installiert werden. Ältere Programme können an diese Richtlinie angepasst werden, falls es vom jeweiligen Werk für sinnvoll erachtet wird.

1.1.4 Sachlicher Geltungsbereich

Diese Richtlinie erstreckt sich auf die Abnahme und laufende Überwachung aller Messsysteme in den Werken. Abnahmetests müssen vor Inbetriebnahme der Messsysteme durchgeführt werden, nach dem Kauf von neuen Systemen, Generalüberholungen und wesentlichen konstruktiven Änderungen; diese Tests sind eine Grundvoraussetzung für die Beurteilung der Maschinen- und Prozessfähigkeit.

Bei der Erstabnahme festgestellte Mängel sind dem Lieferanten bzw. Hersteller des Messsystems unter Vorlage der Testergebnisse mitzuteilen.

Werden bei der laufenden Überwachung Mängel festgestellt, sind die zuständigen Werksplaner zu informieren.

1.1.5 Anwendbarkeit auf unterschiedliche Prüfmittel

Messmittel sind Prüfmittel, die einen quantitativen Wert für das zu untersuchende Merkmal liefern, z.B. Durchmesser = 125,00 mm („variable Daten"). Dieser Wert kann dann mit den Spezifikationsgrenzen (z.B. ±0,25 mm) verglichen werden, um entscheiden zu können, wie gut oder schlecht die vorliegende Merkmalsausprägung ist [2].

Diese Richtlinie gilt hauptsächlich für Messmittel zur Prüfung von dimensionalen Merkmalen an Teilen, die zum Zeitpunkt der Messung unbeweglich sind. Nach der Messung müssen die hier angeführten Kriterien zur Bewertung dieser Messmittel eingesetzt werden.

Wenn diese Richtlinie zur Bewertung gewisser „spezieller" Messmitteltypen verwendet wird, ist es in Anbetracht der besonderen Einsatzweise dieser Messmittel möglicherweise unrealistisch, die gleichen Abnahmekritierien zu verwenden. Beispiele für derartige Messmittel sind: Härteprüfer, Oberflächenmessgeräte, optische Messgeräte, Kraftmessschlüssel, Koordinatenmessgeräte, Dichtemessgeräte und Waagen. Manche Messmittel verziehen oder verändern das Teil auch, so dass Wiederholmessungen an der gleichen Stelle unmöglich sind.

Es kann jedoch sinnvoll sein, die in dieser Richtlinie beschriebenen Verfahren auch auf solche Messmittel anzuwenden, um mehrere Messmittel der gleichen Art zu vergleichen, die Leistung eines bestimmten Messmitteltyps zu testen oder zeitliche Veränderungen in der Leistung eines bestimmten Messmittels zu untersuchen.

Sobald mehr Erfahrung in der Anwendung dieser Verfahren auf die „speziellen" Messmittel vorliegt, wird die vorliegende Richtlinie ergänzt werden, um zusätzliche Auswerteverfahren und Kriterien für diese Messmittel aufzuführen (siehe Kapitel 3.10, in Bearbeitung). Bis zur entsprechenden Änderung dieser Richtlinie ist GMPT Central Manufacturing Engineering dafür verantwortlich, zu entscheiden, inwieweit diese Auswertemethoden und Vorgaben auf „spezielle" Messmittel anwendbar sind. Diese Auswertemethoden und Kriterien sind in Angebotsanforderungen zu definieren.

Attributive Prüfmittel, wie Gut-schlecht-Lehrdorne, Rachenlehren, Funktionsprüfgeräte und Schablonen, vergleichen Merkmale mit bestimmten Grenzwerten und nehmen die Prüflinge an, wenn die Grenzwerte eingehalten werden; anderenfalls werden die Prüflinge zurückgewiesen. Ein attributives Prüfmittel kann nur feststellen, ob ein Teil gut oder schlecht ist; es kann nicht bestimmen, wie gut oder schlecht das Teil ist [2]. Für die Zwecke der vorliegenden Richtlinie werden Nonius-Profiltiefenlehren als attributive Prüfmittel betrachtet.

Die vorliegende Richtlinie gilt nicht für attributive Prüfmittel.

2. ANWENDBARE DOKUMENTE

2.1 Vorrangregelung

Im Falle eines Widerspruchs zwischen dem Text dieser Richtlinie und den hierin angegebenen Referenzmaterialien hat der vorliegende Text stets Vorrang. Keine Bestimmung in diesem Dokument setzt jedoch gültige Gesetze und Verordnungen außer Kraft, es sei denn, es wurde eine besondere Ausnahmegenehmigung erteilt. Wenn amtliche Bestimmungen im Widerspruch zueinander stehen sollten, hat sich der Fertigungssystem-Entwurf nach den strengsten Anforderungen zu richten.

2.2 Amtliche Dokumente

2.2.1 Kanada

2.2.2 Europäische Union

2.2.3 Mexiko

2.2.4 Vereinigte Staaten

2.2.5 Sonstige

2.3 Industrienormen

Accuracy of Coordinate Measuring Machines; Characteristics and their Checking Generalities: VDI/VDE #2617
VDI-Verlag GmbH, D-4000 Düsseldorf, 1986

2.4 Dokumente von General Motors

2.5 Sonstige Dokumente

3. ANFORDERUNGEN

3.1 Auflösung des Messsystems

Das Messsystem muss eine Auflösung (kleinster Skalenteilungsschritt bzw. kleinste Anzeigedifferenz der Digitalanzeige) von max. 5% der Bezugsgröße (RF) haben, um Messwerte sicher ermitteln und ablesen zu können.

Wenn die Teil-zu-Teil-Streuung bei dem gemessenen Merkmal kleiner ist als die Auflösung des Messmittels, kann es auf den Regelkarten zur Untersuchung der Teil-zu-Teil-Streuung irreführende Außer-Kontrolle-Signale geben [4].

Beispiel: Längenmaß 125,00 ± 0,25 mm

Bei einer Gesamttoleranz von 0,5 mm entsprechen 5% der Gesamttoleranz 0,025 mm. D.h., das Messsystem muss eine Auflösung von 0,025 mm oder besser über den gesamten Messbereich haben.

3.2 Spezielle Kriterien für Messmittel bei sehr kleinen Toleranzen

Wenn die Annahmekriterien in den folgenden Erörterungen eine Messpräzision verlangen, die unterhalb von 2 µm liegt, dann soll auch eine Präzision von 2 µm als akzeptabel gelten. Beispielsweise würde das Präzisionskriterium ≤ 5% RF bei einer Toleranz von ±10 µm rein rechnerisch eine Präzision von 1 µm oder besser verlangen. Die 2-µm-Regel würde diese Anforderung in diesem Fall außer Kraft setzen.

3.3 Berücksichtigung der Temperatur

Temperaturänderungen haben oft einen bedeutenden Einfluss auf die Ergebnisse eines Messsystems. Die meisten Messsysteme werden durch Temperaturschwankungen irgendwie beeinflusst. Dies liegt an der Wärmeausdehnung von Elementen des Messprozesses – dem Messmittel und seinen Komponenten, den Einstellmeistern und den zu messenden Teilen – oder auch an Veränderungen im Ansprechverhalten von Messsystemen, die elektronische Regler, Prozessoren oder Anzeigen beinhalten [4].

Einstellmeister müssen bei 20° C zertifiziert worden sein [5]. Falls das Messsystem keinen Temperaturausgleich vornehmen kann, ist die wichtigste temperaturbezogene Voraussetzung für die Durchführung einer Messsystemanalyse, dass die gemessenen Teile und die messtechnischen Elemente des Messsystems während der ganzen Untersuchung konstant auf der gleichen Temperatur gehalten werden, auch wenn es nicht 20° C sind. Nach Möglichkeit sollte die Untersuchung in einer Umgebung vorgenommen werden, die der Produktionsumgebung entspricht, in welcher das Messsystem eingesetzt werden soll.

Wenn das Messsystem einen Temperaturkompensation vornehmen kann, sollten die Temperaturschwankungen während der Untersuchung denen der Produktionsumgebung entsprechen.

3.3.1 Automatische Temperaturkompensationssysteme

Wenn automatische Temperaturkompensationssysteme zum Einsatz kommen, sind diese wie folgt zu testen: Teil auf den unteren angegebenen Temperaturwert abkühlen und Wiederholungsmessungen vornehmen, bis sich die Temperatur des Teils bis auf 2 °C an die Umgebungstemperatur angenähert hat. Dann das Gleiche für den oberen angegebenen Temperaturwert tun und wieder Wiederholungsmessungen vornehmen, bis sich die Temperatur des Teils bis auf 2 °C an die Umgebungstemperatur angenähert hat. Temperatur bei jeder Messung mit aufzeichnen.
Regressionsanalyse für systematische Messabweichung und Temperatur durchführen. Steigung der Regressionsgeraden ermitteln. Das Ergebnis von Steigung mal Temperaturspanne stellt das Ausmaß der erwarteten Messabweichungen dar, die auf Grund von Temperaturschwankungen zu erwarten sind. Dieser Wert muss weniger als 10% von RF betragen.

3.4 Ablauf des Messsystemfähigkeitsnachweises

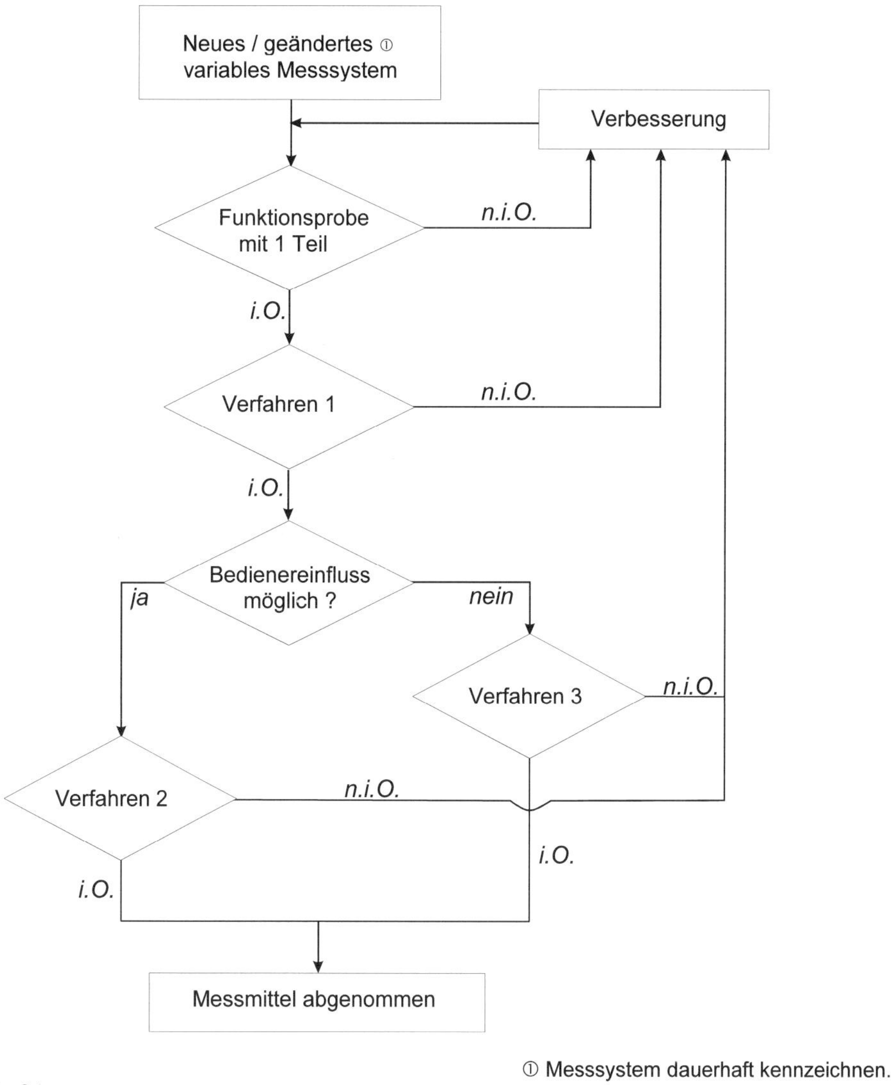

Abb. 3.4: Ablaufplan

3.5 Verantwortlichkeiten

Der Lieferant bzw. Hersteller ist dafür verantwortlich, unter Verwendung geeigneter Werkstücke bzw. Meister einen Funktionstest sowie eine Untersuchung nach Verfahren 1 zur Erstabnahme durchzuführen.

Verfahren 2 und 3 müssen unter Teilnahme von GMPT-Vertretern beim Lieferanten bzw. Hersteller durchgeführt werden, falls nichts anderes von GMPT Manufacturing Engineering genehmigt wurde. In Fällen, in denen die Abnahmekriterien nicht erfüllt sind, trägt der Lieferant bzw. Hersteller die Verantwortung dafür, die Ursachen ausfindig zu machen und sie zu beheben.

Die Genehmigung zum Versand des Messmittels ist davon abhängig, dass GMPT Manufacturing Engineering die relevante Dokumentation, die zu Verfahren 1, 2 bzw. 3 erstellt worden ist, als i.O. bestätigt. Die vollständige Begleichung der Rechnung für das Messsystem wird bis zum erfolgreichen Abschluss der Untersuchung und ihrer Dokumentation zurückgehalten.

3.6 Erläuterung der einzelnen Verfahren

3.6.1 Verfahren 1

Der Untersuchung nach Verfahren 1 sollte ein Funktionstest des Messgeräts vorausgehen. Dieser sollte aus einem tatsächlichen Messdurchgang an einem repräsentativen Musterteil bestehen. Dieser Funktionstest sollte auch eine vorläufige Untersuchung der Messgenauigkeit des Messmittels beinhalten, um grobe Fehler auszuschalten und zu vermeiden, dass unnötiger Aufwand in die Durchführung einer Untersuchung investiert wird, die nach der Behebung dieser Mängel sowieso noch einmal wiederholt werden muss.

Das Verfahren 1 wird zur Ermittlung von Wiederholbarkeit, Genauigkeit, Linearität und Kurzzeit-Stabilität eingesetzt. Dieses Verfahren dient der Ermittlung des dem Messsystem eigenen Streuungsverhaltens. Die verschiedenen Fähigkeitsindizes werden mit Hilfe dieses Verfahrens bestimmt. Diese Untersuchung wird beim Lieferanten bzw. Hersteller während der Erstabnahme, also vor der Auslieferung, durchgeführt, um Mängel am Messsystem zu erkennen und ein späteres Auftreten von kostspieligen Problemen zu vermeiden.

Die Leistung des Messsystems wird bei Verfahren 1 ermittelt, indem ein Prüfer dasselbe Musterteil (Werkstück mit bekanntem Ist-Wert oder ein geeigneter Meister, aber nicht derselbe wie der, der zur Kalibrierung des Systems verwendet wurde) 50-mal misst. Das Messsystem ist vor Beginn der Untersuchung zu kalibrieren und darf während der Untersuchung selbst dann nicht mehr justiert werden. Das Musterteil ist nach jeder Messung herauszunehmen und dann wieder neu einzulegen und darf im Verlauf der Untersuchung keinerlei Veränderungen unterliegen. Um den Einfluss von Streuung innerhalb des Teiles (z.B. Unrundheit) bei statischen Prüfungen auszuschalten, sind die Teile zu markieren, so dass jedesmal an derselben Stelle gemessen wird.

Wenn ein Meister (und kein Musterteil) beim Verfahren 1 verwendet wird, muss GMPT Manufacturing Engineering dessen Einsatz für die Linearitätsbewertung genehmigen (Kapitel 3.6.1.3 enthält Näheres zur Bewertung der Linearität).

Die Untersuchung ist gemäß den Anweisungen in Kapitel 3.8 dieser Richtlinie zu dokumentieren. Wenn die Abnahmekriterien für Verfahren 1 (siehe folgende Abschnitte) nicht erfüllt sind, muss eine schriftliche Genehmigung vom GMPT Manufacturing Engineering Management eingeholt werden, ehe zu Verfahren 2 bzw. 3 oder zum Versand des Messmittels übergegangen werden darf.

3.6.1.1 Wiederholbarkeit des Messsystems

Die Wiederholbarkeit wird anhand des Messmittelfähigkeitsindexes C_g beurteilt.

$$C_g = \frac{0.2 \cdot RF}{6s_g}$$

mit **RF = Toleranz** und

$$s_g = \sqrt{\frac{1}{n-1}\sum_{i=1}^{n}\left(x_i - \bar{x}_g\right)^2}$$

$$\bar{x}_g = \frac{1}{n} \cdot \sum_{i=1}^{n} x_i$$

Mit dieser Formel wird ein Bereich von 20% der Bezugsgröße (RF) mit dem Streubereich der Messwerte verglichen. Dabei ist der Streubereich der Messwerte als $6s_g$ definiert. Abbildung 3.6.1.1a illustriert die Zusammenhänge.

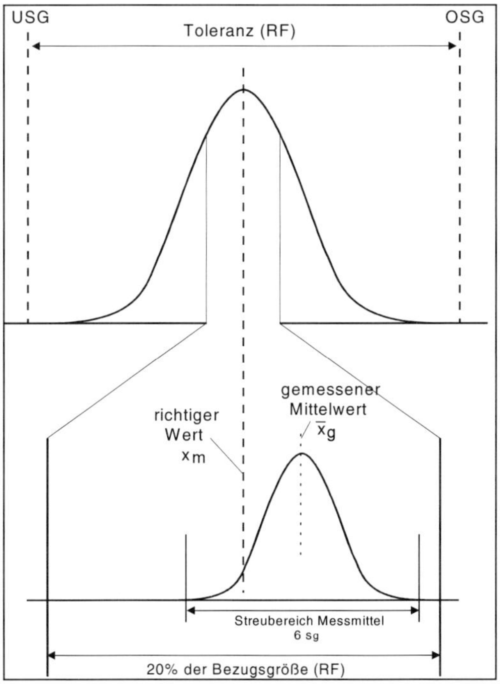

Abb. 3.6.1.1a: Wiederholbarkeit in % von RF

Abb. 3.6.1.1b zeigt den Zusammenhang zwischen der Streuung des Messsystems und dem Fähigkeitsindex C_g. Wenn s_g kleiner wird, steigt C_g proportional an (%EV wird kleiner).

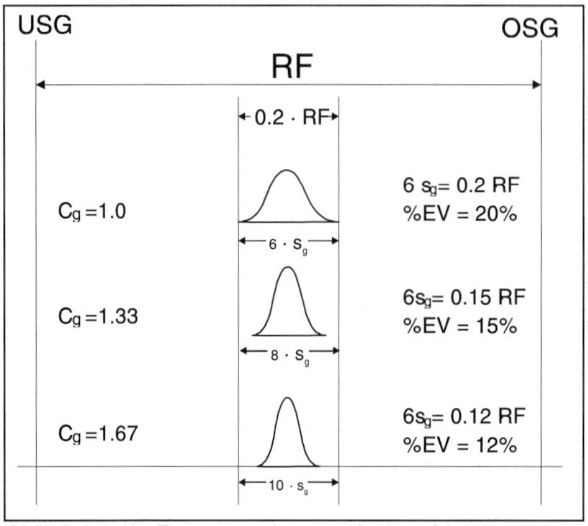

Abb. 3.6.1.1b: Zusammenhang zwischen Messsystemstreuung und C_g.

Dabei wird die Normalverteilung der Messwerte zugrunde gelegt. Merkmale mit einem natürlichen Grenzwert (nullbegrenzte Merkmale wie z.B. Unrundheit) und bivariate Positionsmerkmale (z.B. korrekte Lage) haben in der Regel eine andere Verteilungsform als die Normalverteilung. In diesen Fällen muss die zur Auswertung eingesetzte Software in der Lage sein, ein geeignetes Verteilungsmodell zu ermitteln und die entsprechenden Kenngrößen zu berechnen. Das Modul Messsystemanalyse der Software qs-STAT (siehe Kapitel 3.7) erfüllt diese Anforderung.

Als Alternative zum C_g-Index kann auch der EV-Index verwendet werden:

$$EV = 6 \cdot s_g$$

$$\%EV = \frac{6 \cdot s_g}{RF} \cdot 100\%$$

3.6.1.2 Wiederholbarkeit/Genauigkeit des Messsystems

Die Kombination aus Wiederholbarkeit und Genauigkeit wird anhand des Messmittelfähigkeitsindexes C_{gk} beurteilt.

$$C_{gk} = \frac{0.1 \cdot RF - |\bar{x}_g - x_m|}{3 s_g}$$

Es gilt: $$|\bar{x}_g - x_m| = AC$$

Alternativ zu C_{gk} können die Indizes %AC und %EV + 1,5 AC benutzt werden.

$$\%AC = \frac{AC}{RF} \cdot 100\%$$

$$\%(EV + 1.5AC) = \frac{6 \cdot s_g + 1.5AC}{RF} \cdot 100\%$$

Es folgen Abnahmekriterien für die oben genannten Indizes.

Verwenden Sie entweder diese Kriterien:

$C_g \geq 1{,}33$
$\%AC \leq 10\%$ RF oder 1 µm, je nachdem, was größer ist
$C_{gk} \geq 1{,}33$

oder diese Kriterien:

$\%EV \leq 15\%$ RF
$\%AC \leq 10\%$ RF oder 1 µm, je nachdem, was größer ist
$\%(EV + 1.5\ AC) \leq 15\%$ RF

Es kann entweder die erste oder die zweite Gruppe von Kriterien verwendet werden. Das Modul Messsystemanalyse der Statistik-Software qs-STAT® berechnet alle oben genannten Indizes.

3.6.1.3 Linearität des Messsystems

Wenn das Musterteil bzw. der Meister, das bzw. der zur Bewertung der Genauigkeit eingesetzt wird, einen bekannten Wert hat, der im mittleren Drittel des Toleranzbereichs liegt, dann ist die Linearität des Messsystems akzeptabel, wenn $\%AC \leq 10\%$ RF gilt. Wenn das Musterteil bzw. der Meister nicht im mittleren Drittel des Toleranzbereichs liegt, dann ist das optionale Linearitätsbewertungs-Verfahren anzuwenden, das in Kapitel 3.6.2.2 beschrieben ist.

3.6.1.4 Kurzzeitstabilität des Messsystems

Alle Messwerte aus Verfahren 1 müssen in eine x/MR-Karte (Einzelwert- und gleitende Spannweitenkarte) eingetragen werden. Wenn der Abstand zwischen den natürlichen Eingriffsgrenzen < 10% der Bezugsgröße RF ist, können die Eingriffsgrenzen bis auf 10% von RF erweitert werden, um zu verhindern, dass die Auflösung des Messmittels Fehler bei der Stabilitätsbeurteilung verursacht. Der Stichprobenumfang ist n = 1 für die Einzelwertkarte und n = 2 für die gleitende Spannweitenkarte. Alle Werte müssen innerhalb der Eingriffsgrenzen liegen.

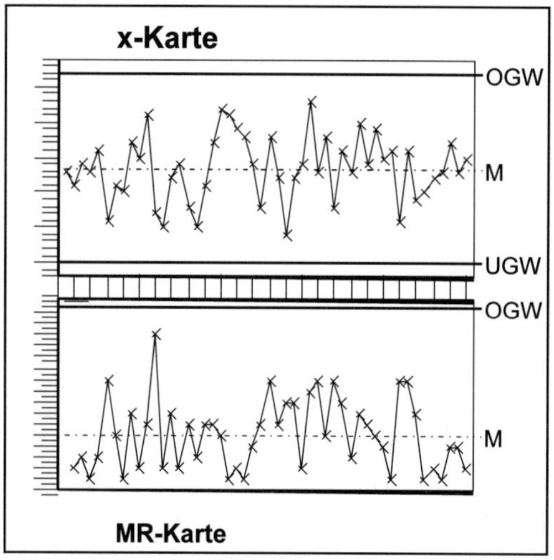

Abb. 3.5.1.5: Beispiel einer x/MR-Karte mit akzeptablen Kurvenverläufen

Formeln zur Berechnung der Eingriffsgrenzen: **x-Karte:**

$$UCL = \overline{\overline{x}} + E_2 \cdot \overline{R}$$
$$LCL = \overline{\overline{x}} - E_2 \cdot \overline{R}$$

MR-Karte:

$$UCL = D_4 \cdot \overline{R}$$

3.6.2 Verfahren 2

Das Verfahren 2 dient der Ermittlung von %R&R und Linearität. Dieses Verfahren wird eingesetzt, falls ein Bedienereinfluss vorliegen kann. In Verbindung mit Verfahren 1 ist so eine Aussage darüber möglich, ob das Messsystem geeignet, begrenzt einsetzbar oder nicht akzeptabel ist. Die Untersuchung ist gemäß den Anweisungen in Kapitel 3.8 dieser Richtlinie zu dokumentieren.

3.6.2.1 R&R des Messsystems

Beim R&R-Verfahren werden die Kennwerte EV (Repeatability, Wiederholbarkeit) und AV (Reproducibility, Nachvollziehbarkeit) sowie ein kombinierter R&R-Index ermittelt.
Die Anzahl der Messungen pro Prüfer und die Anzahl der Prüfer ist je nach den vorliegenden Gegebenheiten festzulegen.

Als Mindestforderung müssen zwei (besser 3) Prüfer (k) je zwei Messungen (r) durchführen. Die Anzahl der Teile (n) sollte mindestens fünf betragen. Wenn die Anzahl der Prüfer bestimmt worden ist, muss die Anzahl der Teile und die Anzahl der Wiederholungsmessungen so festgelegt werden, dass das Produkt $k \cdot r \cdot n \geq 30$ ist. Der Einsatz von weniger als fünf Teilen muss von GMPT Manufacturing Engineering genehmigt werden. Die Teile müssen für die Untersuchung numeriert werden. Um den Einfluss von Streuung innerhalb des Teiles (z.B. Unrundheit) bei statischen Prüfungen auszuschalten, sind die Teile zu markieren, so dass jedesmal an derselben Stelle gemessen wird. Das Messmittel ist vor Beginn der Untersuchung zu kalibrieren. Die jeweiligen Ergebnisse der anderen Prüfer dürfen den Prüfern während der Messung nicht zugänglich gemacht werden.

Für die Auswertung der Messwertreihe gibt es 2 Möglichkeiten:

- das „Mittelwert- und Spannweiten"-Verfahren (ARM - Average and Range Method) bzw.
- das „Varianzanalyse"-Verfahren (ANOVA - Analysis of Variance).

Obwohl die ARM-Methode rechnerisch einfacher ist, wird das ANOVA-Verfahren vorgezogen. Die ARM-Formel ist in Kapitel 6.1 gezeigt.

Das ANOVA-Verfahren ist aus mathematischer Sicht das genauere Verfahren und in der Lage, die Streuungskomponenten in folgenden Gruppen separat auszuweisen:

- Wiederholbarkeit
- Nachvollziehbarkeit
- Wechselwirkung Teile/Prüfer (IA)
- %R&R
- Teilestreuung (PV)

Nähere Informationen und Formeln zur ANOVA-Methode enthält die Richtlinie "Measurement Systems Analysis" der A.I.A.G. [2].

Beim „ANOVA"-Verfahren ist der Einsatz eines geeigneten Rechnerprogramms (qs-STAT® der Q-DAS® GmbH) erforderlich.
Die separate Ausweisung der einzelnen Streuungskomponenten lässt bessere Rückschlüsse auf Fehlerursachen zu. Dadurch können Verbesserungsmaßnahmen leichter abgeleitet werden. Bezüglich der Formeln wird auf die Richtlinie „Measurement Systems Analysis" der A.I.A.G. [2] verwiesen. Da beim ANOVA-Verfahren andere Berechnungsformeln verwendet werden als beim ARM-Verfahren, sind die Ergebnisse nicht direkt vergleichbar.

Die folgenden Abnahmekriterien gelten beim Einsatz der ANOVA-Methode:

%R&R ≤ 20% RF	Messsystem ist geeignet
20% RF < %R&R ≤ 30% RF	Kann unter Berücksichtigung der Messaufgabe, der Anschaffungskosten, Reparaturkosten usw. akzeptiert werden. Probleme müssen untersucht und korrigiert werden.
%R&R > 30% RF	Messsystem muss verbessert werden. Die Probleme müssen untersucht und korrigiert werden. Auslieferung von Messmitteln dieser Kategorie setzt schriftliche Genehmigung durch das GMPT Manufacturing Engineering Management voraus.

Die folgenden Abnahmekriterien gelten beim Einsatz der ARM-Methode:

%R&R ≤ 10% RF	Messsystem ist geeignet.
%R&R > 10% RF	Erneute Beurteilung, diesmal mit der ANOVA-Methode.

3.6.2.2 Optionales Verfahren zur Bewertung der Linearität

Wenn diese Art von Linearitätsbewertung erforderlich ist (siehe Kapitel 3.6.1), werden ihr dieselben Daten zugrunde gelegt, die bei der R&R-Untersuchung erfasst wurden. Mindestens fünf (Stichprobenumfang n = 5) der bei der R&R-Untersuchung verwendeten Teile sollten bekannte Ist-Werte haben. Die Streubreite der Stichprobenteile sollte in etwa der Toleranzbreite entsprechen. Die Rechengänge zur Bewertung der Linearität sind in Kapitel 6.2 gezeigt.
Die Untersuchung liefert die folgenden Ergebnisse:

a = Steigung
b = Absolutglied
R^2 = Korrelationskoeffizient

Zwei Bedingungen müssen für eine gültige Linearitätsbestimmung erfüllt sein:

- Die Streuung der N Stichproben muss ≥ 50% RF sein.
- Der Korrelationskoeffizient R^2 muss ≥ 0,95 sein.

Falls diese beiden Bedingungen erfüllt sind, kann anhand der Steigung der Regressionsgeraden auf das Linearitätsverhalten geschlossen werden. Die dazu herangezogenen Kenngrößen berechnen sich wie folgt:

$$Li = a \cdot RF$$

$$\%Li = 100 \cdot a\%$$

Es gelten die folgenden Abnahmekriterien:

%Li ≤ 5% RF	Messsystem ist geeignet.
5% RF < %Li ≤ 10% RF	Kann unter Berücksichtigung der Messaufgabe, der Anschaffungskosten, Reparaturkosten usw. akzeptiert werden. Probleme müssen untersucht und korrigiert werden.
%Li > 10% RF	Messsystem muss verbessert werden. Die Probleme müssen untersucht und korrigiert werden. Auslieferung von Messmitteln dieser Kategorie setzt schriftliche Genehmigung durch das GMPT Manufacturing Engineering Management voraus.

Ist die Linearitätsbeurteilung nicht gültig, so muss der größte Genauigkeitswert (AC_i) mit den oben aufgeführten Abnahmekriterien verglichen und bekanntgegeben werden.

3.6.3 Verfahren 3

Das Verfahren 3 dient zur Beurteilung von R (Wiederholbarkeit) und Linearität. Dieses Verfahren wird in Fällen eingesetzt, in denen ein Bedienereinfluss ausgeschlossen ist (z. B. bei automatischen Messvorrichtungen). Das Verfahren 3 ähnelt dem Verfahren 2. In Verbindung mit Verfahren 1 ist so eine Aussage darüber möglich, ob das Messsystem geeignet, begrenzt einsetzbar oder nicht akzeptabel ist. Dieses Verfahren wird ebenfalls erst nach dem Verfahren 1 durchgeführt. Das Messmittel ist vor Beginn der Untersuchung zu kalibrieren. Beim Verfahren 3 werden 25 nummerierte Teile im entsprechenden Bearbeitungszustand in mehreren Messreihen gemessen. Eine Wiederholung durch mehrere Bediener entfällt. Eine Markierung der Messpunkte sowie eine manuelle Korrektur der Lage des Prüflings zur Verbesserung der Wiederholbarkeit ist nicht zulässig (es sei denn, dies wird getan, um den Effekt einer automatischen Vorrichtung zu simulieren, die zum Zeitpunkt der Untersuchung noch nicht verfügbar ist, aber später in der Produktion zur Anwendung kommen wird). Der Einsatz von weniger als 25 Teilen muss von GMPT Manufacturing Engineering genehmigt werden. Die Anzahl der Wiederholungsmessungen ist in diesem Fall zu erhöhen, so dass das Produkt $n \cdot r \geq 50$ ist.

Die Untersuchung ist gemäß den Anweisungen in Kapitel 3.8 dieser Richtlinie zu dokumentieren.

3.6.3.1 Wiederholbarkeit des Messsystems

Wie auch bei dem Verfahren 2 ist vorzugsweise die ANOVA-Methode einzusetzen, welche die Anwendung eines geeigneten Softwareprogramms (qs-STAT) erfordert. Die ARM-Formel ist in Kapitel 6.3 gezeigt.

Da es keinen Bedienereinfluss gibt, gilt: $AV = 0$ und $R\&R = EV = K_1 \cdot \overline{R}$

In % der Bezugsgröße RF: $\%R\&R = \%EV = 100 \cdot \frac{EV}{RF} \%$

Die Abnahmekriterien sind dieselben wie bei Verfahren 2.

3.6.3.2 Optionales Verfahren zur Bewertung der Linearität

Die Linearitätsbeurteilung erfolgt wie bei Verfahren 2.

3.7 Empfohlene Software

Als Hilfsmittel wird das Modul Messsystemanalyse der Software qs-STAT® der Firma Q-DAS® GmbH, Eisleber Str. 2, 69469 Weinheim, und Q-DAS Inc., Rochester Hills, Michigan, 48306 empfohlen. Die GMPT-Division hat Lizenzen für diese Software erworben.

Die Eingabe der Daten kann sowohl manuell (bei konventionellen Messsystemen) als auch per Diskette (Daten stammen z.B. aus Messrechnern) oder direkt über die Schnittstelle des Messsystems in den Computer erfolgen. Um die Vergleichbarkeit der Auswerteergebnisse zu gewährleisten, dürfen die als Standard vorgegebenen Einstellungen des Programms nicht geändert werden.

Für die manuelle Eingabe von Messwerten zur Auswertung mit qs-STAT® spielt die Reihenfolge der Teile eine untergeordnete Rolle. Es ist jedoch darauf zu achten, dass die Wiederholmessung sich nicht unmittelbar an die erste Messung anschließt.

Zur Aufnahme der Messwerte mit Messrechnern und Auswertung mit qs-STAT®-Software müssen die erfassten Messwerte im Q-DAS® ASCII transfer format [3] vorliegen. Alle Lieferanten von computerisierten Mess- und Prüfmitteln müssen sicherstellen, dass ihre Daten im Q-DAS-ASCII-Transfer-Format vorliegen. Jeder Lieferant solcher Geräte muss eine Zertifizierung des Datenformats vorweisen. Es ist die Verantwortung eines jeden Lieferanten, sich bezüglich dieser Zertifizierung direkt an Q-DAS® zu wenden. Dokumentation und Unterstützung ist direkt von Q-DAS® GmbH, Birkenau, Deutschland oder Q-DAS® Inc., Rochester Hills, Michigan, erhältlich.

3.8 Dokumentation

Die Untersuchungsberichte und Formblätter (siehe Kapitel 9, Anhang) sind vorgeschriebene Dokumentationselemente und müssen für jedes Messmittel, das eine individuelle Kennung hat, in dem betreffenden Werk archiviert werden. Dies ist erforderlich, um im Rahmen der ISO 9000ff bzw. QS-9000 die Fähigkeit der Messsysteme zu jedem Zeitpunkt nachweisen zu können.

Für Verfahren 1 muss das Formblatt Verfahren 1 ausgefüllt werden (Anhang 9.1). Für Verfahren 2 muss das Formblatt Verfahren 2 ausgefüllt werden (Anhang 9.2). Für Verfahren 3 muss das Formblatt Verfahren 3 ausgefüllt werden (Anhang 9.3). Wo auf Grund der Bestimmungen dieser Richtlinie eine Genehmigung durch das GMPT Manufacturing Engineering Management erforderlich ist, muss diese Genehmigung auf den entsprechenden Einzelformblättern dokumentiert werden.

3.9 Laufende Überwachung

Die laufende Überwachung muss in genau festgelegten Zeitabständen erfolgen. Die einzelnen Verfahren werden wie bei der Erstabnahme durchgeführt, allerdings diesmal im Fertigungswerk. Es gelten wiederum die gleichen Abnahmekriterien. Die laufende Stabilitätsüberwachung eines Messsystems kann mit Hilfe von Shewhart-Qualitätsregelkarten (z.B. $\overline{x}$/s oder $\overline{x}$/R -Karten) erfolgen. In regelmäßigen Zeitabständen werden Messungen an einem Musterteil (Werkstück mit bekanntem Ist-Wert oder Einstellmeister) vorgenommen. Dann sind die Regelkarten auf Stabilität zu untersuchen.

Zur Entscheidung, welche Untersuchungsmethoden eingesetzt werden sollten und in welchen Zeitabständen die Untersuchungen stattfinden sollten, sind geeignete Verfahren vor Ort zu entwickeln.

3.10 Spezielle Messmittel

3.10.1 Oberflächenmessgeräte

3.10.1.1 Kalibrierungsuntersuchung

Die Kalibrierungsuntersuchung wird anstelle der ansonsten geforderten Untersuchung nach Verfahren 1 durchgeführt. Das System muss vor der Untersuchung auf einwandfreie Funktion überprüft und kalibriert werden. Es ist ein Präzisions-Referenznormal mit 3 Oberflächenmustern sowie, falls erforderlich, eine geeignete Kalibriervorrichtung zu verwenden. Zur Prüfung des Systems ist jedes Oberflächenmuster 5-mal zu messen und jeweils der Mittelwert der Messwerte zu berechnen. Dieser Mittelwert darf nicht mehr als 5% von dem bekannten Kalibrierungswert abweichen. Die Kalibrierung gemäß dem ersten Oberflächenmuster dient zur Festlegung des Stellfaktors, das zweite Muster dient zur Beurteilung der Linearität und das dritte zur Validierung des Tasters. Der vollständige Test muss die Genauigkeit und die Linearität des Messinstruments nachweisen.

3.10.1.2 Voruntersuchung

Oberflächenmessgeräte stellen eine besondere Herausforderung an die Messsystemanalyse dar, weil die Streuung innerhalb der Teile im Vergleich zur Spezifikationstoleranz groß sein kann. Daher muss eine Voruntersuchung zur Quantifizierung dieser Streuung durchgeführt werden.

- Ein Teil wählen, das repräsentativ für den Prozess ist, bei dem das Messmittel eingesetzt werden soll.
- 25 Spuren in einer Position messen (dabei weder das Teil noch das Messinstrument bewegen). Basierend auf den Ergebnissen dieser Messungen die Standardabweichung s_i des Instruments berechnen.
- Schritt 2 mit einer geringfügigen Weiterbewegung des Tasters relativ zum Teil wiederholen, jeweils im rechten Winkel zum Muster. 25 Messstrecken abtasten. Basierend auf den Ergebnissen dieser Messungen die Gesamt-Standardabweichung s_t berechnen.
- Die Standardabweichung s_s innerhalb des Teils berechnen.

$$s_s = \sqrt{s_t^2 - s_i^2}$$

- SV berechnen (Oberflächenstreuung).

$$SV = s_s \times 5{,}15$$

Weil die Oberflächenstreuung bei einer R&R-Untersuchung nicht ausgeschlossen werden kann, ist die folgende Formel zu benutzen:

$$RR^2 = EV^2 + AV^2 - SV^2$$

3.10.1.3 Verfahren 2

3.10.1.3.1 R&R des Messsystems

Durchführung der Untersuchung unter Einsatz der ANOVA-R&R-Kriterien in Kapitel 3.6.2.1 und unter Verwendung der oben gezeigten modifizierten R&R-Formel.

3.10.1.3.2 Linearität des Messsystems

Diese Forderung ist nicht gültig für Oberflächenmessgeräte, wegen der Schwierigkeit, Referenzmesswerte des Teils (X_m) zu erhalten, die genauer sind als die des Oberflächenmessgeräts.

3.10.2 Koordinatenmessmaschinen

3.10.2.1 Zielsetzung

Dieses Verfahren beschreibt Methoden zur Beurteilung von Koordinatenmessmaschinen (CMM), die als flexible Messmaschinen in der Produktion eingesetzt werden. Im vorliegende Kapitel werden spezielle Vorgehensweisen beschrieben, die auf diese speziellen Messmaschinen zutreffen.

Kapitel 6 gilt auch für die Bewertung von Koordinatenmessmaschinen, soweit die unten stehenden Erörterungen keine gegenteiligen Regelungen enthalten.

3.10.2.2 Sachlicher Geltungsbereich

Diese Richtlinie gilt für die Abnahme und die fortdauernde Überwachung aller in der Fertigung eingesetzten Koordinaten-Messmaschinen, einschließlich des Haupt-3D-Messgeräts, der Anlage, von der es umgeben ist (inkl. Temperaturkompensationssystem, falls vorhanden), sowie aller Werkstückpositionierungssysteme, die Teile in den räumlichen Messbereich platzieren bzw. wieder aus diesem entfernen. Die folgenden Tests müssen unter aktivem Einsatz aller gekauften untergeordneten Systeme durchgeführt werden.

3.10.2.3 Voruntersuchung

Wegen der speziellen Eigenheiten von 3D-Messmaschinen ersetzen industrieübliche Standardtestverfahren zur Ermittlung der Messunsicherheit die Forderung nach Verfahren 1.

Bei Verfahren 1 wird die Messsystemfähigkeit dadurch bestimmt, dass ein Prüfer dieselben Teile mehrfach misst und die Messwerte mit den Sollwerten (Xm) vergleicht. Im Fall von 3D-Messgeräten ist dieser Test in Übereinstimmung mit einer entsprechenden Industrienorm, VDI/VDE-Richtlinie 2617 [Kapitel 2.3], durchzuführen, wobei die Messwerte innerhalb der festgelegten Leistungsspezifikationen unter Anwendung der Schablonenmethode mit den zertifizierten Ist-Werten speziell angefertigter Musterteile verglichen werden. Mindestens 50 Messungen sind an jedem Musterteil an verschiedenen Stellen im gesamten räumlichen Messbereich vorzunehmen. Statt manueller Vermessung wird der Einsatz eines programmierten Betriebsablaufes empfohlen.

Falls ein Werkstückpositionierungssystem Teil der Bestellung ist, müssen die Untersuchungen so durchgeführt werden, dass sich die Stichproben auf der Werkstückpalette befinden und das Positionierungssystem jedes Mal eingesetzt wird, wenn die Lage des Musterstücks geändert wird, um einen anderen Bereich oder eine andere Orientierung im Messvolumen zu prüfen. Es wird empohlen, dass der Lieferant die Voruntersuchung vor der Bewertung mit dem Positionierungssystem auch einmal ohne das Positionierungssystem durchführt, um die grundlegende Genauigkeit des 3D-Messgeräts zu bestätigen und die Eingrenzung etwaiger Probleme zu vereinfachen.

3.10.2.3.1 Wiederholbarkeit/Genauigkeit des Messsystems

Falls mehr als 5% der Messwerte einer Messreihe außerhalb der vorgegebenen Grenzwerte liegen, erfüllt das 3D-Messgerät nicht die vom Hersteller angegebenen Spezifikationen gemäß VDI/VDE-Richtlinie 2617 (Kapitel 2.3).

3.10.2.4 Verfahren 2

Der Untersuchung nach Verfahren 2 soll ein Funktionstest des Messsystems vorausgehen. Dieser sollte aus einem tatsächlichen Messdurchgang bestehen, unter aktivem Einsatz etwaiger Werkstückpositionierungssysteme und unter Verwendung eines Musterteils, das für die Produktionsteile, für die das System angeschafft wurde, typisch ist.

Eine Untersuchung nach Verfahren 2 wird durchgeführt, um in Fällen, in denen Bedienereinfluss vorliegen kann, %R&R und Linearität zu bestimmen. Während es scheint, dass bei 3D-Messgeräten kein Bedienereinfluss möglich ist, hat die Erfahrung das Gegenteil gezeigt, meistens aufgrund des Einlegens oder Einspannens von Teilen. Zusammen mit einer Untersuchung nach Verfahren 1 ergibt sich die Möglichkeit, zu beurteilen, ob das Messsystem fähig, bedingt fähig oder nicht fähig ist.

Im Fall eines 3D-Messgeräts besteht Verfahren 2 aus einer Serie von vorprogrammierten Messabläufen an einer Gruppe von Teilen, die typisch für diejenigen sind, für die das 3D-Messgerät angeschafft wurde. Im Idealfall ist das untersuchte Messprogramm immer ein reales Programm, das in der Fertigung verwendet wird. Viele Teile erfordern aber eine ganze Reihe von Programmen, um das Werkstück in jedem Fertigungsstadium messen zu können. Für die Zwecke der Fertigung ist bei jedem dieser Einzelprogramme eine Untersuchung nach Verfahren 2 erforderlich, doch bei der Abnahme neuer bzw. erneut zu qualifizierender 3D-Messgeräte sprechen praktische Erwägungen für den Einsatz eines einzelnen ausgewählten Programmes (Demonstrationsprogramm), das repräsentativ für die letztendlich eingesetzte Programmreihe ist. Es muss daher versucht werden, ein Programm zu erstellen, das alle erwarteten Tasterkonfigurationen abdeckt. Hierzu mag es erforderlich sein, ein spezielles Programm zu schreiben, das mehrere repräsentative Merkmale eines Einzelteils misst.

3.10.2.4.1 R&R des Messsystems

Die Anzahl der Prüfer, Messversuche und Teile muss sich nach den Vorgaben in Kapitel 3.6.2.1 richten. Da mehrere Merkmale zu messen sind, ergeben sich unterschiedliche RF-Werte für jedes Merkmal in Abhängigkeit von der Teile- oder Prozessspezifikation. Für jedes Merkmal wird eine Beurteilung vorgenommen. Falls ein Werkstückpositionierungssystem vorhanden ist, muss es jedesmal eingesetzt werden, ehe der nächste Messvorgang stattfindet. Die Formeln und Abnahmekriterien sind in Kapitel 3.6.2.1 beschrieben.

3.10.2.4.2 Linearität des Messsystems

Die Linearität des Messsystems wird im Rahmen der Voruntersuchung bewertet.

3.10.2.4.3 Genauigkeit des Messsystems

Zur Beurteilung der Genauigkeit ist jedes der Musterteile mindestens 3-mal auf einer anderen Maschine (z.B. 3D-Messsystem im Labor) zu messen. Die Mittelwerte dieser Messungen werden als Werte für X_m genommen. Der Lieferant ist dafür verantwortlich, den wahren Wert der Musterteile zu ermitteln, indem er sie mit einem anderen Messsystem vermisst als dem zu prüfenden 3D-Messsystem. Diese Anforderung gilt nur für das „Demonstrationsprogramm", das bei der R&R-Untersuchung der Maschine verwendet wird. Sie erstreckt sich nicht auf jedes der Einzelprogramme, die bei dem Produktionsteil zur Anwendung kommen.

3.10.2.4.4 Abnahmekriterien für die Genauigkeit

Die Genauigkeit wird anhand der folgenden Formel berechnet: $\left|\overline{x}_g - x_m\right| = AC$

Das Abnahmekriterium für die Genauigkeit ist entweder 10% von RF oder 2,5 mal die angegebene Genauigkeit der Maschine bei der in diesem konkreten Fall zu messenden Dimension, je nachdem, welcher dieser beiden Werte **<u>größer</u>** ist.

Der Faktor 2,5 basiert auf der folgenden Grundlage:

- 1 für die beurteilte Maschine
- 1 für die Labormaschine
- 0,5 für die Umwelteinflüsse.

3.10.2.5 Software

Zur Datenerfassung mit 3D-Messsystemen und Auswertung mit Hilfe der qs-STAT®-Software müssen die Messdaten im Q-DAS®-ASCII-Transferformat vorliegen. Näheres über das qs-STAT®-Softwarepaket finden Sie in Kapitel 3.7.

3.10.3 Lecktestmaschinen

Diese Richtlinie gilt für Lecktestmaschinen, die variable Daten liefern. Sie ist nicht gültig für Tauchtest-maschinen, bei denen der einzige Hinweis auf ein Leck die visuelle Beobachtung von Luftblasen ist. Solche Geräte werden als Attribut-Prüfmittel angesehen, auf welche die Forderung von Untersuchungen nach Verfahren 1, 2 und 3 nicht anwendbar ist. In Abhängigkeit von der vorgesehenen Anwendung müssen hier im Werk geeignete Kriterien entwickelt werden, um die Tauglichkeit des Prüfmittels für den vorgesehenen Anwendungszweck nachzuweisen.

3.10.3.1 Verfahren 1

Der Untersuchung nach Verfahren 1 sollte ein Funktionstest des Messgeräts vorausgehen. Dieser sollte aus einem tatsächlichen Messdurchgang an einem repräsentativen Musterteil bestehen. Das Verfahren 1 wird zur Ermittlung von Wiederholbarkeit, Genauigkeit und Kurzzeit-Stabilität eingesetzt. Dieses Verfahren dient der Ermittlung des dem Messsystem eigenen Streuungsverhaltens. Die verschiedenen Fähigkeitsindizes werden mit Hilfe dieses Verfahrens bestimmt. Diese Untersuchung wird beim Lieferanten bzw. Hersteller während der Erstabnahme, also vor der Auslieferung, durchgeführt, um Mängel am Messsystem zu erkennen und ein späteres Auftreten von kostspieligen Problemen zu vermeiden.

3.10.3.1.1 Genauigkeit (Accuracy)

Die Auswahl der Meisterteile für die Lecktestmaschine ist besonders sorgfältig zu treffen. Zwei Arten von Meistern werden benötigt. Zur Nulleinstellung ist ein Werkstück zu verwenden, das aus Guss- bzw. Bearbeitungsprozessen gefertigt wurde. Dieses Teil muss sorgfältig ausgewählt werden, um sicherzustellen, dass es wirklich ein vollkommen leckfreies Teil ist. Falls nötig, kann das Teil imprägniert werden, um sicherzustellen, dass es ein echter Null-Meister ist. Es sollte aber nicht mit einem Material gefüllt werden, das das Volumen der geprüften Kammer beeinflussen würde. Der Stellfaktor der Einheit wird mit einer kalibrierten Öffnung eingestellt, die in den Lecktest-Messkreis eingeführt wird, um das Messgerät zu kalibrieren. Die Verwendung eines zertifizierten Meisterteils mit einem Leckwert von bis zu 2-mal der oberen Leckgrenze (RF) des Produktionsteils sollte in Betracht gezogen werden. Die Erfahrung hat gezeigt, dass die Leistung des Messgeräts verbessert werden kann, wenn ein Meister mit einem höheren Wert bei der Kalibrierung verwendet wird. Zum Beispiel wird ein Kalibrierfehler von 0,6 cm^3/min bei einem Meister mit einem Leckwert von 6,0 cm^3/min bei einem Produktionsteil-RF von 6,0 cm^3/min einen Messfehler von 10% verursachen. Wenn die Kalibrierung dagegen mit einem Meister mit einem Leckwert von 12,0 cm^3/min vorgenommen wurde, wird der gleiche Kalibrierfehler von 0,6 cm^3/min bei derselben Produktionsteilleckrate von 6,0 cm^3/min nur einen Messfehler von 5% erzeugen.
Ein zweiter Meister ist erforderlich, um Genauigkeit und Linearität nachzuweisen. Dieser Meister sollte einen Wert haben, der halb so groß ist wie der des Meisters, der zur Kalibrierung des Systems benutzt wurde. Dieser Meister muss im Anschluss an die Kalibrierung des Systems 5-mal gemessen werden. Der Mittelwert dieser 5 Messungen ist $\bar{x}_g$. Die Genauigkeit wird wie folgt beurteilt:

$$AC = \left|\bar{x}_g - x_m\right|$$

$$\%AC = \frac{AC}{RF} \cdot 100\%$$

Das Abnahmekriterium ist dann:

$$\mathbf{\%\ AC \le 10\%\ RF}$$

3.10.3.1.2 Kurzzeitstabilität des Messsystems

Die Untersuchung ist gemäß Kapitel 3.6.1.3 durchzuführen.

3.10.3.2 Verfahren 2

3.10.3.2.1 R&R des Messsystems

Bei den meisten modernen Lecktestmaschinen besteht kein Bedienereinfluss. Ein Einflussfaktor bei diesen Systemen ist dafür aber die Einheitlichkeit der Rekalibrierung. Daher wird diese Untersuchung wie in Kapitel 3.6.2.1 beschrieben durchgeführt, nur wird das System nach dem ersten Messdurchgang (inkl. aller Wiederholungen) rekalibriert. Die Teile sind sorgfältig auszuwählen; ihre Werte müssen den Bereich von Null bis zum Doppelten der RF-Grenze abdecken. Es ist wichtig, dass keines der Teile einen Wert von Null hat oder extrem undicht ist. Es gelten die Formeln und Kriterien aus Kapitel 3.6.2.1, mit der Ausnahme, dass k (Bediener) durch einen festen Wert von 2 Kalibrierungen ersetzt wird. Wenn die Prüflinge manuell in die Maschinen eingelegt werden, ist mit 2 Bedienern zu arbeiten, und jeder Bediener muss das System zu Beginn seiner Untersuchung kalibrieren.

Das Produkt $k \cdot r \cdot n$ muss ≥ 30 sein, wenn $k = 2$ gilt, muss also $r \cdot n \ge 15$ sein. *(Es wird empfohlen, 5 Teile und 3 Messversuche zu verwenden.)*

3.10.3.2.2 Linearität des Messsystems

Die Linearität wird anhand der in Kapitel 3.10.3.1.1 beschriebenen Tests nachgewiesen. Die Forderung, diese Untersuchung mit Teilen durchzuführen, die bekannte Ist-Werte haben, gilt nicht für Lecktestmaschinen, und zwar wegen der Schwierigkeit, Referenzmesswerte des Teils (X_m) zu erhalten, die genauer sind als die der Lecktestmaschine.

3.10.4 Durchflussmessmaschinen

Durchflussmessmaschinen sind insofern einzigartig, als der Messwert, der vom Gerät ermittelt wird, in der Regel nicht in der Einheit erfasst wird, die in der Spezifikation genannt ist. Um die Methoden der Messsystemanalyse auf diese Geräte anwenden zu können, sind die folgenden Vorgehensweisen einzuhalten.

3.10.4.1 Durchflussmeister

Ein Meister mit einer bekannten Prozentreduzierung der spezifizierten Durchflussöffnung muss verfügbar gemacht werden. Dieser Meister muss ein echtes Produktionsteil mit seriengefertigten Öffnungen sein. Der Flächeninhalt der Öffnung sollte als Prozentwert im Verhältnis zu einem dem Sollwert entsprechenden guten Teil berechnet werden.

3.10.4.2 Bezugsgröße

Für jeden Messkreis der Durchflussmessmaschine ist eine Bezugsgröße (RF) zu berechnen. Hierzu misst man mehrere typische i.O.-Teile und nimmt den Mittelwert der Ergebnisse als oberen Referenzwert. Dann ist der Durchflussmeister mit den reduzierten Öffnungen mehrere Male zu messen. Der Mittelwert dieser Ergebnisse bildet den unteren Referenzwert. Die Differenz zwischen dem oberen und dem unteren Referenzwert ist dann die Bezugsgröße RF zur Bestimmung der Messmittelfähigkeit. Jetzt können Produktabnahmekriterien bestimmt werden. Der untere Grenzwert sollte irgendwo zwischen dem oberen und dem unteren Referenzwert liegen. Oberhalb des oberen Referenzwertes muss ein oberer Grenzwert festgelegt werden, um falsche i.O.-Ergebnisse bei einem lecken oder nicht mehr angeschlossenen Schlauch zu vermeiden. Alle Fähigkeitsbeurteilungen basieren auf dem Vergleich mit der vorher bestimmten Bezugsgröße.

3.10.4.3 Verfahren 1

Zur Beurteilung von Wiederholbarkeit und Stabilität werden die in den Kapiteln 3.6.1, 3.6.1.1 und 3.6.1.3 beschriebenen Methoden und Abnahmekriterien angewendet. Eine Genauigkeits- oder Linearitätsuntersuchung ist nicht erforderlich.

3.10.4.4 Verfahren 2/Verfahren 3

Die betreffenden Untersuchungen sind gemäß den Verfahren und Abnahmekriterien in Kapitel 3.6.2 und 3.6.3 durchzuführen. Eine Linearitätsanalyse ist nicht erforderlich.

3.10.5 Produktionswaagen

Es gilt das gesamte Kapitel 3.6.

3.10.6 Präzisionsformmessmaschinen

3.10.6.1 Verfahren 1

Da diese Toleranzen typischerweise sehr klein sind, kann der wahre Wert der Musterteile meistens nicht genau bestimmt werden. Daher muss für geeignete Meister gesorgt werden, die alle typischen Eigenschaften besitzen, die vom Gerät gemessen werden. Eine Untersuchung nach Verfahren 1 ist dann, wie in Kapitel 3.6.1 beschrieben, unter Einsatz des entsprechenden Meisters durchzuführen. Es gelten die Abnahmekriterien in Kapitel 3.6.1.

3.10.6.2 Verfahren 2

Im Falle von möglichem Bedienereinfluss sind die Vorgehensweisen und Kriterien aus Kapitel 3.6.2 anzuwenden. Auf Kapitel 3.6.2.2 (Linearität) kann für Formmerkmale verzichtet werden, da ein genauer „wahrer Wert" der Musterteile nicht bestimmt werden kann. Dieser Verzicht erstreckt sich jedoch nicht auf Merkmale wie Hub, Index und Achspositionen.

3.10.6.3 Verfahren 3

Falls kein Bedienereinfluss vorliegt, sind die Vorgehensweisen und Kriterien aus Kapitel 3.6.3 anzuwenden.

3.10.7 Wuchtmaschinen

Messmittelfähigkeitsuntersuchungen für Wuchtmaschinen sind basierend auf den Indizes P_{og} und P_{ogk} durchzuführen. Diese entsprechen den Indizes P_o and P_{ok}, werden jedoch basierend auf 20% RF berechnet. Siehe SP-Q-MRO Kapitel 3.4.6 und 6.2; dort wird eine Erklärung der bivariaten Datenanalyse gegeben.

Ist die Toleranz z. B. ±10 g-cm, dann gilt 100% RF = ein Kreis mit einem Durchmesser von 20, d. h. P_{og} und P_{ogk} würden mit einem Kreis mit einem Durchmesser von 4 verglichen werden. Daten von der Wuchtmaschine müssen in dem von GMPT genehmigten Q-DAS-ASCII-Datenformat geliefert werden, wobei sowohl Winkel- und Massedaten als auch x/y-Daten verfügbar sein müssen.

3.10.7.1 Verfahren 1

Es ist eine Untersuchung nach Verfahren 1 gemäß Kapitel 3.6.1 durchzuführen. Werte Δx, Δy basierend auf dem Unterschied zwischen den beobachteten Messwerten und den tatsächlichen Ist-Werten (x_m) berechnen. P_{og} und P_{ogk} ausgehend von Δx, Δy berechnen. Diese Untersuchung ist mit einem Teil, das einen bekannten Ist-Wert hat, oder mit einem Einstellmeister, dessen Wert von 0 verschieden ist, durchzuführen. Sie ist mit einem Wert durchzuführen, der in der oberen Hälfte des vorgesehenen Betriebsbereichs des Geräts liegt. Wenn das Gerät Teile sowohl vor als auch nach der Auswuchtung prüft, ist die Untersuchung zweimal durchzuführen; einmal mit einem Rohteilwert und einmal mit einem Fertigteilwert. Für die Rohteilbewertung muss dabei unbedingt eine geeignete Toleranzspanne festgelegt werden. Es darf nicht einfach die in der Spezifikation für das fertige Teil vorgegebene Toleranz genommen werden.

Diese Untersuchung weist die Wiederholbarkeit und Genauigkeit nach, mit den Abnahmekriterien P_{og} und P_{ogk} $\geq 1{,}33$.

3.10.7.1.1 Werkzeuggenauigkeit

Bei Innen- und Außendurchmesser-Erfassungen bzw. Prüfungen ist Untersuchung 3.10.7.1 bei den Radialpositionen 0°, 90°, 180° und 270° zu wiederholen, dann sind P_{og} und P_{ogk} zu berechnen und dieselben Kriterien wie in Kapitel 3.10.7.1 anzuwenden. In diesem Fall ist bei jeder Untersuchung mit 25 Messversuchen zu arbeiten. Dann folgt die Berechnung von P_{og} und P_{ogk} und die Anwendung der Kriterien in Kapitel 3.10.7.1.

3.10.7.1.2 Stabilität

Zum Nachweis der Stabilität werden die Grafiken ausgewertet; es dürfen keine Werte außerhalb der $\pm 3\sigma$-Ellipse liegen.

3.10.7.1.3 Linearität

Zum Nachweis der Linearität ist eine Masse zu verwenden, die in etwa der Hälfte der beim Verfahren 1 verwendeten Masse entspricht. Diese Unwucht ist 5-mal zu messen; dann wird der Mittelwert der Messwerte mit dem erwarteten Wert verglichen. Die Differenz zwischen den beiden Werten muss kleiner oder gleich 10% von RF sein. Dies ist im Zielschaubild grafisch darzustellen. Der Vergleich ist dadurch vorzunehmen, dass eine Radialtoleranz auf die Differenz zwischen den beiden x/y-Werten angewendet wird. Die Diagonale muss weniger als 10% der Spezifikation entsprechen.

3.10.7.2 Verfahren 2/Verfahren 3

Zur Duchführung der Untersuchung nach Verfahren 2 bzw. 3 sind die x- und y-Koordinaten gemäß den Kapiteln 3.6.2 und 3.6.3 zu verwenden. Die Linearität wird bei diesen Untersuchungen nicht bewertet, da sie bereits im Rahmen von Verfahren 1 nachgewiesen worden ist.

3.10.8 Montagegeräte

Befestigungssystem, Kalt- und Warmtest

Zur Bewertung dieser Geräte wird die Genauigkeit und Wiederholbarkeit der Transducer untersucht, die bei der Messung zum Einsatz kommen. Bei Prüfungen dieser Art ist es nicht praktikabel, Wiederholungsmessungen an einem Teil vorzunehmen; stattdessen wird der Transducer des jeweiligen Messgeräts mit einem zertifizierten Meister-Transducer verglichen.

Basierend auf mindestens 30 Werten ist eine Untersuchung nach Verfahren 1A durchzuführen. Diese Untersuchung ähnelt dem Verfahren 1; nur werden die Daten hier paarweise aufgenommen: mit dem Meister-Transducer und dem zu bewertenden Gerät. Die Auswertung wird basierend auf der Abweichung zwischen den Werten vorgenommen.

$$\mathbf{x_m - x_g = x_\Delta}$$

Die Standardabweichung der x_Δ-Werte berechnen und durch Teilung durch $\sqrt{2}$ korrigieren, da die Standardabweichung die Kombination der Streuung von beiden Transducern widerspiegelt.

$$s_\Delta = \sqrt{s_m^2 + s_g^2} \quad \text{Wenn } s_g = s_m \qquad s_g = \frac{s_\Delta}{\sqrt{2}}$$

Berechnungsformeln und Abnahmekriterien sind in Kapitel 3.6.1 angegeben. Eine Untersuchung nach Verfahren 2 oder 3 ist nicht erforderlich.

3.10.9 Härteprüfer

In Vorbereitung.

3.10.10 Optische Prüfmittel

In Vorbereitung.

3.10.11 Chemische Analysegeräte

In Vorbereitung.

4. ÜBEREINSTIMMUNGSVALIDIERUNG

Nicht zutreffend

5. ANMERKUNGEN

5.1 Glossar

Für diese Richtlinie gelten die folgenden Definitionen:

5.1.1 Systematische Messabweichung

Die systematische Messabweichung ist durch die Differenz zwischen dem durchschnittlichen Messergebnis und dem Referenzwert gegeben. Der Referenzwert, auch akzeptierter Referenzwert oder Master Value (Meisterwert) genannt, ist ein Wert, der als anerkannter Bezugswert für die ermittelten Messwerte dient. Zur Ermittlung des Referenzwerts kann man mehrere Messwerte mit einem höherwertigen Messgerät (z.B. Metrology Lab oder Layout Equipment) ermitteln und dann den Mittelwert dieser Messwerte berechnen.

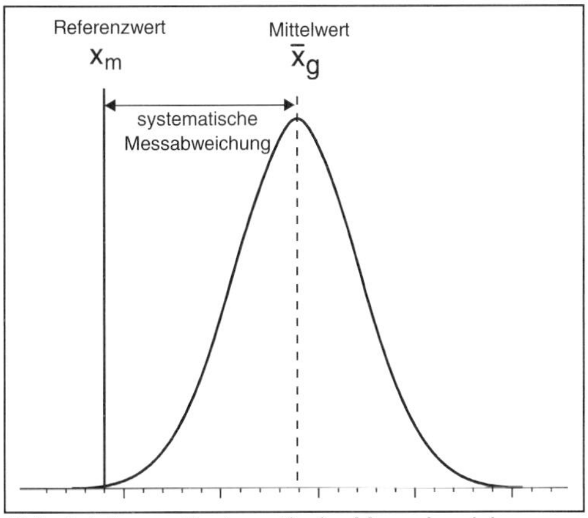

Abb. 5.1.1: Systematische Messabweichung

5.1.2 Messmittel

Ein Gerät, das zur Erfassung von Messwerten benutzt wird. Bezieht sich insbesondere auf die in Fertigungswerken verwendeten Geräte.

5.1.3 Linearität

Die Linearität ist durch die Genauigkeitsunterschiede innerhalb des Messbereiches des Messmittels gegeben [2].

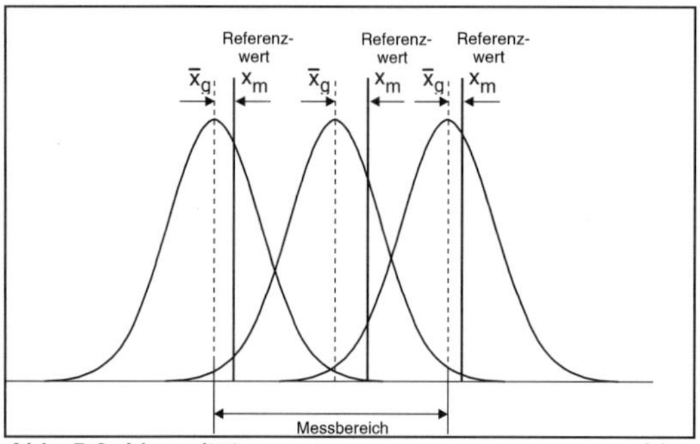

Abb. 5.2: Linearität

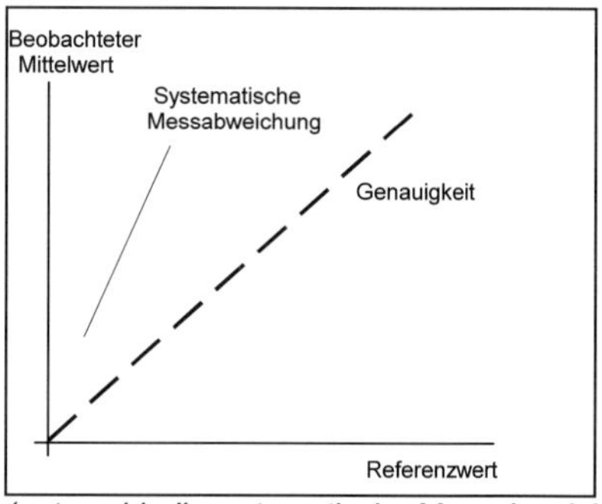

Linearität (unterschiedl. systematische Messabweichung)

5.1.4 Meister (Einstellmeister, Master)

Ein Gerät zur Einstellung des Messmittels auf einen Referenzwert. Der Referenzwert des Meisters muss zertifiziert und auf das entsprechende nationale Normal rückführbar sein.

5.1.5 Messsystem

Die Summe aller Einflusskomponenten zur Ermittlung eines Messwerts für ein Merkmal: Verfahren, Vorgehensweisen, Messgeräte und andere Hilfsmittel, Software und Personal. Mit anderen Worten: der Gesamtprozess zur Erfassung von Messwerten [2].

5.1.6 Wiederholbarkeit und Nachvollziehbarkeit (R&R)

Wiederholbarkeit (Wiederholpräzision, Repeatability) beschreibt die Messwertstreuung, die entsteht, wenn ein Prüfer dasselbe Merkmal an demselben Teil und an derselben Stelle mehrmals mit demselben Messmittel prüft [2].

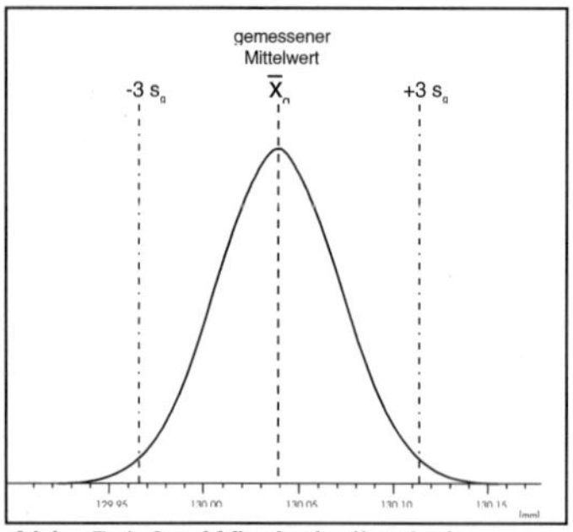

Abb. 5.1.6a: Wiederholbarkeit

Nachvollziehbarkeit (Vergleichpräzision, Reproducibility) beschreibt die Streuung in den Mittelwerten der Messwerte, die verschiedene Prüfer bei Messung desselben Merkmals an demselben Teil und an derselben Stelle mit demselben Messmittel ermittelt haben [2].

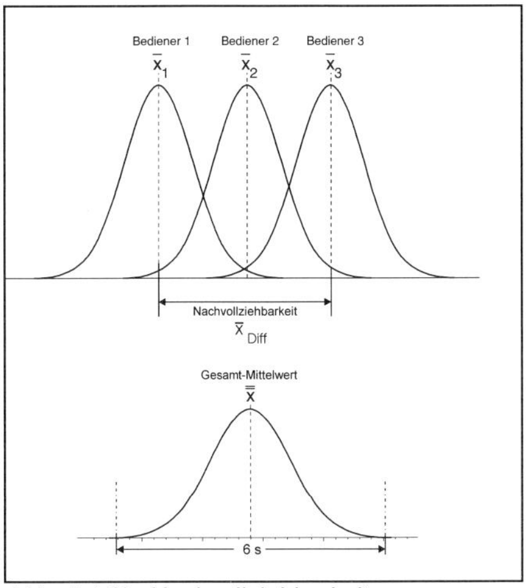

Abb. 5.1.6b: Nachvollziehbarkeit

Das Datenblatt und Berichtsformblatt für die Wiederholbarkeits- und Nachvollziehbarkeitsstudie gibt eine Rechenmethode zur Auswertung der gesammelten Daten vor. Bei dieser Analyse wird die Gesamtstreuung des Messsystems geschätzt und als Prozentsatz der Prozessstreuung ausgedrückt, und es werden Streuungskomponenten wie Wiederholbarkeit, Nachvollziehbarkeit sowie Teil-zu-Teil-Streuung aufgelistet. Diese Daten sollten mit den Ergebnissen der grafischen Auswertung verglichen werden und diese ergänzen.

5.1.7 Stabilität

Stabilität (oder Drift) beschreibt die gesamte Streuung der Messwerte, die mit einem Messsystem bei Messung desselben Merkmals an demselben Meister oder denselben Werkstücken über einen längeren Zeitraum ermittelt wurden [2].

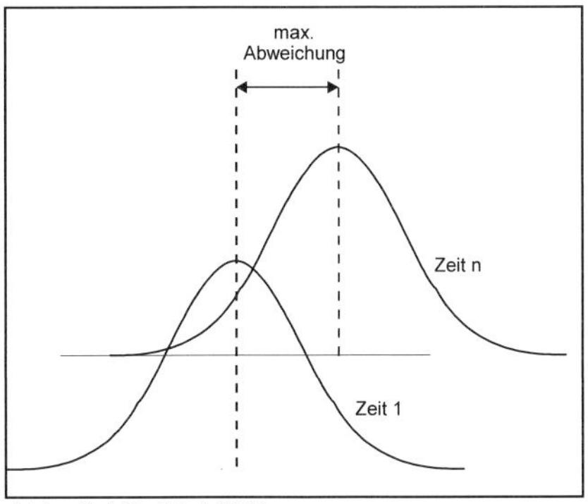

Abb. 5.1.7: Stabilität

5.2 Abkürzungen, Kürzel und Symbole

A_2, A_3	Von der Anzahl Wiederholungen der Messwertreihen abhängiger Faktor zur Bestimmung der Eingriffsgrenzen ($\bar{x}$-Karte)
ANOVA	Varianzanalyse (**An**alysis **o**f **Va**riance)
ARM	Mittelwert- und Spannweiten-Methode (**A**verange and **R**ange **M**ethod)
AV	Nachvollziehbarkeit / Vergleichpräzision (Reproducibility / **A**ppraiser **V**ariation)
%AV	Nachvollziehbarkeit / Vergleichpräzision (Reproducibility / **A**ppraiser **V**ariation) in % bezogen auf die Bezugsgröße (RF)
B_4	Von der Anzahl Wiederholungen der Messwertreihen abhängiger Faktor zur Bestimmung der Eingriffsgrenzen (s-Karte)
C_g	Potential Messsystem (gage potential index)
C_{gk}	Fähigkeitsindex Messsystem (gage capability index)
D_4	Von der Anzahl Wiederholungen der Messwertreihen abhängiger Faktor zur Bestimmung der Eingriffsgrenzen (R-Karte)
E_2	Von der Anzahl Wiederholungen der Messwertreihen abhängiger Faktor zur Bestimmung der Eingriffsgrenzen (x-Karte)
EV	Wiederholbarkeit / Wiederholpräzision (Repeatability – **E**quipment **V**ariation) Messsystem
%EV	Wiederholbarkeit / Wiederholpräzision (Repeatability – **E**quipment **V**ariation) in % bezogen auf die Bezugsgröße (RF)
IA	Wechselwirkung (**I**nter**A**ction) - Teil-Bediener-Wechselwirkung (bei ANOVA)
k	Anzahl der Prüfer (operators)
K_1, K_2	Faktoren, die von der Anzahl der Prüfer abhängen
Li	**Li**nearität (Linearity)
%Li	**Li**nearität (Linearity) in % bezogen auf die Bezugsgröße (RF)
n	Anzahl der Teile (**n**umber of parts)
N	Anzahl Referenzteile (Teile mit bekanntem Ist-Wert / geeignete Meister)
OEG	**O**bere **E**ingriffs**g**renze
OSG	**O**bere **S**pezifikations**g**renze
PV	Teilestreuung (**P**iece **V**ariation)
r	Anzahl der Messwertreihen pro Prüfer (trials)
$\bar{\bar{R}}$	Mittlere Spannweite aller Prüfer
$\bar{R}$	Mittlere Spannweite eines einzelnen Prüfers
R&R	Wiederhol- und Nachvollziehbarkeit (Wiederhol- und Vergleichpräzision, **R**epeatability & **R**eproducibility)
%R&R	Wiederhol- und Nachvollziehbarkeit (Wiederhol- und Vergleichpräzision, **R**epeatability & **R**eproducibility) in % bezogen auf die Bezugsgröße (RF)
RF	Bezugsgröße (**R**eference **F**igure), z.B. Prozesstoleranz, Gesamttoleranz, Klassentoleranz
s_g	Standardabweichung des Messsystems
SV	Oberflächenstreuung (**S**urface **V**ariation)
UEG	**U**ntere **E**ingriffs**g**renze
USG	**U**ntere **S**pezifikations**g**renze
$\bar{x}$	Mittelwert der Messwertreihen
$\bar{x}_{Diff}$	Max. Differenz zwischen den Mittelwerten ($\bar{x}$) mehrerer Prüfer
$\bar{x}_g$	Mittelwert des Messsystems (gage average)
x_i	Einzelwerte einer Messwertreihe
x_m	Referenzwert eines Musterteils (tatsächlicher Ist-Wert des Teils bzw. Meisters)
x/MR-Karte	Einzelwert- und gleitende Spannweitenkarte (Individuals and **M**oving **R**ange chart)

5.3 Referenzmaterial

[1] Statistische Verfahren zur Maschinen- und Prozessqualifikation, Hanser Verlag, 1997

[2] Measurement Systems Analysis – Reference Manual
A.I.A.G; Chrysler Corporation, Ford Motor Company, General Motors Corporation, Michigan, 1995

[3] Q-DAS: Datenformate
ASCII-Transferformat
Erhältlich von Q-DAS GmbH

[4] ANSI B4.4M – 1981
Inspection of Workpieces
Erhältlich von der American Society of Mechanical Engineers

6. ANHANG

6.1 ARM-Formel

Wiederholbarkeit (EV) $= K_1 \cdot \overline{\overline{R}}$

EV in % von RF $= 100 \cdot \frac{EV}{RF}\%$

Nachvollziehbarkeit (AV) == $\sqrt{(K_2 \cdot \bar{x}_{Diff})^2 - \frac{EV^2}{n \cdot r}}$

EV in % von RF $= 100 \cdot \frac{AV}{RF}\%$

R&R = $\sqrt{EV^2 + AV^2}$ R&R in % von RF $= 100 \cdot \frac{R\&R}{RF}\%$

6.2 Linearitätsberechnungen

Anzahl Messungen pro Teil	$k \cdot r$
Mittelwert der Messwerte Teil i	$\bar{y}_i = \frac{1}{k \cdot r} \sum_j^{k \cdot r} y_{ij}$
Referenzwert Teil i	$(x_m)_i$
Abweichung von Teil i, y_{quer}	$AC_i = \bar{y}_i - (x_m)_i$
Mittelwert der Abweichungen	$\overline{AC} = \frac{1}{N} \sum_j^N AC_i$
Mittelwert der Referenzwerte	$\bar{x}_m = \frac{1}{N} \sum_i^N (x_m)_i$
Summe der Quadrate der Referenzwerte	$Q_{x2} = \sum_i^N (x_m)^2$
Summe der Quadrate der Abweichungen	$Q_{AC2} = \sum_i^N AC^2$
Quadrat der Summe der Referenzwerte	$Q_{xm} = \left(\sum_i^N (x_m)_i \right)^2$
Quadrat der Summe der Abweichungen	$Q_{AC} = \left(\sum_i^N AC_i \right)^2$

Man berechnet die Regressionsgerade y = ax + b der Messabweichungen und bekannten Ist-Werte für die Punkte

$$((x_m)_i,\ AC_i),\ i = 1 \ldots N$$

Die Parameter a und b ergeben sich aus

$$a = \frac{\sum_i^N \left((x_m)_i - \bar{x}_m\right)\left(AC_i - \overline{AC}\right)}{\sum_i^N \left((x_m)_i - \bar{x}_m\right)^2}$$

$$b = \overline{AC} - a \cdot \bar{x}_m$$

Der Korrelationskoeffizient R^2 berechnet sich aus

$$R^2 = \frac{\left(\sum_i^N \left((x_m)_i\ AC_i\right) - N \cdot \bar{x}_m \cdot \overline{AC}\right)^2}{\left(Q_{x2} - \frac{1}{N} Q_{xm}\right)\left(Q_{AC2} - \frac{1}{N} Q_{AC}\right)}$$

6.3 ARM-Formel Verfahren 3

Zur Berechnung dienen folgende Formeln: Spannweite $R_i = x_{i\,max} - x_{i\,min}$ des i-ten Teils

Mittlere Spannweite

$$\bar{R} = \frac{1}{n} \cdot \sum_{i=1}^{n} R_i$$

mit

i	= Teilenummer
j	= Wiederholungsnummer
n	= Anzahl der Teile
x_{ij}	= Messwerte des i-ten Teils
$x_{i\,max}$	= Größtwert von x_{ij}
$x_{i\,min}$	= Kleinstwert von x_{ij}

6.4 Standardberichte für die Qualifizierung von Messsystemen

GM POWERTRAIN

Measurement System Analysis

Individual characteristic Type 1

Q-DAS®

Plant	FLINT ENG SO.	Dept.	Manuf.	Operator	John	Date	12/16/99

Part descr.	Block	Project	L6
Part no.	10355606	Reason for Test	Machine Run Off
OP/STA#	10	Mach.No. 345 MC	Fixture Position 10-RH
Part remark	Test Part Run		
Gage No.	W538904	Serial number S01	Description MARPOSS E9066
Characteristic	Details	Char.Class	PQC

				Char. Remark
Number	H4001IDF1			Used Diamond Tool for first 10 pieces
Description	Bore Diameter		Allowance	
Nom.Val.	56.8300	USL 56.8400	0.0100	
Unit	mm	LSL 56.8200	-0.0100	

Calibration Master				Study sample (type 1 only)
Description	min.	mean	max.	Work piece 1-A
Tool No.	321	654	987	9999
Ser.No.	111	222	333	1-A
Actual Value	56.8250	56.8300	56.8350	56.8303

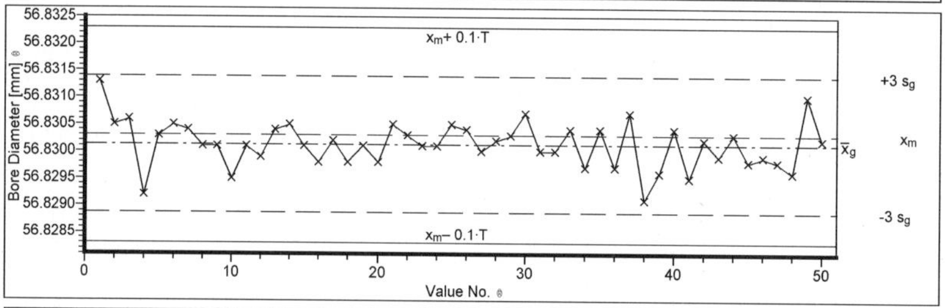

Individuals

1	6	11	16	21	26	31	36	41	46
56.8313	56.8305	56.8301	56.8298	56.8305	56.8304	56.8300	56.8297	56.8295	56.8299
56.8305	56.8304	56.8299	56.8302	56.8303	56.8300	56.8300	56.8307	56.8302	56.8298
56.8306	56.8301	56.8304	56.8298	56.8301	56.8302	56.8304	56.8291	56.8299	56.8296
56.8292	56.8301	56.8305	56.8301	56.8301	56.8303	56.8297	56.8296	56.8303	56.8310
56.8303	56.8295	56.8301	56.8298	56.8305	56.8307	56.8304	56.8304	56.8298	56.8302

n_{eff} = 50 RF = T = 0.0200 Resolution = 0.0005
x_m = 56.83030 $\bar{x}_g$ = 56.83013 $|\bar{x}_g - x_m|$ = 0.00017
s_g = 0.00042 $3 \cdot s_g$ = 0.00126 $6 \cdot s_g$ = 0.00252

Resolution = 0.0005 (5.00) %AC = $\frac{|\bar{x}_g - x_m|}{RF}$ = 0.85 % (5.00)

$C_g = \frac{0.2 \cdot RF}{6 \cdot s_g}$ = 1.59 (1.333) %EV = $\frac{6 s_g}{RF}$ = 12.62% (15)

$C_{gk} = \frac{0.1 \cdot RF - |\bar{x}_g - x_m|}{3 \cdot s_g}$ = 1.46 (1.333) %(EV+1.5AC) = $\frac{6 s_g + 1.5 AC}{RF}$ = 13.79% (15)

Measurement system capable (C_g,C_{gk})

Individual characteristic Type 1 GMPT EMS 3.x C:\QS-WINGM\FILES\NEW\GREEN_1

Page 1 /1

GM POWERTRAIN	Measurement System Analysis Characteristic summary statistics Type 2		Q-DAS
Plant FLINT ENG SO.	Dept. Manuf.	Operator John	Date 12/16/99

Part descr.	Block	Project	L6
Part no.	10355606	Reason for Test	Machine Run Off
OP/STA# 10	Mach.No. 345 MC	Fixture Position	10-RH
Part remark	Test Part Run		
Gage No. W538904	Serial number S01	Description	MARPOSS E9066

Values **Page 1/1**

Char.No.	Char.Descr.	n_{eff}	T	%EV	%AV	%IA	%R&R	
H4001IDF1	Bore Diameter	90	0.0200	10.27 %	0.00 %	---	10.27 %	☺

GM POWERTRAIN

Measurement System Analysis

Individual characteristic Type 2 ANOVA

Q-DAS®

Plant	FLINT ENG SO.	Dept.	Manuf.	Operator	John	Date	12/16/99

Part descr.	Block	Project	L6
Part no.	10355606	Reason for Test	Machine Run Off

OP/STA#	10	Mach.No.	345 MC	Fixture Position	10-RH
Part remark	Test Part Run				
Gage No.	W538904	Serial number	S01	Description	MARPOSS E9066
Characteristic	Details			Char.Class	PQC

Number	H4001IDF1			
Description	Bore Diameter		Allowance	
Nom.Val.	56.8300	USL	56.8400	0.0100
Unit	mm	LSL	56.8200	-0.0100

Char. Remark

Used Diamond Tool for first 10 pieces

Calibration Master

Description	min	mean	max
Tool No.	333	222	111
Ser.No.	789	456	123
Actual Value	56.8350	56.8300	56.8350

Study sample (type 1 only)

56.8250

APPRAISER VARIATION FROM OVERALL PART AVERAGE

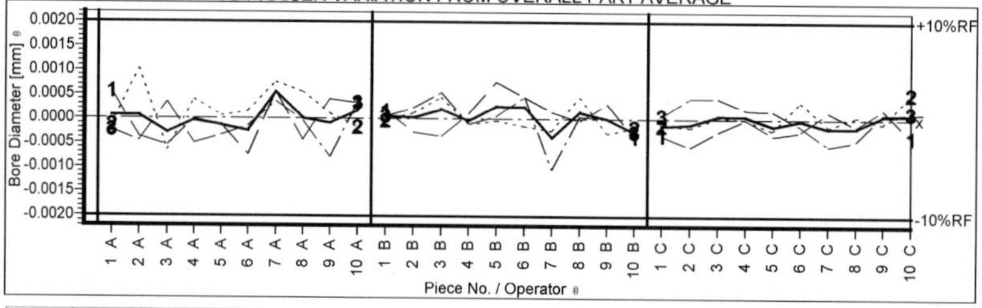

		A-John				B-Jane				C-Bill			
Piece	Xm	1	2	3	R	1	2	3	R	1	2	3	R
1	56.8330	56.8336	56.8343	56.8344	0.0008	56.8340	56.8342	56.8341	0.0002	56.8345	56.8343	56.8341	0.0004
2	56.8340	56.8321	56.8307	56.8322	0.0015	56.8320	56.8316	56.8315	0.0005	56.8323	56.8319	56.8313	0.0010
3	56.8340	56.8377	56.8378	56.8368	0.0010	56.8375	56.8367	56.8366	0.0009	56.8374	56.8371	56.8367	0.0007
4	56.8320	56.8292	56.8288	56.8297	0.0009	56.8291	56.8293	56.8293	0.0002	56.8292	56.8292	56.8290	0.0002
5	56.8300	56.8282	56.8280	56.8284	0.0004	56.8273	56.8281	56.8280	0.0008	56.8284	56.8283	56.8279	0.0005
6	56.8320	56.8219	56.8210	56.8213	0.0009	56.8207	56.8213	56.8207	0.0006	56.8214	56.8208	56.8213	0.0006
7	56.8370	56.8393	56.8391	56.8395	0.0004	56.8397	56.8401	56.8409	0.0012	56.8397	56.8400	56.8404	0.0007
8	56.8370	56.8305	56.8295	56.8301	0.0010	56.8301	56.8296	56.8300	0.0005	56.8302	56.8300	56.8305	0.0005
9	56.8360	56.8266	56.8269	56.8278	0.0012	56.8267	56.8273	56.8270	0.0006	56.8268	56.8271	56.8269	0.0003
10	56.8290	56.8375	56.8380	56.8375	0.0005	56.8382	56.8380	56.8381	0.0002	56.8382	56.8373	56.8377	0.0009

RF = T		= 0.0200	Resolution	= 0.0001	10%
Repeatability	EV/%EV	= 0.00205	%EV	=	10.27 %
Reproducibility	AV/%AV	= 0.000	%AV	=	0.00 %
Interaction	IA/%IA	=	%IA	=	---
Measurement System	R&R/%R&R	= 0.00205	%R&R	=	10.27 %

Measurement system capable (R&R,Res.) 20.00 30.00

Individual characteristic Type 2 ANOVA GMPT EMS 3.x C:\QS-WINGM\FILES\NEW\GREEN_2.DFQ

Page 1 /2

GM POWERTRAIN

Measurement System Analysis

Individual characteristic Type 2 ANOVA

Q-DAS®

Plant	FLINT ENG SO.	Dept.	Manuf.	Operator	John
Date	12/16/99				
Part descr.	Block	Project	L6		
Part no.	10355606	Reason for Test	Machine Run Off		
OP/STA#	10	Mach.No.	345 MC	Fixture Position	10-RH
Part remark	Test Part Run				

RANGE CHART

R - 99.73%[n=3; $\hat{S}_3$]

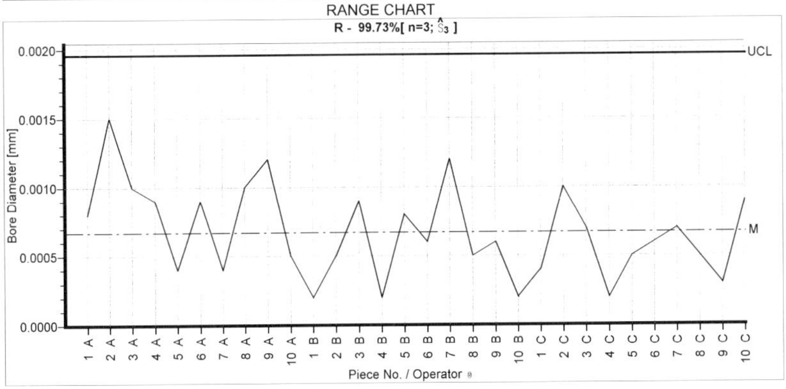

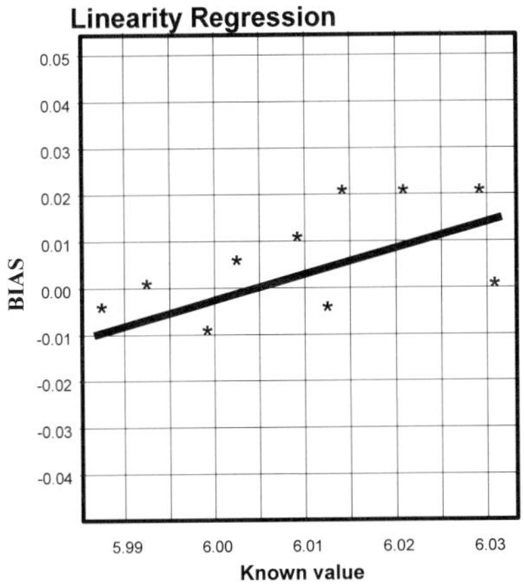

Measurement System Capable

Li = x.xx % **Demand =** x.x%

Lin Regression (y=A $_x$+B)

A= x.xxx **B =** x.xxx

R² = x.x%

Individual characteristic Type 2 ANOVA GMPT EMS 3.x C:\QS-WINGM\FILES\NEW\GREEN_2.DFQ

Page 2 /2

GM POWERTRAIN

Measurement System Analysis

Individual characteristic Type 2 ARM

Q-DAS®

Plant	FLINT ENG SO.	Dept.	Manuf.	Operator	John	Date	12/16/99

Part descr.	Block	Project	L6
Part no.	10355606	Reason for Test	Machine Run Off
OP/STA#	10	Mach.No. 345 MC	Fixture Position 10-RH
Part remark	Test Part Run		
Gage No.	W538904	Serial number S01	Description MARPOSS E9066
Characteristic	Details		Char.Class PQC

Number	H4001IDF1			
Description	Bore Diameter			Allowance
Nom.Val.	56.8300	USL	56.8400	0.0100
Unit	mm	LSL	56.8200	-0.0100

Char. Remark
Used Diamond Tool for first 10 pieces

Calibration Master

Description	min	mean	max
Tool No.	333	222	111
Ser.No.	789	456	123
Actual Value	56.8350	56.8300	56.8350

Study sample (type 1 only)

56.8250

APPRAISER VARIATION FROM OVERALL PART AVERAGE

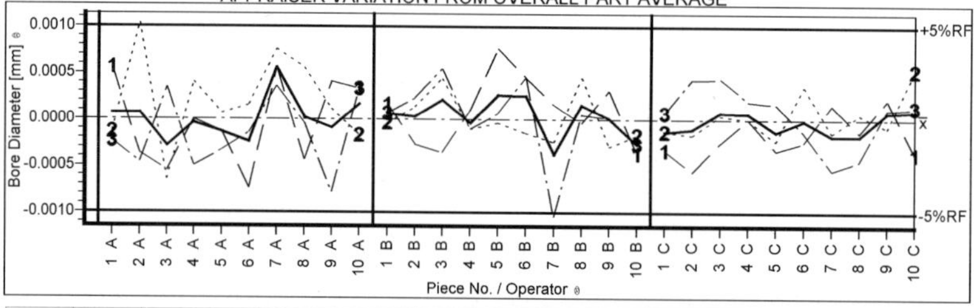

		A-John				B-Jane				C-Bill			
Piece	Xm	1	2	3	R	1	2	3	R	1	2	3	R
1	56.8330	56.8336	56.8343	56.8344	0.0008	56.8340	56.8342	56.8341	0.0002	56.8345	56.8343	56.8341	0.0004
2	56.8340	56.8321	56.8307	56.8322	0.0015	56.8320	56.8316	56.8315	0.0005	56.8323	56.8319	56.8313	0.0010
3	56.8340	56.8377	56.8378	56.8368	0.0010	56.8375	56.8367	56.8366	0.0009	56.8374	56.8371	56.8367	0.0007
4	56.8320	56.8292	56.8288	56.8297	0.0009	56.8291	56.8293	56.8293	0.0002	56.8292	56.8292	56.8290	0.0002
5	56.8300	56.8282	56.8280	56.8284	0.0004	56.8273	56.8281	56.8280	0.0008	56.8284	56.8283	56.8279	0.0005
6	56.8320	56.8219	56.8210	56.8213	0.0009	56.8207	56.8213	56.8207	0.0006	56.8214	56.8208	56.8213	0.0006
7	56.8370	56.8393	56.8391	56.8395	0.0004	56.8397	56.8401	56.8409	0.0012	56.8397	56.8400	56.8404	0.0007
8	56.8370	56.8305	56.8295	56.8301	0.0010	56.8301	56.8296	56.8300	0.0005	56.8302	56.8300	56.8305	0.0005
9	56.8360	56.8266	56.8269	56.8278	0.0012	56.8267	56.8273	56.8270	0.0006	56.8268	56.8271	56.8269	0.0003
10	56.8290	56.8375	56.8380	56.8375	0.0005	56.8382	56.8380	56.8381	0.0002	56.8382	56.8373	56.8377	0.0009

RF = T		= 0.0200	Resolution	= 0.0001	5%
Repeatability	EV/%EV	= 0.00204	%EV	= 10.19 %	
Reproducibility	AV/%AV	= 0.000	%AV	= 0.00 %	
Interaction	IA/%IA	=	%IA	= ---	
Measurement System	R&R/%R&R	= 0.00204	%R&R	= 10.19 %	

Measurement system not capable 10.00

GM POWERTRAIN	Measurement System Analysis Individual characteristic Type 2 ARM		Q-DAS
Plant FLINT ENG SO.	Dept. Manuf.	Operator John	Date 12/16/99
Part descr. Block		Project L6	
Part no. 10355606		Reason for Test Machine Run Off	
OP/STA# 10	Mach.No. 345 MC	Fixture Position 10-RH	
Part remark Test Part Run			

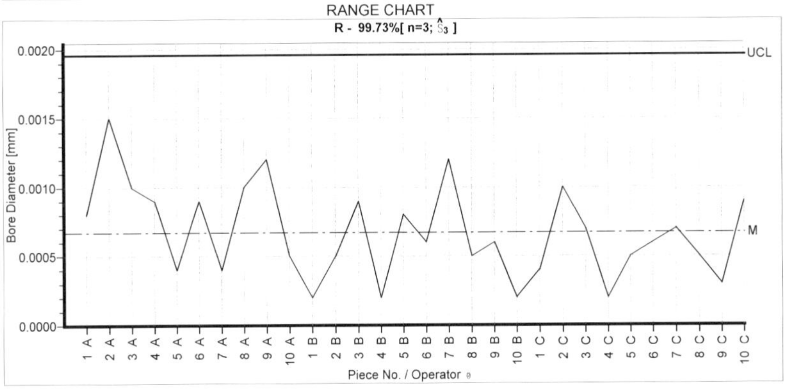

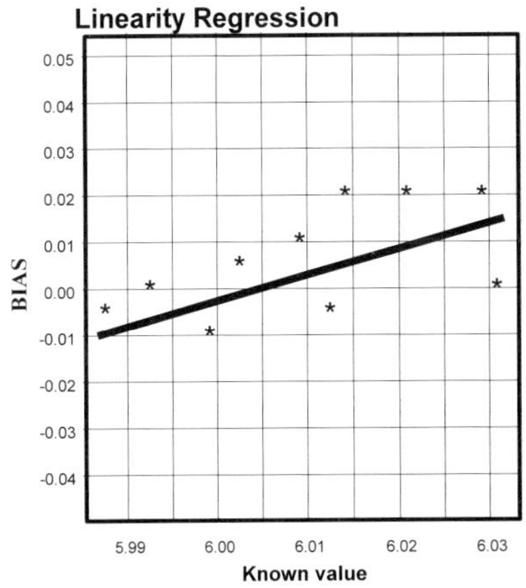

Measurement System Capable

Li = x.xx % **Demand =** x.x%

Lin Regression (y=A $_x$+B)

A= x.xxx **B=** x.xxx

R^2 = x.x%

Individual characteristic Type 2 ARM GMPT EMS 3.x C:\QS-WINGM\FILES\NEW\GREEN_2.DFQ

Page 2 /2

GM POWERTRAIN	Measurement System Analysis Characteristic summary statistics Type 3		Q-DAS
Plant FLINT ENG SO.	Dept. Manuf.	Operator John	Date 12/16/99

Part descr.	Block	Project	L6
Part no.	10355606	Reason for Test	Machine Run Off

OP/STA#	10	Mach.No.	345 MC	Fixture Position	10-RH
Part remark	Test Part Run				
Gage No.	W538904	Serial number	S01	Description	MARPOSS E9066

Values — **Page 1/1**

Char.No.	Char.Descr.	n_{eff}	T	%EV	%R&R	
H4001IDF1	Bore Diameter	50	0.060	15.78 %	15.78 %	☺

Characteristic summary statistics Type 3 — GMPT EMS 3.x — C:\QS-WINGM\FILES\NEW\GREEN_3

Page 1 / 1

Measurement System Analysis

Individual characteristic Type 3 ANOVA

GM POWERTRAIN — Q-DAS®

Plant	FLINT ENG SO.	Dept.	Manuf.	Operator	John	Date 12/16/99
Part descr.	Block			Project	L6	
Part no.	10355606			Reason for Test	Machine Run Off	
OP/STA#	10	Mach.No.	345 MC	Fixture Position	10-RH	
Part remark	Test Part Run					
Gage No.	W538904	Serial number	S01	Description	MARPOSS E9066	
Characteristic	Details			Char.Class	PQC	

				Allowance
Number	H4001IDF1			
Description	Bore Diameter			
Nom.Val.	6.000	USL	6.030	0.030
Unit	mm	LSL	5.970	-0.030

Char. Remark

Used Diamond Tool for first 10 pieces

Calibration Master

Description	min	mean	max
Tool No.	6666	5555	4444
Ser.No.	789	456	123
Actual Value	5.975	6.005	6.025

Study sample (type 1 only)

APPRAISED VARIATION FROM OVERALL PART AVERAGE

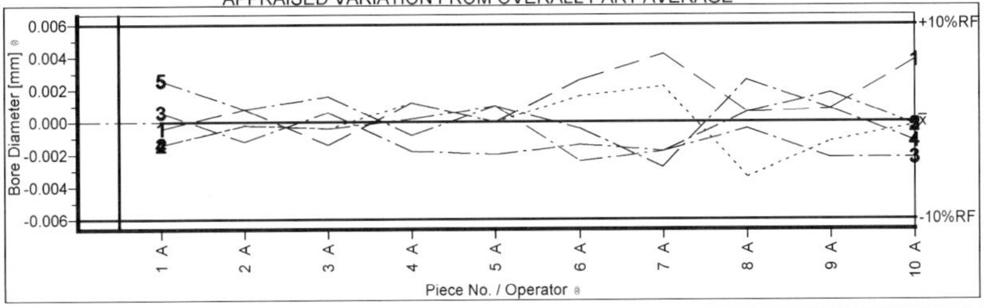

		A-John					
Piece	Xm	1	2	3	4	5	R
1	6.033	6.029	6.030	6.028	6.030	6.026	0.004
2	6.032	6.019	6.020	6.021	6.020	6.019	0.002
3	6.020	6.004	6.003	6.002	6.003	6.001	0.003
4	6.019	5.982	5.982	5.985	5.983	5.984	0.003
5	6.007	6.009	6.009	6.011	6.008	6.008	0.003
6	6.007	5.971	5.972	5.975	5.974	5.976	0.005
7	5.985	5.995	5.997	6.001	6.002	6.001	0.007
8	5.986	6.014	6.018	6.015	6.012	6.014	0.006
9	6.014	5.985	5.987	5.988	5.985	5.984	0.004
10	6.014	6.024	6.028	6.030	6.029	6.028	0.006

RF = T = 0.060

Resolution = 0.002 (5%)

R&R = EV = 0.00947

$\%R\&R = \frac{100 \cdot R\&R}{RF}\,\% = 15.78\,\%$ (20.00, 30.00)

Measurement system capable (EV,Res.)

GM POWERTRAIN

Measurement System Analysis

Individual characteristic Type 3 ANOVA

Q-DAS®

Plant	FLINT ENG SO.	Dept.	Manuf.	Operator	John	Date	12/16/99

Part descr.	Block	Project	L6
Part no.	10355606	Reason for Test	Machine Run Off

OP/STA#	10	Mach.No.	345 MC	Fixture Position	10-RH
Part remark	Test Part Run				

RANGE CHART

R - 99.73%[n=5; $\hat{S}_3$]

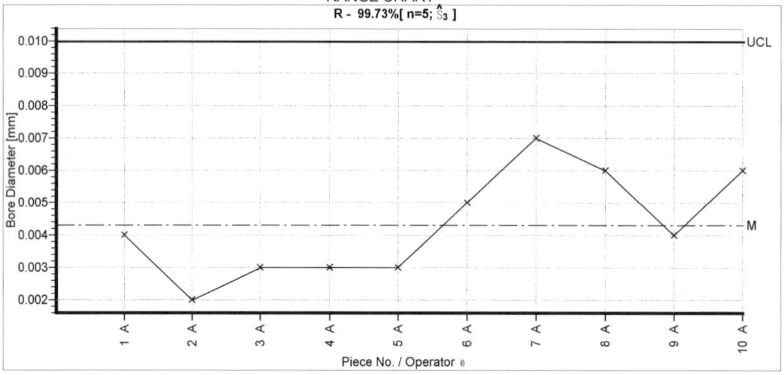

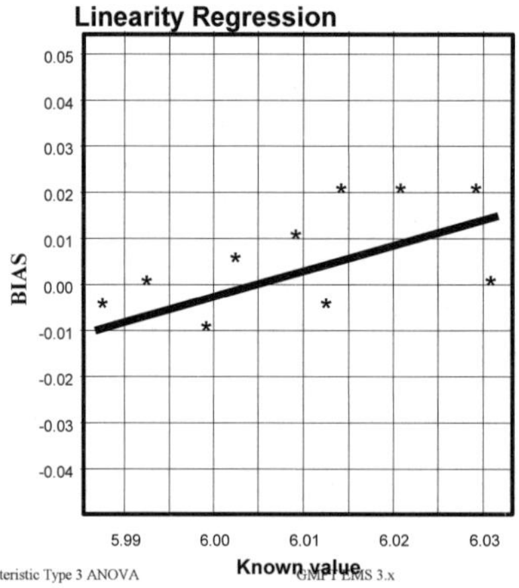

Measurement System Capable

Li = x.xx % **Demand =** x.x%

Lin Regression (y=A x+B)

A= x.xxx B= x.xxx

R^2 = x.x%

GM POWERTRAIN

Measurement System Analysis

Individual characteristic Type 3 ARM

Q-DAS®

Plant FLINT ENG SO.	Dept. Manuf.	Operator John	Date 12/16/99
Part descr. Block		Project L6	
Part no. 10355606		Reason for Test Machine Run Off	
OP/STA# 10	Mach.No. 345 MC	Fixture Position 10-RH	
Part remark Test Part Run			
Gage No. W538904	Serial number S01	Description MARPOSS E9066	
Characteristic Details		Char.Class PQC	

Number	H4001IDF1			
Description	Bore Diameter			Allowance
Nom.Val.	6.000	USL	6.030	0.030
Unit	mm	LSL	5.970	-0.030

Char. Remark
Used Diamond Tool for first 10 pieces

Calibration Master

Description	min	mean	max
Tool No.	6666	5555	4444
Ser.No.	789	456	123
Actual Value	5.975	6.005	6.025

Study sample (type 1 only)

APPRAISED VARIATION FROM OVERALL PART AVERAGE

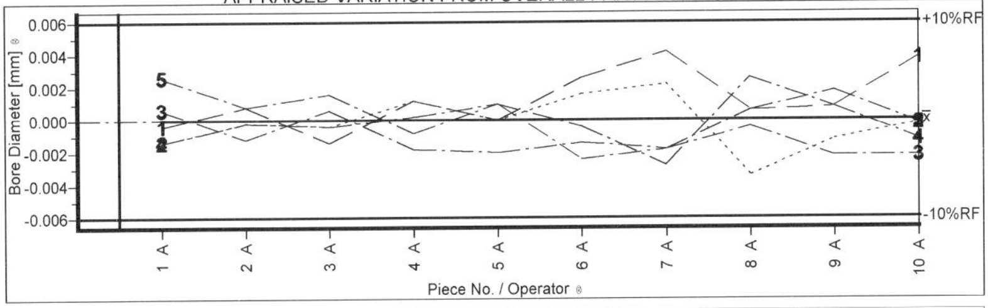

Piece	Xm	A-John 1	2	3	4	5	R
1	6.033	6.029	6.030	6.028	6.030	6.026	0.004
2	6.032	6.019	6.020	6.021	6.020	6.019	0.002
3	6.020	6.004	6.003	6.002	6.003	6.001	0.003
4	6.019	5.982	5.982	5.985	5.983	5.984	0.003
5	6.007	6.009	6.009	6.011	6.008	6.008	0.003
6	6.007	5.971	5.972	5.975	5.974	5.976	0.005
7	5.985	5.995	5.997	6.001	6.002	6.001	0.007
8	5.986	6.014	6.018	6.015	6.012	6.014	0.006
9	6.014	5.985	5.987	5.988	5.985	5.984	0.004
10	6.014	6.024	6.028	6.030	6.029	6.028	0.006

RF = T = 0.060   Resolution = 0.002 (5%)

R&R = EV = 0.00947

$\%R\&R = \frac{100 \cdot R\&R}{RF}\ \% = 15.78\ \%$ (20.00)

Measurement system capable (EV,Res.)

Individual characteristic Type 3 ARM   GMPT EMS 3.x   C:\QS-WINGM\FILES\NEW\GREEN_3

Page 1 /2

GM POWERTRAIN	Measurement System Analysis Individual characteristic Type 3 ARM		Q-DAS®
Plant FLINT ENG SO.	Dept. Manuf.	Operator John	Date 12/16/99

Part descr.	Block	Project	L6
Part no.	10355606	Reason for Test	Machine Run Off
OP/STA# 10	Mach.No. 345 MC	Fixture Position	10-RH
Part remark	Test Part Run		

RANGE CHART

R - 99.73%[n=5; $\hat{S}_3$]

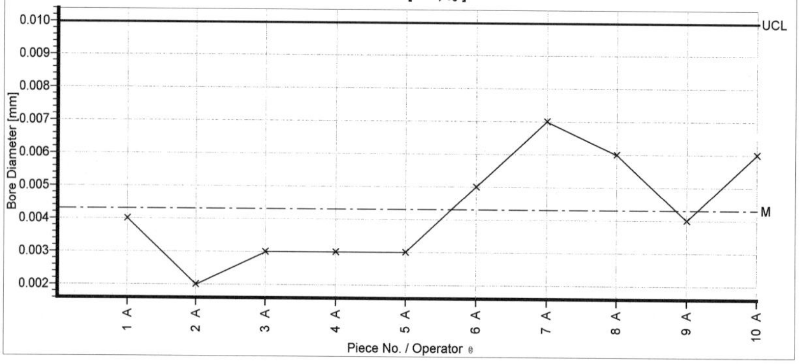

Linearity Regression

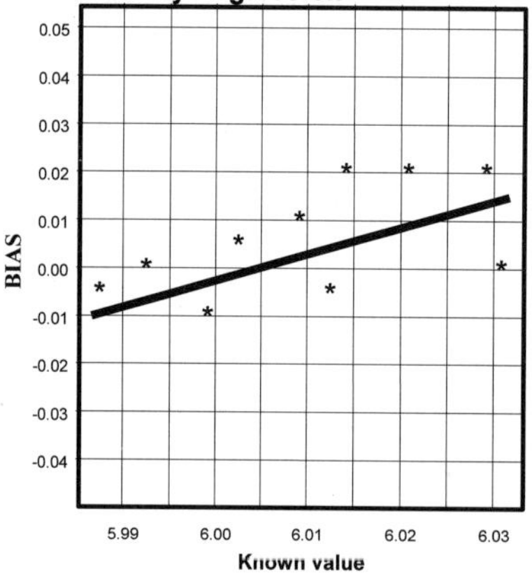

Measurement System Capable

Li = x.xx % **Demand =** x.x%

Lin Regression (y=A $_x$+B)

A= x.xxx **B=** x.xxx

R² = x.x%

Individual characteristic Type 3 ARM GMPT EMS 3.x C:\QS-WINGM\FILES\NEW\GREEN_3

Page 2 /2

HANSER

Fähige Prozesse nach den neuesten Normen.

Edgar Dietrich, Alfred Schulze
Statistische Verfahren zur Maschinen- und Prozessqualifikation
4., überarbeitete Auflage
2002. 564 Seiten. 334 Abb. 63 Tab.
Gebunden. ISBN 3-446-22077-1

Dieses Standardwerk ermöglicht die sofortige Umsetzung der statistischen Methoden in die betriebliche Alltagspraxis mit Hilfe des Programmpaketes qs-Stat der Q-DAS GmbH in Birkenau.

In der vierten Auflage wurden aktuelle Entwicklungen wie Forderungen aus neuen Normen (z.B.: DIN 55319), Richtlinien, Managementberichte oder automatisierte Auswertung berücksichtigt.

Mehr Informationen zu diesem Buch und zu unserem Programm unter **www.qm-infocenter.de**